市政公用设施建设项目社会评价指南

——社会评价示范案例

住房和城乡建设部标准定额研究所　编著

中国计划出版社

2014　北　京

图书在版编目（CIP）数据

市政公用设施建设项目社会评价指南：社会评价示范案例/
住房和城乡建设部标准定额研究所编著. —北京：中国计划
出版社，2014.1

ISBN 978-7-80242-940-6

Ⅰ.①市…　Ⅱ.①住…　Ⅲ.①城市公用设施－市政工程－
项目评价　Ⅳ.①TU99

中国版本图书馆 CIP 数据核字（2013）第 299395 号

市政公用设施建设项目社会评价指南
——社会评价示范案例

住房和城乡建设部标准定额研究所　编著

中国计划出版社出版

网址：www.jhpress.com

地址：北京市西城区木樨地北里甲 11 号国宏大厦 C 座 3 层

邮政编码：100038　电话：（010）63906433（发行部）

新华书店北京发行所发行

北京世知印务有限公司印刷

787mm×1092mm　1/16　22.5 印张　538 千字

2014 年 1 月第 1 版　2014 年 1 月第 1 次印刷

ISBN 978-7-80242-940-6

定价：78.00 元

项目参加单位和人员名单

项目执行机构： 住房和城乡建设部标准定额研究所

项目咨询机构： 河海大学社会发展研究所

项目总负责： 曾少华　胡传海

项目执行负责： 刘春林　施国庆

项目具体执行： 林　艳　周　建

项目参加人员： 陈绍军　殷建军　孙　燕　胡　亮　余庆年　余文学
陈阿江　张虎彪　毛绵奎　李明哲　秦咸悦　刘　咏
史富文

前　言

2011 年，世界银行向我国提供了世行机构发展基金（IDF）赠款（TF099430），用于支持中国城市建设项目社会评价能力建设。住房和城乡建设部与财政部指定住房和城乡建设部标准定额研究所为项目执行机构，通过招标，河海大学成为项目的咨询服务机构。《市政公用设施建设项目社会评价指南》（以下简称《指南》）是世行机构发展基金（IDF）赠款"加强中国城市建设项目社会评价能力"项目的一项主要研究成果。

市政公用设施建设项目社会评价的目的是判断项目的社会可行性，促进利益相关者对项目活动的有效参与，优化项目方案，规避建设项目社会风险，保证项目顺利实施和项目社会效果持续发挥，使项目与经济社会协调发展。在《指南》编写过程中，我们力求以市政公用设施建设项目社会评价内在规律为轴线，本着科学、真实、典型、实用的原则，尽量把握书中案例与实际需求相结合，斟酌再三，编写了供水、污水处理、供热、燃气、生活垃圾处理、城市轨道交通、城市道路和桥梁、城市园林绿化八个市政行业共十个项目的社会评价案例。《指南》对于理解和实施由住房和城乡建设部批准发布的《市政公用设施建设项目社会评价导则》具有辅助指导作用，可供市政公用设施建设项目设计、咨询、管理、科研和教学人员在工作中学习参考。《指南》中的案例分析和评价结论并不适用于其他特定项目，不宜简单照搬，使用者在工作中应灵活应用，举一反三。本书由住房和城乡建设部标准定额研究所组织编制、出版并享有著作权。

市政公用设施建设项目社会评价的政策性、理论性、综合性比较强，不少内容需要科学地归纳提炼，有的需要认真反复地分析研究，因此编写起来难度较大，尽管几易其稿并反复推敲，仍难免存在不足或纰漏，欢迎读者提出意见和批评。

在《指南》编制工作中，得到了世界银行的大力支持，其社会发展专家曾峻先生、王朝纲先生给予了很多技术指导，在此表示诚挚的谢意。同时向帮助完善和审核本书的有关单位和专家表示感谢。

2013 年 12 月

目　　录

第一章 概　述

第一节　编制背景与目的

在我国城镇建设快速发展进程中，大规模的城镇改造与扩张引发的各种社会矛盾和社会问题日益突显。近年来，我国政府不仅注重城镇建设项目的经济效益和环境效益，而且关注项目建设过程中的各种社会问题，关注各种社会发展目标的实现，并为此制定了相关的政策与法规，以减少项目建设可能引发的社会矛盾和风险。住房和城乡建设部于2011年6月23号发布了《市政公用设施建设项目社会评价导则》（建标〔2011〕84号，以下简称《导则》），就是处理建设项目社会问题的技术层面的政府文件。

社会评价是与技术评价、经济评价、环境影响评价相并列的一种独立的投资项目评价方法。社会评价主要应用社会学、人类学、项目评估学的理论和方法，通过系统地分析各种社会因素，调查、收集与项目相关的社会数据，研究项目实施过程中可能出现的各种社会问题，提出尽量减少或避免项目负面社会影响的建议和措施，以保证项目顺利实施并使项目效果持续发挥。

为了配合《导则》的实施，提高评价人员的实际操作能力，住房和城乡建设部标准定额研究所（以下简称标准定额研究所）与世界银行开展合作，希望通过编制《市政公用设施建设项目社会评价指南》（以下简称《指南》）和组织相关培训，帮助评价人员学习和掌握社会评价的基本方法，指导咨询机构编制和评估市政公用设施建设项目的社会评价报告。

《指南》提供了市政八个行业建设项目的社会评价要点和相应案例，为评价人员展现了各个市政行业不同类型建设项目社会评价的特点、分析思路和分析重点，以便于评价人员借鉴和参考使用。

第二节　《市政公用设施建设项目社会评价导则》简介

《指南》是在现实案例基础上结合《导则》的内容框架进行编制的，系以案例模式从操作示范的角度来诠释《导则》，但并不是简单按照《导则》介绍的所有内容和方法都照做一遍，而是根据项目的实际需要各有侧重。

《导则》共分为十章，内容包括：总则；社会评价五个着眼点；社会分析；市政项目中政府公共职能评价；社会管理计划与实施监测评估；征收补偿方案及实施；不同层次、阶段的社会评价；社会评价采用的方法；社会评价的实施；市政项目社会评价要点。各章的主要内容及特点是：

总则。主要对市政公用设施建设项目社会评价的目的、作用、适用范围、评价内容和评价原则等作出规定。

社会评价五个着眼点。主要为评价人员提供观察和分析社会事项和社会问题的五个方面，即社会多样性和社会性别、制度规则和行为、利益相关者、公众参与和社会风险，以及它们之间的内在联系。五个着眼点是开展社会评价工作的基础，可以帮助评价人员建立起一个分析工作框架及工作切入点。

社会分析。是市政公用设施建设项目社会评价的核心内容，包括项目的社会影响分析、社会相互适应性分析、利益相关者分析、社会风险分析和社会可持续性分析。本章也阐明社会评价与社会分析的关系：社会评价是通过社会因素分析，对影响项目实施和效果持续发挥的过程和因素进行系统考察，评价项目的社会影响和社会风险，评价项目在既定社会环境和条件下的可行性，提出措施建议或优化方案设计，以扩大正面影响，弱化或消除负面影响。

市政项目中政府公共职能评价。在市政公用设施建设领域，政府既是监督管理者，又是大多数建设项目的投资者，具有双重地位和作用，是一类特殊的利益相关者。对于政府投资的市政公用设施建设项目，需要从政府履行公共管理职能的角度，以及政府作为公共投资者的地位和作用的角度两个方面对项目产生的作用进行分析和评价。

社会管理计划与实施监测评估。包括社会管理计划、社会管理计划的实施和社会管理计划监测评估三部分内容。社会管理计划是在社会分析的基础上，结合建设项目的社会环境与条件，系统地、有针对性地提出扩大项目正面影响措施、减缓或消除负面影响措施，并制定利益相关者参与计划。社会管理计划的实施是对执行主体、项目社会环境发生重大变化时的计划调整等作出规定。社会管理计划实施的监测评估是对社会管理计划的执行情况进行跟踪监测与评估，及时提出消除妨碍项目目标实现障碍的措施，以保障项目效果的可持续发挥。

征收补偿方案①及实施。本章所言征收补偿包括农村集体土地征收、国有土地使用权回收、城市国有土地上房屋征收②，具体内容包括征收补偿方案、征收补偿安置实施、征收补偿安置实施的监测评估三部分内容。征收补偿安置工作是每一个市政公用设施建设项目都要涉及的重要社会事项，工作中一旦出现偏差，不仅会产生社会矛盾和纠纷，甚至可能引发社会风险，影响社会和谐稳定。目前，征收补偿安置的具体实施程序与详细工作内容尚没有国家层面的相关文件规定，本章的编制，是为引导从事征收补偿安置工作的相关机构和人员树立以人为本的理念，将工作从以往注重对物的关注转向注重对人的发展的关注。

不同层次、阶段的社会评价。本章阐述规划层次和项目层次、项目周期各个阶段的社会评价主要内容和工作重点，以及它们相互之间的关系。

社会评价采用的方法。本章提供了社会评价常用的分析工具和方法，包括社会调查方法、定性和定量分析方法、对比分析方法、逻辑框架分析法、利益相关者分析方法和参与式方法。

市政项目社会评价要点。鉴于市政领域多达八个行业，不同行业及不同类型项目的社会评价内容和侧重点有所不同，本章按照功能特征、影响特征及效益特征，将市政项目划分为四种基本类型，并分别对各类项目的行业特点、项目实施过程中可能产生的有利或不利社会影响、社会评价的要点等作简要说明。

---

① 国际金融组织贷款项目中，往往称之为移民计划、移民安置计划或移民行动计划。

② 在《国有土地上房屋征收与补偿条例》发布实施之前，房屋征收活动称之为房屋拆迁，之前的案例仍使用这一说法。

2

第三节　社会评价的基本框架与工作方法

一、基本框架

市政公用设施建设项目社会评价从分析项目实施可能带来的社会影响入手，识别关键的利益相关者以及社会风险因素，基于可持续性的原则，提出减少或避免项目负面社会影响、降低社会风险的社会设计方案和社会管理计划，并从项目建设阶段起实施项目社会管理计划，进行社会监测评估，以确保项目的社会发展目标的实现。项目社会后评价可以为以后的项目提供经验教训。

市政公用设施建设项目的社会评价还应结合项目的具体特点，对项目造成的其他社会影响加以分析。

市政公用设施建设项目的社会评价分析框图如图 1－1 所示。

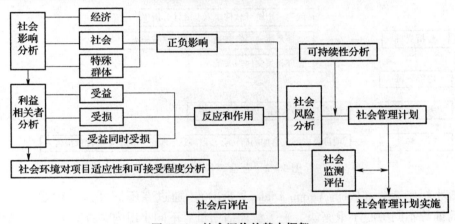

图 1－1　社会评价的基本框架

二、社会评价报告编写步骤

社会评价报告编写工作主要分为前期准备、实地调查、分析资料以及报告的编写与修改等几个主要的步骤。如图 1－2 所示。

三、社会评价调查方法和调查程序

（一）社会评价调查方法

在项目社会评价中，实地调查可采用文献查阅、社会经济家庭问卷调查、中心小组座谈会、利益相关者研讨会、关键信息者访谈等多种方法进行。

文献查阅：通过收集地方相关文件和材料，了解当地社会、经济、环境、体制状况和未来的计划。如项目可行性研究报告；地区发展规划或专项规划；各级统计年鉴；扶贫规划；妇女发展规划；土地和房屋征收政策等。

社会经济入户问卷调查：通过开展入户抽样调查，以了解项目对项目区家庭的正/负面影响；项目区入户的主要社会经济信息；项目区住户对项目的态度和期望；项目区居民支付意愿和支付能力等。

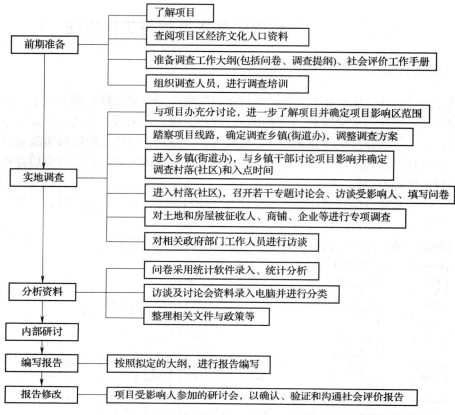

图 1 - 2 社会评价工作步骤

中心小组座谈会（Focus Group Dialog，FGD）：通过在不同社区、村委会召开居民、妇女、商铺等不同中心小组座谈会来了解评估项目对不同小组内调查对象的正/负面影响；了解不同组对项目的态度和期望；促进公众对项目的参与等。

利益相关者研讨会：通过咨询研讨会了解利益相关者涉及的利益和产生的影响，收集他们对项目的意见和期望，促进利益相关者的参与，并了解和评价利益相关者对项目计划、执行、监测和评估的能力。项目中主要的利益相关者包括：直接或者间接受项目影响的项目区居民；执行机构、实施机构、项目办、设计机构等；相关的政府部门和机构，如发展与改革委（局）、国土资源局、规划局、民政局、人力资源与社会保障局、住房和城乡建设委员会（局）、妇联、民族与宗教事务局、房屋征收办公室①、市政公用局、城市管理行政执法局（城管局）、环境保护局等。

社会评价还可以采用参与式乡村评估方法（PRA）、现场调查（field survey）和抽样调查等方法开展调查。

（二）社会评价调查程序

在调查程序上，农村地区与城镇社区有一些区别。

农村地区社会评价一般的调查程序见图 1 - 3。

---

① 在《国有土地上房屋征收与补偿条例》出台前，称之为拆迁办。部分案例使用此名称。

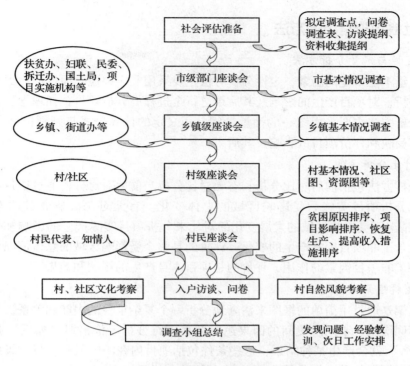

图 1-3　农村地区社会评价一般调查程序

城镇社区社会评价一般的调查程序见图 1-4。

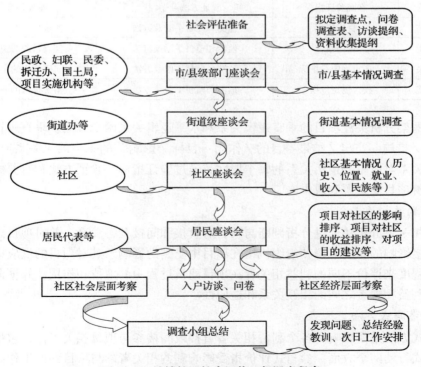

图 1-4　城镇社区社会评价一般调查程序

5

四、社会评价常用的方法

（一）定性与定量分析方法

对于大量不能量化的因素，定性分析方法主要采用文字描述，通过前后因果关系和逻辑关系的分析，对项目产生的影响及其后果进行全过程的分析评价，如理念、意识、心理等。定量分析方法主要采用统一的计量量纲，用一定的计算公式与判别标准（参数）通过数量演算反映和评价项目的影响及其后果。

（二）对比分析方法

对比分析方法包括前后对比分析和有无对比分析。前后对比分析通过项目实施前后的情况来对比分析项目实施后受影响区域的总体变化。有无对比分析通过"有项目"和"无项目"情况下受影响区域的发展变化的对比来分析项目实际产生的影响和效果。前后对比分析包含了非项目因素产生的变化，评价的是整个受影响区域的总体情况，而有无对比分析剔除了非项目因素的作用，评价的是项目本身产生的影响和效果。

（三）逻辑框架分析方法

逻辑框架是通过用简单的框图来清晰地分析一个复杂项目的内涵和关系，其核心概念是对项目不同层次、不同阶段间的因果逻辑关系进行分析评价，即"如果"提供了某种条件，"那么"就会产生某种结果；这些条件包括项目内在的因素和项目建设所需要的外部条件。逻辑框架的基本模式是一个 4×4 的矩阵，详见表 1-1。

表 1-1　逻辑框架分析基本模式

层次描述	客观验证指标	验证方法及手段	重要外部条件
目标/影响	目标指标	监测和监督手段及方法	实现目标的主要条件
目的/作用	目的指标	监测和监督手段及方法	实现目的的主要条件
产出/结果	产出物定量指标	监测和监督手段及方法	实现产出的主要条件
投入/措施	投入物定量指标	监测和监督手段及方法	落实投入的主要条件

逻辑框架分析关注项目的垂直逻辑关系和水平逻辑关系两个方面。垂直逻辑关系指的是"投入/措施→产出/结果→目的/作用→目标/影响"的垂直因果关系或层次关系。水平逻辑关系对应垂直逻辑关系的每个层次，通过验证指标、验证方法和重要的外部条件来分析评价项目的资源和成果。

（四）利益相关者分析法

利益相关者分析法通过分析判断与项目有直接和间接利害关系，并对项目成功与否有直接或间接影响的相关人群和组织机构在项目中受到的影响、其对项目的反应以及其对项目的影响程度来评价不同的利益相关者在项目建设过程中的地位和作用，并据此判断项目与受影响利益相关者之间的相互关系和适应性。

（五）参与式方法

参与式方法是受影响的各个利益相关者直接或间接参与项目相关工作，包括参与式评价和参与式行动两个方面。参与式评价指受影响利益相关者参与项目评价工作。通过参与式评价，可以直接了解受影响群体的真实需求和实际的信息，补充和完善专家知识，提高

6

评价水平，减少社会矛盾和问题。参与式评价应贯穿于项目全过程。参与式行动指的是受影响利益相关者参与项目建设工作。通过参与项目建设，受益群体的行动会促进和改善项目的建设，受损群体的利益损失会得到更加合理的补偿。

第四节　案例选取与使用的注意点

《指南》共选取了十个案例，覆盖了供水、污水处理、供热、燃气、生活垃圾处理、城市轨道交通、城市道路和桥梁、城市园林绿化八个市政行业。

不同行业之间，项目特点、社会影响、利益相关者、需要关注的社会因素和社会问题等可能有较大的差异。即使是同一行业，由于项目在不同地区之间的建设目标、任务、功能、效益等可能存在多方面的差异，项目涉及的各种社会因素、产生的社会影响、利益相关者对项目的反应和诉求也存在不同，社会评价需要根据项目所在地区社会环境与人文条件、项目特点、影响差异等实际情况，确定评价范围，选择评价内容与评价重点。

因项目的社会影响和社会因素存在多样性，社会评价也要有重点。有些项目可以依据《指南》识别出的各行业社会评价检查清单分析评价所有的与项目实施有关的社会因素，进行全面评价。有些比较简单的项目，通过行业社会评价检查清单进行识别后发现社会影响不突出，可以适当简化。对于某些敏感的或社会关注度高的项目，以及行业特点突出的项目也可以采用有针对性的专项评价。

《指南》编制组通过对行业普遍涉及的社会因素、社会事项和以往的社会评价实践经验，经过系统性梳理后得出对项目基本问题的归纳，为每一个行业提供了一个相对全面的社会评价要点，以方便评价人员能快速入手操作。其后所附的案例则是根据现实情况下的社会评价具体个案编制的，其评价范围、内容和侧重点与前面所列的社会评价要点并非呈现一一对应关系，这也说明了一个道理：建设项目社会评价应当结合实际进行，不宜生搬硬套。

因篇幅所限及避免重复，对各案例中涉及内容相同的部分，如评价过程、调查方法以及一些具体的法律法规与政策等，在案例编写时被略去，同时在文中标注说明。不同的案例对于不同的章节亦有所侧重。个别社会影响不突出、社会风险较低的项目，在提出了风险的减缓措施后，未再列出社会管理计划及实施监测评估等。

《指南》中的案例多为使用国际金融组织贷款项目，其评价依据和内容需要符合提供贷款的国际金融组织关于非自愿移民①、贫困、少数民族等的社会评价政策要求，社会评价报告是获得这类贷款的必备文件之一，这与国内一般项目有所不同。国内一般项目是依据《导则》的内容框架编写社会评价报告，因此，在参考使用《指南》时应注意这方面的问题。

---

① 在国际上，通常也将土地和房屋征收引起的补偿、安置、社会经济恢复与重建活动称之为非自愿移民。将土地和房屋征收受影响人称之为移民。

第二章　城市道路和桥梁建设项目社会评价

第一节　城市道路和桥梁建设项目社会评价要点

一、行业特点

城市道路和桥梁是城市的重要基础设施和发展的基本条件，是一个城市现代化和发达程度的一个重要标志。

城市道路设施，是指以车辆、行人通行为主要功能的通道，包括车行道、人行道、广场、公共停车场、隔离带、隧道、地下通道等及其附属设施。城市桥梁设施，是指架设在水上或者陆地连接或跨越城市道路，供车辆、行人通行的构筑物，包括跨越江河湖泊的桥梁以及立交桥、高架路、人行天桥等及其附属设施。

城市道路和桥梁项目具有以下特征：

1. 随着城市综合交通枢纽理念的融入，城市道路和桥梁工程逐步与地铁、高铁、轻轨、公交、长途客运等综合考虑与设计。

2. 随着机动车数量激增，道路拥挤现象日益严重，形成行人、骑车人与汽车争抢道路资源的局面，路权分配问题突出。

3. 城市道路施工对城市交通、城市地下管线、城市道路正常运行和城市居民生活环境（如扬尘和噪声污染）等会产生较大影响。

4. 城市道路新建与改扩建规模较大；同时，随着城市化的推进，在城市发展规划控制区的道路和桥梁工程问题突出，涉及"城中村"和流动人口多；过程涉及利益相关者多，利益诉求呈多样化。

5. 城市快速路（BRT）的修建，通常为长距离封闭式施工和运行。为了省时省力，沿线居民经常扒开护栏（网）强行穿越道路，道路安全问题日益突出。

二、主要社会影响与利益相关者

（一）有利影响

1. 完善城市交通网络，提高城市人流物流的流通速度，改善交通拥堵状况。

2. 整体提升城市基础设施水平，促进城市区域经济发展。

3. 有助于城市功能区域规划调整，促进城郊或偏远城区社会经济综合发展。

4. 提高城市公共交通通行能力，为居民出行提供更多样化的交通工具选择，降低居民出行成本。

5. 提高地铁、高铁等新型公共交通可到达区域的土地价值，促进城市区域内人口和产业布局的合理调整。

（二）不利影响

1. 工程建设引起土地征（占）用，导致部分人群生计及收入受到影响。

2. 工程施工期间，对施工区域附近的城市交通产生重大影响；工程施工产生的噪声和扬尘，对周边居民的生活产生影响，对城市环境造成污染；工程施工产生的震动、地基松动等对施工道路周边建筑物安全产生影响。

3. 工程施工期间，对紧邻施工区域的商铺、公司和企业等的正常营业产生影响。

4. 工程施工期间，大量工程施工人员集中居住和工作，可能因卫生状况不佳和缺乏卫生和健康知识而出现流行性疾病、疾病传播等。

5. 工程施工可能对一些城市绿地、文化场所、宗教设施、人文建筑产生影响，它们可能被占用、征用，甚至被拆除等。

6. 工程施工期间，会使原先埋设的各种城市地下公共管线、电缆等设施受到影响，有些甚至影响局部地区或较大区域正常的公共服务供给。

（三）主要利益相关者

城市道路和桥梁建设涉及的利益相关者范围非常广泛，根据其对项目关注程度及影响程度的不同，应特别关注的利益相关者主要包括：

1. 受征地拆迁影响的居民、商铺、机关及企事业单位等，尤其是其中的低收入群体和弱势群体。

2. 地方政府相关部门和机构：发展与改革委（局）、国土资源局、规划局、民政局、人力资源与社会保障局、住房和城乡建设委员会（局）、妇联、民族与宗教事务局、房屋征收办公室、市政公用局、城市管理行政执法局（城管局）、环境保护局等。

3. 项目规划、决策、设计、实施及检测和审计等相关机构。

三、社会评价检查清单

（一）规划和相关政策对项目的作用和影响

1. 城市发展规划、土地利用规划、人口与产业布局规划等。

2. 地铁、高铁、轻轨、公交、长途客运、停车场，以及依附于城市道路和桥梁埋设/架设的各类市政管线、杆线及供电、通信等设施建设计划或规划。

3. 相关政策。

（二）经济层面影响

1. 城镇化与人口流动。

2. 区域经济与区域一体化。

3. 就业、生计。

4. 居民主要目的地出行时间、频率、费用等。

5. 封闭的城市快速路对于"路边经济"的影响。

（三）社会层面影响

1. 居民享受医疗、教育及商业服务的便捷性的改善。

2. 文化遗产。

3. 宗教设施。

4. 少数民族社区。

5. 房价、租金和生活资料的上涨对弱势群体的影响。

6. 交通设施是否考虑了弱势群体的需求。

7. 路权分配等。

（四）征地与拆迁影响

1. 项目红线内的征地与拆迁。

2. 关注点：（1）被征地农民的生计和收入恢复问题；（2）城中村、棚户区的拆迁与安置问题；（3）拆迁户离开城市中心区域后的生活成本提高问题；（4）依赖原有住房经营谋生以及依靠租金生活的居民；（5）商铺等异地开业的经济损失与恢复等。

（五）道路安全问题

1. 安全防护设施与安全标识。

2. 当地道路交通现状（如民族地区人畜混行）与交通安全意识。

3. 过街天桥、过街通道、行人安全岛的设置。

（六）环境影响与应对

（七）施工期监测评价

第二节　城市道路和桥梁建设项目社会评价案例

某城市道路建设项目社会评价

案例介绍

城市道路是城市最重要的基础设施，城市道路建设对城市日常生产生活秩序的影响范围大、持续时间长、牵涉利益相关者众多，社会关注高、产生社会影响较大。而在一个多民族聚居、文化多元、宗教信仰和风俗习惯多样的城市，此类项目更是被社会广泛关注的焦点。如何确保项目在充分发挥经济和社会效益的同时，使项目建设能与项目区多民族聚居和多元文化并存，并促进其共同发展，尽可能降低项目带来的各种不利社会影响，消除潜在社会风险，是社会评价的重点和难点。

本项目在充分调研并分析项目区社会经济现状及特征的基础上，结合本项目的基本特征，进行了全面充分的社会评价，并提出了全面增强项目社会效益、降低社会不利影响、消除社会风险的社会管理计划以及对应的监测评估方案。通过社会评价，提出了对少数民族社区的巷道改造、保护少数民族民居和街区的原有风貌、带动区域民俗旅游和妇女参与等能增强项目社会效益的建议，是本项目社会评价的一大特色。

1 概述

1.1 项目概况

NY 市位于中国西部 E 省，为 E 省地级市 K 市的市政府所在地，NY 市为县级市。目前 NY 市有城市主干道 35 条，总长 331 千米；穿过市区的国道、省道有 G218 线（13.5 千米）、S220 线（5.3 千米）、S313 线（5.5 千米），基本构成中心城区向外辐射的城市道路网，人均拥有道路面积 16.2 平方米。随着 NY 市经济社会快速发展，城市交通基础设施现状已经不能满足城市发展对市政道路交通的需求，主要表现如老城区人口密度大，既有道路使用年限较长，道路老化、破损严重；新城区和开发区现有道路部分路面狭窄、破损甚至无路可通；与道路相配套的供水、排水、供热、照明、绿化等附属设施不完善，居民的居住环境状况较差；交通标识和公交站台等道路设施不足，人车混行，造成交通混乱拥挤现象，存在交通安全隐患等。

鉴于此，NY 市城市道路交通改善项目，旨在通过综合持续的提供和改进城市交通基础设施和服务，健全和完善 NY 市道路网结构，并与现有的城市道路交通系统相衔接，为城市发展创造方便快捷的道路交通体系。

NY 市城市道路交通改善项目的业主单位为 NY 市住建局。项目建设期为 2012 年～2016 年，分为两个阶段：第一阶段：项目筹备期，期限 1 年（2011 年～2012 年），主要完成项目前期筹备工作；第二阶段：项目实施期，期限 4 年（2012 年～2016 年），完成各子项目施工，2016 年底项目全部建成并投入使用。

1.2 社会评价的任务和目标

本项目社会评价的任务旨在清晰地阐述项目区及项目目标群体的经济社会发展现状；拟执行项目潜在的经济社会效益和风险；最大程度地发挥项目潜在的经济社会效益并使不同利益主体（尤其是少数民族和弱势群体）公平受益的可能行动方案；最大程度地规避项目潜在的经济社会风险并使不同利益主体（尤其是少数民族和弱势群体）免于损失的可能行动措施，从而为完善项目设计并制定具有可操作性、适宜性的项目实施方案提供依据。

本项目社会评价的主要目标包括：

1. 全面了解项目区社会、经济、文化、人口等基本社会经济发展现状。

2. 考察项目对所有利益相关者，尤其是少数民族、贫困群体、妇女等弱势群体的积极影响和消极影响，评估拟开展项目的经济社会效益、潜在的经济社会风险，探寻规避潜在经济社会风险的方案，探索减小或消除消极影响的行动措施。

3. 获得交通部门及居民有关增加交通管理参与性、改善交通网络、提高交通效率的意见。

4. 加强大多数城区和城郊居民特别是少数民族居住区和弱势群体的咨询/参与能力，使项目充分考虑他们的需求和意见。

5. 为项目监测和评价提供基线数据并提出监测指标。

1.3 社会评价依据

本项目社会评价的主要依据材料包括：

（1）《中华人民共和国建筑法》；

（2）《中华人民共和国城乡规划法》；

（3）《中华人民共和国妇女权益保护法》；

（4）《中华人民共和国土地管理法》；

（5）《中华人民共和国道路交通安全法》；

（6）《中华人民共和国城镇建设规划管理办法》；

（7）《城市道路工程设计规范》（CJJ 37—2012）；

（8）《城镇道路路面设计规范》（CJJ 169—2012）；

（9）《公路路基设计规范》（JTG D30—2004）；

（10）《城镇道路工程施工及质量验收规范》（CJJ 1—2008）；

（11）《城市道路和建筑物无障碍设计规范》（JGJ 50—2001）；

（12）《城市道路和建筑物无障碍设计规范》（JGJ 50—2001）；

（13）《道路交通标志和标线》（GB 5768—2009）；

（14）《城市道路交通设施设计规范》（GB 50688—2011）；

（15）《中国统计年鉴2010》；

（16）《E省统计年鉴2010》；

（17）《K市统计年鉴2010》；

（18）《NY市统计年鉴2010》；

（19）K市"十二五"发展规划纲要；

（20）K市"十二五"交通发展规划；

（21）K市2008年~2010年市政府工作报告；

（22）NY市"十二五"发展规划纲要；

（23）NY市"十二五"市政发展规划；

（24）NY市2008年~2010年市政府工作报告；

（25）NY是商贸物流业"十二五"发展专项规划；

（26）NY市城市道路交通改善项目可行性研究报告（预）；

（27）NY市规划局、住建局、经贸局、人社局、民宗局、教育局、旅游局等职能部门2008年~2010年年度工作总结；

（28）NY市各街道办事处社会经济发展统计年报表（2008~2010）；

（29）NY市各乡镇农村社会经济发展统计年报表（2008~2010）；

（30）NY市城乡最低生活保障政策及保障情况现状材料；

（31）其他相关材料。

1.4　工作范围与主要内容

本案例此处不作详述。（主要介绍社会评价的具体工作范围，如涉及哪些具体的项目内容、哪些具体的项目直接或间接影响区域、直接或间接影响的核心群体；同时，在清晰地界定了工作范围的基础上，根据项目的基本特征、项目区的基本经济社会特征，确定本项目的社会评价重点关注哪些社会议题，如与项目有关的贫困问题、社会性别问题、征地拆迁及安置问题、生计恢复问题、环境行为与环境意识问题等。）

1.5　现场调查过程

本案例此处不作详述。（重点介绍本项目社会评价的现场调查过程，如什么时候开始社会评价的现场调查工作，现场调查的区域和群体有哪些，调查持续了多长时间，不同的时期主要侧重于什么调查内容，调查工作何时结束等。）

1.6　调查方法

中心小组访谈：重点了解受影响者对项目准备、实施、影响等方面的看法，讨论面临的问题和改善的建议。调查中共召集了26个中心小组访谈，分别以不同身份的人群为对象召集，其中包括巷道长（9 个）、低保人员（7 个）、宗教人士（5 个）、失地农民（2 个）、妇女（1 个）、乡村干部（2 个）。共 160 人参加讨论会，其中女性 66 人，少数民族 153 人（其中 W 族 138 人、H 族 13 人、Z 族 1 人、X 族 1 人）。少数民族占到绝大多数。

访谈：多为对一两个人或家庭的访谈，也有的访谈因为在公共场所（路边等）进行，参与谈话的人数逐渐增多，在光明路延伸段（YL 街道办事处）的一次访谈中，参与及围观的人数达到 20 多人。主要了解项目影响人的生产生活状况、项目将对他们日常生活产生的影响以及他们对项目设计、实施的态度与看法。访谈作为中心小组访谈的补充，样本选择更为灵活、有针对性，对象包括乡镇干部、教师、退休干部、宗教人士、农民、商铺老板、企业员工、家庭妇女、公交车站调度人员等。调查期间，共访谈 128 人，其中少数民族81 人（W 族 61 人、H 族 19 人、X 族 1 人），女性 29 人，同时还有 30 人左右参与谈话。

问卷调查：共在 14 个村（社区、单位）进行，主要了解居民的出行方式、对市内交通状况的评价及其存在的问题、改善的意见。调查主要由调查组成员进行，同时聘请 YL大学 4 位在校学生（皆为 W 族）辅助进行。问卷调查基本在调查点内进行，样本的抽取为非随机的判断抽样方法（根据调查人员的主观经验从总体样本中选择那些被判断为最能代表总体的单位作样本的抽样方法），共获得有效问卷 509 份。

509 个样本的基本构成情况为：

男性略多：男性占 54.3%，女性占 45.7%；

中青年人口居多：平均年龄 46 岁，最大的 88 岁，最小的 14 岁。25 岁以前的占5.8%，26 岁到 45 岁占 45.1%，46 岁到 60 岁占 32.6%，61 岁以上的占 16.5%；

W 族人为主：W 族占 76.3%，汉族占 14.1%，H 族占 9%，其他民族占 0.6%；

覆盖各种程度受教育人群：受教育程度在大专及本科以上的占 11.7%，高中和中专的占 24%，初中文化的占 29.6%，小学文化的占 24.4%，文盲及半文盲的占 10.3%，后者主要是老年人。

职业构成：农民、个体户及私营企业主比重较大，其中农民占 35.9%，个体户及私营企业主占 16.3%，无业人员占 11.6%，机关事业单位干部及工作人员占 10.2%，打工者（包括职员）占 10.6%，离退休人员占 7%，企业工人占 6.4%，其他占 2.8%。总体上看，处于社会弱势阶层的比重较大。不同民族样本的职业构成比重不同，如 W 族样本中 40% 为农民，无业人员、机关事业单位干部及工作人员、个体户及私营企业主、打工者各占 10% 左右；汉族样本中，41.4% 为个体户及私营业主，14% 为离退休人员，13%为农民，工人和打工者各占近 7%；H 族样本中，38% 是农民，个体户及私营业主和无业人员各占 27% 和 11%。所有被调查者中 92.6% 的样本户籍在 NY 市。

参与式快速评估（PRA）工具的使用：鉴于本次评估目的及项目区经济社会特征，本次评估中所使用的 PRA 工具主要以季节历、每日活动图、社区资源图、SWOT 分析等常用工具为主。这些工具的使用通常与半结构访谈、关键人物访谈，以及中心小组访谈等访谈类方法同时开展。（由于篇幅限制，本案例中将不对这些方法在调查和分析中的详细使用过程进行说明，而只是使用其分析结果。）

1.7 社会评价机构

本案例此处详细内容省略。（重点说明社会评价机构的业务能力、参与社会评价工作的人员情况及具体分工等。）

2 项目区社会经济状况

2.1 项目区社会经济基本情况

2.1.1 项目区基本情况

NY 市成立于 1952 年，是历史上"丝绸之路"上的重要城镇，为 K 市的政治、经济、文化和交通中心。NY 市距离 E 省省会 696 公里，平均海拔 1083 米，其中城区平均海拔 620 米。地势北高南低，市区地势相对平坦。

NY 市总面积 675.5 平方公里，共辖 8 个街道办事处、1 镇、8 乡，有 49 个村委会。根据《E 省城镇体系规划（2000～2020）》，NY 市被定为 E 省西部城市带的重要中心城市。NY 市规划城区面积 57.7 平方公里，现状建成区面积约 45 平方公里。

2010 年末，NY 市总人口 47.15 万人，其中非农业人口占 67.8%。全市人口由汉族、W 族、K 族、H 族、M 族、X 族、Z 族、S 族等 37 个民族构成，是一个多民族的聚居区，其中 W 族 23.3 万人，汉族 16.46 万人，K 族 2.14 万人，H 族 3.51 万人，其他民族 1.74 万人。少数民族占总人口 65% 以上，其中 W 族人口占 49.4%。

少数民族人口分布于各乡、镇、场（主要在城郊和农村）及街道办事处（位于城区），以城郊和农村比重较高，其中街道办事处人口中少数民族占 58.6%，乡镇场中少数民族人口占 71.4%。

表 1　2009 年 NY 市主要民族人口（%）

	合计（人）	汉族	W 族	H 族	K 族	其他民族
街道办事处	276297	41.4	43.2	6.8	4.1	4.5
乡镇场	182875	25.0	58.7	8.5	5.2	2.5
合计	459172	34.9	49.4	7.5	4.5	3.7

资料来源：《2010 年 NY 市统计年鉴》。

根据《NY 市政府工作报告 2011》：2010 年，全市实现地区生产总值 94 亿元，同比增长 15%。第一、第二、第三产业结构比例为 6.5%:27.8%:65.7%。财政一般预算收入 9.46 亿元，同比增长 41.2%；地方固定资产投资 56.6 亿元，同比增长 35.7%；城镇居民人均可支配收入 12520 元，同比增加 1915 元；农牧民人均纯收入 7657 元，同比增加 1367 元。

由于 NY 市地处 E 省的交通要道，被列为全国公路枢纽之一，已经形成了铁路、公路、航空为主的立体交通网络。由于地缘优势，NY 市工商业发达，主要工业有毛纺、皮革、印染、食品加工、酿酒、造纸、亚麻、电力、建材以及小型手工业等。商贸业是 NY 市最主要的经济形态，尤其是物流业。随着 NY 市经济的持续快速发展，全市民用汽车拥有量有较大幅度的增长。其总量由 2004 年的 6801 辆，增长至 2008 年的 9859 辆。近几年货运车辆发展迅速，各种货运车辆已达到一万辆左右，从业人员 15000 人，其中个体私营车辆 8000 多辆，年完成货运量 1740 万吨，形成了以个体为主，集体、国营竞相发展的格局。

此外，NY 市还是 E 省重要的旅游目的地城市，2010 年全市旅游接待人数 265 万人

（次），实现收入 4 亿元。

社会经济的快速发展，对城市的整体交通状况提出了更高的要求。本项目的实施，旨在通过改善城市道路交通基础设施，进一步改善全市经济社会发展所需的基础设施水平，满足市民生产生活需要。

表 2　NY 市经济社会发展经济状况

指　　标		NY 市		K 市	E 省
		2009 年	2010 年	（2009 年）	（2010 年）
年末总人口（万人）		45.9	47.2	276.3	2158.63
民族构成（%）	W 族	49.69	49.40	24.6	46.14
	汉族	34.88	34.87	38.4	39.25
	H 族	7.52	7.52	10.5	4.47
	K 族	4.53	4.53	20.7	7.09
	其他	3.38	3.69	5.9	3.05
国内生产总值（亿元）		79.02	95.03	333.7	4273.57
比重（%）	第一产业	4.9	4.8	24.2	17.8
	第二产业	28.8	28.7	34.4	45.7
	第三产业	66.3	66.5	41.4	36.5
人均国内生产总值（元）		17422	20518	12951	19926
财政一般预算收入（亿元）		6.7	9.52	23.9	388.78
财政一般预算支出（亿元）		14.89	20.06	97.6	1346.91
城镇居民人均可支配收入（元）		10605	12520	11003	12258
农牧民人均纯收入（元）		6290	7657	5341	4005
在岗职工平均货币工资（元）		25616	28866	22727	24687

资料来源：《NY 市统计年鉴》、《NY 市 2010 年国民经济与社会发展统计公报》。

2.1.2　项目区人口结构特征

NY 市是一个多民族城市，有汉族、W 族、K 族、H 族、M 族、X 族、Z 族、S 族等 37 个民族，以 W 族人口数量最多，占到全市总人口的 49.4%。在项目主要涉及的 2 个街道办事处和 4 个乡镇中，以乡镇、街道办为单位的人口构成中，少数民族人口比重略低于在全市人口中所占比重，2009 年占到 61.38%，其中 W 族人口占 46%，H 族人口占 8.2%，K 族人口占 4.3%，还有 X 族族、Z 族族、R 族、M 族等几十个民族的居民。

在项目区所涉及的社区，少数民族人口的比重一般较高，尤其是在 KD 乡各村落的农业人口中，少数民族人口均占到 90% 以上。YL 街道办事处 BY 社区少数民族人口占到 99%。这些村落（社区）中，少数民族人口都以 W 族人口为主，此外，在 DL 村的 H 族人口比重相对较高。在 BYD 村，Z 族居民较多，占到村落人口的 20%，H 族、K 族也各占到了 10% 左右，多民族聚居的特征非常明显。在多民族社区或村落，各民族家庭一般相互为邻，混杂居住，关系和睦。

表3　2009 年项目区街道办、乡镇人口的民族构成（％）

	合计（人）	汉族	W 族	H 族	K 族	X 族	Z 族	R 族	M 族	其他
YL 街道办	21845	24.00	63.73	5.80	3.13	1.02	1.19	0.27	0.16	0.71
MBG 街道办	57513	48.88	36.57	7.11	2.99	1.46	0.87	0.64	0.42	1.06
HB 乡	31619	66.96	20.23	4.65	3.78	1.70	0.16	0.53	0.59	1.39
KD 乡	15185	23.06	68.00	5.47	2.13	0.13	0.65	0.12	0.01	0.43
BYD 镇	30605	28.89	44.64	17.74	6.86	0.07	0.42	0.12	0.19	1.07
DMT 乡	29057	16.80	69.01	7.20	4.30	0.09	0.35	0.04	2.13
合计	185824	38.62	45.95	8.17	3.91	0.90	0.57	0.40	0.29	1.19
全市	459172	34.87	49.40	7.52	4.53	0.97	0.89	0.44	0.29	1.10

资料来源：《NY 市 2010 年统计年鉴》，该人口数为 2009 年末数据。MBG 街道办事处为 2008 年数据。年鉴的数字与各乡镇提供的数字，由于统计口径不同（如有的是全部人口，有的是常住人口，有的乡镇仅指农业人口），有一定差异。

表4　2010 年项目区村落、社区人口的民族构成

乡镇、街办	村庄、社区	人口数（人）	汉族人口（%）	少数民族人口（%）				
				合计	W 族	H 族	K 族	其他
KD 乡	总计	11324	8.8	91.2	81.2	7.8	0.9	1.3
	BY 村	3311	8.6	91.4	84.7	4.6	0.8	1.2
	YT 村	1896	8.8	91.2	81.1	5.1	1.4	3.6
	DL 村	1756	9.2	90.8	63.6	26.5	0.3	0.5
	HG 村	2593	8.5	91.5	86.7	2.5	0.8	1.5
	JG 村	1737	9.5	90.5	82.4	4.8	1.4	1.8
BYD 镇	总计	32000	28.9	71.1	44.6	17.7	6.9	1.9
	BD 村	3198			80			
	XC 村*	3040	20.6	79.4	37.9	10.2	10.0	21.3
DMT 乡	总计	32100	18.6	81.4	67.0	7.7	3.9	2.8
	WS 村	4230	17	83				
YL 街道办	总计	19830	23	77	61		16	
	BY 社区	2217	0.7	99.3	95.1	2.5	0.3	1.4
	NG 社区	4856		71				
MBG 街道办	总计	55720	54.1	45.9	27.9	5.2	3.2	9.5
	BY 社区	3327	58.6	41.4	21.6		19.8	

资料来源：该表数据均为各乡镇、社区提供。KD 乡及其各村的数据为政府党政办提供，其民族人口构成限于所在地的农业人口，其中部分数字略有调整。* 为 2009 年数据。

2.1.3　流动人口

由于 NY 市地处交通枢纽，商贸物流业发达，因此也成为区域内重要的外来流动人口集聚地。据《NY 市统计年鉴 2011》显示，2010 年全市户籍人口为 47.15 万人，外来流动人口达到 10.4 万人，全市实际常住人口为 57.45 万人，外来流动人口占全市实际常住人口的 18.1%。

外来流动人口主要从事行业为服务业，包括物流服务行业、餐饮娱乐行业等。外来流动人口中，周边地区流入比例较小，约占总外来流动人口的20%，70%左右都来自河南、四川等地，此外其他东中部地区外来经商和贸易等原因流入的人口占少数比例。

外来流动人口中，主要以汉族为主，少数民族比例较低。其中，外来流动人口中的汉族约占总流动人口的80%以上，少数民族外来流动人口中，又以H族为主，此外如W族和其他少数民族所占比重则很小。

本项目所在区域为NY市商贸物流产业的核心区域，同时也是外来流动人口的重要聚居区。

2.1.4 贫困人口

根据NY市城乡最低生活保障补偿标准，2010年NY市农村最低生活保障标准为人均190元/人/月，城市最低生活保障标准为人均230元/人/月。2010年末，NY市总人口47.15万人，其中非农业人口占67.8%。根据《NY市社会经济统计公报2010》、《NY市政府工作报告2010》，以及来自NY市扶贫办和民政局数据，截至2010年末，全市城乡最低生活保障人口数据如表5所述。

表5 2010年NY市城乡最低生活保障情况（人）

	农村最低生活保障人口数	城市最低生活保障人口数	合计
汉族	4900	4470	9370
W族	5800	5230	11030
K族	1050	890	1940
H族	870	1050	1920
其他民族	720	670	1390
合计	13340	12310	25650

此外，除上述享受城乡最低生活保障的贫困人口之外，还有部分城乡低收入群体，以及部分低收入外来流动人口，也属于项目区贫困人口范畴。据NY市统计局不完全统计，按照NY市规定的人均年收入低于3000元即为低收入人口的标准计算，2010年全市低收入人口比重约占总人口的7%，即约33250人。而在低收入人口中，主要以汉族、W族、K族和H族人口居多，但相互之间并无明显的民族差异。

根据初步调查，本项目共影响弱势群体85户，其中贫困户17户、残疾户21户、低保户73户、独居老人户9户（各种类型的弱势群体存在交叉户35户）。受征地影响的有24户、受拆迁影响的有61户。弱势群体人口占项目永久影响人口的2.5%。

2.2 项目背景

2.2.1 项目组成

本项目的主要建设内容包括：老城区、东城区和开发区范围内的道路、公共交通运输工程、交通管理和道路安全工程。主要包括以下3个子项目：

1. 市政道路建设及附属工程，包括建设老城区、东城区和开发区范围内的市政道路，以及附属工程、公共交通运输工程、交通管理和道路安全工程、机构加强和人员培训。项目共建设25条道路，总长72.39km。包括12条主干路，总长40.97km；10条次干路，总长24.63km；3条支路，总长6.79km。其中：老城区建设道路6条，总长14.75km；东城区建设道路10条，总长24.98km；开发区建设道路9条，总长32.66km。

2. 公共交通建设，包括公交站点、公交保有场、公交枢纽站、公交智能调度指挥中心、公交首末站及购置公交车辆等方面。为提升公交运力及服务质量，本项目购进天然气环保型公交车辆200辆，在5年内逐步将现有老旧车辆淘汰。

3. 交通管理和道路安全工程，包括道路交通标识、标线、交通信号灯及交通监控系统四类。

表6 项目拟建道路一览表

序号	道路名称	道路性质	道路长度（m）	道路修建宽度（m）	车行道宽度（m）	非机动车道宽（m）	人行道宽（m）	绿化带宽（m）	道路所在区域
1	新华东路	主干路	3200.42	36	15	—	9	12	老城区
2	西环路	主干路	4139.98	50	24	8	8	10	
3	滨河大道	支路	3441.85	8	8	—	—	—	
4	光明街延伸段	次干路	616.38	16	16	—	—	—	
5	十一号小区路	支路	1339.27	20	12	—	8	—	
6	飞机场路	支路	2012.73	20	16	—	4	—	
7	胜利街延伸段	主干路	3014.08	50	23	—	6	21	东城区
8	老三路	次干路	1601.18	40	15	9	8	8	
9	S220线北段	主干路	3009.92	40	15	9	8	8	
10	老二路	次干路	4413.61	40	15	9	8	8	
11	老四路	次干路	1905.65	36	15	—	9	12	
12	老五路	次干路	2394.12	35	15	—	9	11	
13	老六路	次干路	1609.15	40	15	9	8	8	
14	东梁街延伸段	主干路	1715.13	36	15	—	9	12	
15	老九路	次干路	1372.92	30	11	7	6	6	
16	老一路	主干路	3941.15	50	24	—	8	18	
17	新村路	主干路	5391.47	16	16	—	—	—	开发区
18	武汉路	次干路	5195.22	36	12	—	9	15	
19	西环北路延伸段	主干路	2624.8	60	30	—	10	20	
20	道北纬一路	次干路	2056.61	32	16	—	11	5	
21	道北纬二路	主干路	2688.26	40	18	10	6	6	
22	道北纬三路	主干路	3343.23	50	20	11	8	11	
23	河北路延伸段	次干路	3461.08	36	12	—	9	15	
24	广东路	主干路	2559.44	46	12	12	10	12	
25	新华西路延伸段	主干路	5504.36	60	24.5	9	11.5	15	
合计			72392.01						

2.2.2 项目直接影响区经济社会情况

本项目建设所涉及区域主要在 NY 市的老城区、东城区和开发区。老城区位于 NY 市的中南部，是过去的主城区，即 8 个街道办事处的辖区；东城区在城市的东部，主要在 KD 乡辖区，规划将发展为 NY 市的文化教育基地；开发区在城市的西部，也是目前 NY 市工业园区，将重点发展工业企业，主要为 HB 乡辖区，以及 DMT 乡、BYD 镇等部分区域。项目对于各区的影响主要表现为，老城区主要为现有道路上的交通设施改善，有两段扩建道路可能导致居民房屋拆迁，拆迁路段涉及 YL、MBD 两个街道办事处；东城区基本为现有道路的扩建和改建，房屋拆迁、土地征收的量较大，主要涉及 KD 乡的 5 个村和 KBK 村的 2 个村；开发区部分道路是改扩建，部分道路为新建，在 DMT 乡和 BYD 镇都涉及拆迁和征地，在 HB 乡基本为征地。本项目所需要的征地部分，有相当一部分已作为城市建设储备用地被政府征收。因此，这里所讨论的项目区经济社会发展及人口状况，主要限于 KD 乡、HB 乡、DMT 乡、BYD 乡以及 KBK 乡这 5 个乡镇以及 YL、MBG 两个街道办事处。这几个区域也是社会评价工作中主要的调查区。

表 7 2010 年项目区乡镇/街道办主要经济社会指标

指　　标	KD 乡	BYD 镇	HB 乡	DMT 乡	KBK 乡	YL 街办	MBG 街办
总面积（平方公里）	21.9	262.46	19.3	57.5	16	5.6	12
耕地（万亩）	1.75	3.48	1.1	4.8	1.7		
户数（户）	2930	8213	2918	7000	1700	8108	20038
人口（万人）	1.32	3.2	1.29	3.21	6000	1.98	5.57
农业人口比重（%）	85.6	70.0*	21.7*	73.2		15.1*	36.2*
少数民族人口比重（%）	92.5	71	33.0*	81.4		77.0	45.9
经济总收入（亿元）	2.57	3.95	2.98	3.88			
牲畜存栏（头、只）	11233	45393	11451*	25471*			
农牧民人均纯收入（元/人年）	8315	6556	7747	8058			
享受最低生活保障（人）	1205	2337		2707		4276	5192
流动人口（人）	1416	1145		7298		1981	9546

资料来源：根据 2010 年、2011 年各乡镇的报告、总结、汇报材料等汇集，有的数据值不同来源有所不同，取其中之一。带星号 * 的数据来自《2010 年 NY 市统计年鉴》，为 2009 年数据。

表 8 调查村落生产情况

村落	村民小组（个）	占地面积（亩）	耕地（亩）	人均耕地（亩/人）	年末总牲畜数（头、只）	农村经济总收入（万元）	劳动力转移收入（万元）	村办企业收入（万元）	农民人均收入（元）
YT 村	4	5486	2466	1.3	1484	3204	188	105	6071
HG 村	6	12700	4325	1.7	4687	3477	165	69	5610
DL 村	6	5255	3538	2.0	1242	3629	261	112	6234
BY 村	7	5210	4119	1.3	1832	3857	177	81	6001
JG 村	5	5300	3094	1.8	1143	3121	161	25	6028
BD 村	6		4039	1.07	2650	3822	3248		7301

续表8

村落	村民小组（个）	占地面积（亩）	耕地（亩）	人均耕地（亩/人）	年末总牲畜数（头、只）	农村经济总收入（万元）	劳动力转移收入（万元）	村办企业收入（万元）	农民人均收入（元）
XC 村	6		5160	1.61	4750	4359	3240		7310
WS 村	7	8500	5522	1.7		2233	541	36	5648
TJ 村	6	7507	5593	2.6	2047	2581	664	187	5162
KBK 村	6	8985	5980	3.1	1965	2590	690	475	5202
DLM 村	4	3170	500	0.5	1500	850	450	0.6	7450

表9　调查村落社会生活情况

村落	人口总数		农业人口比重（%）	少数民族人口比重（%）	流动人口		低保户数量		五保户（人）	劳动力转移（人）	宗教场所（座）
	户	人			户	人	户	人			
YT 村	522	2180	62.9	91.2	79	255	88	189	17	969	2
HG 村	612	2547	88.0	91.5	69	223	106	283	4	871	3
DL 村	616	2076	74.6	90.8	47	151	88	215	6	1286	6
BY 村	714	3716	88.8	91.4	88	256	110	272	11	922	6
JG 村	523	2392	71.2	90.5	113	343	110	246	10	852	3
BD 村	930	3770	83.2	84.7	152	277	163	271	5		4
XC 村	699	3198	91.6	86.7							3
WS 村	830	4230	74.7	83	18	45	114	265	5	1280	4
TJ 村	556	2263	95	87.6	36	112	93			1620	1
KBK 村	531	2039	94.7	90.6	45	130	92		4	1580	1
DLM 村	800	2100	54.6	90	67	112	80	198	3	400	1

注：KD 乡的数据为各有关部门报送，该乡少数民族人口比重是指农业人口中的少数民族人口。

表10　调查社区的基本情况

村落	人口总数		少数民族人口比重（%）	低保户		流动人口		宗教活动场所（座）
	户	人		户	人	户	人	
NG 社区	1574	4856		352	1109	51	202	1
BY 社区	531	2217	95.1	278	945	13	39	1
BY 社区	1722	3945	41.4	107	254	394	618	1
合作区第三社区	474	1183	30	218	633	130	265	

2.3　城市发展规划和相关政策对项目的作用和影响

根据《NY 市"十二五"发展规划纲要》，"十二五"期间市政基础设施发展的重要目标之一为全市建成区实现公交全覆盖，所有城市规划区实现出门 1 公里之内能到达公交站台，所有城市郊区实现郊区公交网络覆盖。

在全市经济结构调整方面，《纲要》明确规定，要在"十二五"末期把 NY 市建设成为 E 省西北部重要的交通枢纽和物流仓储中心，使物流仓储和商贸服务行业年产值超过工业产值，成为全市的最重要经济部门。

本项目的实施，是实现《纲要》中确定的城市市政基础设施发展和促进全市经济结构调整和转型的重要保障。

3 社会影响分析

3.1 项目的经济层面影响

3.1.1 项目区域经济与当地产业发展

本项目的实施，旨在进一步改善项目区交通基础设施，将对项目区产业发展产生进一步促进作用。根据项目设计，本项目的实施，预计将使项目区交通基础设施的覆盖率从60%提高到65%，尤其是为东城区和开发区的交通改善提供重要保证。本项目的实施，还将同时打通开发区与 S220 之间的通道，从而为商贸物流和工业产业集中的新城区更快地融入全省立体交通网络提供优越的便捷条件。

3.1.2 城市化进程

本项目的实施，在改善老城区基础设施的同时，重点为东城区和开发区的基础设施改善和城市化进程加速提供重要保证。目前，按户籍人口统计，NY 市的城市化率超过60%，但与此同时，在 NY 市城区周边地区，尤其是东城区和开发区内，还有进一步加快城市化进程的空间。在社会经济快速发展的背景下，目前东城区和开发区已经成为 NY 市重要的工业和物流商贸产业的集中区域，同时城市的扩展，这一区域也逐渐成为 NY 市新的商业中心和交通中心。

本项目的实施，为进一步完善这一区域的基础设施，提高区域带动能力，从而加快全市城市化进程提供动力。

3.1.3 居民收入与分配

据统计，2010 年 NY 市城镇居民家庭人均可支配收入为 14215.34 元，略高于 E 省城镇居民家庭人均可支配收入。但在消费性指数和家庭支出方面，则略低于 E 省平均水平。城镇居民家庭恩格尔系数略低于 E 省平均水平。从宏观数据看，NY 市项目区城镇居民家庭在收入和分配方面，总体上与 E 省平均水平相当，但在人民生活水平上略高。

从农村居民家庭收入情况看，NY 市农村居民 2010 年总收入、全年家庭人均纯收入都略高于 E 省平均水平。

本项目的实施，将通过改善全市公共基础设施水平，进一步带动商贸物流产业发展，预计将进一步改善 NY 市城乡居民的家庭收入状况。根据项目区城乡居民的问卷调查结果显示，62% 的被调查者认为本项目的实施肯定会增加自己的家庭收入，16% 的被调查者认为会增加收入，只有 22% 的被调查者表示否定。

表 11 2010 年 NY 市城镇居民家庭收入分配情况

项　　目	E 省	NY 市
平均每户家庭人口（人）	2.98	2.54
平均每户就业人口（人）	1.54	1.5
平均每一就业者负担人数（包括就业者本人）（人）	1.94	1.69

项　目	E省	NY市
平均每人全部年收入（元）	15421.59	15439.25
平均每人可支配收入（元）	13643.77	14215.34
平均每人消费性支出（元）	10197.09	10004.2
家庭总支出（元）	13980.3	12130.95
城镇居民家庭恩格尔系数（%）	36.2	35.3

表12　2010年NY市农村居民家庭人均总收入和纯收入（元）

项　目	E省	NY市
总收入	8806.87	8996.59
工资性收入	556.26	933.29
家庭经营收入	7795.26	7208.28
全年家庭人均纯收入	4642.67	5325.64
可支配收入	4254.66	4957.04

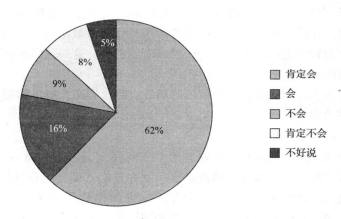

图1　项目是否增加家庭收入情况调查

3.1.4　就业

2010年NY市的就业人口结构中，第一产业就业人口比重只占总就业人口比重的6.5%，而第二产业和第三产业分别占到总就业人口的26.2%和67.3%，这也进一步说明在NY市工业和商贸物流等第二、第三产业在总经济结构中的核心地位。同时，经过最近十多年社会经济快速发展，目前NY市总体就业状况良好，城镇登记失业率只维持在2.5%的较低水平，低于E省的城镇登记失业率。

根据项目设计，本项目在实施期间及运行管理期间，将直接产生临时性新增就业岗位13020个，永久性新增就业岗位290个。被调查者的问卷调查结果也显示，超过70%的被调查者认为项目将促进NY市就业。此外，由于本项目实施产生的产业连带效应，从长远看，预计还将为项目区提供超过2万个新增就业岗位。

表 13 2010 年就业基本情况

项 目	E 省	NY 市
就业人员合计（万人）	894.65	57138
第一产业	438.13	3714
第二产业	132.75	14970
第三产业	323.77	38454
就业人员构成（合计＝100）		
第一产业	48.97	6.5
第二产业	14.84	26.2
第三产业	36.19	67.3
城镇登记失业人数（万人）	10.99	0.1339
城镇登记失业率（％）	3.2	2.5

注：数据来自《E 省统计年鉴 2011》、《NY 市统计年鉴 2011》。

表 14 本项目预计直接新增就业岗位数量

新增就业岗位产生时间		新增就业岗位类型	数量（个）
建设期临时新增就业岗位	第一年	技术性工作岗位数量	210
		非技术性工作岗位数量	1230
	第二年	技术性工作岗位数量	795
		非技术性工作岗位数量	4455
	第三年	技术性工作岗位数量	375
		非技术性工作岗位数量	2415
	第四年	技术性工作岗位数量	330
		非技术性工作岗位数量	3210
合 计			13020
运行期永久性新增就业岗位		技术性工作岗位数量	60
		非技术性工作岗位数量	230
合 计			290

3.1.5 弱势群体

根据 2010 年统计，NY 市享受城市居民最低生活保障人数为 2769 人，共 1308 户，全市农村居民中享受最低生活保障人数为 1780 人，共 792 户。根据 NY 市城乡低保标准，城镇居民人均补助额 320 元/月，农村居民人均补助额 281.2 元/月。此外，据 NY 市相关部门统计，全市 2010 年有各类残疾人 1928 人。

本项目的实施，预计将为改善弱势群体的生活环境，为弱势群体提供就业等方面产生较明显的影响。针对被调查对象中低收入群体的调查结果显示，所有 50 位被调查低收入城镇居民和 50 位被调查低收入农村居民均对此项目表示欢迎，认为该项目的实施，将为他们提供更多的就业机会，改善其收入条件和生活环境。

表 15　2010 年项目区城镇最低生活保障标准和支出水平比较（元/人/月）

	城市最低生活保障标准	农村最低生活保障标准
E 省	183.2	204.2
NY 市	320	281.2

表 16　2010 年项目区城镇最低生活保障情况

项　　目	E 省	NY 市
城市居民最低生活保障人数（人）	970748	2769
城市居民最低生活保障家庭数（户）	427101	1308
农村居民最低生活保障人数（人）	2108970	1780
农村居民最低生活保障家庭数（户）	189982	792

3.1.6　支付意愿与支付能力

本项目实施后，随着新建公交线路的开通，将在部分项目区增加新的收费项目。但由于新开通公交客运线路的收费标准将与全市其他公交线路标准相同，因此预计不会产生较大的导致新增支付困难的问题。

与此同时，调查结果显示，由于现在部分项目区域交通基础设施较差，城乡居民的出行往往都要乘坐私人小面包车或自己开车出行，交通成本较高，而新公交线路的开通，客观上将降低项目区公众的出行交通成本。调查结果显示，超过 80% 的被调查者认为，本项目的实施，将会直接减轻他们的出行交通成本。2010 年，被调查者平均每人每次的交通出行成本为 7.5 元，而目前 NY 市公共交通的平均票价为 1 元/次，这意味着本项目实施后，随着项目区公共交通网络覆盖率的增加，该区域市民的出行交通成本最高将降低 5.5 元/次。

因此，本项目的实施，预计不存在针对公众的支付意愿和支付能力问题。

3.2　项目的社会层面影响

3.2.1　人文环境

NY 市属于 E 省少数民族人口集中聚居区，随着近年来商贸物流仓储产业的持续快速发展，外来流动人口较多，对外社会经济和文化交流频繁。因此，NY 市总体上形成了"一个多元文化相互包容、开放心态面对外来影响"的文化环境。在这一人文环境中，各族人民和平共处，各自文化传统、宗教信仰、风俗习惯都得到充分尊重，并且逐渐形成了开放心态面对外来文化影响的传统。

目前，NY 市已经成为中国西北地区，尤其是 E 省重要的旅游目的地城市，并且凭借其独特的地理地貌、人文风俗、名胜古迹而吸引大批海内外游客，使得旅游业成为 NY 市重要的经济部门。据统计，2010 年 NY 市旅游业收入已经占到全市地区生产总值的 10% 以上，正在逐渐成为继工业和商贸物流产业之后的第三大经济产业部门。

本项目的实施，客观上将更进一步拉近 NY 市与周边地区和外部世界的联系，带来更多的社会经济和文化资讯，进一步活跃 NY 市的人文环境，促进 NY 市与外界的融合。

3.2.2 教育

随着社会经济的持续快速发展，NY 市教育发展总体情况较好。据统计，2010 年全市有普通高等学校 1 所，中等职业学校 21 所，中学 185 所，小学 360 所，特殊教育学校 2 所，基本涵盖了各阶段教育的需求。

而从升学率和在校学生比率看，2010 年，NY 市小学和初中学生毕业升学率都为 100%，高中毕业升学率也高达 91.2%，远高于 E 省平均水平。此外，NY 市每十万人口平均在校学生数，也高于 E 省平均水平。

本项目的实施，在短期内预计将不会对项目区教育事业的发展产生直接影响，但从长期看，本项目将通过促进项目区整体社会经济发展而推动项目区教育事业发展，尤其是教育基础设施和学生道路交通安全等现实问题的改善。

3.2.3 卫生

在公共卫生与健康方面，NY 市目前总体上发展良好，但从平均每万人床位数看，总体上落后于 E 省平均水平。从城乡居民的医疗健康保健支出水平看，则远高于 E 省平均水平。这也从侧面反映 NY 市总体社会经济发展水平高于 E 省平均水平。而从法定报告传染病发病率情况看，NY 市各法定报告传染病的发病率都低于 E 省平均水平，这表明 NY 市公共卫生及健康状况总体上发展良好。

本项目的实施，表面上与项目区公共卫生及健康并无直接联系，但项目的实施，预计会对此产生间接影响。间接影响表现为两方面，其一为正面影响，如项目的实施将推动项目区总体经济社会发展，从而间接推动 NY 市公共卫生和健康基础设施的发展和完善；其二为潜在负面影响，表现为本项目的实施，将增加项目直接影响区域的空气污染，增加该区域人口流量，存在公共卫生和健康隐患，随着人流量加大性病等传染性疾病发病率可能会提高。问卷调查结果也表明，超过 50% 的被调查者认为，项目实施后人流量加大，可能会对当地公共卫生健康形成威胁。

3.2.4 文化遗产

NY 市作为 E 省少数民族人口集中聚居区之一，拥有丰富的文化遗产资源，其中包括以伊斯兰文化为代表的少数民族文化传统和风俗习惯，包括语言、文字、饮食习惯、服饰文化、农牧业生产方式等，都成为 NY 市重要的文化遗产资源。NY 市地形地貌复杂，同时拥有沙漠、戈壁、高原草场等多种不同类型的地貌特征，地质资源复杂，拥有包括荒漠湖泊、沙漠绿洲、高原草场等多种不同类型的旅游资源。

此外，NY 市还拥有众多的文化文物古迹，2009 年被评为"E 省历史文化名城"，据第三次文物普查结果，NY 市共有 46 处文物保护单位，其中国家级重点文物保护单位 1 处，E 省重点文物保护单位 5 处，K 市文物保护单位 6 处，NY 市级文物保护单位 34 处。不可移动文物 9 处，历史建筑 44 处，古树 107 棵。

本项目的实施，预计将对 NY 市文化遗产产生双重影响。其一是正面影响，本项目的实施促进 NY 市社会经济发展，包括旅游业的发展，从而促进全市文化遗产的保护和开发。其二是负面影响，将使 NY 市在中长期范围内增加大量外来商务和旅游等流动人口，对全市文化遗产的保护产生一定的压力，同时直接导致项目区内人口流量的快速增加，成为文化遗产面临压力的重要区域。

3.2.5　宗教设施

NY 市目前共有各种类型清真寺 25 座，在项目直接影响区域内有 8 座，此外，NY 市还有佛教寺庙 2 座。本项目的实施，不涉及对宗教设施的拆迁和直接影响。此外，项目的实施在短期内也不会对项目区内的宗教设施产生直接影响。

3.2.6　贫困分析

NY 市目前享受城市低保人数为 2769 人，享受农村低保人数为 1780 人，2010 年全市各类残疾人 1928 人。而受项目直接影响的区域，享受城市低保人数为 135 人，享受农村低保人数为 142 人，各类残疾人为 210 人。

本项目的实施，对 NY 市减贫工作有积极意义。其一是通过项目实施促进全市整体社会经济发展，从而间接使贫困群体获得更多的就业机会和发展机会，同时也扩大政府公共财力，可拥有更多资源投入到减贫工作。其二，在项目实施期内，贫困群体可通过直接参与项目实施并在其中就业的方式，以获得增加收入的机会。

对于残疾人群体，本项目还将通过改善交通基础设施，从而改善残疾人出行条件等方式，使残疾人群体获益。

3.2.7　社会性别分析

问卷调查结果显示，被调查城市居民家庭中，妇女在家庭家务劳动和照顾老人小孩等方面承担更多工作和责任，而男人则在保障家庭经济收入和家庭重要事务决策中具有更重要的作用。70% 的被调查妇女表示，超过 80% 的家庭事务都是她们负责，男人很少承担如洗衣做饭等家务工作；同时，超过 30% 的被调查妇女表示她们没有固定的职业和收入，主要是做家庭主妇。

但农村居民的社会性别分工则和城镇居民有所差异，主要表现为农村妇女更多地参与到家庭生产和经济活动中。如超过 60% 的被调查妇女表示，在家庭主要的生产劳动和经济收入活动中，妇女和男人几乎承担了同等重要的工作，而且超过 40% 的被调查农村妇女表示，她们在家庭生产和生活事务决策中拥有比男性更多的决策权，男性则更多地执行复杂的家庭决策。

从民族文化特征看，总体上汉族的社会性别平等程度比少数民族高。调查显示，超过 60% 的汉族被调查妇女表示，男人会帮助做家务劳动，妇女和男人在家庭事务决策中拥有同样重要的发言权。与此同时，60% 的少数民族被调查妇女表示，男人从来不做家务，而女人则很少能参与家庭事务决策。

本项目的实施，改善了项目区公共基础设施，对于城市地区来说，预计将对项目区妇女产生的积极影响，包括使妇女在购物、购买日常生活用品、接送孩子上下学等方面拥有了更便利的交通系统，减少了交通出行成本和时间成本；项目的实施，将为城镇妇女提供更多的就业机会，增加其从家庭走向社会的机会和可能性。对于农村地区妇女来说，项目的实施，将有助于他们更好地了解外部世界，提高自身见识和能力，同时也增加了其获得更多就业和增加收入的机会。

3.2.8　少数民族影响分析

本项目的实施，预计将对项目区少数民族产生较大正面影响。调查结果显示，项目区城镇范围少数民族主要从事的职业以在商贸物流企业和工厂打工、餐饮服务业、旅游服务业等行业为主，工资性收入平均占城镇少数民族家庭收入的 60% 以上。本项目的实施，预计将为其提供更多的就业机会。

项目区农村地区少数民族主要的职业以农牧业和打工为主。调查显示，农牧业收入占被调查少数民族农户家庭平均收入的 70%，打工收入约占家庭总收入的 25%。据被调查少数民族农户反映，由于受项目区交通条件限制，农牧民很少自己把畜牧产品运送到外部市场，而是卖给收购商，农牧民并不与终端消费市场直接接触。本项目的实施，预计将大大降低项目区农牧户进入市场的距离，由目前进入市场所需时间最短 1 小时减少到项目完成后的 20 分钟。

3.2.9 非自愿移民分析

根据项目设计，本项目土地和房屋征收直接影响范围涉及 NY 市 5 个乡镇的 13 个村，具体如表 17 所示：

表 17 项目征地拆迁影响

影 响	单 位	数 量
集体土地	亩	980.75
	户	213
	人	992
国有土地	亩	317.97
农村居民房屋	平方米	94964.74
	户	648
	人	2837
商铺	家	130
	平方米	15475.43
	职工	313

经调查统计，本项目中受征地拆迁影响人口共计 832 户、3552 人；合计直接影响少数民族人口为 3218 人，占本项目受影响总人口（3552 人）的 90.6%。在 3218 人受影响少数民族人口中，W 族 2886 人，H 族 217 人，K 族 59 人，其他少数民族人口 55 人，占比分别为 89.68%、6.74%、1.84%、1.72%。

本项目共影响弱势群体 85 户、89 人，其中贫困户 17 户、残疾户 21 户、低保户 73 户、独居老人户 9 户（各种类型的弱势群体存在交叉户 35 户）；受征地影响的有 24 户、受拆迁影响的有 61 户。弱势群体人口占项目永久影响人口的 2.5%。

4 利益相关者分析

社会评价小组在项目主要利益相关者中开展了无限制的前期知情参与（free prior informed consultation），即所有的利益相关者均能参与到沟通与协商中去。在每一个子项目的现场工作中，社会评价小组选择了不同的调查点，以涵盖受项目不同影响的主要利益相关者。具体参与活动详见表 18。

表18　主要利益相关群体的无限制前期知情参与

参与对象	参与活动	目　　标
拟建设道路周边城镇社区和农村社区居民户代表（包括贫困户、少数民族户、妇女、残疾人代表、学生代表、流动人口代表等）	问卷调查（300份） 小组座谈（20次） 关键人物访谈（30人次）	①项目信息分享； ②项目需求分析； ③对项目设计和实践的评价； ④分析项目的影响； ⑤分析项目存在的问题； ⑥提出期望和建议； ⑦表达支付意愿，分析支付能力
NY市拟建设道路区域之外的其他城市社区和农村社区居民户（包括贫困户、少数民族户、妇女、残疾人代表、流动人口代表等）	问卷调查（300份） 小组座谈（20次） 关键人物访谈（25人次）	
受项目征地拆迁影响的城乡居民户、商铺、企事业单位代表	小组座谈（10次） 关键人物访谈（20人次）	

4.1　主要利益相关者的识别

本项目是一个城市交通改善项目，涉及道路的改扩建和新建、公共交通设施的建设和改善、公交服务及交通管理人员能力的提高。从项目目标看，项目将改善 NY 市整体交通状况，尤其是公共交通状况，从而改善 NY 市交通环境，优化该市经济社会发展基础设施，在提高居民出行效率、增加出行的方便、快捷和舒适程度的同时，也在增加居民发展机会、改善就业环境、提高生活质量等方面起到有益的作用。因此，主要利益相关者包括：

1. NY 市政府：是项目最主要的推动者和支持者，希望借此改善城市交通环境，吸引投资、拉动经济、改善居民生活及就业、收入状况。

2. 普通居民：都将从本项目的实施中获得益处，具体来看，生活、工作在项目道路沿线，对项目道路使用率更高的居民获益更明显，包括出行更加便捷安全、生活工作环境更优化等。

3. 经常沿项目道路去学校的中小学生：由于道路拓宽增加出行的安全性，公交线路延伸和服务优化使其上下学更为便利。

4. 公共交通司乘人员：因本项目改善道路交通状况和公交司乘人员的工作环境，增加行车安全性。

5. 被征地拆迁居民户/商户/企事业单位：主要为居住在项目区（包括新建、扩建道路的沿线，新建公交站点、公交保有场等场所），因为耕地、住房、商铺等在项目实施中被拆迁，生活、生产环境可能因此而被改变的居民。此外，在项目沿线面临拆迁的商铺、企业等工作的人员，可能因商铺、企业被拆迁而影响其就业和收入情况。

6. 直接受项目施工影响的群体：居住在项目区域及其附近，因项目实施而受到暂时的出行不便和交通不畅，以及噪声、扬尘等环境影响，大型施工车辆增多带来安全隐患等的居民。涉及建设施工项目区所在的村落及社区，其居民及相关单位将普遍受到这类影响。同时，这些因项目实施而可能受到短期负面影响的居民，又因道路的改善将带来的出行、生活、生产、环境等方面的长久收益而对项目实施普遍存在希望。

7. 销售农副产品的农民和流动摊贩：尽管本项目内容核心为城市道路建设和改善，并不涉及城乡道路及农村生产道路，但由于不可避免地存在周边农户进城销售农副产品，或在城区销售农副产品的流动摊贩，这部分群体的交通工具呈现多样化特征，既包括机动车，也包括人力三轮车，甚至畜力平板车等。项目的实施，一方面将改善道路交通状况，使其受益；但另一方面，如果道路设计中缺乏非机动车道的完善设计，则将使其利益受损。

表 19　项目涉及利益相关者

利益相关者	与项目的关系	项目中角色	对项目的态度	对项目成败影响程度
NY 市政府	直接受益	组织、协调、管理及决策者	支持	大
普通居民	直接受益	协助、配合、受益者	支持	大
学生	直接受益	协助、配合、受益者	支持	小
公交司乘人员	间接相关	协助及资金配套者	支持	小
征地拆迁影响居民/商户/企事业单位	直接受损/受益	协助、配合、执行、利益维护者	配合	大
直接受项目施工影响群体	间接受损/受益	协助、配合、执行、利益维护者	支持	小
销售农副产品的农民和流动摊贩	直接受益/受损	协助、配合、受益者、受损者	支持	小

4.2　主要利益相关者分析

4.2.1　NY 市政府

NY 市政府是公众利益的代表，同时也是本项目的最终业主单位。NY 市政府在项目中有重要的管理和监督职能，其目标是确保项目科学合理的设计，并有效地组织项目的实施，在项目完成后实现有效的管理和维护运行。

尽管 NY 市政府在本项目中具有举足轻重的关键作用，但由于 NY 市政府本身缺乏足够开展本项目实施所需的专业技术力量，因此需要在项目中获得专业咨询机构和专业实施机构的协助。

4.2.2　普通市民

普通市民是项目的最终受益群体，本项目的设施，将通过改善交通基础设施，促进区域经济发展，改善区域环境等方式，使普通市民在项目中受益。

对项目来说，普通市民的支持和参与，是项目成功实施并有效地实现项目目标的重要条件。因此，普通市民一方面有责任积极参与项目的实施和后续管理及运行，同时也有责任在项目中尽可能地实施监督职能。

4.2.3　学生

直接使用本项目所修建道路上下学的学生，也是本项目中重要的利益相关者。调查显示，本项目各条修建道路 500 米范围内有各类学校 35 所，学生总共约 35000 人，其中中小学校 24 所，幼儿园 11 所。本项目实施之前，由于交通不方便，不仅学生上下学的交通时间和成本高，而且存在很多交通安全隐患。

因此，从学生与家长的角度，项目的设计和施工应充分考虑他们的现实需求。如调查结果显示，超过 80% 的被调查学生最关心的是项目实施之后，能够获得更便捷的公共交通服务，其次是项目实施期间能否充分考虑到学校的作息时间，尽量减少对学生正常学习和生活的影响。

4.2.4　公交司乘人员

目前，项目区共有 10 条公交线路，150 辆公交车，一线公交司乘人员约 300 人。由于项目区人口数量较大，公共交通需求量随着经济社会发展和外来人口的增加而快速上升。目前项目区域的公共交通服务已经不能满足现实需求。本项目的实施，将直接增加公共交通服务供给量，改善道路交通环境，提高公交司乘人员的工作环境。因此，公交司乘人员一方面是项目的重要利益相关者，受项目的直接影响，另一方面也具有积极参与和配合项目实施的职能。

在对项目区已有公共交通司乘人员的调查结果显示，70% 的被调查人员表示目前工作量太大，已经超出其承受能力；80% 的被调查者认为目前项目区道路交通基础设施的改善是减轻其工作压力的重要方式之一。

4.2.5　受征地拆迁影响者

受征地拆迁影响者是本项目顺利实施的关键群体，也是本项目中受直接影响最重要的利益相关者。从受影响群体来说，他们的主要期望有两条：其一，尽量减少影响量；其二，需要进行合法的补偿安置。

调查显示，项目区农村居民户的人均耕地量为 1.5 亩。由于项目区光照条件和市场交通条件优越，且农业生产所需水土条件较好，因此耕地上的主要作物以经济作物为主，土地产出和利润较高，农户对于土地被征收的意愿并不高。超过 70% 的被调查者表示，并不愿意自己的土地被征收。

从城镇居民对被拆迁的态度来看，调查显示超过 70% 受拆迁影响的被调查者表示最关注能否获得合理的补偿和安置。

4.2.6　受项目施工影响者

本项目实施过程中，项目周边公众受到的社会影响主要包括：（1）因工程临时占地对工程施工周边地区产生严重的交通拥堵；（2）大量工程设施的频繁出入，对项目区域的道路交通安全，尤其是对学生的道路交通安全形成严重隐患和风险；（3）工程项目施工过程中的噪声、粉尘污染等对周边公众的影响，尤其是项目施工区域的各类学校和公共机构的影响；（4）工程施工影响周边公众日常的散步休闲等生活方式。

调查显示，受项目施工影响者对于项目的实施，其主要诉求是要求在项目实施过程中能尽可能减少上述负面影响，尽可能确保周边公众正常的生产生活不受影响。

4.2.7　销售农副产品的农民和流动摊贩

这部分群体总体上可分为两部分，第一部分为进城销售自家生产的农副产品的农民，第二部分为在路边销售农副产品和其他相关产品的流动摊贩。

第一部分农民在本项目中受到的社会影响主要包括：（1）项目施工期间，施工范围内其无法销售农副产品，这是消极影响；（2）项目完成后，道路交通设施的改善，将有效地缩短运输时间，减少运输设备的损耗，这是积极影响；（3）对项目区市民问卷调查显示，70% 的被调查者反映经常能碰到进城销售农副产品的农民，尤其是销售瓜果蔬菜的农民。而在所有回答者中，约有 20% 的人表示经常能看到人力三轮车和畜力马车作为运载工具的情况。项目道路设计过程中，可能部分道路，尤其是非主干道，存在非机动车道缺乏或过窄等问题，将影响其交通运输。

第二部分是城市里的流动摊贩，这部分群体经营的产品庞杂，流动性大，交通或运载工具形式多样。本项目的实施对其的影响主要包括：（1）项目施工期间，施工范围内无法开展有效经营活动，这是消极影响；（2）项目完成后，道路交通设施的完善，有利于改善流动摊贩的交通困难；（3）城市道路交通的完善和提高，促进区域内人流量增大和经济发展，有利于增加流动摊贩的潜在客户量和销售额；（4）但部分道路，尤其是非主干道存在的非机动车道缺乏或狭窄等问题，可能使得某些区域并不适合流动摊贩经营，对这部分群体产生一定的消极影响。

表 20　项目涉及的主要利益相关者需求分析

主要利益相关者	共同需求	特殊需求
拟建设道路周边城镇社区和农村社区居民户代表（包括贫困户、少数民族户、妇女、残疾人代表、学生代表、流动人口代表等）	——确保社区环境不会遭到破坏； ——科学安全地处理建筑垃圾； ——确保项目工程区域周边交通不断流； ——制定科学合理的疏导交通、降低工程噪声和空气污染的措施； ——确保学生上下学交通安全； ——加强对施工工程车辆的管理，降低交通安全隐患； ——定期公布工程进展，并公布环境监测数据	——贫困户：给予扶持 ——移民：得到合理补偿及妥善安置 ——学生：加强道路安全教育
NY 市拟建设道路区域之外的其他城市社区和农村社区居民户（包括贫困户、少数民族户、妇女、残疾人代表、流动人口代表等）	——完善公共交通系统，使公共交通更加便捷； ——确保建筑工地不产生严重空气污染，工程车辆不造成交通安全事故，工程区域交通不中断； ——确保按期完成工程，不产生工程拖延； ——确保工程质量，防止工程腐败	——贫困户：给予扶持 ——本地居民：优先获得新增就业岗位
受项目征地拆迁影响的城乡居民户、商铺、企事业单位代表	——尽量减少征地和拆迁量； ——工程施工期间，确保征地拆迁受影响者正常的生产生活秩序不受影响； ——确保工程施工期间不产生严重的环境影响	——拆迁户/单位：得到合理补偿及妥善安置

4.3　组织机构分析

　　本项目的组织机构体系具体如图 2 所示：

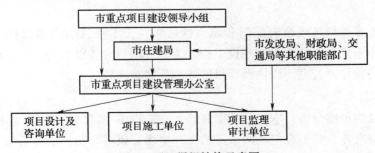

图 2　项目组织结构示意图

　　本项目属于 NY 市综合利用亚行资金和地方政府配套资金建设的重点市政工程建设项目，根据项目实施和管理的需要，NY 市政府专门成立了市重点项目建设领导小组，领导小组下设市重点项目建设管理办公室，办公室设在市住建局，由住建局主要领导担任市重点项目建设管理办公室主任。此外，市发改局、财政局、交通局、国土资源局、规划局、环保局，以及其他若干职能部门，都作为重点项目建设领导小组的成员单位，并派出专人作为重点项目建设管理办公室协调员，以随时根据需要参与项目活动，确保项目的顺利开展。

此外，在项目实施过程中，整个项目的设计咨询、建设实施等都在项目建设管理办公室的组织下进行；项目监理审计等则在项目建设管理办公室之下，由市政府各行政主管部门和职能部门组织实施。此过程中涉及的利益相关者主要包括项目设计、咨询、施工、监理、审计单位等。

在上述正式组织机构框架之外，本项目所涉及区域的相关政府机构、街道办事处或乡镇、社区或行政村等，也将在本项目过程中发挥重要的协助和配合的作用，为项目的顺利实施和开展提供重要的支撑。

5 社会相互适应性分析

5.1 不同利益相关者与项目的相互适应性分析

本项目旨在改善 NY 市整体道路交通状况，促进城市基础设施发展，为社会经济发展提供必要的基础设施保障。且 NY 市的主导产业是商贸物流业，交通基础设施的重要性比其他产业更高。因此本项目整体上与各利益相关者的根本利益是一致的，并不存在冲突。

但项目的实施，一定程度上也会在短期内对主要利益相关者产生负面影响甚至利益冲突，这些负面影响除了征地拆迁和工程施工中的环境负面影响之外，也会对部分特殊群体的利益产生潜在影响。

5.1.1 各级政府部门

根据 NY 市《"十二五"发展规划》，到"十二五"末期，将 NY 市建设成为 E 省的西部交通枢纽和商贸物流集散中心，使 NY 市成为 E 省年接待旅游客流量前三位的城市。在经济发展方面，使 NY 市城乡居民收入在"十二五"末期翻两番，成为 E 省平均居民收入最高地区。

本项目是 NY 市市政发展和基础设施改善项目名单目录中的优先发展项目，同时也是实现 NY 市"十二五"发展目标的重要公共投入领域之一。因此，本项目在宏观方面具有适应性。

而从项目实施区域各级政府部门和城乡社区来说，本项目的实施则具有更重要的意义，并且被作为未来几年最重要的建设工程。为此，项目区各级政府部门还成立了为项目专门提供服务的领导办公室，以协助项目的顺利开展和实施。

5.1.2 普通市民

从普通市民的角度分析，本项目的实施除了在工程施工期间带来生产生活的不方便或一定的环境影响之外，并不会与不同市民的生产生活、风俗习惯、宗教信仰、社会保障等产生冲突或不适应问题。

从中长期看，NY 市社会经济高速发展，已经出现了一定程度的交通拥堵现象，目前的公共道路基础设施和公共交通服务已经不能完全满足城市发展的现状。因此，本项目的实施，从根本上是符合普通市民的利益的。

5.1.3 学生

本项目的实施，将改善目前项目区中小学生上下学途中的通勤时间和道路安全状况，从学生的角度，具有较高的适应性。但与此同时，项目的实施，也会在短期内对项目区各中小学生的道路交通安全形成一定隐患和风险，需要制定相应的措施和方案。

5.1.4 受征地拆迁影响者

根据本项目设计方案，将不可避免地产生征地拆迁影响。从项目与征地拆迁影响者相互适应性的角度考察，核心在于对被征地拆迁影响者进行合理的补偿和妥善的安置。除此之外，并不会产生其他相互适应性问题。

5.2 项目与当地组织、社会结构的适应性分析

NY 市属于我国少数民族聚居区之一，同时也是 E 省经济社会发展程度较高的地区，文化发展繁荣，社会稳定。

NY 市少数民族占全市总人口超过 60%，从人口数量和社会风俗及文化形态等角度看，少数民族都占据主流地位，并且享受各种优惠性的社会发展政策和民族政策。除此之外，由于 NY 市少数民族数量较多，且 NY 市少数民族的传统社会管理结构中，通常都存在较明显的长老治理或宗教领袖治理的传统，因此，在社会管理中，传统精英，包括经济精英和宗教精英，都能发挥较大的作用。

此外，在汉族社区中，还存在许多由退休人员组成的休闲娱乐小组（协会），以及以其他形式的提供公共服务的一些民间组织，这些组织在发挥其本身的职能之外，在一定程度上也对组织成员产生一定的社会规范和规制作用。

调查显示，在项目区内 45 个城乡社区中，各类非正式民间组织有 10 个。无论是正式的社区组织，还是非正式的民间组织，在项目中都具有代表不同范围的公众争取合法权益的职责。但从总体上看，由于本项目的公共属性和公益性，项目区的社会结构和组织特征并不会对本项目产生负面影响，这种特殊的由正式组织和非正式组织混合的社会组织结构，反而有利于项目实施过程中为面临的潜在利益冲突和风险的解决提供了更多思路和路径，尤其是有助于形成行之有效的申诉和处理机制。

5.3 项目与当地技术、文化条件的相互适应性分析

本项目作为常规的市政道路工程，在 NY 市不存在因技术障碍而受影响的问题。据调查统计，目前 NY 市拥有具有市政道路设计和工程咨询的设计单位一个，具有市政道路建设施工资质的公司 3 个。E 省是我国西部地区科教资源较为集中的区域之一，在市政工程建设方面拥有较为雄厚的科研和咨询专家队伍，同时也具有实力雄厚的诸多工程建设施工单位。

本项目不涉及对项目区宗教设施和文化遗产的征地或拆迁，因此，不会出现这方面的风险。

6 社会风险分析

6.1 征收补偿安置风险分析

本项目受征地拆迁影响的城乡居民及企事业单位总体上数量较大，并在少数民族地

区，如何科学合理地补偿和妥善安置，是本项目顺利实施的关键。征地拆迁补偿安置中潜在的风险因素包括：

1. 项目征地拆迁范围同时涉及国有土地和集体土地，尽管所有征地拆迁范围都已经列入了 NY 市城市建设规划范围，但由于不同区片土地补偿价格标准不同，且不同区域之间房屋征收补偿价格可能存在差异，这种差异容易引起被征地拆迁户之间由于补偿额度的差异产生矛盾而导致的不配合甚至抵制合法拆迁的现象。

2. 部分征地影响户在被征地拆迁之后，将面临失业的风险。调查显示，被征地拆迁直接影响群体中，约 20% 的人依靠被征收土地或被拆迁房屋作为主要生计来源，被征地拆迁之后，这部分群体中的部分人可能面临生计恢复困难或失业的风险。

3. 被征地影响群体中，有农村低保户 2 户，共 5 人；有少数民族贫困户 3 户，共 9 人。这些极端脆弱群体在被征地之后，将面临既失去土地资源，又缺乏足够的就业技能的尴尬处境，而使生计面临风险。

4. 本项目提供给征地拆迁户的安置房，位于城市西郊，远离目前的项目区，而超过 70% 被安置拆迁户的就业单位和生活范围主要位于 NY 市东部，因此这种安置方案潜在的风险是部分被拆迁安置户可能会因为安置区域的不合理而拒绝配合安置，从而使项目无法顺利实施，并可能产生社会安全隐患和风险。

建议：制定科学合理的征收补偿安置方案，要求受影响群体的损失得到有效补偿，权利得到合法维护，补偿和安置后的生计水平不比补偿之前下降。在补偿安置方案中，尽量考虑项目受影响群体中的少数民族和妇女等弱势群体的需求，确保其在项目中利益不受到损失。

6.2 民族与宗教事务风险分析

调查显示，NY 市目前有各类清真寺和寺庙 25 座，其中在项目直接影响区域内有 8 座，距离拟修建或改建道路最近的清真寺有 1 公里。本项目的实施，不会对以清真寺为代表的宗教场所产生直接影响。

但本项目的实施，也可能对项目区穆斯林开展正常的宗教活动产生一定的影响。如随着项目工程施工的全面展开，预计将会有大量外来农民工进入施工现场，而如果外来民工由于不了解当地的宗教习俗和生活习惯，从而有可能会出现与当地民众的潜在冲突。

建议：在工程施工过程中，对工人和相关人员进行有关少数民族宗教信仰和风俗习惯等知识的培训，并对工程施工人员的生产生活行为进行合理规范，以尽量减少对少数民族群体的影响。

6.3 对私营短途交通运输户的影响

项目实施之前，由于项目直接影响区域内公共交通系统不发达，因此存在大量从事交通运输服务的无证小面包车从业人员。这部分群体为项目区公众提供了重要的出行交通服务，项目的实施后，将极大地改善项目区域内道路交通基础设施和公共交通系统，使这种运输服务失去了存在的基础，对目前从事短途运输行业的从业人员产生不利影响。据对从事小面包车营运人员调查显示，其平均每车每月的收入约为 5000 元。而据不完全统计，目前在项目直接影响区域内从事该行业的从业人员约有 2000 人。本项目的实施，预计将使目前该行业从业人员中的 50% 以上被市场淘汰，从而产生一定程度的失业。

建议：在制定项目区公共交通运输市场的相关政策时，避免出台一刀切的禁止所有私运营业者的政策，应当允许部分弱势群体和贫困群体在规范经营的情况下继续从事该行业。

7 社会可持续性分析

7.1 社会发展效果可持续性分析

据测算，本项目的实施，预计在短期内将使 NY 市地区生产总值增加 0.5%，为 NY 市城市居民人均可支配收入增加 150 元，为 NY 市农民人均年收入增加 200 元。从中长期考虑，随着项目区基础设施逐渐完善，NY 市的地缘优势将更加明显，商贸物流产业发展将进一步提速，从而为 NY 市区域经济发展提供重要基础，为 NY 市地区生产总值贡献 5% 的年增长率。本项目预计总投资为 5.8 亿元人民币，其中利用国债资金 4 亿元，NY 市地方政府配套 1.8 亿元。2010 年，NY 市地区生产总值为 94 亿元，政府财政一般预算收入 9.46 亿元。根据项目设计，本项目使用国债为长期国债，还债周期为 15 年，在 NY 市地区生产总值和政府财政收入的可承受范围之内。因此，从经济角度考察，本项目具有可持续性。

从社会角度考虑，本项目实施之前，项目区交通基础设施陈旧，不适应 NY 市社会经济发展的需求，因此本项目首先能得到最广泛的社会支持和理解。从平衡 NY 市各民族发展水平和促进民族融合的角度，本项目直接影响区域也是 NY 市少数民族的主要聚居区域，以及 NY 市少数民族文化宗教场所和生活服务设施的集中区域。本项目的实施，对于改善项目区少数民族群众生活环境具有推动作用，对于平衡各民族之间的发展水平以及促进民族融合具有重要意义。此外，本项目的实施，将在很大程度上使 NY 市贫困群体，尤其是直接影响区域内的贫困群体，拥有更多进入市场从而获得进一步发展的机会，为推动 NY 市社会经济发展的整体平衡和贫富差距的缩小做出贡献。

本项目的实施，也将极大改善项目直接影响区域的人居环境，为学生上下学、农民的农产品销售和城乡之间的往返，以及整个 NY 市商贸物流产业的发展，提供重要的交通基础设施。但与此同时，本项目在环境方面也可能存在隐患，包括工程建设期间持续的噪声污染、空气污染、交通堵塞等。项目工程完成后，项目直接影响区域内人流、车流、物流的持续增加，还可能导致新的环境污染产生。

7.2 项目受益者支付能力及其对项目可持续性的影响分析

目前，项目直接影响区域内由于公共交通网络不发达，城区居民出行及郊区外围农民进城，一般都乘坐私人运营小面包车或小巴士，或者开私家车等方式出行。以目前距离 NY 市中心最远的开发区为例，从开发区乘坐小面包车到市区，人均车费为 5 元。但如果开通公共交通之后，人均车费为 1 元。因此，从受益者支付能力的角度考虑，显然本项目具有可持续性。

7.3 项目可能的利益受损者对项目建设与运行可持续性的影响分析

本项目的直接利益受损者为被征地拆迁者。项目征地拆迁及安置方案的设计，都严格按照国家有关国有土地和集体土地征收及拆迁安置的法律法规以及 E 省及 K 市有关国有土地和集体土地上征地拆迁及安置补偿有关规定和标准执行。据初步测算，对国有土地上房屋拆迁的补偿标准达到每平方米 4500 元，而项目直接影响区域内商品房平均售价为 4000 元，最高售价为 5500 元，本项目的补偿标准能够使拆迁户拥有房屋重置能力。对集体土地征收的补偿标准达到 70000 元/亩，高于国家法律和 E 省规定的补偿标准。在调查中，75% 的被调查者对补偿标准表示很满意，20% 的被调查者表示基本满意，只有 5% 的被调查者表示需要在安置时有针对性的考虑其家庭的一些特殊情况，如能为其提供替代性生产经营的场地或用房等，但对项目的补偿安置标准也是满意的。

本项目的间接利益受损者主要为私营运输的小面包车主、在项目直接影响区域内经营小商店的店主或流动摊贩等，这两部分群体在项目实施后，可能成为潜在的利益受损者。因此，本项目实施之后，对这部分群体的社会管理，应当采取适当宽松的政策，如帮助他们掌握其他就业技能，或允许他们拥有合法经营流动摊贩的权利，或协助他们获得新的经营场所。

8 政府公共职能评价

8.1 政府公共管理职能的评价

NY 市是县级市，同时也是地级市 K 市的行政中心所在地。目前，NY 市成立了市重点项目建设领导小组，作为全市重点建设工程项目的最高直接领导机构，本项目即属于该领导小组直接领导和管理的工程建设项目。针对本项目的准备和设计，市住建局、发改局、财政局、交通局、国土资源、规划局、环保局等与本项目设计及工程建设管理直接相关的行政主管部门，成立了针对本项目的项目办公室，由市建设局负责日常运行管理工作，并且与市重点项目建设管理办公室（市重点项目建设领导小组的常设机构）接洽，完成本项目的准备工作。

在项目实施过程中，本项目办公室将代表政府，作为本项目的业主单位，与工程建设施工单位和咨询单位签订各种服务合同，并负责工程建设的日常协调和管理，督促项目工程监理单位做到对工程质量的有效监督，负责接受和处理工程建设过程中公众的各种申诉和处理。此外，在项目实施中，项目区的城市社区和村集体，也将作为本项目中公众与项目办及施工单位协调沟通的重要桥梁。

项目完成后，本项目的日常管理运行和实施，将分别由各公共职能部门负责。如道路的日常管护和维护将由市政养护部门负责，环境卫生清扫则由市环卫部门负责，道路绿化养护由市园林部门负责，公共交通设施的管理维护及日常运行由市交通局及公交公司负责，交通安全及秩序的维持由交管部门负责。

从目前 NY 市政府公共管理职能的供给体系、供给能力和支持力度看，能充分满足本项目的需要。

8.2 政府公共投资者地位和作用的评价

由于城市道路和桥梁属于公共基础设施，从目前我国的公共基础设施投资体系看，这类市政公共基础设施的投资主体依然是政府，社会资金和市场资金依然受到的准入空间有限和进入渠道不足的限制。

从 NY 市政府目前能掌握和使用的公共资源看，有能力满足本项目所需建设资金，能承担项目完成之后的日常管理维护所需资金投入。数据显示，2010 年 NY 市地区生产总值为 94 亿元，NY 市地方财政收入为 9.46 亿元，根据 NY 市"十二五"规划目标，到 2015年"十二五"末期，全市地区生产总值预计目标为 150 亿元，地方财政收入为 15 亿元。与此同时，NY 市计划到"十二五"末期，公共基础设施建设的投资计划累计利用国债资金 15 亿元，利用外资 10 亿元，利用银行贷款资金 20 亿元，通过地方财政资金配套 15 亿元，争取上级财政配套资金 10 亿元，争取利用社会资金和市场资金 15 亿元。

从 NY 市公共基础设施投资的资金来源看，政府公共投资占绝大部分，这是本项目成功实施的重要保障。

9 社会管理计划及实施

9.1 社会管理计划

9.1.1 控制和减轻项目负面社会影响的措施

1. 尽量减少征地拆迁量。

针对本项目征地拆迁量较大的现状，本报告认为，应尽量避免不必要的征地拆迁，从而尽量减少对项目区公众的直接社会影响。但到底需要进行多少征地拆迁，项目红线到底应该划在什么位置，则需要项目工程设计人员根据项目实际需要和工程技术规范进行详细科学的考察和设计。

在确定具体项目红线和征地拆迁范围时，从社会影响的角度，应该尽量遵循以下原则：（1）尽量避开重要的宗教设施和文物古迹；（2）道路修建的宽度和标准应尽可能考虑中长期需要，不能单纯为了减少征地拆迁量而降低技术标准；（3）道路走向的具体布局和设计，尤其是道路交叉和拐弯等关键部位的设计，应当充分征求公众意见，特别是专业司机的意见，道路设计方案不能出现不考虑实际驾驶需要，而仅进行工程层面的考虑；（4）必须留有足够的非机动车道，以满足不同人群对道路的使用需求；（5）横跨道路的天桥和隧道等的布局应合理，尤其是在人口密集区域需要布置；（6）农村地区的道路建设，不应出现道路把社区分割成两部分，如确实无法避免把农村社区的居住区与生产区分开的情况，则需设置通道。

2. 征地收补偿标准应遵循完全重置原则，并严格按法律程序进行。

征地拆迁量确定之后，在进行征地拆迁补偿标准和如何安置的具体方案设计时，必须按照国家有关征地拆迁的法律法规，并根据 E 省和 NY 市有关征地拆迁补偿及安置的相关条例，制定科学合理的方案，做到被征地拆迁者的资产可以按照市场价格完全重置，且被征地拆迁者不能因受本项目的影响而出现生计状况下降的情况。

征地拆迁及安置补偿过程中，应严格按照国家以及 E 省的相关法律法规和政策规定，做到信息公开透明，评估科学可信，标准一致透明，安置方式合理且能满足合理的差异化需求。

3. 制定工程施工安全监督和环境保护管理办法。

由于本项目工程施工时间长，在此期间对项目区公众产生多方面的持续影响，因此有必要制定相应的预防和监督管理办法，以确保公众安全和合法权益，同时也确保工程施工的顺利进行。

工程施工安全监督管理办法主要应包括：（1）项目办和项目工程施工方应各自组成工程安全监督小组以及明确具体责任人，责成其认真负责地进行工程施工安全监督和处理工作；（2）工程施工期间，施工方应做到全封闭施工，工程施工现场不允许行人或非施工人员进入，特殊情况下即使要进入，也需按工程施工方的要求并在其引导下进入；（3）工程施工现场必须由交管部门派专人负责维持交通秩序和交通安全；（4）工程施工围挡应尽可能减少对正常交通通行的阻碍，如确实需要对某区域交通完全隔断，必须提前制定该区域交通的替代方案并提前公布；（5）工程施工区域内的所有中小学校，必须由交警在上学和下学期间维持交通秩序，在上学和下学期间，施工车辆禁止在学校周边通行。

工程施工环境保护管理办法主要应包括：（1）工程施工现场应经常洒水，以尽可能降低工程施工产生的大量扬尘污染；（2）由于工程施工现场居民较多，因此在每天早上7点之前，每天晚上8点之后，凡是能产生大噪声的工程施工机械必须停止作业，以减少对周边公众的噪声污染；（3）在工程施工区域的所有中小学校附近1000米之内，凡是在正常上课期间，产生大噪声的工程机械禁止运行；（4）由于项目区域内穆斯林信徒较多，且有不少清真寺，因此在穆斯林每天傍晚的礼拜、周末的礼拜，以及重要宗教节日的礼拜期间，应停止大噪声工程机械的作业，避免对正常的宗教活动产生严重的噪声干扰；（5）工程施工期间，大量外来建筑工人的到来，可能会出现因不了解当地宗教信仰和风俗禁忌等，从而出现与当地人的矛盾或冲突，因此项目施工方应对所有工程施工人员进行定期的宣传教育和培训。

9.1.2 利益增强措施

1. 科学合理地设计公共交通线路和站点布局。

由于本项目的重要内容之一是在项目区域新增多条公共交通线路，因此，公交公司必须在前期进行充分调查研究，根据项目区域内的人口分布状况，结合 NY 市中长期发展规划中的发展定位和可能的人口规模，合理布局公交线路和公交站点，实现公共资源的合理配置。

2. 对被征地拆迁户中的失业群体提供就业培训，工程施工尽量使用本地区劳动力。

部分受征地拆迁影响群体的主要生计来源为被拆迁房屋的商业运营收入，或者被征收土地上的农业生产收入，本项目的实施，预计将使这部分群体陷入失业的境地。

因此，在本项目建设实施、运行维护和管理中，新增就业岗位所需劳动力应尽可能使用本地区劳动力。同时，项目办应积极协调政府相关职能部门和劳动人事部门，利用各种已有的公共资源，为项目受影响群体提供必要的就业技能培训，如开展的农民职业技能培训、妇联和扶贫部门开展的妇女和贫困群体技能培训、各职业技术学校开展的职业技能培训等。

在项目征地拆迁及安置补偿过程中，应充分征询受影响群体的就业培训需求，并对所有希望接受就业培训的受影响群体提供每人不低于 800 元的培训基金。但该基金不能直接支付给受影响群体，而是支付给提供培训的机构。

3. 将巷道改造纳入项目。

对 LY 社区居民的公众参与表明，少数民族居民更加关注的是居住区巷道的改造。改造前 LY 区域多为 W 族和 H 族等少数民族聚居。该区域有自来水，但是没有污水搜集系统。污水往往都泼洒到路上，土路凹凸不平，这样让路况变得更差。在春天，许多家庭还需要在自家门前筑起小坝去防止融化的雪水流到自己家里。出租车也不愿意到该区域，使该区域居民出行不方便。

公众参与建议在本项目实施的同时，将 NY 城区东北的 33 条街区巷道进行改造，改扩建的道路总长 132.61km，道路总面积 80.62 万 m^2。巷道的改造将直接改善少数民族社区的居住与出行条件，让他们直接受益，并提供了发展的机会。

4. 将巷道改造与家庭民俗游发展紧密结合。

NY 市曾被评为"中国优秀旅游城市"，特别是独特的 W 族文化享誉天下。游客到此欣赏美丽的自然风光，领略少数民族文化，游览众多的景点。此外，在 NY 周边，还有很多的值得去的地方。近几年来，NY 市的旅游业发展迅速，为当地经济做出了巨大的贡献。

社会调查显示：尽管 NY 市的旅游业蓬勃发展，但是却无法扩大受益人群，受益行业也局限在交通业（航空业）、酒店业及餐饮业。景点门票收入的增加、旅游人数的增加却并未让当地少数民族群众直接受益或者说稳定增加其旅游收入来源。

但是，对游客的问卷调查揭示：项目所涉及的巷道改造工程位于 NY 市的东南市区，这一片区域是 NY 市的老城区，不仅是 NY 市少数民族人口相对集中的区域，而且还拥有大量具有少数民族特色的庭院和人文景观，是可以开发民俗风情旅游的绝佳宝地，对于大部分从省外和国外来的游客而言，这片区域有着极大的吸引力。

因此，将巷道改造与家庭民俗游发展紧密结合，可以将本项目的效益扩大，并直接体现在少数民族群体利益上的扩大。因此提出以下利益增强措施：

按照当地群众的意愿，将该片区域开发成少数民族民俗旅游区，组织游客参观具有当地少数民族特色的庭院和人文景观，开发"农家乐"，组织民族歌舞演出，出售自制的少数民族传统食品和手工艺品等，让少数民族群众能直接从参与旅游活动中获得收益和发展的机会。

调查发现，当地妇女有参与旅游业的强烈愿望。同时，妇女收入的提高，也将进一步提高其家庭地位。本项目的建设，将增加项目影响区少数民族妇女对外交流和获得信息的机会，促进当地妇女转变观念和思想，逐步认识到维护自己权益的意义。

5. 尽量使用本地区原材料。

项目实施过程中，需要进行大量工程材料的采购，本报告认为，项目办应督促各施工单位在符合国家工程招投标相关法律法规的情况下，同等条件时应尽可能优先使用 NY 市本地所能提供的原材料，以增加 NY 市内需，提高当地就业机会。

9.1.3 利益相关者参与计划

项目设计、实施、后续管理和运行过程中，需要严格执行公众监督机制和信息公开机制，以确保项目能达到预期目标和社会效益。主要内容应当包括：

1. 项目前期准备和设计过程中，应开展社会调查，进行社区参与和磋商，在公众充分了解项目信息且不受限制的情况下，充分自由地表达对项目的看法和意见。

2. 项目准备过程中，应提前公示征地拆迁及安置计划，并且取得所有受影响户的同意和签字才能开展拆迁安置工作。

3. 在项目实施前，应在 NY 市公共媒体和项目直接影响区域的公示栏，公开项目实施方案，征求公众意见，并做出及时的反馈。

4. 项目办应设立专门的信息发布渠道和发布方式，在项目实施过程中定时发布项目实施的进展情况。

5. 项目应设立专门的申诉和抱怨受理及处理机制，并及时公布申诉和抱怨的处理结果。

6. 项目实施过程中，应在政府信息公开平台（广播、电视、网站等）公布项目设计方案、移民计划、环境评估报告、社会评估报告，以及项目工程审计报告和监理报告等重要项目文件，以接受公众监督。

9.1.4 抱怨与申诉机制

抱怨和申诉处理机制是本项目消纳潜在社会风险的重要自我调节机制，也是本项目信息公开透明和公众参与的重要方式，是保障项目顺利实施和项目社会经济效益得以实现的重要制度保障。

项目的申诉和抱怨的主体主要为项目区直接受影响的征地拆迁群体以及直接受工程施工影响正常生产生活秩序的群体。此外，与本项目产生其他利益相关的群体，如工程建设中的建筑工人等，也可能成为抱怨和申诉的主体。

抱怨和申诉的主要内容都必须是以本项目直接或间接相关的，申诉对象则呈现多元化。通常情况下，申诉对象分为多个等级和类别，即包括与普通市民关系最紧密的社区居委会，也包括人民法院等司法机关。

抱怨和申诉的主要方式有口头申诉和书面申诉两种形式。口头申诉指的是申诉人以非书面的形式向项目办、社区组织、政府部门以及其他责任机构和项目实施及管理人员，反映申诉人在项目中面临的问题、困境，或项目实施及运行中面临的问题等。书面申诉指的是申诉人向相关责任机构或部门提交正式的书面申诉申请书，署名申诉人本人的基本信息、申诉事项、申诉原因、预期解决方案，以及对申诉事项的其他相关建议或意见。申诉申请书需一式三份，申诉人本人保留一份，同时向被申诉对象和项目办个提交一份。（《申诉申请书》式样请看附件。）从有效的申诉管理和申诉的规范处理角度考虑，本申诉处理机制建议申诉人优先使用书面申诉方式。

本项目的申诉和处理程序，应充分利用项目区已有的公共管理组织结构及行政和司法体系，使得申诉和抱怨能在已有的公权力框架内得到解决。具体申诉和抱怨的处理程序见图3所示。

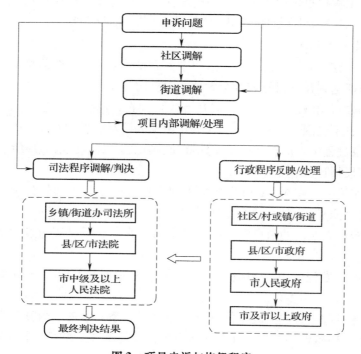

图3　项目申诉与抱怨程序

表 21　NY 市城市道路交通项目社会管理计划

社会效益或风险	行动措施及说明	执行负责人/机构	时间安排	主要监测评价指标
1. 促进项目正面社会效益实现的行动措施	1－1：在 NY 市主要电视台、报纸及广播等主要媒体定期开展项目宣传，告知公众项目关键信息和项目具体进展情况。日常宣传和告知时间间隔不少于 2 个月一次，重要项目节点或重大事件的宣传和公众告知则根据实际情况确定	项目办	2011 年 1 月～2014 年 12 月	每次宣传的材料和记录。公众对于宣传内容的知晓度不低于 30％，知晓该宣传的公众对该宣传的满意度不低于 70％
	1－2：项目实施之前 3 个月，在 NY 市主要电视台、报纸及广播等主要媒体公布施工初步方案，并且在其他合适的公共场所放置施工初步方案纸质版，接受公众咨询、意见和建议，公开期不少于 30 天	项目办	项目施工工程开始前 3 个月	
	1－3：项目实施之前 1 个月，在 NY 市主要电视台、报纸及广播等主要媒体公布修改完善后的最终施工方案，并且在其他合适的场所放置施工最终方案纸质版	项目办	项目施工工程开始前 1 个月	
	1－4：项目实施过程中产生的临时性新增就业岗位，应优先确保 NY 市城乡居民就业，重点确保 NY 市城乡居民中的贫困群体和低收入群体能优先就业	项目办、施工单位	项目施工过程中	项目实施中临时性新增就业岗位就业人员中，优先向本地居民提供的岗位数量不低于总岗位数量的 40％。向本地居民提供的岗位数量中，向低收入群体、少数民族群体和弱势群体提供的岗位数量不低于 60％。所有就业岗位中，女性就业数量不低于 40％
	1－5：项目管理和维护过程中产生的永久性新增就业岗位，应优先确保 NY 市城乡居民就业，尤其是低收入群体、少数民族群体和弱势群体的就业	项目办	项目结束后	新增永久性就业岗位中，本地居民就业岗位数量不低于总量的 60％。本地居民就业岗位中，低收入群体、少数民族群体和弱势群体的就业数量不低于 40％。所有就业岗位中，女性就业数量不低于 40％

社会效益或风险	行动措施及说明	执行负责人/机构	时间安排	主要监测评价指标
1. 促进项目正面社会效益实现的行动措施	1-6：在 NY 市主要电视、报纸、广播等大众媒体开展 2 次以公共交通安全为主题的公益广告宣传，分别为项目正式实施时 1 次，项目实施结束时 1 次。每次宣传持续时间不少于 30 天	项目办、市委宣传部	2011 年 5 月 1 次，2014 年 5 月次	每次宣传的材料和记录。公众对于宣传内容的知晓度不低于 30%，知晓该宣传的公众对该宣传的满意度不低于 70%
	1-7：在全市所有中小学校开展 1 次针对中小学生的公共交通安全为主题的宣传和教育活动	项目办、教育局	2011 年 5 月 1 次，2014 年 5 月次	中小学生对公共交通安全知识的知晓率不低于 80%
	1-8：在城区重要公共场所或人流集中区域树立以公共交通安全为主题的公益广告牌，广告牌展示时间不低于 2 个月	项目办、市委宣传部	2011 年 5 月	公众知晓率不低于 30%，知晓该宣传的公众的满意度不低于 70%
	1-9：编制专门的以公共交通安全为主题的宣传材料和宣传手册等，并放置于全市所有社区居委会公示栏或展示栏，以供群众学习和索取	项目办、市委宣传部、社区	2011 年 3 月	社区居民知晓率不低于 70%，满意度不低于 70%
2. 施工期间对居民生活的影响	2-1：施工开始之前 1 个月，在项目直接影响社区/区域公示栏公示公开施工方案，接受社区公众监督。施工方案要求拥有具体的措施，包括减少施工噪声和粉尘污染、减少施工安全隐患、减少施工造成的交通拥堵等具体措施	项目办、社区	每个子项目施工开始前 1 个月	社区居民知晓率不低于 70%，满意度不低于 70%
	2-2：施工开始之后每间隔 15 天，在项目直接影响社区/区域公示栏公布项目进展，以及社区公众申诉或投诉事项的处理意见和进展，并向项目所在社区居委会进行备案，以备居民咨询	项目办、社区	每个子项目施工开始至结束	
	2-3：在受项目直接影响的 40 个社区和居民小区设立社区质量监督和群众意见收集箱，接受公众申诉或意见，代表公众反馈给项目办和施工单位，并对施工单位施工行为进行监督。由项目办每个月收集一次群众意见	项目办、社区	2011 年 4 月	
	2-4：对直接受施工影响的社区每户居民给予 100 元施工影响间接补偿	项目办、社区	项目实施前 15 天	

社会效益或风险	行动措施及说明	执行负责人/机构	时间安排	主要监测评价指标
3. 解决城乡居民公共交通安全意识和安全知识缺乏的问题，提高项目社会效益	3－1：在社区开展公共交通安全主题宣传，包括在社区内悬挂横幅、公示栏张贴海报或宣传材料、每户居民赠阅宣传材料和宣传手册等	项目办、社区	2011 年 5 月 1 次, 2016 年 5 月 1 次	社区居民知晓率不低于 70%，满意度不低于 70%
4. 征地拆迁及安置风险	4－1 项目前期准备阶段，聘请专业机构编制本项目移民计划，对征地拆迁补偿及安置方案进行科学合理的设计	项目办、咨询机构	见移民计划	
	4－2 项目实施之前，完成征地拆迁及安置工作，对受影响群体进行合理补偿和安置	项目办		
5. 促进项目管理和能力建设，确保项目社会效益的实现	5－1：项目办工作人员能力建设，包括：项目管理能力培训、项目社会风险规避和社会管理能力培训，项目信息公开能力培训、申诉和抱怨处理能力培训	项目办	2011 年～2014 年	能力建设相关活动记录，参与人员满意度不低于 70%
	5－2：建立项目内部监测评价机制，市项目办每 3 个月向 NY 市政府提交一个项目例行进展报告	项目办	2011 年～2015 年	例行进展报告提交情况记录
	5－3：建立项目内容和信息公开机制，在项目办配置项目信息公开负责人，每 2 个月通过新闻媒体例行公布项目进展情况	项目办	2011 年～2015 年	公众知晓率不低于 30%，满意度不低于 70%
6. 促进公众参与，确保项目社会效益的实现	6－1：建立申诉和抱怨机制。在市信访局设立项目信访接待专员，在项目办设立申诉和抱怨接待和处理专员	项目办	2011 年～2015	申诉和抱怨处理情况记录，申诉处理满意度不低于 80%
	6－2：项目新增临时性就业岗位就业信息公开，并优先招聘本地人员就业，对被招聘人员进行专门的技能培训	施工单位、项目办	2011 年～2015	临时性就业岗位中，本地人员比例不低于 30%，妇女比例不低于 30%。妇女工作人员中，本地妇女比例不低于 40%

社会效益或风险	行动措施及说明	执行负责人/机构	时间安排	主要监测评价指标
6. 促进公众参与，确保项目社会效益的实现	6-3：项目新增永久性就业岗位就业信息公开，并优先招聘本地人员就业，对被招聘人员进行专门的技能培训	项目管理维护机构、项目办	2011 年 ~ 2015	永久性就业岗位中，本地人员比例不低于 60%，妇女比例不低于 40%。妇女工作人员中，本地妇女比例不低于 60%
7. 项目后续管理组织的建立及能力建设	7-1：项目施工完成并投入运营之前，明确项目后续管理机构或组织，对各子项目建成之后的管理和维护机构或组织的主要负责人员和工作人员进行专业技能和管理知识培训，并组织编写重要设施和设备的管理维护手册	项目办	2012 年 ~ 2015 年	培训满意度不低于 80%，管理手册的使用满意度不低于 70%
8. 建立项目外部监测机制，促进项目目标和社会效益的实现	8-1：聘请第三方独立外部监测机构，对项目社会行动计划执行情况进行中期评估和末期评估	项目办、咨询机构	2012 年、2014 年	独立监测完成情况

9.2 社会管理计划的实施

1. 项目办。项目办为本项目的执行机构和负责机构，负责所有与项目有关事项的组织和协调。

2. 政府/公共职能部门。本项目主要提供公共服务，整个项目准备和设计、项目实施、项目后续运行管理等，将直接与 NY 市多个政府及公共职能部门相联系，如市政府办公室、市委宣传部、市发改局、市财政局、市住建局、市交通局、市环保局、市规划局、市民族与宗教事务局、市妇联、市残联、市社保局、市民政局、市园林局、市电视台、市日报社、市广播电视台、市公交公司、市环卫公司、市供水公司、市排水公司等。

政府职能部门的职责是提供政策支持、进行业务指导，并提供与本项目有关的公共配套资源，以促进本项目的顺利实施和运行。

公共职能部门在项目后续运行和管理中需要发挥关键作用，如市交通局负责道路交通秩序的维护和管理，市公交公司负责公交线路的运行和管理，市园林局负责道路绿化养护，市环卫公司负责道路清洁卫生养护，市供水公司负责道路消防供水设施的正常运转及养护，市排水公司负责道路排水系统的畅通等。

3. 项目所在乡镇/街道及村/社区。街道和社区是普通市民接触和了解政府的最基层组织，也是社会管理的重要机构。很多社会管理计划提出的措施，都需要在社区层面展开，因此需要项目所在街道及社区提供积极的配合和支持。

4. 工程施工单位/监理单位。施工单位和监理单位必须贯彻项目社会安全保障相关政策，严格遵照项目设计方案，积极公开信息，积极配合项目办开展项目的内部监测和外部监测。

5. 咨询机构。咨询机构的主要职责在于提供第三方独立技术支持和监测评估工作。在项目办及其他相关职能机构的要求下，提供机构培训等技术支持服务。

10 社会管理计划实施的监测评估

本项目社会管理计划实施的监测评估，总体上由两部分组成，分别为项目办组织开展的内部检测评估，以及由第三方咨询机构开展的独立监测评估。

10.1 内部监测

由项目办组织开展进行内部监测，既是项目实施过程中的日常项目管理内容之一，同时也是确保项目成功实施的重要制度保障。

10.1.1 机构

社会管理计划的内部监测，属于整个项目内部监测和日常项目管理活动的一部分。因此，内部监测的主要负责机构为项目办，内部监测评价必须是在项目办的领导和协调下开展，项目办是内部监测评价的最终责任单位。项目办必须安排专人负责内部监测评价工作。

在执行过程中，由于项目办人力资源和智力资源的限制，内部监测的具体承担机构，可以选择以下几种方案：

1. 项目办完全承担。这种方案下，所有内部监测的工作都有项目办工作人员完成。

2. 多机构合作承担。根据社会管理计划中具体项目活动的开展情况，由不同活动的主要执行单位或机构，负责各自承担部分的内部监测工作，并最终汇总到项目办，由市项目办最终汇总评价结果。

3. 委托评价。根据具体需要，项目办可以委托参与项目实施的某政府职能部门或公共职能部门，或职能部门的事业单位，负责内部监测评价工作。

10.1.2 方法

内部监测评估的方法，重点强调两部分，分别为资料收集方法和资料分析方法。

1. 资料收集方法：项目办需要制定项目资料存档管理制度，派专人负责所有与项目有关的各种资料的归类和存档，从而确保项目资料的可查找性和完整性。此外，在内部监测评估中，需要根据具体情况，使用其他的资料收集方法，如问卷调查，对项目受益群体和受损群体进行采访访谈等。

2. 资料分析方法：内部监测报告的资料分析，主要可以通过比较分析法、归纳分析法等常见分析方法，对各种资料进行整理。

10.1.3 内容和指标

1. 社会管理计划相关活动的开展情况。主要对照社会管理计划的具体活动安排，监督检查相关活动是否按时开展，如果没有按时开展，查明具体原因是什么，提出解决建议。

2. 具体活动开展后的进展情况。如果某项活动按照计划开展，则具体进展情况如何，是否遇到什么困难，该如何解决。

3. 项目活动的影响群体。针对每一项具体活动的开展，明确目标群体是哪些，直接或间接受影响的群体有哪些，是否根据社会管理计划的要求，实现了项目活动目标群体的全覆盖。如果有项目目标群体没有完全覆盖到，则具体原因是什么，进一步的解决方案是什么。

4. 项目活动的效果。针对项目活动开展的实际情况，对具体项目活动的效果进行评估，如对目标群体的正面影响和负面影响是什么，对直接影响群体和间接影响群体的正面影响和负面影响是什么，项目活动存在哪些潜在风险，需要进一步采取哪些措施等。

5. 项目活动实施中的管理情况。根据社会管理计划的安排，评价具体项目活动实施中的管理状况，包括资金财务管理、人员及档案管理等。

6. 项目活动实施中的调整情况。社会管理计划实施过程中，是否根据实际情况进行了相关调整，如果有，具体原因是什么，如何调整的，调整后新方案的执行情况和执行效果如何。

10.1.4 时间安排

为确保项目顺利实施，尤其是社会管理计划的顺利实施，NY 市项目办在组织执行社会管理计划时，需要每 3 个月向 NY 市重点建设项目领导小组提交一份《社会管理计划实施内部监测报告》，第一份报告的提交时间为项目正式实施开始之后的 6 个月内。

10.2 外部监测

社会管理计划的外部监测，是对内部监测的补充和完善，其目的旨在通过第三方独立监测，促进社会管理计划的顺利实施，并确保社会管理计划能取得预期的社会效益。与此同时，第三方独立监测，也能尽可能排除内部监测可能存在的立场不中立而无法客观公正进行监测评估的弊端，以及克服内部监测中由于缺乏足够的人力资源和技术支持而无法做出完整合理的监测评估的弊端。

10.2.1 机构

外部监测评估必须由第三方独立机构进行。在选择第三方监测评估机构的时候，项目办需要根据本项目的招标采购要求，以及国内有关招标投标相关法律法规，进行公开招标。参与投标的第三方独立机构，必须是与本项目没有直接利益相关，且具有开展第三方监测评估资质和经验的咨询机构、设计院所或个人。

外部监测活动的开展是在项目办的组织下进行的，在外部监测进行过程中项目办，有义务提供必要的协助，以确保外部监测能在不受影响的情况下获得客观可信的资料和信息。在整个外部监测过程中，项目办不能以任何理由直接干预第三方监测机构的评估活动以及监测评估结论。

项目办在完成外部监测招标之后，需要把中标单位的基本信息在 NY 市公共媒体上公开公示，并且听取公众意见和接受公众监督。

第三方监测评估机构在完成监测评估报告并提交项目办之后，项目办需要在 NY 市公共媒体上公开监测评估报告的摘要和主要结论。

10.2.2 时间安排

外部监测评估，要求在项目进行到一半，以及项目即将结束的两个时间段，分别进行一次中期外部监测评估，一次末期外部监测评估。

根据项目进展，中期外部监测评估须在本项目正式开始实施之后的 18 个月之后进行，中期外部监测评估的执行时间最晚不能超过项目正式实施之后的 24 个月。

末期外部监测评估的执行时间，在本项目结束之前进行，但最晚不能晚于项目结束之后的 3 个月。

外部监测报告的提交时间，需在项目办完成招投标程序之后的 4 个月时间之内。

10.2.3　方法、内容及指标

外部监测所使用的监测方法在此不作详述，由外部监测机构根据具体情况自行决定。但无论使用何种监测评估方法，评价内容和指标需满足社会发展计划中对于具体行动的相关监测要求。

11　结论与建议

11.1　结论

通过详细经济社会调查和评估分析，本报告得出以下结论：

1. 本项目总体上具有较高的社会效益，符合项目区中长期发展规划要求，符合项目区公众的生产生活现实需要，具有较强的经济社会互适性和可持续性。

2. 本项目作为公共基础设施建设，旨在向项目区广大社会公众提供基本的公共服务，得到了项目区广大社会公众的认可和欢迎，将为改善项目区公共基础设施和公众生计状况做出贡献。

3. 本项目在准备和设计阶段，已经对受征地拆迁影响群体进行了详细的社会调查和社区参与和磋商，制定了符合法律法规，且得到征地拆迁户认可的移民计划，只要严格按照该方案执行，可以有效地避免因征地拆迁带来的社会风险。

4. 本项目不会对项目区少数民族的传统文化、宗教信仰、生活习俗、生产生活方式等产生负面影响和冲击。反而通过实施巷道改造，使少数民族群众直接受益，为他们提供了可持续的致富和发展的机会，受到少数民族群众的欢迎。

5. 项目区政府公共职能结构体系完整，制度政策明确，职能划分清晰，政府公共管理能力较强；政府能掌握和调动公共资源，能支撑本项目所需要的资金投入和后续管理运行的需要，能有效地确保本项目的顺利实施。

6. 本项目还将在工程施工期间产生一定的公共交通安全风险和环境风险，应制定相应措施，并督促项目施工单位和政府及公共职能部门共同执行，以维护项目区公众的合法权益不受损害。

11.2　建议

11.2.1　确保受影响群体的知情权、参与权和监督权

通过电视、报纸、广播等新闻媒体，以及基层干部的宣传，加强受影响人群对项目的知晓与配合。道路施工前做好宣传舆论工作，使交通受到直接影响的机构与个人，特别是学校、医院和宗教活动场所，尽早地获知准确信息并做好相应准备。施工期间公交线路的调整应提前、详细告知，减少对居民交通出行的影响。

在道路设计及交通管理和道路安全设施方面，应充分了解并吸收公众的意见。对于受影响人以劳务、机械等形式参与项目施工的要求，当地政府及各类组织应当积极协调，施工方应当积极响应。

受影响人有权监督土地和住房征收过程中资产评估的公平公正性、安置房建设、就业政策的落实等情况。被征地拆迁人如果对征迁方案、补偿标准等感到不满，可通过一定途径申诉。要让被征地拆迁人充分了解自己应有的申诉权利和申诉渠道。设立公众参与热线

电话，并通过媒体和施工现场的各种宣传栏将道路施工信息公布于众，及时反馈和处理公众的建议和监督意见。

11.2.2 关于征地拆迁和移民安置

拆迁补偿安置应由项目办与拆迁户采用协商的方式，公开公正地进行。统一补偿标准，并提前公示公布，广为宣传告知，做到补偿标准公开透明。拆迁测量和补偿计算时，应与被拆迁人充分协商。补偿金直接发到被拆迁人手里，以免在中间流程中被截留。

坚持先安置后拆迁的原则，保证拆迁居民能够顺利安置。安置房应提前建设，或者在拆迁过渡期内建设好，使被拆迁人能尽快住进安置房。如果拆迁时安置房还未能建成，应明确告知被拆迁人的安置房的位置、交工日期等相关信息，让居民能够安心等待。如果安置房延期完工，被拆迁人搬迁过渡房的租赁费用应补足；过渡房的租赁费应随租房市场价格提高而提高，避免被拆迁人租不起房。

尊重被拆迁人对补偿、安置的选择权，给愿意自己重新选择居住区域的被拆迁人提供方便。被拆迁人可以自己选择货币补偿或住房补偿形式。对于确实不愿意选择楼房作为安置房的家庭，允许其在获得货币补偿后，自行在其他地方重新安置。拆迁时，在满足项目规划的基础上尊重被拆迁人的意愿，协商决定被拆院落、房屋全拆或保留部分，并根据拆迁情况给予相应补偿。尊重被拆迁人对安置点的选择权，为他们选择新居邻里、存续搬迁前的社会关系提供方便。

合理补偿被拆迁企业和商户，如果需要易地重建应提供相应帮助，给予一定支持。对使用或租用商铺的经营人，提供优先选择新建市场商铺的资格，并在购买或租用商铺上给予一定支持或优惠。对受拆迁影响的企业，如果需要易地重建，在选址方面地方政府应当给予帮助。

对家庭生活拮据的贫困户，拆迁安置要保证其基本生活水平。对贫困户，应按不低于安置点小区的最低套型面积标准补偿安置，其原有房屋与安置房之间的价格差由项目建设单位支付。

扩大就业渠道，保证失地农民和搬迁农民的收入水平和生活水平。采取多种措施，促进失地农民就业，包括建设各类市场，建立养殖基地和设施农业，加强就业培训，提供就业信息等。落实对失地农民的各类优惠政策，如小额贷款，鼓励他们自己创业。采用低息贷款、分期付款等多种方式，解决低收入家庭购买商铺的资金问题。支持并鼓励年轻人进入各类企业工作，并为他们提供多种专业技术训练、语言培训，提供企业招工信息，使其能够适应企业工作要求。

完善社会保障措施，使失地农民老有所靠。对失地农民的社会保障政策进行广泛宣传，扩大保障面，做到应保尽保。保证失地农民的社保基金足额到位。对符合养老金领取条件的人要按时足额发放，这不仅保障了老人的生活和他们的利益，也对年轻人按时交纳养老金起到示范作用。

11.2.3 关于项目实施

实施项目前应做好充分的准备工作。尽可能把上下水、暖气等市政管道一并修好，避免重复开挖道路。项目施工前做好对受影响人的告知工作，使住户、商户等提前有准备。

施工期间，在保证质量的基础上加快施工进度，减少对居民出行的影响。施工期间注意环境保护，避免损坏路边林带。施工期间尽可能吸收当地劳动力参与建设，包括生产、服务、安保等方面的用工。

11.2.4 关于项目方案的建议

在规划设计中对道路中心线的左面还是右面扩建进行科学论证，慎重处理，尽可能地减少拆迁量，减小对居民的影响同时也可降低拆迁补偿安置成本。

道路规划宽度以符合实际需要为目标，尤其是居民聚居及路边树木成林茂密的区域，尽可能保持原有街道的风格景观。

提高道路的安全性。改扩建后的道路能够汽车、自行车、行人分开，设置人行道。合理设置过路通行设施、配置清晰的交通引导标识。在学校、医院门前等敏感路段设置减速装置。加强行人安全教育和管理，宣传良好的出行和乘车习惯。经过居民区的路段应安置路灯并保证其能够持续照明。

解决好道路排水问题及卫生环境问题。在居民出行较多的路段设置垃圾箱，定期清扫，保证道路环境卫生。道路修好后，各类交通管理设施应当很快配套并完善，并加强道路监管。

扩大公交覆盖面，增加公交车站建设，改善公交服务态度，改善公交人员的工作环境。

11.2.5 关于少数民族的建议

尽量减少项目对住房的拆迁量。对于不可避免的拆迁行为，尽可能地尊重被征迁的少数民族居民对安置方式的选择权，积极保留和保护 NY 市街区文化特色，发展民俗旅游，带动当地居民增收，特别是少数民族妇女的就业。施工人员要尊重当地少数民族的风俗习惯。施工期间注意保护居民区及清真寺附近道路的安全设施。道路及修路提醒标识尽可能采用简单明确的符号、文字提示，均应使用当地少数民族、汉两种文字。采用多种方式，积极促进少数民族失地农民就业。

第三节　城市道路交通改善项目参与式社会评价案例

某城市道路交通改善项目参与式社会评价

案例介绍

本项目将公众参与这一工具运用到了城市道路交通改善项目中，充分识别了居民的出行方式以及各利益相关者对于城市路网、基础设施建设、道路安全与交通管理改善的诉求。同时，对于目前城市路网、基础设施与道路安全存在的问题也进行了调查、搜集和分析。将公众需求与存在问题相匹配进行处理，优化了项目方案设计。

1　概述

1.1　项目名称

世界银行贷款 A 省中等城市交通项目。

1.2 项目概况

在长三角向西扩容的背景下，A省制定了集"省会经济圈"、"沿江经济带"和"沿淮城市群"之力，三头齐发、加速融入长三角的重大战略部署。在这一精神指导下，A省的四个中等城市，WH市、HB市、AQ市和LA市进一步制定了积极推进城镇化、工业化和农业产业化的发展战略，以特色产业为基础，加快转型和创新，实施工业强市、中心城区带动、城乡统筹和可持续发展。

然而，既有的城市交通基础设施无论从服务范围还是服务水平上，均无法适应和满足伴随着城市快速发展所产生的交通需求，成为制约交通、城市和经济发展的瓶颈。因此，四个中等城市拟分别向世界银行申请贷款，并借鉴世行先进的交通理念和成熟的经验，改善城市基础设施和公共交通服务，以实现科学发展、以人为本与交通安全的和谐发展目标。

在这一背景下，"A省中等城市交通项目"得以实施。四个城市的项目拟建设内容详见表1。

总体而言，"世界银行贷款A省中等城市交通项目"的主要内容包括WH市、HB市、AQ市和LA市四个城市道路的新建或改建，道路基础设施的完善，以及公交场站、专用通道的建设等。

1.3 项目机构及实施安排

A省项目领导小组：A省通过成立项目领导小组来对项目准备和实施过程中全局领导，政策指导和协调。项目领导小组由分管建设的副省长担任领导小组组长，分管建设的副秘书长和省建设厅厅长任副组长。

A省项目管理办公室：A省建设厅成立了A省利用外资与重点项目管理办公室（下面简称"省项目管理办"）负责全省城乡建设领域利用外资和重点项目的申报、实施监管和日常管理工作。A省项目管理办公室成立一个专门的实施小组来管理四个城市道路工程的实施。

市项目领导小组及管理办公室：与省机构安排一致，涉及市均成立项目领导小组及市项目办。市项目办负责项目准备和实施的日常管理和协调工作。

项目业主（实施机构）：在各市项目办下，设置实施机构，这些机构负责对某一项目工程内容的合同签署和日常实施管理。该项目共包括4家实施机构，分别为WH市建委，HB市建委，AQ市城市建设投资发展（集团）有限公司及LA市城市建设投资有限公司。

本项目实施工期为5年，计划从2009年6月开工，到2014年6月完工。

表1　A省中等城市交通项目建设内容一览表

项目名称	项目区	业主	子项目编号及建设内容
WH市三环路新建工程和九华路、弋江路交通设施改进工程	WH	WH市建委	W-1）三环路新建工程包括：道路建设9km城市快速路；沿线铺设DN600～DN800排水管道；桥梁工程；新建桥梁共9座；沿线设置公交线路2～3条，港湾式公交停靠站11～13对，信号灯、人行信号灯、电子警察和监控设施共约15组，设置无障碍设施、人行护栏、防撞护栏等；沿线对称设置路灯照明； W-2）九华路建设项目：改装约16个交叉口的交通信号灯、电子警察和监控设施； W-3）弋江路建设项目：改装约12个交叉口的交通信号灯、电子警察和监控设施

项目名称	项目区	业主	子项目编号及建设内容
HB 市城市道路、公交场站、交通管理设施建设工程	HB	HB 市建委	H-1) 淮海路改造建设项目：改善 2.48km 道路路面状况，建设公交专用道、港湾式停靠站和交通信号管理设施等； H-2) 黎苑中路改造建设项目：拓宽路面 1.1km，设置完善的人行道、非机动车道，同时加设公交停靠站、交通信号管理设施； H-3) 翠峰南路新建建设项目：新建翠峰南路 1.0km； H-4) 驼河路新建建设项目：新建驼河路 5.8km； H-5) SX 路改建建设项目：改善 SX 路 4.5km； H-6) 改造公交站点 200 个，新建首末站 4 处，保养场 1 处（约占地 50 亩），改造或新建公交智能化管理系统、IC 卡收费系统等
AQ 市城市道路、公交场站、交通管理设施建设项目	AQ	AQ 市城市建设投资发展（集团）有限公司	A-1) 湖心北路、湖心中路、湖心南路公交专用道建设项目，全长越 5.4km； A-2) 湖心中路市民广场地道建设项目，净宽分别为 2×3.5m 和 3.5m，净高 2.5m；东西向暗埋段长约 45m，南北向暗埋段长约 15m； A-3) 曙光路改建、沿江路东延伸项目，0.64km； A-4) 公交场站及配套设施建设项目，建设公交停车场 2 处，占地面积分别为 18000m² 和 38000m²； A-5) 交通管理设施设备购置项目，包括沿江路、德宽路交通信号灯、电子警察、电子监控系统安装； A-6) 市政养护和管理设备，购置包括车辆在内的养护设施 10 台
LA 市城市道路、公交场站、交通管理设施建设项目	LA	LA 市城市建设投资有限公司	L-1) 新建八公山路主干路 2.22km； L-2) 新建支干路洄河南路 3.77km、西城路 3.21km、延伸龙河中路 7.00km； L-3) 新建公交保养场 1 处（约占地 60 亩）

1.4 社会评价目的

本项目的定位是公众参与的社会评价，即以项目利益相关人群的社会发展为基本出发点，综合应用社会学及其他社会科学理论与方法，通过系统的实地调查，识别、分析和评估项目的各种社会影响，促进各利益相关者对项目建设活动的广泛地参与，优化项目规划设计与评估项目的可持续性，规避项目社会风险。

基于这样的考虑，本项目社会评价主要包括以下七方面的内容：（1）项目区的地理、经济社会与交通概况；（2）项目利益相关者的识别；（3）利益相关者的项目参与；（4）城市居民的出行方式；（5）项目的社会需求分析；（6）项目相关问题的识别；（7）结论与建议。由于本项目是城市交通建设项目，所以在进行需求分析与相关问题识别的时候，特别强调交通管理与交通安全，以及与之密切相关的交通基础设施建设。

这些内容的内在逻辑是：项目的利益相关者是谁，他们与项目的关系，他们有着怎样的行为方式（对项目而言，更为关注居民的项目参与与出行方式），他们对项目有着怎样的需求，他们眼中的交通问题是什么，项目如何使其受益。简而言之，通过公众参与的方式，使居民的需求、建议融入到项目之中，从项目设计开始，避免或最大程度地减少项目对居民，特别是弱势群体带来负面的影响。

1.5 参与式评价方法

在项目前期，不同的利益相关者参与项目的方式是不同的。评价小组根据不同利益相关者的特点，于×年×月×日～×月×日，在项目区进行了资料收集工作；分别采用了深度访谈、座谈会、问卷调查和绘制交通图等方法，与各利益相关者共同努力，搜集项目所需资料，并以参与观察为补充手段。

本次问卷采取现场填答现场回收的方式，调查员在整个过程中，询问、指导、监督受访者填答。

表 2 社会评价方法一览表

研究方法	时间	参加人员	调查内容
文献研究	×月×日～×月×日	评价小组成员 3 人	项目相关文献
中心小组访谈	×月×日～×月×日	15 个座谈会 评价小组 3 人、业主 3 人、政府部门负责人 50 人次	当地交通现状
入户访谈	×月×日～×月×日	评价小组 8 人、业主 4 人、居民户 32 户	了解当地交通的现状、需求等
参与观察	×月×日～×月×日	评价小组 8 人、业主 4 人	了解当地交通的现状、问题等
问卷调查	×月×日～×月×日	评价小组 8 人、调查员 15 人、群众 1000 人	需求调查，交通问题识别，原因分析等

对以上五种社会评价方法的综合运用，使社会评价人员掌握了项目区的实际情况，对项目与当地社会相互适应性有了充分了解，达到了收集社会评价所需资料的目的。

2 项目区概况

本节目的在于分清楚项目所在地的社会边界。以下将分别从地理概况、人口概况、经济社会概况与交通概况四个方面进行论述，以对这一社会边界有一个清晰的认识。

2.1 项目区地理概况

A 省位于中国东南部。全省南北长约 570 千米，东西宽约 450 千米，总面积 13.96 万平方千米，属于中国中部大省。全省辖 17 个地级市；44 个市辖区、5 个县级市、56 个县。

四个项目城市中，WH 市为 A 省省辖市，现下辖三县四区。全市面积 3317 平方公里，其中市区面积 720 平方公里。

HB 市位于 A 省北部，苏、豫、皖三省交界处。北接 XZ 都市圈，南临沿淮城市群，东与 SZ 联手构成 HB—SZ 城镇群，西连 OY 和 YC 县，是沿海发达地区向内地经济辐射的接壤地带。

AQ 市区濒临长江，是 HK 至 NT 近千公里间长江北岸唯一的重要港口城市和水路交通枢纽。AQ 市现辖三区、一市、七县，共计 96 个镇、57 个乡、17 个街道办事处、240 个居委会、1600 个村委会。市域总面积 15398 平方公里，占全省 11.0%，其中市区面积 821

平方公里。

LA 市位于 A 西部，大别山北麓，为 A 省西部地区中心城市。现辖五县两区，以及 LA 经济技术开发区和 YJ 改革发展试验区。总面积 17976 平方公里。

2.2 项目区人口概况

2007 年年末，A 省全省户籍人口 6675.7 万人，比上年增加 82.2 万人；常住人口 6118 万人。城镇化率 38.7%。据 A 省第五次人口普查统计，A 省人口男女性别比为 106.61∶100；省内民族主要为汉族，占 99.37%，少数民族人口占 0.63%。2007 年，全省人口出生率为 12.75‰，死亡率为 6.4‰，自然增长率为 6.35‰。

四个项目城市的具体人口分布状况，见表 3。

表 3　各项目城市人口分布统计表（万人）

项目区	性　　别				老龄化（60 岁以上）		外来人口		残疾人口		登记失业人口		享受低保人口	
	男	比例（%）	女	比例（%）	人数	比例（%）	人数	比例（%）	人数	比例（%）	人数	比例（%）	人数	比例（%）
WH	118.5	51.70	110.5	48.30	37.95	16.57	2.9	1.30	—	—	1.7	3.80	7.57	3.30
HB	108.8	51.24	103.5	48.76	24.82	11.70	2.15	1.00	12.31	5.8	2.8	2.62	36.45	17.20
AQ	315	51.60	295	48.40	70	11.00	—	—	35.69	5.85	29.9	4.90	102.9	16.80
LA	出生性别比：114∶100				80.39	4.54	86.5	12.44	39.85	5.85	2.07	4.10	7.25	7.20
A 省	性别比：106.61∶100				445.7	7.54	557.7	8.35	358.6	5.85	—	4.06	242.2	3.63

数据来源：《WH 统计年鉴 2007》、《HB 统计年鉴 2007》、《AQ 统计年鉴 2008》、《2007 年 LA 市国民经济和社会发展统计公报》、《A 省第五次人口普查主要数据公报》、《2007 年 A 省国民经济和社会发展统计公报》、《2007 年国民经济和社会发展统计公报（国家统计局）》。

2.3 项目区经济社会发展状况

A 省经济发展水平，位于中国中游水平。2007 年全年国内生产总值（GDP）7345.7 亿元，按可比价格计算，比上年增长 13.9%。其中，第一产业增加值 1214.7 亿元，增长 4.1%；第二产业增加值 3282.6 亿元，增长 19.3%；第三产业增加值 2848.4 亿元，增长 12.3%。三次产业结构为 16.5∶44.7∶38.8。按常住人口计算，人均生产总值 12015 元（折合 1580 美元），比上年增加 1960 元。全年城镇居民人均可支配收入 11473.6 元，城镇居民家庭恩格尔系数为 39.7%。全年农村居民人均纯收入 3556.3 元，农村居民家庭恩格尔系数为 43.3%，并有上升趋势。近五年的经济发展趋势如图 1 所示：

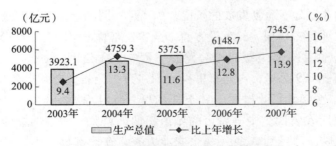

图 1　A 省近五年全省国内生产总值及增长

项目涉及的四个城市的经济发展水平，差别较小。AQ 和 WH 位于 A 省的上游，LA位于中游，而 HB 的经济发展，相对落后。各市国民经济发展的主要指标见表4。

表4　项目区各市社会经济发展主要指标一览表

项目区	GDP（亿元）	人均GDP（元）	GDP 产业结构（%）			农村居民人均纯收入与消费支出（元）		城市居民人均可支配收入与消费支出（元）		财政收入（亿元）
			第一产业	第二产业	第三产业	收入	支出	收入	支出	
WH	480	20959	6.4	56	37.6	4512	3208	10841	7900	82.6
HB	224.7	11015	11.39	53.49	35.11	2968	2078	9807	7559	31.2
AQ	593.5	9739	19.2	42	38.8	3502	2854	10710	7754	58.2
LA	439.8	7222	25.49	36.12	38.39	3907.5	3063	11328.5	10370	32.9
A	7345.7	12015	16.5	44.7	38.8	3556.3	2754	11473.6	8531.9	1034.5

资料来源：同表3。

在经济发展的同时，各地市政公用事业也蓬勃发展，特别是与本项目相关的排水管网的密度、绿地面积等，各地也有均衡发展见表5。

表5　项目区各市城市公用社会事业主要指标统计表

城市公用事业状况	单位	WH	HB	AQ	LA
人均拥有城市维护建设资金	元	1500	—	565	62.75
人均道路面积	m²	—	9.7	9.23	15.56
排水管道密度	km/km²	1.45	2.21	6.86	1.80
供水管道长度	km	—	419.18	—	184
排水管道长度	km	726		432	77
建成区绿地率	%	35.08	34.03	38.48	33.49
人均公共绿地面积	m²	8.56	11.43	31	10.42
城市建设用地面积（其他城建用地）	km²	116.61	59.2	63	42.1

资料来源：同表3。

2.4　项目区交通概况

A 省交通运输业正处于蓬勃发展的阶段，"十五"期间，A 全省交通固定资产投资完成 706 亿元。与本项目密切相关的公里方面，全省公路总里程为 72809 公里，其中高速公路通车里程 1501 公里，全省二级以上公路总里程 11473 公里，占公路总里程的 15.8%；高级、次高级路面 37189 公里，占通车里程的 51.1%。全省拥有营运客车 71460 辆，营运载货汽车 22 万辆。乡镇和行政村通车率分别达 99% 和 81.2%。

本项目主要设计 A 省四个中等城市的城市交通的调整。城市的交通概况可以从市内道路的情况得以反映。考虑到 A 省还是个农业大省，在该部分重点论述了城乡交界处的交通状况。

2.4.1 各市市内道路的交通状况

本节将分别从交通运输生产情况、路网建设状况、道路养护状况以及交通工具的拥有量四个方面，分析市内道路的交通状况。

1. 交通运输生产情况。

近些年，WH市区道路交通都有了大幅度的改善，城市道路运输、路网建设、民用车辆以及道路维护等方面都有了较快的提高，呈现道路总长度稳步上升，道路密度增大、民用车辆增多等特征。截至2006年底，WH市车辆总数为112578辆，其中公交车为766辆，出租汽车为2530辆；公交营运线路64条，营运线路长度为823公里，现有公路里程为4765公里，客运总量达到4230万人次，交通运输从业人员达到164517人，其中公交车吸纳就业人员约1800人，出租车从业人员约5060人。

HB市2006年底车辆总数为92364辆，营运线路有41条，营运的线路长度达到了110.65公里，货运总量有3626万吨，客运总量则为3408万人次，社会出租车辆为3000辆。相对于当地人口数量，出租车比例是较高的。

AQ市2006年底民用汽车拥有量8.8万辆，比上年增长17.33%。其中私人汽车拥有量6.7万辆，增长26.4%。民用轿车拥有量15580辆，比上年增长57.51%。

LA市2006年底车辆总数为759236辆，客运总量达到了7945万人次。社会出租汽车拥有量为1849辆。考虑到当地有着大量外来人口，并且该市人口绝对数量较大，所以出租车拥有量是相对较少的。

2. 路网建设状况。

WH市主城区的城市主干路现状呈"四纵、十横、半环"的路网格局。据统计，中心城区主干路长度为122.1公里，主干路网密度为1.04公里/平方公里；次干路长度为214.2公里，次干路网密度为1.83公里/平方公里。和国家规范相比，WH中心城区的主干路网密度达到国家同类城市的中等水平，次干路超过了国家标准。但中心城区的支路网密度低，表明WH中心城区道路级配不合理，急需改进，尤其是需要增加路网密度。

HB市目前现有城市道路41条，道路总长度为110.65公里。对于XS城区，人均城市道路面积10.76平方米，道路总面积2.74平方公里，统计范围内的建成区面积19.67平方公里，道路网密度为4.34公里/平方公里，主、次干道密度为3.60公里/平方公里。其中，主干道长度48.2公里，次干道长度22.9公里，支路长度14.3公里；各级道路在总路网中所占里程的比重分别为56.4%、26.8%、16.8%。

AQ市建成区现有主干道17条，次干道27条。城市道路网总体呈"方格网"布局型。

LA市城区主次干道网已基本形成，道路路况较好，一些状况较差的老路也已经或正在被改造，"一环、二半环、十放射"的城市道路系统初步形成。但是，由于规划的部分道路分期建设，尚未全线贯通，由此形成一些断头路，T形交叉口多，路网的通达性低；次干道密度不够，支路的比例更少，方格网不完善，造成部分道路交通压力很大。

3. 道路养护状况。

道路路面完好是指路面没有破损、具有良好的稳定性和足够的强度，并满足平整、抗滑和排水的要求。

表6　项目区城市路网建设状况一览表

道路类型	WH		HB		AQ		LA	
	道路数量（条）	道路长度（公里）	道路数量（条）	道路长度（公里）	道路数量（条）	道路长度（公里）	道路数量（条）	道路长度（公里）
主干道路	20	122.1	12	83.16	17	129.3	28	55.014
次干道路	21	214.2	11	20.18	27	165.1	36	24.575
支路	80	388.7	18	7.31	—	—	—	—
合计	121	725	41	110.65	43	294.4	64	79.589

资料来源：各市《项目建议书》。

由于WH市市政维护管理工作进展有序，多数主干道路完好率均在90%以上，北京路、银湖路、凤鸣路、港湾路等路段甚至达到了99%以上。由于道路自身情况、货运交通等影响，WH市仍有部分道路状况较差，支路路面破损较为严重，降低了车辆的行车速度，造成道路拥挤堵塞，同时易带来安全隐患，如ZS路、LM路、YJ路、RS路、HS路等。

2007年HB把完善道路网络作为城市建设的重点，4月份市政府研究通过了淮海路改建港湾式公交车站和修建三个人行天桥规划；5月份对XS路北段、XS南路非机动车道、长山路北段、孟山路南段非机动车道、环孟山西路、花园路进行改造；6月份对洪山路北段、淮海路西段、人民路转盘、东湖路进行改造。经过修缮的道路状况，除去个别地段，道路路面完好情况达到良好水平。

根据AQ市市政工程管理处提供的资料，2007年干道养护所结合文明城市创建，加强了对"五路五广场"的维护工作。全年共计修补砼路面880平方米，油补路面780平方米，人行道修整10000平方米，清理雨污水井3000余座，修整花岛、更换站石2000余米，调换井圈、井盖1100余付，清运垃圾500余立方米，各项市政设施完好率保持在95%以上。

LA市的道路养护工作还存在着一些不足，有待于进一步加强。目前由于全市的道路养护投入费用的不足以及由于车辆的过快增长所造成的道路破损情况严重的问题依然比较突出，路面破损率达到20%，严重制约经济发展和影响当地居民的出行和日常生活；仍然存在部分路段因为货车超重行驶而造成路面破裂、下沉的现象。

4. 交通工具

据A省2007年道路运输年报显示，A省共有客运汽车79901辆，其中载人客车78737辆；共有货运汽车414916辆。项目区四个城市的交通工具的情况，可由表7得知：

表7　项目区城市交通工具情况一览表（2007）

项目区		WH		HB		AQ		LA	
交通工具类型		数量（辆）	比例（%）	数量（辆）	比例（%）	数量（辆）	比例（%）	数量（辆）	比例（%）
汽车	总数	49837	44.30	29000	27.90	28689	40.35	134921	17.40
	客车	3269	—	20000	19.20	20370	23.68	2101	0.27
	货车	—	—	9000	8.70	8319	9.67	—	—

项目区	WH		HB		AQ		LA	
交通工具 类型	数量 （辆）	比例 （%）	数量 （辆）	比例 （%）	数量 （辆）	比例 （%）	数量 （辆）	比例（%）
摩托车	62421	55.40	59000	56.70	57129	66.42	346295	44.65
挂车	320	0.30	2000	1.90	—		271321	34.98
其他	—	—	14000	13.50	210	0.24	23092	2.977
合计	112578	100%	104000	100%	114717	100%	775629	100%

资料来源：项目城市《道路运输年报2007》。

2.4.2 城乡交界处的交通状况

目前，WH 连接市区与郊区城乡道路主要为南北方向交通干道，如弋江路、长江路、九华路、凤鸣湖南路；连接 WH 县、FC 县和 NL 县的通道主要有芜南路、芜屯路等。由 WH 综合交通调查可知，WH 主城区与近郊联系的交通小区中，QS 与主城区联系密切，占主城区与近郊联系的 34.5%，此外，根据 WT 公路城市出入口的车种构成，有 30% 是摩托车，11% 是出租车，可见 QS 与主城区之间通勤交通及日常联系密切；其次是 SS，占 31.4%；主城区与三个郊县中，往来最密切的是 WH 县，占 43.9%，其次是 FC 县，占 38.0%。现在主城区与东部片区之间的道路建设滞后，QS、WH 县与主城区的交通联系，只能通过 WT 公路一条道路来完成。此外，城郊连接的公交线路较少，特别是没有从市区直达三山区的公交线路，只能到马饮转车等。

HB 市呈点状发展，"三区一县"四个组团。城区分为 XS、LS 和 DJ 三个组团以及 SX 县组团。而 XS 和 LS 组团之间的交通通道相对较少，联系较弱，与 SX 县之间也仅有 SX 路一条通道。XS 与 LS 之间由相阳路和东外环路连接，没有公交线路，只有私营中巴 18 路通过。而 XS 与 SX 之间只有 SX 路一条通道，公交线路只有 21 路和 1 路两条。城乡交界处路况较差。这次项目中新建的沱河路和翠峰南路的就是为了解决城乡之间的交通问题。

到 2004 年底，AQ 全市公路总里程 13862 公里。按行政等级划分，拥有国家高速公路网中里程 240 公里，国道 430 公里，省道 674 公里，县道 2239 公里（其中重要县道 565 公里），乡道 1404 公里，专用公路 275 公里，村道 8600 公里。全市共有二级及二级以上公路 1099 公里，占公路总里程的比例为 7.9%，高级、次高级以上路面 4414 公里，占公路总里程的 31.8%，全市四级以上公路密度为 62 公里/百平方公里。实现了所辖六个县（市）通高速公路。国道和省道全面实现了黑色化，除个别县外，多数县与 AQ 市区及县与县之间基本实现了二级以上公路相连接。实现了乡乡镇镇通油路，村村通机动车的目标。同时 1、2、3、4、5、15 路公交车通向郊区，并且是穿城的道路，但 2、3、4 路郊区线路的平均站距偏大。

LA 市通往城郊的道路主要集中为 WC 路、MZT 路、解放北路等放射性干道，公交线路少。据调查显示，城郊结合部的交通状况更应值得关注和加强。因为远离市中心，交通管理部门往往将其作为保证市中心建设的牺牲品，大部分资源都会优先提供给市内主要道路，而有选择地忽视掉城郊交通安全的保障。

2.4.3 交通事故发生状况

交通事故的发生状况，可以由同期下降率来衡量。同期下降率是指今年（N）比去年

（M）的下降比率，用公式表示为 $R = （N - M）/M$。很显然：如果 R 值为负，表明是下降趋势，即为下降率；如果 R 值为正，表明上升趋势，即为上升率。

随着政府交通管理部门对道路交通安全工作的重视、交通参与者安全意识的提高以及交通基础设施的改善，道路交通安全状况总体上趋于稳定，交通事故发生状况较前一年有所好转，4 个城市和 A 省近期的交通事故详细状况见表 8。从表中可以看出，总体趋势是事故发生的次数、导致的受伤与死亡人数有呈下降态势，然而，事故造成的经济损失却在上升。

表 8　项目区交通事故发生状况（%）

省市	事故次数同期下降率	事故受伤人数同期下降率	事故死亡人数同期下降率	事故直接经济损失同期下降率
AQ	2.9	13.5	25.4	−5.2
LA	39.7	21.9	12.5	−4.8
HB	14.6	7.3	16.2	−3.7
WH	30.6	10.5	20.7	−6.8
A 省	6.5	13.8	−8.5	−5

3　项目的利益相关者识别

项目的利益相关者是指那些能影响项目目标的实现或被项目目标的实现所影响的个人或群体。经过初步识别，本项目的利益相关者包括项目实施机构（业主）、与交通相关的各政府部门、汽车拥有者以及项目区普通城市居民。

3.1　项目实施机构

该项目的项目实施机构，可以分为两种类型。WH 和 HB 项目由两市的市建设委员会负责；AQ 和 LA 则由本市的城市建设投资发展（集团）有限公司负责。

市建设委员会（以下简称建委）是主管建设工作的市政府职能部门，在项目实施过程中可以动用更多的行政资源投入到项目之中。由于交通建设项目影响的政府部门相对较多（见 3.2 章节的分析），所以建委在相关沟通过程中，相对容易。建委下设的各部门与技术人才均能为项目建设服务，这为项目的成功实施提供了可靠的人才储备。

另外，与项目相关的隔离带绿化、垃圾箱的设置等问题，由市建委下属的园林绿化部门和市容局等负责。

城市建设投资发展（集团）有限公司（以下简称城投），是市政府批准组建的国有独资公司。主要职能为：承担城市基础设施和公用事业项目的投资、融资和建设任务；从事授权范围内的国有资产运营和管理，并对全资、控股企业行使出资者权力；整合城市资源，参与城市土地的整理和开发，实现政府资源资本化、政府收益最大化；承担市政府授权的其他工作。在政府资源整合方面，作为企业的城投并没有多大优势，但是在项目建设中却相对灵活。

项目实施机构围绕项目而进行的各方面工作，会牵涉到另一类利益相关者，包括设计单位与不同的施工单位。设计单位的理念、技术风格，都将融入项目的设计中。施工单位负责项目的施工工作，施工质量的好坏，将直接影响到道路服务的年限。

世行贷款的各项管理费用以及项目建设理念，能够增强项目实施机构的能力建设。项目实施机构在项目实施和后续监管过程中，都是项目的最为密切的利益相关者。

3.2 与交通相关的各政府部门

由于时间紧迫，评价小组的实地调查过程中，各项目区正在形成以各市副市长为组长的项目领导小组，这一领导小组涵盖了与交通相关的各政府部门。其中，利益相关程度最高的是交通管理局、交警大队等与城市交通建设、维护及管理密切相关的职能机构。

交管局与项目相关的主要职能是，负责本市公路交通运输的行业管理；培育和管理交通运输市场，维护公路交通运输行业的平等竞争秩序；引导交通运输行业优化结构、协调发展；负责全市出租汽车的行业管理；负责全市交通基础设施的建设、维护、管理和规费稽征及通行费的收支管理；监督交通基础设施建设资金的使用。

交警大队与项目相关的主要职能是，管理本市城乡道路安全，维护交通秩序。项目建成后的安全问题的防范与管理，主要由交警大队来完成。交警大队是本项目相关交通智能设备项目的使用者和管理者，维护交通秩序的需求，是该部分子项目上马的主要原因。

项目的合理设计与成功实施，会直接影响到这些部门日后职能的良好发挥。与交通相关的各政府部门是该项目较为密切的利益相关者。

3.3 交通运输企业

除此之外，交通运输企业，即公交公司、出租车公司，是城市道路的重要使用者，公交公司因为其所从事行业的公益性质，显示了其对城市交通发展的重要作用。一方面，作为城市交通的重要组成部分，他们的现实状况与存在的问题，直接影响到城市的整体交通规划与发展；另一方面，作为交通项目的相关利益群体，其对城市交通的看法与建议，则有利于项目的优化设计。

例如，各项目区有关公交停靠站点、场站和公交专用车道的子项目，直接针对公交公司的需求。合理的公交停靠站点的设置与场站设计，能够提高公交公司的运作效率，提升经营业绩，在更好地为市民服务的同时，增加本公司的收入。

交通运输企业是项目的直接受益者之一。

3.4 城市居民

交通状况是城市居民赖以生存的基础之一，居民日常活动都是以交通为依托而开展的，如工作、娱乐、购物等。按照出行方式，可将城市居民分为不同的群体，如步行、骑车、坐公交车与开汽车等。为便于分析，将城市居民依照使用道路情况的不同，划分为开车出行居民和不开车出行居民两大类。

开车出行居民与不开车出行居民，所使用道路的空间不同，而在道路空间重叠的部分，如十字路口等，容易发生人车冲突。开车出行的居民，主要使用道路的机动车道；而其他方式出行的居民，则主要使用非机动车道。本项目的建设，在于疏通城市交通，都能极为方便地服务于城市居民。

城市居民作为城市社会的主体，涵盖如老人、妇女、残疾人、贫困人口、儿童等弱势群体，这些群体对城市交通有些特殊需求。城市交通能否满足这些群体的需求，是项目成功实施的关键之一。若项目的设计中，没有考虑弱势群体的需求，将使这些人群公平获得公共交通服务的权力受损。

通过上面两节的描述，A省中等城市交通项目的社会边界及当地社会概况，已经呈现出来。在下面章节中，将重点论述利益相关者的社会行动。

4 利益相关者的项目参与

参与式项目社会评价的特点在于，以项目利益相关者的社会发展为基本出发点，在项目设计与监管的过程中，将利益相关者的建议和行动融入项目建设和发展之中，而不像一般项目，单纯地进行自上而下的设计。

本节将重点论述利益相关者在项目设计阶段和建成运营阶段，是怎样参与到项目之中来的。

4.1 项目前期的公众参与

对公共参与而言，最为重要的是信息获得。社会评价评价小组在进行该项目的社会评价过程中，扮演了信息提供者的角色，在进行每项社会评价任务的过程中，评价小组成员与项目区群众处于平等的地位，公开项目信息，与项目区群众平等协商。该项目最为重要的利益相关者是普通的项目区群众，而对这些普通人而言，赋予权力、公开平等地与其对话，是保证其能够获知项目信息、主动参与项目的前提。为保证各利益相关者的建议与行动都能融入项目中来，评价小组针对不同的利益相关者，采取了不同的信息告知与收集的方式。

4.1.1 交通相关政府部门的前期参与

该利益相关者相对于其他利益相关者而言，拥有相关交通项目的专业知识与长期的管理经验。这种来自政府专业部门的视角，对项目来说，是非常重要的。所以对项目而言，倾听这些部门的建议，往往能够取得事半功倍的效果。这些部门对项目的参与，主要通过座谈会、绘图和文献搜集的形式进行。

机构访谈中，社会评价人员对基层政府部门的相关负责人讲解项目概况及作用，并将咨询从其工作角度可能给予的项目建议及其参与项目的方式作为座谈的重点之一。

当地政府部门相关负责人从其职责出发，掌握了大量适合在当地开展工作的地方性知识。评价小组成员主动向他们学习，从项目区各政府部门负责人处得到的建议，能够很好地将项目与当地群众的生活融合起来，最大限度的发挥项目效益。这些建议对项目的社会评价工作，提供了很大帮助，并且融入了本报告的相关章节。

在座谈过程中，充分发挥当地地图或交通规划图的作用，对被访者提到的城市交通事故多发地段、堵塞地段等，采用标记的方式，在图上注明，供社会评价人员参考。这些标记往往成为社会评价人员的向导，他们可以借助这些标记，有重点地观察相关路段。并结合地图，咨询相关负责人可能的规避措施，供工作中参考。

文献搜集即收集二手资料和项目区社会经济和交通管理现状的政策法规。公共参与调查组成员通过与交通相关机构的沟通，收集到大量与项目相关的背景资料，如项目建议书、统计年鉴、人口普查资料、城市交通规划、建设施工图、各市道路养护工作管理办法、各部门工作计划与总结等。

4.1.2　交通运输企业的前期参与

交通运输企业项目参与的重要性在于，该利益相关者的建议可以极大提高项目对普通城市居民所带来的益处。交通运输企业的参与，包括公交公司、出租车公司管理层的项目参与和公交司机、出租车司机的项目参与两个部分。

管理层的项目参与适合采用座谈会的形式。公司管理层的各职能部门，分管本市公共交通的不同方面，来自管理层的不同视角，使公交公司对城市公共交通呈现出立体式的态势。例如，安全管理部门更关注公交车的防火、防盗、防事故，线路运营部门更关注公交线路设置的合理与否、公交效率的提高等。在告知为世行项目进行前期参与的座谈目的之后，管理层人员会很快将讨论焦点集中于自己负责的部门，并将可行性建议提供给社会评价人员。

相比较而言，司机的视角则更为底层，一定程度上弥补了管理层建议的不足。而对公交和出租车司机可以采用灵活的偶遇访谈和深度访谈相结合的参与方式。由于该项目的特殊性，社会评价人员在外业过程中，可以借乘坐出租车和公交车的机会，在不影响司机正常驾驶的情况下，告知其世行项目的诸方面信息，并倾听该群体对项目的需求和实施建议。偶遇的访谈是在行驶的过程中完成的，这增加了社会评价人员对当地交通状况的现实感。

而深度访谈可以更为详细地获知这一群体对项目的需求，帮助社会评价人员发现问题，并尽可能充分地倾听他们的意见和建议。

4.1.3　城市居民的前期参与

城市居民是项目参与中最为重要的一个利益相关者。一切能够促进城市居民项目参与的社会评价方式，都可以用于这一群体。为更为充分地向城市居民提供世行项目的相关信息与理念，社会评价人员在外业过程中，使用了参与观察、深度访谈、座谈会与问卷调查相结合的方式。

值得一提的是，本次参与式社会评价涉及的四个中等城市，城市规模都不大，社区之间人员来往密切，是较为适合做参与式社会调查的。社会评价人员以深度访谈、座谈会与问卷调查相结合的方式，对部分居民进行的访谈所传递的各种信息，将会在社区内部快速传播，能够动员更多的项目区居民参与到项目当中来。

评价小组成员在拟改造或新建路段进行了实地勘察，通过参与式观察认识项目区四个城市的交通现状，发现一些路段的问题。在对项目有关问题形成直接和感性认识的同时，可以追问路人相关问题，发现深度访谈的对象。

深度访谈一般在项目区的社区中进行。利用社区居民的闲散时间，向社区居民讲解世行项目的内容、目标、理念等，询问社区居民当地交通状况及问题，询问社区居民对世行项目的需求与态度，并深度访谈他们形成这些看法的原因、从自身角度提出的建议等。

城市居民座谈会则主要针对项目中弱势群体的参与而设计。要求参加座谈会的成员涵盖老人、妇女、儿童、贫困人口、残疾人等，意在了解弱势群体对项目的特殊需求，弱势群体对城市交通问题的看法等，在询问原因的基础上，鼓励这些群体说出他们对项目实施的建议。由于座谈会是结合当地社区居委会展开的，所以居委会成员也参与到了座谈会的讨论之中，为项目参与带入了基层组织的视角。

问卷调查可以以文字的形式，准确无误的告知受访者世行项目的相关内容，并让受访者切实感知到项目涉及的各种社会问题。在受访者填答过程中，经过培训的调查员，向受访者解释问卷的整体结构与相关题项的设计意图，让受访者明白世行项目对交通管理、交通安全与交通设施的重视。

交通项目的一个特质是，项目影响的社区随道路依带状分布。这样，项目区内社区的鉴定相对容易。从系统的观点考虑，某条道路是镶嵌于城市路网中的，所以还需要考虑非项目区居民。因此，本次问卷采用目的抽样的方式，抽取第一层——社区，每个项目区抽取3~4个项目区的社区与1个非项目区社区进行问卷调查。在每个社区，由经过培训的当地居委会工作人员配合，随机选取调查样本。四个项目城市共发放问卷1100份，经过问卷鉴别和逻辑筛查，回收有效问卷840份，有效回收率为76.36%。

其中项目区有效问卷677份，非项目区有效问卷163份。具体到各个项目城市，WH为215份，占问卷总数的25.6%；HB为168份，占20.0%；AQ为253份，占问卷总数的30.1%；LA为204份，占总数的24.3%。

问卷数据库的建立和分析采用SPSS16.0统计分析软件。经过统计，样本基本详细情况如下表所示：

表9 问卷样本情况统计表

统计指标（valid）	统 计 值
性别（833人次）	男50.1%，女49.9%
年龄（813人次）	平均年龄39.71岁，最大年龄86岁，最小年龄14岁
学历（820人次）	大学及以上19.1%，大专27.8%，高中29.4%，初中18.8%，小学及以下4.9%
民族（793人次）	汉族99.4%，其他民族0.6%
职业（827人次）	国家机关党群组织事业单位负责人5.2%，企业负责人2.1%，专业技术及辅助人员14.1%，办事人员和有关人员26.1%，商业服务业负责人3.5%，商业服务业人员12.2%，生产运输设备操作人员7.0%，无业11.0%，退休离休人员6.7%，家庭主妇9.2%，学生2.9%
户主（814人次）	是52.7%，否47.3%
残障人士（815人次）	是8.5%，否91.5%
城市低保待遇（829人次）	是6.3%，否93.7%
项目区（840人次）	是80.6%，否19.4%

通过社会评价评价小组成员同项目区的平等协商，项目区各利益相关者对于该工程的公共参与，基本面是好的，多数群众对项目表示支持，愿意参与到项目当中来。参与式项目社会评价评价小组成员也搜集到了社会评价所需的相关资料。下文的所有分析资料，均来自本次参与式社会调查所搜集到的资料。

4.2 社区参与式监督管理

通过上文分析，参与式项目社会评价依循不同的利益相关者，赋予社会评价以多重视角，这对项目前期社会评价的方法与内容而言，至关重要。评价小组认为，参与不仅在项目前期发挥作用，在项目建设与建成后，都将作为项目长期建设的一部分。

在项目建设过程中，道路工程必将影响项目区居民的出行，给其生活带来不便。这就需要取得项目区居民的理解与支持，居民参与是项目能够顺利进行的保证。本节着重论述项目建成后，居民参与对项目成果维系的重要性和社区参与式监督管理机制的建立。

对交通项目而言，建成后维护的及时与否将影响项目功能的发挥。道路维护一般涵盖硬件设施的维护与为保证硬件功能的正常发挥而进行的软件维护两个层面的内容。在硬件方面，居民的参与监督将有利于交通附属设施的维护，有效防止因偷盗、破坏而引起的设施损耗。在软件方面，动员居民广泛参与到项目中来，规范居民对道路设施的使用，能够最大程度地保护道路路面及附属设施的完好，进而方便居民对项目的使用。项目完成后，居民的参与监督将从硬件和软件两个层面，促使项目功能发挥的进一步提升。

如何才能建立起居民有效的参与机制，是该项目完成后后续监管的重要方面。评价小组认为，结合项目区实际，可以建立以社区为基础、以当地电台为引导的项目参与监督机制。

根据项目区四个城市规模较小、社区内部人员交往密切的特点，充分发挥社区的作用，是建立居民参与机制的有效着力点。数据统计显示，有 67.7% 的居民与当地社区居委会的交往是密切及非常密切的，只有 18.8% 的居民认为其与居委会是从不交往的。而对当地居委会的访谈可知，居委会工作人员对当地社区的情况是非常清楚的，甚至对各家各户的家庭情况都非常熟悉。这为利用社区建立居民的项目参与监督机制提供了组织基础。

在外业过程中，社会评价人员发现，社区居委会还是当地居民休闲娱乐的场所，社区居委会建立了专门的居民活动室供居民使用。这为居委会有效开展居民的参与监督工作，提供了外部条件。

居委会作为政府部门的基层组织，承担着上通下达的任务，在日常各种琐碎事务的处理过程中，形成了灵活的处事策略，而使项目参与监督最可能贴近项目实际。居委会定期收集居民的监督意见，并反馈给相关政府部门，政府部门提供解决策略，返回给居委会。在这一过程中，居民的意见得以表达，政府的政策得以落实。

在外业过程中，社会评价人员发现 A 省交通广播电台对于交通实时状况的播报是非常及时的，而且居民可以通过电台公布的热线电话反映城市道路状况。这种参与形式被广大出租车司机所熟知。城市居民的参与监督可以通过当地广播电台，建立起公众与政府之间的沟通桥梁，居民对城市交通中的问题，随时可通过热线电话向电台反应，并通过电台，定期转达给政府。

这样，公众参与监督的两条路径可由图 2 大致概括为图 3～图 6。

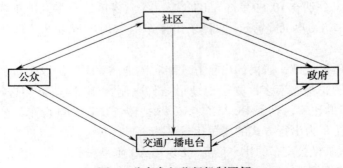

图 2   公众参与监督机制图解

图3　社区老年人在居委会填答问卷　　　　图4　机构座谈会

图5　社区妇女、老人座谈会　　　　图6　与居民共同绘制的交通问题图

5　城市居民的出行方式

城市居民的出行方式，是判断 A 省中等城市交通项目规划是否合理的客观依据之一。城市居民有着怎样的出行习惯，选择怎样的交通工具，将影响到项目规划中各条道路的宽度。

5.1　城市居民总体出行方式

在问卷相关多选题项的统计中，有 1725 人次回答了该题。在该题中，评价小组设置了包括步行、自行车、公交车、出租车、摩托车在内的总计 10 种出行方式，供市民选择。总体而言，城市居民之中依靠步行、公交车和自行车出行的占前三位。另外，骑电动车、摩托车出行的居民分别有 10.09% 和 6.03%。一个特殊的现象是，由于项目城市中出租车的起步价较低，有 8.87% 的群众，选择了出租车的市内出行方式，这与其他城市是有所差别的。

具体到四个项目城市，居民的出行方式略有区别。WH 居民以步行、自行车与公交车为出行方式的比例，相差不多；受当地地形条件限制，HB 群众更多选择步行和公交车；AQ 居民骑电动车的比率占到了 18.35%；LA 除去传统步行、自行车与公交车外，以出租车、电动车和摩托车为出行方式的居民比较平均。

WH 居民出行乘坐公交车的比率最高；HB 和 AQ 则是步行居第一位；LA 选择步行与公交车的居民所占的比例是相同的。四个项目城市，选择骑自行车的居民仍然不在少数，这是由中国是自行车大国的国情决定的。四个城市居民出行方式的具体统计数据，详见表10。

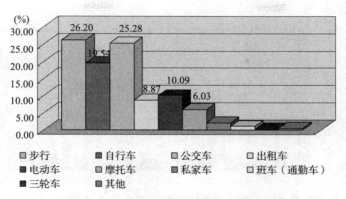

图7 四个城市的城市居民出行方式图解

表10 项目城市居民出行方式对比统计表（%）

城市	步行	自行车	公交	出租车	电动车	摩托车	私家车	班车	三轮车	其他
WH	20.65	23.67	24.36	12.76	10.44	4.64	2.78	0.00	0.23	0.46
HB	32.29	14.73	30.72	10.03	3.45	3.13	2.51	1.25	0.63	1.25
AQ	26.06	19.95	18.88	5.85	18.35	5.05	1.86	3.19	0.00	0.80
LA	27.05	18.86	27.05	7.35	8.18	9.18	1.50	0.50	0.33	0.00
总计	452	337	436	153	174	104	36	19	5	9

＊基于回答次数统计。

在遇到交通堵塞时，居民选择交通工具的类型依次为，自行车32.8%，出租车22.9%，摩托车15%。在交通堵塞等一些特殊情况发生时，居民倾向于选择更灵活、快速的出行方式，包括自行车、摩托车、出租车等，这也印证了上文的分析。而只有8.8%的居民选择了乘坐公交车，这从另一方面反映出当地公交车并没有达到居民快速出行的要求，有待进一步改善。

5.2 城市居民出行的主要目的

城市居民选择不同的方式出行，是基于不同的出行目的的。在此，本报告选取处于居民出行前三位的步行、公交、自行车，进行着重分析。

通过图8可知，无论是步行、骑车，还是乘坐公交车，居民外出的主要目的都是上班（含少量学生以上学为目的）。而上班一族最主要的出行方式为自行车，骑车以上班为主要目的的居民，占到了总数的63.4%。针对步行的出行方式，以上班为目的的占到了50.4%。乘坐公交车的方式，上班为目的占40.0%。

此外，外出购物也是居民出行的主要目的之一。在步行、骑车与乘坐公交车三种出行方式中，以外出购物为目的的比例分别为21.8%、12.4%和35.5%。尤其以选择乘坐公交车的居民为最多。

经过访谈可知，若是外出办公的话，居民倾向于更为便捷、快速的出租车为出行方式。

步行出行的主要目次依次为上班、购物与健身，这与骑自行车出行的主要目的呈现出相似的分布态势。在客观条件允许的情况下，选择骑车或步行，已经成为当地居民健身的一种方式。乘坐公交的居民外出购物的主要目的，依次为上班（含上学）、购物与探亲（9.3%）。

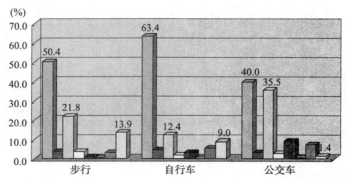

图 8　居民主要出行方式目的对比图解

居民出行方式的选择，除去本部分的论述外，还需要依据下文各出行方式的利弊来理解。

5.3　居民主要出行方式的利与弊

不同的出行方式，为居民个人所带来的利与弊是不同的。考虑到步行、骑自行车、乘坐公交车的差异，在问卷设计中，评价小组针对不同的出行方式，设计了不同的利弊选项供居民选择。

5.3.1　主要出行方式的优点

居民选择不同的方式外出，其优点是不同的。从图9可知，步行外出的主要优点是利于锻炼身体，其他依次为经济实惠、方便与安全。骑自行车外出的主要优点依次为健身、方便、经济实惠，而在安全方面则是令人担忧的。乘坐公交车外出的最主要优点是经济实惠，而安全和方便次之。

相比较而言，居民步行和骑自行车外出，主要是看重该出行方式具有健身的效果。在这一点上，与上文的分析是一致的。而乘坐公交车的居民，则主要考虑到公交车经济实惠的特性。这恰恰证明了公交车对城市居民的重要性，而票价的合理与否，对整个公交系统而言也是至关重要的。与另外两种出行方式相比，乘坐公交车外出的成本更高。

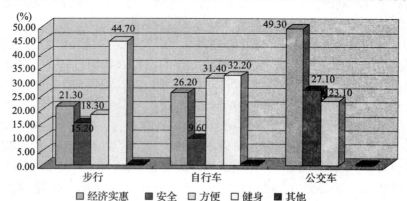

图 9　出行方式优点图解

步行与骑自行车外出的居民的安全感并不是很高，这一点需要结合下文出行方式的弊端进行分析。

66

5.3.2 主要出行方式的弊端

通过前期调查和经验感知，评价小组认为，居民三种主要出行方式的弊端主要包括辛苦、浪费时间、不安全、易出故障、容易被盗、堵塞、晚点等。其中前面三点，是共性的弊端；后面五点分别是自行车、公交车的缺点。经过统计分析，可得到表11。

表11　居民出行方式的弊端统计表（%）

感觉	步行	自行车	公交车
辛苦	19.00	16.40	29.00
浪费时间	35.50	12.40	27.90
不安全	5.60	19.90	2.30
没有坏处	37.80	9.30	3.20
其他	2.20	0.90	
		易出故障：9.3	堵塞：20.2
		容易被盗：31.9	晚点：17.4
填答人次	558	549	852

经过比较可知，不同的出行方式对居民带来的弊端差异是巨大的。步行的弊端主要来自于浪费时间与辛苦，另外有5.6%的居民选答了不安全的选项。自行车的问题在统计数据上则表现比较平均，问题主要来自不安全、辛苦与浪费时间；而高达31.9%的居民认为自行车是容易被盗的。这从另一侧面说明了，公共参与监督的重要性。而公交车的弊端则较为突出，认为辛苦、浪费时间和堵塞的居民均高于20%的比率，说明项目区的公交系统是的确存在问题的。

乘坐公交车存在的各种弊端，一个重要原因是公交的运营效率所致。而提高公交运营效率的一个有效措施即增设专门的公交车道。项目区群众中，有72.1%的居民认为非常或比较需要增设公交专用通道，而只有4.2%的居民认为不需要。说明居民对提高城市公交的运营效率的需求，是迫切的。

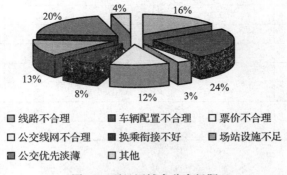

图10　项目区城市公交问题

相比较而言，步行出行还是最为稳妥的，有高达37.8%的居民认为步行是没有坏处的；而有相同认识的以自行车与公交车为主要出行方式的居民，只有9.3%和3.2%。只是选择步行的居民，付出了不小的时间成本。

对公交而言，除去上面提到的各项缺点，另一些弊端来自于公交自身特点。以换乘为例，倘若不能通过换乘的方式顺利到达市内目的地，说明当地公交线路的设计还是存在一定问题的。调查发现，有42.8%的居民认为，他们并不能通过公交换乘到达目的地。应该说，对中等城市而言，这一比例是相当高的。四个项目城市公交自身存在的主要问题，可由图10来说明。

项目城市公交方面最主要问题来自于车辆配置不合理和公交有限观念淡薄，线路、线网不合理与场站设施不足的问题，也是比较突出的。而由于项目城市的公交票价都已经非常低廉，居民对票价的反应并不强烈。这说明，项目城市公交系统存在的弊端，主要来自于公交规划设计的不合理，是可以通过合理的设计给予规避的。

在向项目区群众咨询杜绝产生公交弊端的建议中，有75.1%的居民认为需要增设公交线路，28.9%的居民认为需要增加候车站点，27%的居民认为需要完善公交线路指示牌，调整公交站点和对公交站点加强监管的建议分别占参与问卷填答居民的19.3%和15.5%。

5.4 弱势群体的出行方式

相对于普通城市居民而言，处于弱势群体的妇女、低文化程度者、老人、未成年人（含学生）、无业者与低保户的出行方式，有些有着自身的特点。

女性及低文化程度者与普通市民的出行方式基本相同。老人更多地选择步行或乘坐公交，而骑自行车的老人相对较少。与之相对，骑车的未成年人比例是相对较高的。而无业者主要以费用低廉的自行车和步行为出行方式。

统计还发现一类问题，即有个别未成年人是以摩托车、三轮车和私家车等机动车辆为其交通工具的，这种做法违背了国家相关法律，是应该禁止的。

表12 弱势群体出行方式统计表（%）

出行方式	女	小学以下文化程度	老人	未成年人	无业	低保
步行	27.50	27.80	34.55	19.57	27.10	21.30
自行车	18.90	27.80	19.09	28.26	30.00	29.60
公交车	26.60	24.40	28.18	30.43	20.60	25.00
出租车	8.60	6.70	8.18	6.52	6.50	8.30
电动车	11.40	10.00	7.27	6.52	7.10	8.30
摩托车	4.30	2.20	0.91	2.17	4.70	4.60
私家车	1.60	0.00	0.91	2.17	1.20	0.00
班车	0.90	0.00	0.91	2.17	1.20	1.90
三轮车	0.20	1.10		2.17	1.80	0.90
总计	805	90	110	46	170	108

＊基于回答次数而统计。

通过访谈可知，老年人最主要的出行目的是健身、购物和就医，另外有部分老年人外出是接送孙子孙女上下学的。妇女、贫困群体出行的主要原因则是上班和购物，休闲娱乐的比例较低。而未成年人外出娱乐的比例，则是较多的。残疾人出行的目的较为单一，一般是有些特殊事情需要自己去处理。

低文化程度者、无业者与低保群体的出行目的，与普通居民区别较小。

总体来看，项目区城市居民的出行方式仍以传统的步行、公交车和自行车为主，四个项目城市略有不同。三种主要方式的出行目的，以上班和购物处于前两位，其他出行目的略有差异。居民认为不同出行方式的利与弊也是不同的。对弱势群体而言，老年人和残疾人的出行目的与普通市民是有差异的，而其他弱势人群在出行目的上的差异并不明显。

　　通过对本节的分析，从市民行动上表明，项目区城市存在着道路改善的客观需求。市民的出行方式也是交通项目社会评价的出发点之一。而市民主观的需求，将在下一节继续论述。

6　项目社会需求分析

　　在参与式项目社会评价中，参与群体的社会需求分析是十分必要的。项目社会需求是从市民自身的角度，说明项目需要改善的程度。这种社会需求越迫切，项目居民的社会参与程度就越高。另外，项目社会需求分析为社会评价人员提供了一种与项目居民沟通的工具，在了解居民对该项目需求的过程中，社会评价人员可以发现项目区存在的交通问题，并在此基础上进行分析。某种程度上，项目的社会需求分析影响着居民项目参与的质量。

　　在问卷中，评价小组针对路网、基础设施、道路安全与管理的不同特点，对居民的社会需求采用了不同的问法。但是在进行选项设置时，路网改善采用了四点测量，基础设施、道路安全与管理的测量则采用了更能反映社会需求层次的里克特（Likert）五点测量的方法。这样，社会需求的迫切程度将会较为明显地辨别出来。

　　总体而言，认为当地交通状况需要和急需改善的居民分别占到总数的 62.6% 和 30.1%，有 4.1% 的群众认为改善交通状况对其来说是无所谓的，只有 3.1% 的居民认为当地交通状况无需改善。

　　在相关章节，关注城市居民总体社会需求的同时，也将关注弱势群体的特殊需求。

6.1　路网改善的社会需求

　　城市路网建设，是整个城市交通通畅的关键所在。城市路网一般包括城市主干道、次干道和支路连接而成。对该项目而言，城市主干道和次干道是评价小组关注的焦点。路网的改善还牵涉道路表面的自行车道、人行道和公交专用通道。对于以上五者的社会需求分析，详见图11。

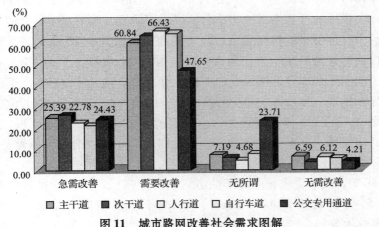

图11　城市路网改善社会需求图解

经过统计发现，城市路网改善的社会需求主要集中在急需改善和需要改善的程度。除去公交专用通道的建设以外，其他四项选择急需改善与需要改善的社会需求程度之和均高于85%，公交专用通道的社会需求略低，但也有72.08%的居民选择了急需与需要改善。而认为公交专用通道无需改善的居民，只占到总数的4.21%。

从这一点来看，市民对当地路网状况改善的社会需求是很高的。将选项急需改善、需要改善、无所谓和无需改善分别赋值1、2、3、4分，进行平均值的计算，可以反映不同项目城市对路网建设不同项目的社会需求顺序。四个项目城市各项目社会需求的平均得分，如表13所示：

表13　项目城市居民路网改善需求一览表

项目城市	主干道	次干道	人行道	自行车道	专用公交车道
WH	1.6326	1.6558	1.8419	1.907	1.88
HB	2.1098	1.9879	2.0364	2	1.94
AQ	1.9484	1.88	1.908	1.9562	2.17
LA	2.1569	1.9804	2.0098	2.0343	2.28
平均（人数）	1.9497（835）	1.8681（835）	1.9412（835）	1.9713（835）	2.08（835）

通过表13分析，四个项目城市中，WH对主干道改善的社会需求最为强烈；HB对公交专用通道改善的社会需求最为强烈；AQ和LA对城市次干道改善的社会需求最为强烈。

弱势群体对城市路网的需求，与普通市民没有太多差别。在访谈中发现，在交通影响到这些群体日常生活的时候，路网问题变得敏感起来。老年人主要反映人行道的安全问题，残障人士对道路出行的便捷程度极为关注。家庭主妇较为关心的问题同老年人类似，主要原因来自于对孩子上下学交通安全的担心。

6.2 基础设施改善的社会需求

在对该部分社会需求的分析中，评价小组将提问方式改为对某种道路基础设施改善的希望程度。将希望等级划分为五个等级，非常希望、比较希望、有些希望、无所谓和不希望，分别赋值为1~5分，即非常希望赋值1分。这样统计结果可以对社会需求的强烈程度进行排序，总体得分为1的话，说明居民对该项道路基础设施的改善需求是最为强烈的；如果某项社会设施的改善需求等于5分，说明该项目改善的社会需求最为低下。

在相关题目中，评价小组根据项目建议书的内容，设置了12项交通基础设施供居民选择，包括非机动车道被占用、过街通道、交通信号灯、路灯、供水/排水系统、道路指示牌、停车位、监控系统、行道树、花池、花坛等、车道隔离带和盲人车道。

经过统计分析发现，城市居民对交通基础设施的改善需求，位于前五位的是：改善过街通道的社会需求，1.6123分；改善交通信号灯的社会需求，1.6486分；改善车道隔离带的社会需求，1.7096分；改善监控系统的社会需求，1.7148分；改善路灯的社会需求，1.7157分。

通过图12可知，改善需求程度位于前五位的交通基础设施，居民选择非常希望的比例在49.4%~55.4%，比较希望在33.5%~36.2%。居民对道路交通基础设施改善的社会需求程度，整体上是很高的。

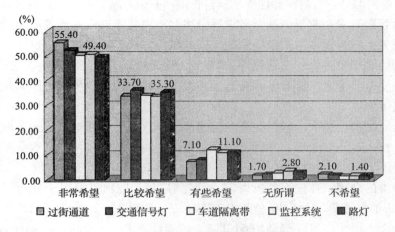

图 12　道路基础设施改善需求图解

这与评价小组在外业的访谈过程中，所发现的问题基本是一致的。过街通道的改善主要为了提高穿越马路的安全性；交通信号灯的时间长短，会直接影响到居民穿越马路的安全体验；车道隔离带，为居民出行建构了一个安全的空间；监控系统的改善，能够在一定程度上提高车辆行驶的自觉性；路灯设施的改善，为居民夜晚出行提供了方便。

表 14　项目城市居民交通基础设施改善需求一览表

项目城市	过街通道	交通信号灯	监控系统	车道隔离带	路灯
WH	1.6869	1.8047	1.8762	1.8598	1.8732
HB	1.4485	1.4424	1.5976	1.5301	1.6265
AQ	1.6163	1.5861	1.5732	1.5774	1.587
LA	1.6618	1.7255	1.8088	1.8529	1.7794
平均（人数）	1.6123（828）	1.6486（828）	1.7148（817）	1.7096（823）	1.7157（830）

其中，WH 和 LA 交通设施改善的社会需求最高的为过街通道的建设，HB 为交通信号灯的设置，AQ 为道路监控系统的设置。

弱势群体对基础设施改善，反映比较强烈的是老年人对交通信号灯的意见。一是老年人普遍认为，项目城市的交通信号灯时间太短，对老年人来说极不安全；二是在有些路段没有设置交通信号灯，项目城市交通信号灯的设置是需要规范的；三是交通信号给的时间不合理，在行人未完全通过的时候，右转车道的放行信号已经给出，增加了老年人过街的心理负担。

另外，盲人对改善盲道的需求也是比较强烈的。在项目城市主干道路上都已经建立了供盲人使用的专用通道，但是并没有规范的引导区，给盲人在使用盲道时带来不便；而且受市政工程影响，在盲道上设置很多井盖等，妨碍了盲人出行时对盲道方向的判断。所以，盲人强烈地需求改善盲道，规范盲道设置，能够使他们安全、方便地使用。

6.3　道路管理和安全改善的社会需求

如果说路网建设和道路基础设施改善，是居民对城市交通硬件改善的社会期望的话，而道路管理和安全的改善则是居民对城市交通软件的改善的期望。由于道路管理与安全在现实中，有很多重叠的部分，所以在此评价小组将管理和安全问题放在同一章节进行讨论。

为给道路管理和安全改善的社会需求排定类似于道路基础设施改善需求的次序，评价小组在选项设置上，采用了与上节提到的相同的赋分方法和计算方式。

道路管理的题项设置为：交通秩序维持、交通执法、实时路况播报、交通安全维持、交通协管员的服务、交通出警效率、交通设施维护、公交的便捷程度、马路环境卫生、马路洒水和道路维修。

道路安全的题项设置为：群众安全意识淡薄、群众缺乏交通知识、人车混行、十字路口车辆乱行、行人乱闯红绿灯、车辆不按规定车道行驶、车速过快、商贩挤压道路空间和交管部门监管不力。

为确保分类的合理，在进行分析以前，首先对 20 个题项进行因子分析（factor analysis）。因子分析的结果显示，KMO 值为 0.935（$sig < 0.000$，$df = 190$）。因子分析将此 20 个题项区分为 2 个因子，可以解释掉 64.175% 的累计方差（cumulative variance）。交通管理的相关题项全部附着在因子 2 上，可以将这个因子命名为交通管理因子；道路安全的相关题项全部附着在因子 1 上，可以将该因子命名为交通安全因子。这说明，评价小组对两组题项的设置是合理的。在因子分析基础上，进行排序的统计。

6.3.1 交通管理改善的社会需求

交通管理改善的社会需求程度，位于前五位的分别为：交通秩序维持改善的需求，1.4336 分；道路维修，1.506 分；马路环境卫生，1.5223 分；公交便捷程度改善需求，1.5453 分；交通安全维持改善的需求，1.5847 分。

居民选择表示社会需求程度最高的"非常希望"的比例是非常高的，在需求程度最高的五项中，选择"非常希望"的居民的比例在 55.2% ~ 63.8%，选择"比较希望"的居民在 27.6% ~ 32.9%。这说明项目城市居民对城市交通管理改善的需求程度是非常高的，有 82.8% ~ 96.7% 的居民对此有较强的改善需求。

居民对交通管理改善的需求可以概括为，使城市交通更为安全、快速、美观、方便。居民对城市现有交通管理状况改善的期望程度表明，关系城市道路功能充分发挥的各方面改善，都是比较强烈的。居民有着强烈的社会需求，去建立起项目城市交通管理的新秩序。

城市交通管理改善的社会需求情况，详见图 13。

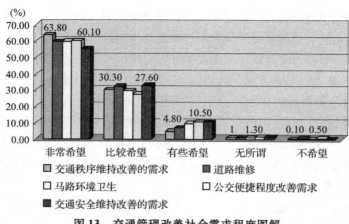

图 13 交通管理改善社会需求程度图解

各项目城市对交通管理改善的社会需求情况，详见表15。四个城市的居民对交通管理改善的社会需求表现出高度同质性，交通秩序维持的呼声皆是最高。

表15 项目城市居民交通管理改善社会需求一览表

项目城市	交通秩序维持	道路维修	马路环境卫生	公交便捷程度	交通安全维持
WH	1.5472	1.6509	1.7887	1.7418	1.7925
HB	1.3675	1.4699	1.3976	1.488	1.5212
AQ	1.378	1.4228	1.4315	1.4508	1.4898
LA	1.4363	1.4853	1.4559	1.5	1.5343
平均数	1.4336	1.506	1.5223	1.5453	1.5847
调查人数	828	828	831	827	826

弱势群体方面，老年人由于更多地外出锻炼，对马路环境卫生的反应更为敏感，他们希望能有一个更优美的马路环境，认为这也应是城市建设非常重要的一部分。

另有部分老年人反映，项目城市公交车司机应更多地为老人着想，在老人上下车时，应考虑到老年人行动迟缓的特点，放慢车速。

出行困难的残障人士告诉评价小组成员，他们喜欢城市道路更为平坦，而且在设置残疾人通道的相关路段加强管理，首先保证残障人士的顺利通行。

6.3.2 交通安全改善的社会需求

交通安全改善的社会需求程度，位于前五位的分别是：群众安全意识淡薄，1.5589分；人车混行，1.6173分；十字路口车辆混乱，1.6185分；行人乱闯红绿灯，1.6326分；群众缺乏交通知识，1.6432分。项目城市居民认为，以上这些交通安全问题是急需改善的。

在社会评价人员与项目各利益相关者谈到交通安全话题的时候，各利益相关者都不约而同地指出，当地居民交通安全意识淡薄、老百姓素质低等问题。从他们的言谈中可以推断，项目城市的居民强烈需要改善当地交通的安全现状，其中他们认为最重要的一点，就是要提升项目区居民的整体素质，让项目区居民参与到世行交通项目中来，通过自身参与，提升交通安全意识，并在可能的情况下，多学习交通安全知识。

另外，项目城市存在人车混行、十字路口车辆混乱、行人乱闯红灯的现象，而这些，都被居民列入了急需改善的范围。居民对交通安全改善的社会需求，具体情况见图14。

对交通安全改善的社会需求最为强烈的项目，WH、AQ 和 LA 同为群众安全意识淡薄，HB 为十字路口的车辆混乱。

由于妇女对外界环境特别是交通安全环境的敏感性高于男性，妇女对改善项目城市群众安全意识和交通知识缺乏的现状极为关注。在访谈中，妇女们能为评价小组成员提供很多丰富的例子，来说明当地居民素质有多差。妇女对这方面的需求，起码从访谈看来是要强于男性的。

老年人和残障人士则更多地担心人车混行与十字路口秩序糟糕的城市交通现状。由于生理特点决定，这两类人员的行动较为迟缓，所以同样的秩序混乱状态，对普通市民而言可能影响很小，但对这两个群体而言则显得较为严重了。

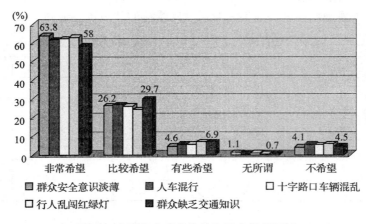

图 14　交通安全改善的社会需求程度图解

表 16　项目城市居民交通安全改善社会需求一览表

项目城市	群众安全 意识淡薄	人车混行	十字路口 车辆混乱	行人乱闯红绿灯	群众缺乏 交通知识
WH	1.6338	1.6854	1.7583	1.7536	1.7887
HB	1.4601	1.5215	1.4146	1.4417	1.5521
AQ	1.6255	1.6543	1.627	1.6844	1.6598
LA	1.4804	1.5784	1.6275	1.598	1.5441
平均数	1.5589	1.6173	1.6185	1.6326	1.6432
调查人数	823	823	823	822	824

　　通过本节的分析可以得出结论，项目城市居民对城市交通项目的主观需求是非常强烈的。无论是城市路网的改善，还是基础设施的加强、安全与管理问题的改善，市民都表现出了高程度的社会需求。

　　而弱势群体，包括老人、妇女和残障人士在内的群体，对城市交通各种问题的改善需求，显得更为迫切。

　　从市民的主观层面出发可知，A 省中等城市交通项目有着较高的社会需求，居民期望能尽快改善各项目城市不良的交通现状。

6.4　项目区居民的看法与建议总结

　　为了更为充分地体现来自项目区社会底层的声音，评价小组在力所能及的范围内，总结了访谈、座谈与实地观察中，来自项目区居民的真实看法与建议。

　　由于四个项目城市的交通条件与社会状况差别较大，评价小组将分城市呈现这些资料。这种资料保留了项目区居民原汁原味的看法，但也失于琐碎。为方便读者阅读，评价小组在有限的篇幅之内，尽可能使之条理化，最后形成了表 17 的格局。第三列"居民的看法或建议"，这是该小节所重点强调的内容。

表 17　项目区居民对当地交通状况的看法或建议

城市	问题	居民的看法或建议
WH	1. 交通拥堵、道路质量差	1) 在 JH 区的街道座谈中，多数居民反映的交通问题主要是道路拥堵堵塞问题，特别是周一到周六的上下班高峰期（7:30～9:00，16:30～19:00）已达到了几乎每条主干道都需要交警和协警来进行交通管制
		2) 许某（妇女，35 岁）：城市市区最大的交通问题就是交通拥挤问题，特别是汽车司机和市区通勤人员最怕堵车，同样严重时甚至要等上 30～40 分钟，特别是在奥顿饭店一中江桥路段（九华山中路），以及 WH 市自来水公司一汉爵酒店（银湖中路）到银湖湖路等
		3) 王先生（男，46 岁）：WH 市老城区的道路质量比较差，特别是小街小巷的二级、三级路面质量就更差。居民们还指出了一些街道拥堵路面质量较差。因此，建议世存项目应注重该次干道及支路的道路建设，并加强养护
	2. 占道经营	李某（男，残疾人，40 岁左右）："平山村前有一条退那路，路面宽度 5～6 米，全长 2000 米左右，这是他们村民进市区的必经之道。由于附近很多退那路都在改建之中，所以很多车辆绕行到退那路上来。再加上老 WH 钢铁厂就在村庄附近，拉煤拉铁货车都要经过退那路，而且这些货车经常是夜间来，一来就是好几十辆车。这样，经常的状况是，十几辆货车占据着退那路的半幅路面，可供行驶的路面就剩 3 米左右，这就更增加了村民出行难度。"
	3. 机非混行问题	当地出租车司机反映，WH 市和郊区各主要干道上都存在机非混行的问题，特别是马自达（残疾人行驶）经常会阻得出租车和公交车行驶，应该加强管理才行
	4. 交通信号灯问题	1) 张某（72 岁，男，老年人）：红绿灯时间设置上有问题，老年人行走度慢，车辆相对也较少，在市区过十字路口时，经常会遇到绿灯时间不够的问题
		2) 杨某（出租车司机，35 岁，驾龄 8 年）：在村里要好些，红绿灯少，车辆少，是事故多发地
		有些路口信号灯设置少或不合理，如中山桥与二街交汇处是丁字路，如二街的十字路口和一些商业街口和公交车道密集，市民只能从地面通过，增加了堵塞的程度。如二街、劳动路等商业聚集区，美食街和沃尔玛商业中心地带缺少过街通道，车辆和人流都比较密集，不能满足居民出行的需要
	5. 过街通道问题	1) 张某（男，34 岁）：认为在重要的十字路口和一些商业街口没有过街天桥和地下通道
		2) 王某（学生家长）：希望学校出口不要放在主干道上，否则影响交通快序，更有安全隐患。例如 A 师大附中，横跨银湖路两侧，但是没有天桥，学生从地面横穿公路，同时也不安全。建议在学校门口和商业店门口附近专门设置过街天桥，减少学生因赶公交车、打而横穿马路，带来安全问题
		3) 王某（35 岁左右，女）：家里有一个女儿，在师范范附小上学，她们学校门口没有天桥，过街通道就是光秃秃的人行横道，现在人们都不怎么遵守交通规则，最怕她跟同学玩，不注意车辆出安全问题，万一堵也好打个电话救我
	6. 路灯维护不够及时	廖某（男，33 岁，出租车司机，6 年驾龄）：WH 市各个街道都已安装路灯，每晚都会定时打开，定期维护，给居民行走带来了方便，主要是那边人少，没人会通知吧
	7. 排水设施不够	王某（学生家长）：ZS 路附近居民反映今年夏天发生过排水不畅的路段主要有王家巷立交桥，但问题不特别大

75

续表 17

城市	问题	居民的看法或建议
WH	8. 停车位不足	
	9. 违章停车现象严重	杨某（出租车司机，35岁，驾龄8年）："WH的停车场不多，很多小区的车辆都停在路上，出租车根本过不去，特别是晚上的时候"
	10. 缺少电子警察系统	街道座谈会中，YJ区居民针对部分易发生拥堵的路段（YJ路、九华山路等新建道路），特别强调一定要加设电子监控系统和道路隔离带，觉得这些安全设施很有必要
	11. 缺乏道路隔离带	交警认为事故拥堵原因有很多，其中交通安全设施不完善是主要原因，YJ路将原来的村庄一分为二，村民穿越公路次数频繁，增加了交通事故发生的频率。其次，九华山路是南北主干道，车辆多、速度慢，因而交通事故率较小，发生的交通事故也多为一般剐蹭，少有恶性事故，但对于城市交通畅不利，增加了拥堵的发生率
	12. 行道树维护不到位	杨某（出租车司机，35岁，驾龄8年）：有的路口虽有红绿灯，但红绿灯被树挡住（如北京西路与冰冻街附近），司机根本看不清信号变化，引发交通事故
	13. 公厕较少	关于公厕问题，WH的公共厕所现在较少，且大多数是收费的，公厕的管理工作也不好，外地人很难找到厕所，居民认为主干道附近应该修建一些流动公厕，现在WH道路两旁没有见过流动公厕等设施。修建WH道路两旁流动公厕不仅方便居民，也会减少随地便溺现象
	14. 缺少座椅等配套设施	王某（残疾人，33岁）：镜湖区内的步行街、汀棠公园附近有设置座椅，一般主干道旁普遍都没有设置座椅，地点设置比较合理，但道路清洁仍存在问题，尘土比较多
	15. 在建道路存在扬尘污染等问题	社区居民反映："我家附近环卫设施做得还不错，订垃圾箱放置基本有序都有垃圾箱，但路面清洁仍存在问题，尘土比较多"
	16. 交通安全秩序管理问题	韩某（妇女）：认为十字路口的交通秩序基本能够满足需要，希望能够在学校门口和商业街附近专门设置助管，负责学生过街等问题
	17. 残疾人马自达管理问题	1）据出租司机反映，残疾人专用车（马自达）可在城市各个街道上载人，给当地出租客运带来了很大问题，影响市容市貌，建议取消或限制其活动范围 2）交警队近期综合研报了5项联席安置参考方案，尽可能给残疾人的生活、出行提供保障。残疾人专用车建议加强管理，不要取缔，解决影响城市交通秩序、市容市貌和残疾人就业的社会问题 3）残疾人专用车是残疾人就业的最主要的形式，票价也不贵，就是公交车不方便，现在的公交车来了不到西村了，采取疏、控并举的方法对残疾人专用
	18. 公交系统问题	张某（男，37岁）：公交车服务态度差运行等待时间较长。现在公交最晚频的就是上学小孩，现在的公交车发车时间间隔长，而且公交车发车到西村里，由于行政布局和平山村里没有学校，现在岗西和平山村里没有重新规划，小学要到有小学，中学和高中都要到市区里，由于小孩上学离学校远，小孩上学从家出发到学校，需要转乘两路公交，只能坐公交车，倒公交车发车间隔太长，最累的乘车安排，也需要1小时40分钟

城市	问题	居民的看法或建议
WH	19. 居民安全意识缺乏	JH 区某小区妇女：不少市民不遵守交通规则，经常不看信号灯，直接横穿人行横道，如中山路北人路北京西路交汇处，中山北路与 HS 路交叉口处，二街和九华中路交叉口处等
	20. 交通安全宣传不到位	李某（残疾人，男，42 岁）：进行全方位的交通安全知识和法规的宣传是十分必要的。同时，交警要提高交通管理水平，在十字路口安排交通协管员站岗，不仅仅是在交通高峰时期，在平时也需要有人执勤。还建议定期举办事故现场展览，教育广大市民要遵守交通规则和秩序，维护交通安全。加大交通违规处罚力度，在进行经济处罚的同时，配合以电视媒体曝光
HB	1. 主干道拥堵现象严重	1）马某（女，30 岁，学生家长）：我接送小孩上下学，都要经过淮海路，堵车太厉害，淮海路上学校比较多，主要有一小、二小、四小，还有二中，特别是放学时间，孩子很小过马路很担心，家长都是一哄而上，很多都是担心的。而且这个地方也没有红绿灯，过往很不方便。淮海路上拥堵现象厉害，只有斑马线根本不行，建人行天桥很有必要
		2）张某（男，33 岁）：LY 中路是（XS 路口－翠峰路）单行线，路只有 5 米多，并且连接 XS 路与相阳路，过往车辆很多，是交通要道，由于太厉害，所以交通堵塞状况比较严重，特别是中午、特别是晚上吃饭的声音更为严重，到处都是鸣笛的声音。一般在这条路上出租车时速也只能 30～40，高峰期就是爬行
		3）王某（女，16 岁，学生）：我在一中上高二，今天开运动会才出来的，我们学校在古城路那里，如果要修路这边需要了，我们这边交通还是很方便的，站与站离得比较近，我们这最容易堵车的就是这一块了，特别到晚上吃过饭需要太厉害了，这里人很多，特别到夏天去体育馆，散散步，特别是小学生不懂，一放学就一拥而上，很不安全
	2. 公交车运营时间太短	1）赵某（男，44 岁）：HB 的公交车只有 1 路到 9 点半，其余的 7 点左右就没有了，有时候晚上出去办事，不能再坐公交，只好打车，实在是浪费钱。我就是希望能够延长运行时间，九点这样也行。延长公交运营时间，满足晚上交通需要
		2）刘某（女，60 岁）：应该延长公交时间，我们晚上吃过饭喜欢出来转转，散散步，特别到夏天天天到体育馆、XS 公园散散步的人很多，没有公交很不方便
	3. 红绿灯问题	1）张某（男，37 岁，司机）：SX 纺织厂路段，红绿灯不谈秒，给司机驾驶造成困难
		2）齐某（男，66 岁）：LY 路和 CS 路的交叉口处没有红绿灯，但这里车又多，不注意后面就有车开过来，我们老年人本来腿脚就不灵了，每次走到这边都提心吊胆的
	4. 支路路况差	梁某（男）支利民巷路段，小饭店多占路，车多，各种并行，污水乱倒，污水横流，没有绿化。经常发生交通事故。城市道路规划没有长远考虑，现在遗留问题不好解决

城市	问题	居民的看法或建议
HB	5. 缺少公交调头站	1) 王某（男，公交车司机）：7路车是HB的教育路线，途经14所学校，学生乘客最多。这附近还有一所附中中学，到放学的时候更是拥挤得厉害，我们司机开车都觉得不安全，每次只能停在海宫路上，本来这条路就不宽，车一停就占据了半幅路面。附近的小楼停车在马路上，也是直接停在马路上。还有19路公交车由于没有调头站，公交车开不进来，不能设站 2) 在群体座谈会中，惠泽山庄居民反映西园中学站离小区距离太远，步行需要十分钟左右，搭乘公交不方便。建调头站有利于在小区附近设站点，居民欢迎
	6. 路况差	蔡某（女，出租车司机）：路况差路段：面粉厂门口、教胶学院门口和人民路——纺织厂路段的路面都坑洼不平，人民路至口子酒厂站鲁米那也很差，开车行驶很困难，也是交通事故的多发路段。应该把这路段重新翻修一下，不但我们司机受益，行人也方便
	7. 停车位不足	黄某（男）：像我们开车的人，有时候出去找什么都找不到地方停车，偏一点的地方就不说了，就连一马路、二马路的主干道可以停车的地方也没有专门可停的地方。我爱人有时骑自行车出去买东西西也没有专门停车的地方，就放在路边，希望有关部门能把这个问题解决一下
	8. 排水系统不好，雨天路面积水	1) 顾某（男，30岁，LY路上个体户）：LY路LY小区排水系统不好，夏天易积水。并且路面破损严重，下水道坏了也无人过问，雨雪天气路滑排水也不好，路面到处是水坑并且水会淹到我的小店里 2) 范某（女，35岁上下，小区居民）：HG路雨雪天还经常出现积水现象，有时候一两天都下不去
	9. 公交站点少	1) 丁小楼村内没有设公交站点。而丁小楼村的居民住离商站台约有1.5公里，出行只有骑自行车。学生上学也十分不方便。辉克药业公司和丁小楼居民曾多次要求设立公交站点 2) 陶某（男，57岁）：有的路线公交车次太少，难等、高峰乘车困难。例如：8路、我出行大多是步行，如果坐公交车一般都到LY西路坐8路公交站台，另一方面是容易堵车，还不如步行来得方便，否则晚上出行太不方便了
	10. 缺少公交配套设施	1) 李某（女，68岁）：LY路这条路上没有路灯，天稍微喑一点，我就看不太能看得见路了，一不小心就会被绊倒，附近住的居民都感觉应该安装路灯 2) 万某（男，司机）：我们这里缺公交站台很不方便，市内的路还不错到处都挺近的，但一出市就没有了，公厕也不多，有的还在建设路很繁华的角落，十分不方便
	11. 公共厕所很少	周某（女，24岁）：我们HB公厕太少了，有时候朋友来了一起去通街都找不到，都得走很长的路，有时只能去附近的快餐店找，有的还在建设路很繁华的角落，十分不方便
	12. 和周边地区的公交联系网弱	郑某（女，45岁）：总体来说，市内的路还可以，但比以前方便多了。但从市区到SX县只有一条路线，等不好等、回去一次都特别麻烦，我每两个星期就要回LS的父母家一趟，从市里到SX县还有两路段公交车，比以前方便多了。但从市区到LS区只有一条路线
	13. 安全意识淡薄	李某（残疾人，女，40岁）：有的开车的人安全意识差，不仅仅是交通安全意识，有的开车横冲直撞的，不仅自己有危险，在路上横冲直撞，也影响别人，也影响别人，对于那些不注意交通规则、违反交通秩序的人应给与严惩。教育市民都注意交通安全，可以在电视上多放这样的节目

续表17

城市	问题	居民的看法或建议
HB	14. 私人中巴车	公交公司座谈会：同时，HB市与其他城市不同的地方主要是私人中巴车很多是私人中巴车，1路车就108辆。私人中巴车主要是交通巨的车辆管理处处管理，是多系经营没有统一的规定，并且发车等没有固定的时间点，车辆随处可以停，甚至不能靠站停，而且直接导致了交通湘挤同题，特别是在一些大道上，只要有人招手就停，中巴车速很快就突然停车，导致后面的车难以立即刹车出现安全同题。私人中巴车还会标出与公交同样的路号，比如私人车1路的意思是一马路，但是很多不知道的外地人就会出现乘错车的情况。并且很多居民在等车的时候，或者就对他们直接收购。或者就对他们开出出租车而非是等车人。我认为对于私人公交车政府可以批几条线路给他们
AQ	1. 湖心路	1) 机非混行 2) 路面较窄，若再扩览，担心人行道受到影响 3) 路面破损，骑车有颠簸感（湖心南路） 4) 湖心路的绿化较好，担心扩建六车道，绿化会被破坏（个体访谈、座谈会）
	2. 龙眠山路	座谈会：LMS路，修了很宽，所以速度很快，LMS路到SG路这段SG路上没有路灯
	3. 华中东路	1) 华中东路（DJ路到SG路）路灯稀少，比较昏暗；宜城路、曙光路上没有路灯 2) 宜城路，华中路的交汇处，菱南路，宜城路 3) 大门口，人行道积水较多 4) 华中东路，15路，5路的公交站牌（门口）积水比较眼中，大车较多，老是把水管压烂，一年要修好几次。（贫困群体、残疾人群座谈会）
	4. 道路路面破损，路面积水为严重	SG路（街道办事处）积水较严重（个体访谈） 湖心南路路道路破损较严重，骑电动车颠簸的不得了。很长时间间没有修了。（个体访谈）
	5. 过街天桥形同虚设	1) 蔡某（男，30岁左右，出租车司机）：XG路上的天桥形同虚设。附近有很多居民，很多还是横穿马路，他们也不走，建了过街天桥后，很多居民不喜欢走天桥，一方面是居民的安全意识差，一方面是这里的人大多是老年人，这时又是车流量比较大的时候，带来较大的安全隐患，二是没有采取隔离措施 2) 老年座谈会中，老年人普遍反映，走天桥还要爬上爬下的不方便，地下过街通道比较喜欢（个体访谈）
	6. 路灯稀少，有些未能及时维修	人民路的妇女座谈会中普遍反映，科技广场、科技馆、体育馆、工人新村附近都没有路灯。LS桥附近也没有路灯，路面也不好，晚上骑车有危险，说不定会惹进河里 XH社区的居民反映LS桥以东和以西的路灯，以西的是城市的路灯，以东的是农村的路灯，亮的不多，华中东路 SG 路一段；路灯昏暗，比较昏暗；沿江路上没有路灯

城市	问题	居民的看法或建议
AQ	7. 道路积水严重	SG路附近的居民反映，华中路的交汇处，LH南路，YC路，人行道积水较多。华中东路，15路，5路的公交站牌（调度站，老财贸干校）那里积水比较多。只要一下大雨积水就比较严重，而且这边这大吨位的货车较多，老是把水管压坏，一年要修好几次
	8. 一些路段缺少道路交通指示牌	街道办事处的工作人员反映，一些路口容易出车祸，特别是靠城市边缘的比较多，这地方有的根本就没有限速路牌。特别是新城区，城市边缘地带走这样的限速路牌比较少。好多路没有路牌，根本不知道是什么路，我们本地的人都不知道，更别说外地人了。有些路牌上没有指明方向
	9. 停车场少，车辆被迫停放在路边	1）停车难，在人民路找个地方停车挺不容易，尤其是节假日的时候，市民则认为，人行道上应该停车，不能因为停车难，把车停在了人行道上，毕竟这样做没有路牌，占用人行道停车点范围，有关部门上应该引导用车主合理停车，把人行道还给市民 2）李先生（60岁左右），当谈到停车场时，他反映现在很多新建的小区停车库很成问题，里面有停车库不停，很多人就把车停到小区外边的公路上，就停到了路面不停（沿江路），外面的路占了很多
	10. 重要路段缺少电子监控系统	在对现场进行勘察时，与SG路段的执勤交警进行了访谈，他谈到渡口运输车辆与沿江路上的车辆之间的冲突。渡口运输车辆容易产生交通事故，而所要实施的项目中计划安装的电子信号灯，电子警察，电子监控系统能够在一定程度上缓解该路口地段的交通状况。居民也认为对交叉又口处置电子监控系统，能够对司机起到调测激励作用，提高他们的警惕性
	11. 很多路段缺少隔离带	杨某（女，30多岁，出租车司机）：跑白天的车，行人多，很多人不管路宽窄，只要没有隔离带，都跑到机动车道来骑。她只能不断地摁喇叭，但有的行人根本就不管你，照样走自己的，什么时候能走，什么时候走，希望能修隔离带常常的路段能按上，这样好管一些（个体访谈）
	12. 道路配套设施不健全，如缺少公厕，垃圾桶，公交座椅。	王某（男）：华中东路没有垃圾桶，素质高的找不到垃圾桶扔垃圾，没办法只能乱扔，结果有素质的没素质的都变成了乱扔，而且公厕没有，本地人都找不到公厕，外地人来了更找不到了。华中东路的市政配套措施很不齐全（个体访谈）
	13. 红绿灯时间间隔过短	老城区的红绿灯不是数字的，不知道什么时候走，而且有路口，绿灯的时间太短了，上工纪能的人走不过去就亮红灯了
	14. 公交太商业化，公交司机态度不好	现在公交公司太商业化了，老年人70岁以上的都免费乘车，但是如果老年人一个人在那等车，他连车都不停。即使有的停了，看到是老年人行动不便，有是免费乘车，态度就很不好。有些公交车晚班车停很好，人少的线路可能开到22点多。而且车上没有给老年人让座的提示音，现在就是一些老年人主动让座，其他人才不理睬
	15. 公交路线不合理	白先生反映公交车的早晚发车时间不合理。15路发班车10点以后没有了，12路8点就没有了，19路（到火车站）6点就没有了，5路到10点，去火车站就需要打的。发车还可以，调度有时不合理，设计上可以，有的两辆一起来，有的半天还不来（个体访谈）

城市	问	题	居民的看法或建议
AQ	16. 公交站点缺少候车座椅		1) 乘坐公交车时非常困难，残疾人、老年人等上车时非常困难，而且站点没有候车椅简供老年人、残疾人使用
			2) 缺少公交场站
			3) 公交公司负责人表示公交线网重复率较高，线网覆盖率不高，区间时间较长，集贤路、人民路上线路比较多，而新修的道路、石矿、铁矿石要到港口去运货。用比较紧张所以后就不好有公交车，停车场建好以后这几乎附近几乎没有公交车。红光附近几乎无法建公交停车场（机构座谈）、公交站点比较少。
	17. 交通管理不到位		查超载方面力度不大、非工作日期间（下班、星期天）超载现象特别多，特别是在夜间，煤、石子、铁矿石要到港口去运货
	18. 道路卫生环境差		1) 垃圾袋袋慢天飞、早点店前、餐巾纸、盒子、油水。每个路段都有。盛唐湾路，这是一个例子
			2) 道路缺少洒水、洒水车，主干道潮心路有、今年好像没有见过、去年见过，现在听不到声音了。能不能定时地进行喷设系统
	19. 环卫人员打扫卫生的时间与居民上班时间冲突		环保工程天天亮就竞蹈，环保人打扫卫生的时间要早一些，他们就应该起早黑，上班时扫地灰尘特多。上班时间和打扫卫生的时间调整，不要冲突
	20. 交通协管员太少		现在没有交通协管员，有些路段交警都没有，三年前有，现在没有。三岔路口，十字路口都要有协管，协管比交警要好。十字路口有协管、协管把我捡住了，如果比较好，上次我在路上走着，心里还想着其他的事情，根本没有注意到是红灯，还一个劲地往前走，这时正好劳为有个协管把我协管来管理交通。没有协管，我估计正就路路中间过去了，那本来在行驶的早就出事了，所以还是希望人多的地方有协管来管理交通
	21. 群众安全意识淡薄		有天桥没人走、走上天下陈顺、都从横穿马路、省事、省事
LA	1. 行人安全意识差		出租车司机（王某，男，35 岁）：行人的交通意识差，走路看红绿灯的很少，如果看红绿灯的很少，行人反而站在车前面，出租车前面不走了。摩托车违章走不走了。交警对看行人和行人违交通规则的行为没有任何措施。对行人和摩托车主的行为没有约束。上次我在路上走着，经常跑到路口来走。解放路、WX 路、MS 路、这几条路在繁华区，很拥挤，堵得比较厉害。路面宽度可能要差一点，红绿灯有的时间隔间短，不过积水时间很短。三岔路口，拐角的路段可能出现积水的问题，三岔路口，开车很可能过去十几秒、开车很可能过去
	2. 学校门口路段堵车		学生家长 1（男，45 岁）：GC 中学门口每天放学的时候都很堵，希望能够新建一条南北向的主道
	3. 学生安全问题		学生家长 2（女，40 岁）：学校门口每天上学一直很堵，很担心小孩的安全问题。很担心小孩来坐公交车的很不方便，公交站台离家和学校都比较远。如果交通状况比较好，公交车方便的话我们也不会天天来接孩子了。所以每天都来接小孩，我们小区到学校坐公交车的很不方，LA 一中附近也很拥挤，坐城中学附近很拥挤

城市	问题	居民的看法或建议
LA	4. 道路配套设施落后	齿轮厂小区杨大爷、刘大爷：我们觉得就是家门口的这个沿河路不好，LA市的其他路都很好。下雨天小区里面的排水都不错，但是现在生活污水就直接排到河里了，这条河现在是省会城市的水源地之一。沿河路只要下雨天就很泥泞，很难走。在国防学校那边的那是泥巴路了，坑坑洼洼很难走。MS南路和解放路的桥都修好了，就是吊桥那边这路边的桥还没有修，绿化搞好了，如果路修好了，这边的生活环境很好伴生。这边的生活环境很差，没有片警，如果晚上的摩托很多，小偷特别多，这个地方冬天小偷经常光顾。治安混乱，没有片警，东西丢了找江河社区。交通常混乱，小孩上学都是自学的，交通常识都是自学了。沿河路是LA市最差的路，小孩上学家长不放心，如果有过桥接送，过桥那边摩托车很多，家长都予重视，希望政府能够给予重视
	5. 道路建设落后于城市发展	出租车司机张师傅说：我们这里道路建设落后于城市发展。以下是对其详细的访谈 1）WX大道：WX路金都一直到东大街市场比较容易堵车，这一带不应该设置收费停车道，这都是商厦。每天一到上下班高峰期就堵车，一天三堵。路面状况是很好的，路修得好，环境比较好。公交站点设置的还比较合理。交通标志设置得合理。 2）解放路：从小东门一直到南门莱市场容易堵车，因为这一片是交通要道，繁华地带，人一多就容易堵车，人横穿马路，没有天桥，这边的红绿灯也比较合理。街道摆摊的大圆盘不合理。这一带不应该设置商厦建一个天桥。晚上摆摊管起来了。火车站那边的道路设置比较严重，晚上很难走。现在让城管管起来了。老路，有些破损，破损大了就堵车。车辆乱停占道比较严重，火车南站人都走不了，单行道，设计得不合理。门东门门西门一直要到南门莱市场了，交通不适用，火车一来，车就不能走了，火车后这里很多人都走不了。 3）DBS路：大部分行人都走慢车道，人行道被占当经车道了。DBS路一直到头都把人行道占了 4）QY西路：路很窄，QY东路晚上摆摊现象比较严重，老路了，比较窄，路面还不错，QY路和解放路交叉口应该有一个红绿灯 5）MS路：南北方向的道路。MS南路、中路、北路，一般堵车都是中路和北路。因为在市中心，最好每条路都有路标，表示清楚。路边停车线，人行道没有还行，都是慢车道，慢车道成了收费停车场。人民路和MS路的红绿灯应该分开。直行，左拐和右拐想走分开。路口，GC中学门口，一放学就没办法走了。MS北路比较大杂了。应该把GC中学迁走。一中门口一放学也走不了。 6）人民路：东病和西路。慢车道不应该停车。电瓶车，三轮车应该走慢道，什么人都走。MS南路和汽车南站不行了。人民路现在是混合道，人民路比较窄，人民路现在走不了。如果6车道都应该搞个隔离带，有隔离带的话会安 7）解放路：解放路比较安静，路不够宽，路道最差的就是解放路。路道窄，不能搞隔离带。解放北路比较窄，有隔离带的应该搞个隔离带，什么人都走。路道最差的就是解放路，没什么问题全接

城市	问 题	居民的看法或建议
		8）GC 路：吃饭的人比较多，停车的人比较多。放学高峰期比较堵。放学高峰期比较堵，只要一放学就走不了了。LA 最长的路。GC 路摆摊的主要是在家属区门口
		9）YL 街：小吃街，一到晚上吃饭的时候就没法走了，路比较窄，车辆随便停到处停车。沛旺路一修好了，对南北走向的交通缓解同题有很大的好处。通过 YL 桥就可以到皖西学院西门，原来是商业街，现在都改成饭店了。两面都画出了停车线，路本来就不好，根本没办法通行。皖西学院西门的人走这边
		10）黄大街和 MZT 路基本没车，路况特别差，这边是必经之路，很多人不方便出行，希望这边改造。违章建筑很多，南北向，黄大街到黄大街的范围内了，这条路工程量也很大，最少要修成四车道
		11）MZT 路：现在一直通到国道，在三里街，南门莱市场、黄大街三条路的交汇处这边的路况不好，只有这一公里（700～800米）的路面不好，一直没有维修，没有修花池、隔离带，这一公里是最不好走的，一年到晚都积水，下雨之后根本没法走。下雨积水就三里街，LA 市妇幼保健医院门口一带、紫竹林路门口一带的话车子都淹过了
LA	5．道路建设落后于城市发展	12）司机最不愿意走的路是齿轮厂附近和黄大街，老大难问题是黄大街，这便是老百姓反映最多的问题，紫竹林路，三里街一到高峰期根本没人改走。东大街、皖西路交界处、人很多
		13）QY 路和 MZT 路的交叉口没有红绿灯，MZT 路和大别山路的交叉口，这是主要的干道，没有红绿灯，反映给交管部门，他们的答复是红绿灯不好设，因为路是斜的
		14）市民医院和义乌市场这边也容易堵车，这便主要是街边摆摊的比较多，占用慢车道，人流量比较大，好进不好出。掉头掉不了，一般很多车都在 LA 区医院，所以岔路口掉头
		建议：修过街天桥的地段：东大街红绿灯处，设一个大桥，设一个大桥灯处，像那种大转盘，大东门红绿灯，像那种大转盘的那种。大东门一直到火车站这边也设有护栏，可以缓解交通事故。MS 北路的 GC 中学这一段也要设一段护栏隔离一下车辆。WX 大道到 WLD 大桥现在有。从东大街一直设到 LA 区政府，LH 路的 GC 中学这边就修了就很好。PW 大桥修了就很好

城市	问题	居民的看法或建议
LA	6. 道路拥挤	三里桥街道办主任及居民代表：LA市的城市道路上很少有公厕的。经常堵车的地方是解放北路，MS路，三里桥红绿灯处，GC中学附近，一中附近，但是这些地方居民们很少去，对生活的影响很小。MS北路大圆盘比较严重，三里桥大道两边的慢车道随便停车，占道本就走不过去面占道经营。应占道经营。人行道经常不能走，做生意的违章搭棚的现象很严重，占道是摆摊的，早上根本就走不过去。MS路小学门口也很挤，造纸厂大门口的违章搭棚的现象很多，路面很窄，骑车子过去要经过20分钟，陈书记说，一个是"过两关"，一个是GC中学路口，一个是MS路小学门口。对于这种拥挤的状况，陈书记建议可以把上班和上课的时间错开，实施分流，同时学校的布局也不是很合理，所有学校都比较集中在一个方向，导致人流主要都比较集中。三里桥这边的红绿灯时间都太短，绿灯时间不合理，行人根本走不过去
		LA市市政管理处郑主任，副主任及一名工作人员。郑主任认为LA市交通资源主要存在以下几个方面的问题：
		1）第一个问题：老城区商业道路：满足不了需求，主要是人民路，解放路，MS路，WX路。目前LA市道路体系已经基本成型了，现在要解决这个问题可以采取高架或者人行天桥。在南北通道上采取先架高架。MS路和解放路上铺比较商铺的原因主要是商铺比较密集和学校比较密集。从小东门一直到棠城中学这边都很拥堵。现在南北向的道路太少了
	7. 缺少停车场站，乱停乱放严重	2）第二个问题就是要解决停车的问题，车辆乱停乱放的问题严重，造成道路比较拥堵，现在车辆都停车道上。解放路应该建一个停车场，在WX学院后面通道上，WX路和解放路交界处偏东200米左右。因为南门来市场南边，这个停车场比较集，车辆比较密集，这个停车场应该由政府来牵头，通过招商引资等方式来解决
		3）对于要修建的四条道路的态度：BH南路打通后直接连接紫竹林路，紫竹林路是解放前的老公路，这边况不好又窄，这边属于待开发区，建成后不能缓解南北向道路的压力，这条路打不通，南路打通了，也必须把紫竹林路也修好才可以缓解。道路不配套，只能够使里面的人出来，对于交通环节作用不是很大。沿河路的修建对于月亮河风景区的开发有很大的推动作用，对于LA市居民的生活有很大的促进作用，但是交通作用并不是很大。LH路交通建设可以缓解南北向的交通压力。BW路正在修建，对于改革市内交通压力有很大的推动作用。对于改革南北向交通压力有很大的作用。LH路这条路对于缓解南北向的交通压力有很大作用。解放北路—BW路这条路可以缓解南北向的交通压力，但是这条路完全打通需要两三年的时间。打通后可以成为一条干道，同BH路—长安南路WX路—GC东路—光明路，这条路南北向的车辆都要经过AF路—GC路—长安北路时也解决了南北向的交通问题。也解决了过境的车辆也可以通过这条路走了。现在过境的车辆都要经过MS路或者AF路—GC路—长安路—解放路

城市	问 题	居民的看法或建议
LA	7. 缺少停车场站，乱停乱放严重	4) 城市路面积水状况已经得到了很好的改善，居民小区的积水问题比较突出，原因主要是排污体系的建设是很多年以前的了，并没有随着城市规模的扩大而改善。第二是小区开发的过程中，没有按照雨污分流的要求来建设。因为我们这里下雨比较少，平时污水处理还可以解决，如果遇到有雨水的话就可能产生小区小区积水的问题
		5) 路面状况的问题：解放路的路面问题最为突出，这条路最后一次维修是 93、94 年，主要问题是下沉的问题。LH 路西边是 FZL 路封闭修路时拉沙石使路面的状况有所破坏
		6) 城市规划设计的问题也很重要，比如龙河路，是休闲娱乐一条街，这边的人行道行得很宽，很难管理。同时道路的功能应该单一化，不能像现在一样，很多功能都集中在一条道路上
		7) 人行道可以发挥现有的作用，大部分人还是走人行道横的，摩托车可以走快车道，电瓶车应该走慢车道。LA 市现在电瓶车、摩托车的数量很大
		建议：第一政府要加大宣传，加大对市民的教育；第二市民要增强自己的素质。这样也可以从一定程度上来缓解交通压力问题
	8. 公共交通规范不够	1) 公交公司 7 路车蒋司机，张司机，301 路苏女士，5 路吴女士，会计。WC 路站台总是靠不到边，周末的时候出租车都占到了站台上，节假日，大东门附近也很难靠边。出租车乱停车，公交站合成了出租车停车场了，交警最好能够在节假日的时候站到那里去。
		建议：下班时间 7 点多的时候，节假日能够在那边站一会，执勤。加大对乱停乱放的处罚力度
		2) 301 路司机反映：到二十铺那边公交车有时间段（6:00—8:00，11:30—13:30，17:30—18:30）的限制，最好能够延长公交车的运营时间，小孩子上学放学很困难，小学生很多 10:40—10:50 就放学了，学生放学在学校门口马路劳务市场，交警最好能够尽快解决公交车的覆盖问题。希望交警部门能够在放学的时候加强对学生的教育，同时希望学校内部的专门有专人负责，有引导员，遇到学生放学就放学比较好，那边学生放学就放学比较好。遇到学望家长能够教育好自己的孩子。WC 中等教育得很好，同时希望看到公交车来了，不要跟着公交车跑，那边导员，有专人负责，第三希望看到的秩序就比较好。现在驾驶员碰到学生放学车子就坐满了，只要一站路车子就发愁

城市	问题	居民的看法或建议
LA	8. 公共交通不够规范	3) 5 路司机反映：私家车在学校门口占道停车现象很严重，在 LA 都是公交车让私家车。出租车和私家车随便停车，想掉头就掉头，电瓶车和摩托车电瓶车、摩托车，最担心的就是电瓶车，电瓶车应该走慢车道，可是现在都没有车走慢车道，交警从来都不管电瓶车、摩托车，应该适当的管管他们。现在 LA 市的交通问题主要不是道路建设的问题，是太乱了，是市民那边的交通意识太差了。正常来说应该是 4 车道。南门菜市场和解放路那边的公交车应该另设一个隔离带，那边门口的岔道口太多了，车子随便便拐弯。大东门那边的公交车，开起车来更放心了，在大东门那边设立天桥最好了，能够控制行人，几乎所有的公车都经过那里。东大街站台出租车占道停车，公交司机开车好几年了，每次走靠近站台停车过车，从来没有靠站台停车，随着今后越来越多的商家在那开业，占道的情况越来越严重，心里都很慌。YX 街晚上占道停车也很严重，应该建设相应的配套设施。百大金商都那边应该设立一个停车场，西都商场那边也是因为有一个大的超市，大东门那边堵车也很严重，进出车场容易堵车，节假日日堵日堵特别严重，进出车辆严重。公交车到那根本就靠不到站台（以下均摘自 5 路司机反映的情况） 问题最大的是 WX 路和东大街的交界处，WX 路和 MS 路，解放路的交界处比较拥堵。行人很少遵守交通规则，交通意识很单薄，红绿灯对于行人来说形同虚设。交通规则的宣传很少。出租车随随时随地可以掉头，可是好像没有什么用，拍下了违章行为并没有相应的处罚，如果违章行为对敢曝光以后应该可以起到一定的作用。在人流高峰期，交警执勤数量还不够。交通协警在放学的时候，需要的时候很少看得见，经常在没有人的路上转。对于私家车的处罚力度不够，可以设置流动电子眼这种比较先进的装置，这样可以全程监控违章的行为。 在二十铺高速公路的路口没有路灯。即使有路灯也没有亮过，高速公路的岔路口，高速公路、长途车、过路车都从这边通过，急需建设路灯。这边设有交警，经常出现交通问题，有人行天桥可是行人从来不走，翻越护栏也很好，路也很宽，不知道有什么作用。最重要的是解决大东门和 WX 路交界口问题要建天桥和停车场。月亮岛这边的道路修好后，可以解决 WX 路的出行问题，MS 路和 WX 路交界口问题要建天桥和停车场，南北方向的主干道应该用，就是管理的问题还是不到位，必须要加强管理，这才能解决拥堵的问题。齿轮立交桥，都是石子路，晚上走很害怕。 公交线路应增加，目前的这些线路 80% 都是十年前的线路，车况也不好，没有合格的公交，部分线路的车子很容易抛锚，9 路车经常坏的。现在有 80% 是新车。标准的公交车长度是 10.08 米。需要增加城乡结合部方向的线路，在城乡结合部的学生上学很不方便。高速公路这边公交车经常坏。公交车上的标志很混乱，出问题很多。道路积水问题：大东门，纺织厂大圆盘这些地方雨天的话会积水。BH 北路路面质量不好，路基不好，都是起伏状，人民路道旁种树校验修建，会刮着大车，车有点多，需要把这些树枝修建一下，而且需要把要修建隔离带。修到三佳桥这个路口也要建隔离带。GC 大厦门口这边要设立红绿灯，小东门路口还要红绿灯。山鹰百货这边也需要红绿灯。从平桥那里是那种秒数的，QY 路口这边最好是那种秒数待待的，最好了，这是我们所期待的

7 项目问题识别与原因分析

上文的分析意在从主客观两个方面，说明项目建设的必要性。而本节的目的在于，通过城市居民的项目参与和社会评价人员的外业工作，发现项目城市当地交通所存在的问题，识别这些问题与该项目的关系，找出问题原因，使项目规划与建设取得更好的效果。

A省中等城市交通项目中的四个城市，交通方面存在的问题可以概括为路网体系、基础设施、交通安全和管理三个方面。而在每个方面，有一些问题是四个项目城市存在的共性问题，有一些问题是仅仅存在于某个城市的问题。

城市交通项目的一个特点是，要将建设项目融入整个城市交通规划与建设过程中，所以本次外业发现的许多交通问题，并不一定完全能够通过一个交通项目得以解决，而是需要跟进项目的相关配合。因此，在本部分将对能够融入项目中的问题进行识别。

问题发现的途径即是本次参与式社会评价所使用的各种方法。而具体到每个问题，居民参与的方式是不同的，在本部分也将予以说明。

7.1 城市路网建设的问题识别与原因分析

在城市路网建设方面，居民对当地路网建设的评价还是略有差异的。评价小组在问卷调查中评价小组针对当地城市的主要问题，询问了城市主干道、支路、人行道、自行车道和城市交通堵塞等五个方面的主要问题。设置的五级选项分别是：不成问题，1分；问题不大，2分；是个问题，3分；问题严重，4分；最严重的问题，5分。经过数据统计，每个问题所得平均数越高，说明问题越严重。3分作为得分的中位数，对问题的判断，具有分水岭的重要作用。最终所得数据如表18所示。

表18　城市路网建设主要问题严重程度统计表

项目城市	主路问题	支路问题	人行道问题	自行车道问题	交通堵塞问题
WH	3.3491	3.439	3.1176	3.0588	3.5665
HB	2.4465	2.575	2.5466	2.5987	2.7375
AQ	2.7764	2.7881	2.9372	2.9565	2.7991
LA	2.7316	2.886	3	3.0506	3.1667
平均数	2.8521	2.937	2.9201	2.9346	3.0742

总体上，交通堵塞问题是路网问题中最为严重的问题，平均值介于"是个问题"和"问题严重"之间。其他四个问题都略为低于中位值3，靠近"是个问题"的分数。

各项目城市都有部分新建主干道、支路，用于完善城市路网。这些新建的道路包括，WH的三环路、HB的驼河路和翠峰南路、LA的八公山路、淠河南路与西城路。对于新建道路来说，需要结合表14识别出的各种问题及原因，最大限度地规避新建道路产生新的问题。

在各项目城市中，WH的路网建设问题是最为严重的，五个问题的得分均超过了3分。WH最为严重的问题是交通堵塞问题，其次是支路问题和主干道问题。HB和AQ的路网建设问题在四个项目区中，是最轻的两个，五个问题的得分均低于3分。LA的人行道问题、自行车道问题与交通堵塞问题得分也超过了3分。

项目区四个城市在路网建设方面的问题、成因及融入项目的可能，详见表19。

表 19　项目区城市路网建设问题及成因一览表

项目城市	序号	问题	居民参与方式	所在路段	问题成因	能否融入本项目
WH	w-w-1	交通堵塞	居民访谈	1）九华山主干道五一广场大转盘，二院路口，OD 路口，中江桥处	客流量大，交叉口复杂，建筑出入口众多	W-2①
			居民访谈	2）YJ 路主干路与其他道路各交叉口	客流量大，交通设施不完善	W-3
			出租车司机访谈	3）YH 路主干路和中山中路交叉口	客流量大，道路施工影响	
			出租车司机访谈	4）北京西路主干路与其他道路各交叉口	客流量大，交通设施不完善	
			居民访谈	5）长江路主干路与其他道路各交叉口	客流量大，分流道路较少	
			居民访谈	6）中山南路支干道新百大厦门口到中山桥路段	客流量大，丁字形坡度	
			居民访谈	7）SY 街次干道全路段	道路新建，客流量较大，基础设施不完善	
			居民访谈	8）二街支路全段	客流量大，缺乏交通信号灯	
			居民座谈	9）BD 街支路全路段	堵点，路面窄，信号灯不明显（纵向）	
			居民座谈	10）劳动路支路全路段	基础设施不完善，缺少过街通道等	
	w-w-2	路面狭窄	居民访谈、评价小组成员参与观察	1）九华山路全段	城市发展，车辆增多，道路不能满足现有需求	W-2
			居民访谈	2）YJ 路全段	城市发展，车辆增多，道路不能满足现有需求	W-3
			交警支队机构座谈	3）中山南路中山桥附近	城市发展，车辆增多，道路不能满足现有需求	
			居民访谈	4）SY 街全段	城市发展，车辆增多，道路不能满足现有需求	
			居民座谈会	5）BD 街全段	城市发展，车辆增多，道路不能满足现有需求	

---

　　① 此处序号与表 0-1 子项目编号是一一对应的关系，"W-2"表示该问题可以融入 w-2 子项目的建设之中。（依次类推，下同）

项目城市	序号	问题	居民参与方式	所在路段	问题成因	能否融入本项目
WH	w－w－3	路况差	居民访谈、评价小组成员参与观察	1）YJ路全段	过境大型载重车辆对路面的损害	W－3
			居民访谈、评价小组成员参与观察	2）二街全段	道路修建时间较长，路面质量一般，而且年久失修	
	w－w－4	占道严重	居民访谈	1）二街全段	汽车停放道路旁边，商贩占用	
HB	w－w－1	交通堵塞	居民访谈、公交公司座谈会、业主访谈	1）淮海路主干道全段	位于市区商业中心，客流量与车流量大，有11条公交线路经过该路段	H－1
			居民座谈	2）LY中路XS路和CF路连接段	XS路和翠峰路属于城市主干道，出行车辆多；小区居民多，出行量大	H－2
	w－w－2	路面狭窄	业主座谈	1）LY中路XS路和CF路连接段	市政府搬迁至此，使城市发展重心移到此处，人、车流量加大	H－2
	w－w－3	路况差	业主访谈、评价小组成员参与观察	1）淮海路主干道全段	淮海路为HB市最早修建的主干道之一，路基差，年久失修	H－1
			居民访谈	2）纺织厂路段	年久失修，路面破损严重	
			业主机构座谈	3）面粉厂、交通学院门口	货车通行较多，路面破损严重	
	w－w－4	占道严重	评价小组参与观察	1）淮海路中段，百货商厦附近	商业中心，流动摊贩较多	H－1
			居民访谈、座谈会	2）利民巷支路人行道		
	w－w－5	道路积水	居民座谈会	1）HG路次干道全段	排水系统不完善；道路设计时没有考虑到以后的交通需求增长	
			居民访谈	2）LY路LY小区路段	小区排水系统不好，夏天易积水	
			居民座谈	3）HL路、HT路次干道，涵洞口处	排水系统不完善，雨天易积水	

続表 19

项目城市	序号	问题	居民参与方式	所在路段	问题成因	能否融入本项目
HB	w－w－6	交通事故	居民访谈	1）纺织厂路段	路面状况差，红绿灯不读秒，事故多发	
			居民访谈	2）LY路与长山路交叉口	没有红绿灯指示	
			居民访谈	3）人民医院门诊部到北山巷路段	学生上下学，交通秩序较差	
AQ	w－w－1	交通堵塞	机构座谈、居民访谈、居民座谈会	1）湖心路主干道迎宾大道到沿江路路段	居民安全意识薄弱，交通管理混乱	A－1
			居民座谈会、居民访谈	2）华中东路次干路	各种小市场比较多，人流量较大	
			居民座谈会、居民访谈	3）人民路次干路龙山路—独秀大道路段	人流量大	
			居民座谈会、居民访谈	4）XS路龙山路—湖心路路段	人、车流量大	
			居民座谈会	5）SG路全段	进出港口的车都要走这条路，且多为大吨位的车辆	A－3
	w－w－2	路面狭窄	居民座谈会	1）湖心南路	老城区，缺乏长远规划	A－1
			居民座谈会、访谈	2）人民路次干路龙山路—独秀大道路段	城市发展，车辆增多，道路不能满足现有需求	
			居民座谈会、居民访谈	3）XS路龙山路—湖心路路段	城市发展，车辆增多，道路不能满足现有需求	
	w－w－3	路况差	居民座谈会	1）湖心南路全路段	年久失修	A－1
			社区访谈	2）SG路全路段	货车较多，运煤车致使道路卫生状况差	A－3
	w－w－4	占道严重	居民座谈会、居民访谈	1）人民路次干路龙山路—独秀大道路段人行道	停车位少，商场较多	
	w－w－5	道路积水	社区座谈	1）湖心南路主干道全路段	道路破损，排水系统不好	A－1
			居民座谈会、居民访谈	2）华中东路全路段	排水系统不好	
	w－w－7	车速过快	居民座谈会	1）LMS路主干道QL路—沿江路路段	缺少限速标识	
LA	w－w－1	交通堵塞	居民访谈	1）解放路主干路南门农贸市场路段	小商贩不遵守交通秩序	
			居民访谈	2）MS路GC中学路段	学生上下学，客流量大	

项目城市	序号	问题	居民参与方式	所在路段	问题成因	能否融入本项目
LA	w－w－2	路面狭窄	居民访谈	1）龙河西路全路段	规划不合理，非机动车道空间小	
			居民访谈	2）人民路支干路全路段	前期规划不适应现在城市交通规模	
	w－w－3	路况差	居民访谈	1）紫竹林路大约3km土路	历史规划遗留问题	
			居民访谈	2）MZT 路主干路全路段	市政部门经费不足，无法完善每条道路的基础设施建设	
			居民访谈	3）FZL 西路主干道路南破损、下沉	拉砂货车超载行驶，对路面造成损坏	
			机构访谈	4）安丰南路主干道部分路段	道路建设未完工	
			机构访谈	5）正阳路次干道	道路建设未完工	
	w－w－4	占道严重	评价小组参与观察	1）解放路主干路三星百货路段	商业区未规划停车位	
			机构访谈	2）MS 路百大金商都购物广场	商业区未规划停车位	
			机构访谈	3）光明路次干道纺织厂北门	缺少监管	
			机构访谈	4）DBS 路主干道商业区	缺少监管	
			机构访谈	5）MZT 主干路南路	缺少监管	
			机构访谈	6）安丰北路主干路全段	缺少监管	
			机构访谈	7）云路街次干道收费停车位处	私家车占道，夜市占道	
			机构访谈	8）东大街次干道各公交站点	缺少监管	
			评价小组参与观察	9）人民路次干道全路段	执法部门监管不力	
			评价小组参与观察	10）GC 路主干道厂区、社区门口	执法部门监管不力	
	w－w－8	机非混行	评价小组参与观察	1）解放路主干路全路段	规划不合理	
			评价小组参与观察	2）MS 路主干路全路段	规划不合理	
			机构访谈	3）紫竹林次干路全路段	规划不合理	
			评价小组参与观察	4）DBS 西路主干路全路段	规划不合理	
			评价小组参与观察	5）人民路次干路全路段	规划不合理	

7.2 城市交通基础设施的问题识别与原因分析

本部分依然延续第6章在描述居民交通基础设施改善需求时的选项设置，并依据公众参与获得的材料，对城市交通基础设施的问题进行深度的定性探讨。

在问卷中涉及的对项目区一些基础设施满意度的调查中，WH市居民对当地交通基础设施的满意度与其他三个项目区存在显著差别。选择很不满意的居民占到了受访者的21.4%。HB项目区的居民满意度较高，比较满意的占到了60.4%。

但是无论哪一个城市，都存在超过三分之一的居民，对当地交通设施的现状是不太满意的。这一点需要引起足够的重视。

表20 项目区群众对当地交通设施的总体满意度统计表（%）

	WH	HB	AQ	LA	总计
非常满意	0.50	1.80	0.80	0.50	0.80
比较满意	32.10	60.40	47.60	46.60	45.90
不太满意	43.70	34.10	40.90	46.60	41.70
很不满意	21.40	1.80	7.90	4.40	9.30
不清楚	2.30	1.80	2.80	2.00	2.30
调查人数（人）	215	164	252	204	835

问卷中涵盖的对人行横道的保护措施、道路给排水系统、停车便捷程度和道路绿化的满意度，可以通过图15得到清晰的理解。

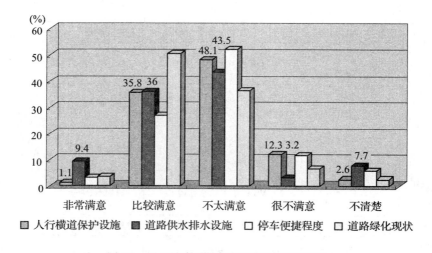

图15 项目城市道路基础设施满意度图解

其他有关城市道路基础设施所存在的问题，非常琐碎；这些问题的成因，也各有不同。为了更为清晰表述这些问题，本报告以表格形式呈现出来（表21）。

表21 项目四城市道路基础设施存在问题及成因一览表

城市	管理项目	问题	问题发生地	公众参与方式	问题原因	能否融入项目
WH	车道隔离	机非混行	中山桥	观察法、出租车司机	未划定机动车和非机动车分隔带	
	道路指示牌	不了解其意	普遍	访谈法、外来人员	交通指示需进一步完善	W-1、W-2、W-3
	供水-排水系统	排水不畅	王家巷立交桥	访谈法、妇女	基础设施老化	
	过街天桥	地理条件所限，数量较少		访谈法、妇女		
	红绿灯	设置不合理	北京西路、BD街附近	观察法、出租车司机	纵向红绿灯不显眼，易造成交通事故	
	花池、花坛等		普遍	问卷法、居民	修剪维护工作需加强	W-1、W-2、W-3
	监控系统	监控力度需加强	三环路、YJ路、九华山路	机构座谈、建设局	监控系统不足	
	交通信号灯	同隔离	普遍	访谈法、老年人	交通管理问题	
	路灯	设施缺少	中山桥	观察法、出租车司机	桥头坡度大，无法设置	
	盲道	增设盲道	三环路	机构座谈、残疾人	交通管理和维护	W-1
		设施缺乏	普遍	访谈法和观察法	商贩占道经营	W-1、W-2、W-3
	人行道	行走不方便	二街	访谈法、残疾人	占道经营	
		与自行车道混行	九华中路、JH路、二街、青山街	访谈法、居民	占道停车位、违章停车	W-2
	停车位	占机动车道停车	二街	访谈法、居民	停车位不足	
		收费停车位空闲	中山桥	访谈法、居民	停车费较高	
	行道树	遮挡交通信号灯	普遍	同卷法、居民	修剪维护工作不到位	W-1、W-2、W-3
HB	车道隔离	设计不规范	CF路十字路口处过长	同卷法填答	没有很好地把握居民的实际需要	
		有的路段欠缺	LY东路隔离带过宽	访谈		
		植被破坏严重	淮海路的人行道隔离带植被破坏严重	访谈	管理维护不到位	H-1

城市	管理项目	问题	问题发生地	公众参与方式	问题原因	能否融入项目
HB	供水排水系统	下水道破损严重，阴雨天气积水及膝	HG路	问卷填答	北高南低的地势	
			LY中路	访谈	下水道破损	H-2
	过街通道	百货大楼站有8条公交线路，人流量过大，人车混行，过马路不安全	淮海路百货大楼站	问卷填答、个案访谈	人流量大，车辆多；路窄；学校聚集区，孩子过马路存在严重的交通隐患	H-1
	交通信号灯	十字路口无设置	LY路与XS路口无红绿灯	问卷填答	设置不规范科学	H-2
		红灯时间过长	长山路与LY路交叉路口	实地观察	对安全问题不够重视	H-1
		有的路段红灯时间过长	淮海路与长山路口时间过长造成拥堵	座谈	对安全问题不够重视	
AQ	车道隔离	机非不分	人民路，XS路，YC路，华中路	个案访谈	道路设计有问题	
	道路指示牌	道路指示牌稀少	主干道上基本都有，支路和次干道上少	个案访谈		A-1、A-3
	供水/排水系统	道路积水	人民路，LN路，YC路，湖心南路，华中东路	个案访谈和社区座谈	排水系统不好，	
	过街天桥	过街天桥形同虚设	白鳍豚天桥	妇女座谈会	天桥建后道路的隔离措施没有做好，居民安全意识淡薄	
	红绿灯	缺少红绿灯	人民路与建设路的交叉口，沿江路与DK路、LS路、建设路、湖心南路、渡江路等5个平交口，DK路与YL路的平交口	老年人座谈会，机构座谈会	缺少资金	A-1、A-3、A-5
		红绿灯时间间隔太短	LS路与人民路的交叉口，LH南路与QPS路的交叉口	个体访谈	设计问题	
		老城区缺少数字型红绿灯	老城区的很多路段	妇女座谈会	设计问题	

城市	管理项目	问题	问题发生地	公众参与方式	问题原因	能否融人项目
AQ	监控系统	缺少监控系统	SG 路、华中路、XS 路、沿江路与 DK 路、龙山路、建设路、湖心南路、渡江路 5 个平交口	交警访谈	缺少资金	A−1、A−3、A−5
	路灯	路灯稀少	华中东路、SG 路、沿江西路	弱势群体座谈会		A−1、A−3
		城乡路灯有差别	龙狮桥以西和以东	弱势群体座谈会		
	盲道	盲道被占用	市府路、人民路、XS 路、LH 南路	老年人座谈会	停车位少	
	人行道	人行道被占	华中东路、LMS 路、人民路、XS 路、建设路等	弱势群体座谈会	道路窄、其他车辆被挤到人行道、商贩占用人行道	A−1、A−2、A−3、A4
		路面积水	人民路、LN 路、YC 路、SG 路	残疾人贫困人口座谈会	路面年久失修、排水系统有问题	A−1、A−3
	停车位	停车位紧缺	人民路、XS 路、LS 路、华中路、湖心路	司机访谈、社区访谈	城市空间小、用地紧张	
	自行车车道	与机动车混行、行车不安全	人民路、XS 路、YC 路、华中路、DK 路、纺织南路等	妇女座谈会		
LA	车道隔离	缺少隔离防护带	市中心繁华街道附近普遍存在	出租车司机访谈、居民访谈、机构座谈、公交车司机座谈	相关部门缺少经费、只能在路段拥挤的地方设置	L1、L2
	道路指示牌	道路名称与指示方向分离，弄不清出具体方位	普遍存在，比如 WX 路等	出租车、客车司机访谈、交警访谈	相关部门经费不足、只能在主干道上设置少量的指示牌	L1、L2

城市	管理项目	问题	问题发生地	公众参与方式	问题原因	能否融入项目
LA	供水/排水系统	常年有积水	MZT路与南门菜场交汇1千米处	出租车司机访谈	老街道，供排水系统年代久远，排污和排水的管道混用，市政部门缺少经费整修	
		常年有积水	黄大街与三里街交汇处	出租车司机访谈	老街道，供排水和排水的管道混用，市政部门缺少经费整修	
	过街天桥	缺少过街天桥	人流量大的地方，普遍缺少过街天桥	公交车司机座谈；出租车司机访谈；机构座谈；居民访谈	道路规划时的问题	
		①人行道红绿灯没开过或是坏的	普遍存在	实地考察	行人很少看红绿灯过马路，交警部门没设重视	L1、L2
		②转向和直行信号灯没设分开	解放路和人民交叉口	出租车司机访谈	红绿灯设计时的问题	
	红绿灯	③红绿灯时间短	①东大街红绿灯；②三里桥红绿灯	公交车司机座谈；居民访谈；公交车司机访谈	红绿灯控制的问题	
		④缺少红绿灯	①QY路与解放路交叉处；②MZT路与DBS路交叉口；③人民路与MS路交叉口	公交车司机座谈；居民访谈；出租车司机访谈；实地考察	交警部门不重视	
	交通信号灯	缺少交通信号灯	车流、人流量大的地方	司机访谈、居民座谈	道路规划时的问题	
	路灯	缺少路灯	齿轮厂家属沿河街道	居民访谈、公交车司机座谈	相关部门不重视	
	盲道	起不到作用	普遍存在	实地考察	商家占道经营	L1、L2
	人行道	①商贩占道经营；②行走不方便与自行车混行；③人行道窄	普遍存在	居民访谈；实地考察	道路建设问题；行人没有养成走人行道的习惯；商贩占道经营没有处罚	L1、L2
	行道树	松树太高了，挡住小车司机视线	解放南路，火车站处	私家车车主、出租车司机访谈	树木修剪不及时	L1、L2

7.3 城市交通管理与安全问题的识别与原因分析

根据《中华人民共和国道路交通安全法》规定，各级公安机关负责本地加强道路交通管理，维护交通秩序，保障交通安全和畅通的工作。各种道路管理的规定，已经从法律上进行了界定。本报告意在从居民参与的角度，真实反映项目城市居民对交通管理和安全问题的认识。

通过对项目城市居民进行参与式社会调查，评价小组可以把城市交通管理存在的问题，细化到某一条道路。而附着于城市路网建设、基础设施建设和交通管理之上的交通安全问题，并不是某一路段的问题，需要更多地强调居民的参与意识。

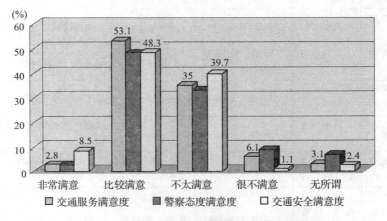

图 16 项目城市居民交通管理与安全满意度图解

总体而言，项目城市居民对当地交通服务和交通安全的满意度是比较高的。在对交通服务满意度、交警服务态度和交通安全满意度的调查中，选择不太满意的居民占到了35%左右，说明项目城市居民对当地交通管理和安全还是存在一些不满。当地交通管理与安全存在着改进的空间。城市交通管理的问题识别与成因分析，详见表22。

表 22 项目区四城市交通管理问题及成因一览表

城市	管理项目	问题	问题发生地	公众参与方式	问题原因	能否融入项目
WH	道路维护	路面质量差	YJ 路、九华山、中山路	访谈法	路面维护需进一步加强	√
	公交的便捷程度	公交班次不足	2 路、3 路、4 路等	访谈法	由于道路拥堵，等待时间较长	
	公交的便捷程度	公交车辆	2 路、3 路	访谈法	车辆破旧，车体广告太多	
	公交的便捷程度	公交线路不足	到 SS 区	访谈法	需换乘，无直达车	
	公交的便捷程度	公交线路指示牌内容不够完善	YJ 区 MT 街道办公交站	访谈法	无座位，缺少垃圾箱，指示牌只有站名和班次等	

城市	管理项目	问题	问题发生地	公众参与方式	问题原因	能否融入项目
WH	交通安全维持	交通安全设施不足	老城区	访谈法	人行道、盲道、栅栏屏障等基础设施不完善，存在安全隐患	√
	交通出警效率	高峰出警快，其他时间较少	普遍，特别是十字路口	访谈法	交通拥堵高峰加派交警	
	交通秩序维持	机车混行	九华山路	访谈法	道路拥堵	√
	交通秩序维持	乱闯红绿灯	YJ 路，YH 路等主要路段	机构座谈	不遵守交通规则	
	马路环境卫生	粉尘污染	YH 路、ES 路	访谈法	卫生清洁不到位	
	马路洒水	洒水频率不高	ES 路	访谈法	修建道路期间，洒水频率应该增加	
HB	公交的便捷程度	公交运营时间太短	所有线路	公交公司座谈会	公交公司将时间限定在早6:30到晚6:00	
	公交的便捷程度	候车站点候车棚太少，没有座位	全 HB 公交线路	公交公司座谈会、参与观察	公交规划理念落后	H6
	公交的便捷程度	有些线路公交班次太少，不好等车	1 路、11 路等	公交公司座谈会	公交公司司机人才流失	
	马路环境卫生	主干道卫生较好，次干道尤其是支路道路环境卫生差，小饭店和摊贩制造污水和垃圾	淮海路部分路段，利民巷，北山路	参与观察、访谈、座谈会	淮海路处商业中心摆摊设点较多，支路无人清扫	H1
	马路洒水	洒水频率不高	次干道	座谈会	相关部门没有足够重视	H2、H3、H4、H5
AQ	道路维修	维修不及时	玉虹路，湖心南路	老年人座谈会	相关部门没有足够重视	A1
	机动车的停放管理	占用人行道，无序停放	人民路、建设路、玉琳路	座谈会：普通居民	老城区公共空间少，缺少停车位	

城市	管理项目	问题	问题发生地	公众参与方式	问题原因	能否融入项目
AQ	马路环境卫生	乱扔垃圾	华中路，盛唐湾路	社区座谈会	缺少垃圾桶、环保意识差	A1、A3
	马路洒水	缺少马路洒水	普遍	各类座谈会	缺少设备	A1、A3
LA	公交设施	公交设施不健全	目前 LA 市仅长安南路设有港湾停靠站，其余道路均无	个体访问、问卷调查	经费欠缺	L3
	交通设施维护	缺乏路名牌	新建、改建道路	个体访问、问卷调查	未从使用者角度着想	L1、L2
	交通设施维护	交通信号灯损坏	人民路、解放路口	个体访问、机构访谈	没有及时修复	
	交通设施维护	主要道路路面标线不够	解放路；WX 大道；DBS 路；次干道除了云露街和健康路以外就基本未划交通标线	个体访问、问卷调查	交通设施维护不到位	L1、L2
	交通执法	交警执法力度不够，执法态度恶劣	MS 路	机构访谈个体访问	个别违规现象没有配套的交通法规约束；某些违者态度恶劣导致矛盾激化	
	交通秩序维持	交通流量高峰期交警数量无法保证	MS 北路 GC 中学门口	个体访问	警力有限，对该路段交通安全尚未引起足够的重视	
	交通秩序维持	交通阻塞事件频发，非机动车道占道现象严重	三里桥至 GC 广场路段	社区访谈	属商业、教育中心地带，交通流量大，家长接送学生占用非机动车道	
	交通秩序维持	人行道占道现象严重	鼓楼大街	个体访问	执法部门监管力度欠缺	
	马路环境卫生	生活污水随意排放，路两旁垃圾堆砌	紫竹林路、沿河路	实地观察、个体访问	道路两旁没有下水道；附近没有固定的垃圾中转站；相关部门没有加强管理	L1、L2

安全问题一方面来自上述各种道路硬件设施所存在的问题，另一方面，则是由行人自己的行为造成的。在问及对不安全行为的作为时，只有 9.7% 的居民会主动制止，而另有 28.2% 的居民选择了偶尔也做，5.4% 的居民选择了不得不做。

居民认为最好地参与交通安全宣传的方式是通过当地电台进行宣传，有 55.2% 的居民喜欢这种方式，而有 22.1% 的居民认为通过居委会进行宣传效果最好。这从另一角度说明了第四节所建构的居民参与监督，是适合项目区实际的。

8 结论及政策建议

8.1 报告主要结论

经过评价小组成员与项目城市居民的共同努力，完成了该参与式项目社会评价报告。本报告的主要结论有：

1. 从项目区经济社会发展情况来判断，项目涉及的 A 省 WH 市、HB 市、AQ 市、LA 市均处于经济社会快速发展，人口快速增长的阶段。从四个城市交通情况判断，现有交通已经不能满足当地经济社会发展的需求。A 省中等城市交通建设项目，对加快四个城市经济社会的发展具有重要意义。

2. 该项目的利益相关者包括业主及项目设计和施工单位、与交通相关的政府部门和机构、公共交通运输企业和项目城市居民。其中，项目城市居民是该项目最主要的受益者。所以，该项目采用参与式社会评价的方式进行，收集城市居民的意见和建议，对项目建设来说，意义重大。

3. 城市居民将通过项目前期的社会评价和项目后期的参与监督，参与到项目建设和维护中来。一种适合项目区当地实际情况的参与模式是，通过项目区当地广播电台和社区居委会，在居民与政府部门（含业主）之间，建立起通畅的沟通平台，使双方的想法能够相互传达。

在项目前期，不同的利益相关者参与项目的方式是不同的。评价小组根据不同利益相关者的特点，分别采用了深度访谈、座谈会、问卷调查和绘制交通图等方法，与各利益相关者共同努力，搜集项目所需资料，并以参与观察为补充手段。

4. 项目城市居民的出行方式以传统出行方式为主，位于前三位的出行方式分别为步行、公交车和自行车。居民出行方式在不同的项目区略有差别，但总体上是相同的。项目区的公共交通还处于发展阶段。居民的主要出行方式，有着各异的出行目的。不同项目区居民对主要出行方式的利弊认识也是不同的。这就要求在道路建设中，充分考虑项目区居民的出行方式，特别注意机动车和非机动车分离、专用公交车道以及人行道的建设。

弱势群体中，老年人与残障人士的出行方式与普通居民是存在差异的。妇女的出行方式，与其他城市居民基本相同。

5. 项目城市居民对城市交通中路网建设、交通基础设施建设以及交通管理与安全的改善，有着极为强烈的社会需求。城市居民从主观上，愿意旨在改善城市交通条件的工程上马。

老年人、残障人士以及妇女，由于自身生理特点与职责所在，对项目建设有一些特殊需求，项目应该给予充分考虑。

6. 项目城市居民对当地城市道路的路网建设、交通基础设施建设，以及交通管理与安全等，满意度是较高的，但是仍有超过三分之一的群众存在不满情绪。

项目城市道路的路网建设、交通基础设施建设，以及交通管理等，都不同程度地存在这样或那样的问题，致使城市交通功能不能充分发挥，影响当地居民的工作和生活。这些问题包括：

（1）路网建设方面：城市部分主干道的交通堵塞问题、路面狭窄问题、占道严重问题、机非混行问题、路面积水问题等。

（2）交通基础设施建设方面：过街天桥的缺失、红绿灯设置不合理、道路指示牌不明确、路灯照明效果欠佳、交通监控设施的不健全、盲道及残疾人专用通道不完善、行道树布局不合理等。

（3）交通管理方面：道路维护不及时、公交便捷程度不够、交通秩序维持不佳和交通设施维护欠缺等。

（4）交通安全方面：政府对交通知识和交通安全的宣传缺位、居民安全意识低下等。

8.2 项目的政策、建议与行动

8.2.1 项目设计的建议与行动

1. 在项目设计阶段，利用世行的先进理念和项目涉及单位的技术优势，改进项目规划，在满足当地交通需求的同时，以项目城市的居民需求，特别是弱势群体的需求为核心，设计项目方案。

该项建议由世行项目评估专家、项目设计单位和业主共同完成，行动时间在项目实施前期。

2. 在项目施工阶段，注意规避项目施工给当地居民出行带来的不便，在满足居民出行的前提下，以居民满意的方式，合理安排建筑场地。

该项建议由业主、项目区居民和施工单位共同完成，行动的时间贯穿于项目建设全过程。

3. 业主应该充分考虑本报告所识别出来的各种问题，并根据这些问题的成因，将这些问题融入项目建设之中。具体到各项目区的每个子项目的实施建议，详见表23。

表23 项目设计建议与行动一览表

项目城市	子项目编号	子项目名称	建议类型	建　议	负责机构	建议实施时段
WH	W-1	三环路新建工程	路网	1）建设三环路（LM东路～WN路）路段；2）增加过江通道；3）在空间允许的前提下，横截面布置为双向机动车8车道＋辅道＋非机动车道＋人行道，解决过境交通问题；4）增加公交快速通道	WH市建委；WH规划局；可研单位	工程建设前期和建设期
			设施	1）沿线铺设排水设施；增加公交站台，交通信号灯、人行信号灯；增加交通警察与监控设施，增加无障碍设施，人行护栏等，设置路灯；2）增加盲道、路牌等设施设置；3）延长人行信号灯时间，方便老年人过街	WH市建委；WH规划局；WH市政管理处；市容局	工程建设前期和建设期
			管理	1）对本路段的交通设施进行管理和维护，保证正常使用；2）增加垃圾箱、公交站点和线路等管理工作，维护日常的道路环境	WH市交警支队；可研单位	工程建成后期

项目城市	子项目编号	子项目名称	建议类型	建 议	负责机构	建议实施时段
WH	W-1	三环路新建工程	安全	1）增加监控系统、交通信号灯，规范市民交通行为，交警维持好交通秩序。2）建议建立绿色隔离带，将机动车道、非机动车道和人行道分开。3）增加盲道和无障碍设施的设置，保障残障人士安全	WH 市交警支队；WH 市建委；可研单位	工程建设前期和后期
	W-2、W-3	九华路建设项目、弋江路建设项目	路网	1）拓宽九华路至 6 或 8 车道；2）建立公交快速通道	WH 市建委；WH 规划局；可研单位	工程建设前期和建设期
			设施	1）增加交叉口路段的交通信号灯、电子警察及其监控系统；2）增加垃圾箱、流动厕所等设施；3）增加交叉口的天桥或地下通道的设置	WH 市建委；WH 规划局；可研单位	工程建设前期和建设期
			管理	1）增加本路段的交警和协警人员，加强交通监管；2）对本路段的交通设施进行管理和维护，保证正常使用	WH 市交警支队；可研单位	工程建成后期
			安全	同 W-1	WH 市交警支队	工程建成后期
HB	H-1	淮海路改造建设项目	路网	1）修缮路面；2）新建港湾式停靠站；3）公交专用车道合理规划宽度	市建委	工程建设前期和建设期
			设施	1）在百货大楼站建天桥；2）公交线路过多，建立港湾式停靠站；3）增加公交座椅；4）贯通盲道；5）维护绿化带，选好绿化树种，不至于影响道路车辆通行	市建委；公交公司；园林部门；	工程建设前期和建设期
			管理	加强公交站台管理，协调公交车和社会车辆	公交公司	工程建成后期
			安全	1）闸合路口等地段应建红绿灯；2）上下学时间加强交通管理，加强对学生的安全教育；3）人车混行严重的路口附近选址建天桥；4）加强社会车辆、出租车的停靠管理，避免占道	交警支队；学校；市建委；出租车公司	工程建成后期
	H-2	黎苑中路改造建设项目	路网	1）通拓宽路面；2）设置人行道、非机动车道	市建委	工程建设前期
			设施	1）健全道路排水设施，下水道及时修理维护；2）安装路灯；3）加设垃圾箱；4）在 HY 小区加人行横道；5）合理规划绿化隔离带宽度，不应像 LY 东路那样过宽	市建委；市政工程处	工程建设前期和建设期
			管理	在 LY 路与 XY 路路口增加交通协管员	交警支队	工程建成后期
			安全	做好项目区社区的安全宣传工作	市建委、小区居委会	工程建成后期

项目城市	子项目编号	子项目名称	建议类型	建 议	负责机构	建议实施时段
HB	H-3、H-4	翠峰南路新建建设项目、驼河路新建建设项目	路网	合理设置路幅宽度，充分发挥两条支路在城市交通体系中的作用	市建委、设计单位	工程建设前期和建设期
			设施	1）合理建立绿化隔离带，选好绿化树种，与当地湿地城市景观相衔接；2）设置带座椅的公交站台；3）建立道路排水设施；4）增加公厕；5）合理设置人行横道、简易红绿灯	市建委、国土资源局、园林部门	工程建设前期和建设期
			安全	做好项目区社区的安全宣传工作	市建委、小区居委会	工程建成后期
	H-6	公交建设项目	路网	1）延伸19路至丁小楼；2）增加 XS 和 LS 组团之间的公交线路	中北巴士公司	工程建成后期
			设施	1）合理设置百货大楼处公交站点；2）增加公交站台座椅、防雨罩等方便乘客候车	市建委、中北巴士公司	工程建成后期
			管理	在 HG 广场新建公交调头站，停靠7路公交；充分发挥新建公交保养场作用	市建委、中北巴士公司	工程建成后期
			安全	1）增加1路车、7路车的公交调头站；2）做好失地农民的安置工作	公交公司、国土资源局	工程建成后期
AQ	A-1	湖心路公交专用道建设项目	路网	湖心中路人行道的宽度适合居民需要；湖心南路非机动车道、人行道保持不变	实施单位	工程建设前期
			设施	道路修建时做好绿化工作，选用适合当地气候的树种、草种	市政工程管理处	工程建设前期
			管理	1）加强对 YY 路与湖心路交叉口的车辆乱行的管理；2）湖心中路设置限速路段	市交警支队	工程建成后期
			安全	建议在主路段设立显示道路状况的电子屏	市政工程管理处	工程建成后期
	A-2	湖心中路市民广场地道建设项目	设施	1）修建地道的同时，将路面上的隔离带封闭，防止行人继续从路面上穿越马路；2）地道设计上考虑残疾人、老年人的特殊需求	规划部门、市政工程管理处	工程建设前期和建设期
			管理	1）交警或协管在此管理，防止行人穿越马路；2）加强对湖心中路车速过快管理	市交警支队	工程建成后期
			安全	1）在此设立交通安全指示牌；2）十字路口、三岔路口安置减速带	规划部门；市政工程管理处；市交警支队	工程建设前期和建设期
	A-3	曙光路改建、沿江路东延伸项目	路网	1）SG 路宽度与 LMS 路做好衔接，以免发生瓶颈效应，造成交通堵塞；2）沿江路以货车为主，考虑路面的宽度；3）相应的改善渡江路的道路状况	规划部门；市交警支队；市政工程管理处	工程建设前期和建设期
			设施	1）沿江路道路的及时维修；2）沿江路渡口处交通信号灯、电子警察的安装	市政工程管理处	工程建成后期

项目城市	子项目编号	子项目名称	建议类型	建议	负责机构	建议实施时段
AQ	A-3	曙光路改建、沿江路东延伸项目	管理	1）周边卫生状况的改善；2）占道经营现象的改善，开辟一定的空间容纳已成体系的旧货市场；3）沿江路超载车辆的严格查处	环境卫生管理处；城管综执局；交警支队	工程建成后期
			安全	在沿江路事故多发地段设立安全警示牌	市交警支队	工程建设期
	A-4	公交场站及配套设施建设项目	设施	1）全线设置港湾式公交停靠站；2）完善候车棚、站牌、候车椅等公交设施；3）在候车点设置市区交通地图	市政工程管理处；公交公司	工程建设前期和建设期
			管理	公交线路进行合理调整，特别是通往火车站的首末班车时间；改善其服务态度	市政工程管理处；公交公司	工程建成后期
			安全	公交场站建成后，及时合理的调整公交车的停靠，改善公交车占道停靠现象	公交公司	工程建成后期
	A-5	交管设备购置项目	设施	1）安装倒计时的交通信号灯；2）根据道路交通状况，合理调整交通信号灯时间	环卫管理、交警支队	工程建设前期和建设期
	A-6	市政设备购置项目	设施	1）购置洒水设备，净化城市交通环境；2）购置道路维修设备	市政工程管理处	工程建设期
LA	L-1	新建八公山路主干路	路网	1）路面标线、车道设计要合理、完善，充分考虑到各种出行群体的需要；2）道路规划要照顾全局，与周围已有或正在规划中的道路要有机地融为一体；3）与之相通的BW路和BW路大桥要配套修建，避免形成新的断头路	设计单位	工程建设前期和建设期
			设施	1）建设适合的过街通道；2）QY路与解放路交叉处设置红绿灯；3）转向和直行红绿灯分开；4）道路指示牌应该标明方向和路名；5）车道隔离带、防护栏等划分机动车道和非机动车道，解决机非混行的状况；6）人行道宽度，在空间允许前提下，考虑行人安全、方便；7）下水道井盖的材料，选用既安全又结实的材质；8）配套路灯设施到位	业主、设计单位	工程建设前期和建设期

项目 城市	子项目 编号	子项目 名称	建议 类型	建　　议	负责机构	建议实 施时段
LA	L-1	新建 八公 山路 主干路	管理	1）商业、学校集中地带在上下班时间要特别加强管制；2）学校可设立引导员帮助交警疏通学校门口道路；3）扩宽电子导航系统的覆盖面，适时向公众传达交通路况；4）在原有公交线路的基础上依据公众的需求设立新的线路，尤其是居民住宅区和城郊	交警支队；学校；公交公司	工程建成后期
			安全	1）加强对摩托车、电动车的监管和处罚力度；2）加强对摩托车主、电动车主的培训教育工作	交警支队	工程建成后期
	L-2	新建淠 河南路、 西城路、 龙河中 路项目	路网	1）BH南路各项指标应与已建好的BH中路相匹配；2）西城路与BH南路、DBS路、XHD路融为一体，方便城西南区住户出行；3）LH中路南端应与MS南路打通	业主；设计单位	工程建设前期和建设期
			设施	1）BH两边沿河的防护栏；2）景观路两边的沿路风景设计及风景设施建设；3）其他参照L-1相关设施建议	业主；设计单位；城市规划部门	工程建设前期和建设期
			管理	同L-1	交警支队；学校；公交公司	工程建成后期
			安全	同L-1	交警支队	工程建成后期

8.2.2　政策配合的建议与行动

除上文所提到的在项目建设阶段应该注意的事项外，还应加强当地政府针对世行贷款项目的政策建设。

1. 最为重要的一项政策是，建立起当地居民的项目参与机制，加强交通安全的宣传与管理，充分利用当地广播电台和居委会，动员居民参与到维持交通安全的工作中来。

——可以按照项目监督的模式进行，充分发动当地居民自身的积极性参与到项目中来，在杜绝自己违犯交通规则的同时，主动制止其他错误的交通行为。

——建立学校、家庭和社区的联合参与模式，通过学生与家长的互动，共同参与到项目中来。建立城市交通安全宣传的志愿者队伍，不断强化市民的交通安全意识。

——当地广播电台定时段宣传交通安全知识，并设立相应的交通安全知识节目，寓教于乐，激发项目区居民交通安全参与的热情。

——社区居委会印制和发放交通安全知识材料，在显眼位置设置交通安全图标，以灵活的方式组织群众对项目的参与。

——对汽车司机与居民进行交通安全培训，并建立司机与居民间的对话机制。

2. 针对公交专用通道建设项目，应该围绕城市公交优先发展的核心理念，对公交发展给予政策支持。调整优化公交线网，提高公交线路的覆盖率；统一公共交通基础设施建设模式；加强专用道线路管理，提高运行效率；科学编制和实施城市公共交通系统规划；健全城市公共交通财政补贴补偿机制。

3. 完善弱势群体在交通项目上的政策扶持。如建立健全老年人的乘车免费制度，老弱病残幼的乘车优先服务。并尽最大努力，在城市内部树立尊老爱幼的良好风尚，促进城市交通可持续发展。

附件
1. 各子项目布置图及影响范围示意图（略）
2. 公众参与社会调查问卷（略）
3. 公众参与及社会调查过程（略）

第三章　城市轨道交通建设项目社会评价

第一节　城市轨道交通建设项目社会评价要点

一、行业特点

城市轨道交通系统，是城市公共交通系统中的一个重要组成部分。在《城市轨道交通技术规范》中，将城市轨道交通（urban rail transit）定义为"采用专用轨道导向运行的城市公共客运交通系统，包括地铁系统、轻轨系统、单轨系统、有轨电车、磁浮系统、自动导向轨道系统、市域快速轨道系统。"与其他的城市公共交通运输系统相比，轨道交通具有运量大、速度快、安全、准时、环保、节约能源和用地等特点。因此，建设城市轨道交通的根本目的是要满足城市发展带来的当前与未来的交通需求，提高轨道交通在城市公共运输中的分担率，调整城市结构和交通结构，解决交通拥挤、人们出行时间过长及乘车难等问题。

城市轨道交通工程项目构成分为工程基本设施和运营装备系统两大部分：

（一）工程基本设施，包括线路运营总图和土建工程设施

1. 线路运营总图，属工程设施的基础项目，包括线路、客流预测、运营组织、限界。

2. 土建工程设施，包括轨道、路基、桥梁、隧道、车站以及主变电所、集中冷站、控制中心及车辆基地的土建工程部分。

（二）运营装备系统，包括车辆、供电、通风空调（含采暖）、通信、信号、给排水与消防、防灾与报警、机电设备监控、自动售票、自动扶梯和电梯、站台屏蔽门、旅客信息等系统设备及其控制管理设施，车辆基地的维修设备等（《城市轨道交通工程项目建设标准》）

城市轨道交通项目具有以下特征：

1. 城市轨道交通工程是各大城市公共交通方式中重要的组成部分。在我国，其投资主要以政府主导的投资方式为主，具有工程投资大、建设周期长、投资回收缓慢等特点。城市轨道交通工程前期的运营和偿债通常依靠政府补贴，故在建设和运营前期对各城市财政压力较大。

2. 城市轨道交通工程发展受到城市各类规划（如城市发展规划、城市交通规划、城市土地利用规划）的控制、指导和约束。

3. 轨道交通是政府主导公益性较强的基础设施项目，与社会公众福利密切相关，项目有较高社会关注度，影响面广。

4. 项目主要建于城区或城近郊区，区域内人口和建（构）筑物（地上和地下）密集，项目建设影响面广，对项目范围内外的人口、住房、就业、收入、生活水平和质量以及社会服务容量等可能带来正面或负面社会影响。

5. 轨道交通呈线状，其影响范围表现为线状集中（每一个车站都是人流的聚集点），容易引发交通拥堵和社会公共安全问题。

6. 政府在项目建设上具有双重地位和作用，一方面履行公共管理职能，另一方面以发起人的身份参与项目的建设与运营管理。

二、主要社会影响和利益相关者

（一）有利影响

1. 有效缓解城市交通拥堵问题，方便公众出行，节约出行的时间和成本，并提高出行的舒适度。

2. 在节约资源、能源和改善环境等方面具有比较优势，有利于提高居民生活质量和环境质量。

3. 城市轨道交通建设涉及城市规划、城市交通规划、投融资、建筑业、制造业等众多领域，会推动和带动相关产业的发展；同时促进沿线土地资源、物业及房地产的开发，带动轨道交通沿线的旧城改造以及新城区的开发，对调整城市产业结构、优化城市布局结构具有积极影响作用。

4. 改善了城市交通结构，也改善了城市投资环境，加速城市对各种发展资源的吸附和聚集，拉动整个城市的社会经济持续发展。

（二）不利影响

1. 工程建设导致的征地拆迁会给部分人群带来直接的利益损害。

2. 项目建设周期长，工程建设过程中需要设置安全围挡，挤占部分道路，会改变现有交通流量和秩序，给城市交通带来压力；施工期间产生的噪声、扬尘、沙土遗洒等会对周围居民的正常生活造成不利影响。

3. 施工期间对需要穿越的生态敏感保护区会造成一定程度的影响；地下空间开发，可能会引起地面沉降或坍塌，对面建筑物、地下构筑物、各类管线系统可能产生不利影响。

4. 施工期间，如保护措施不当，可能对涉及的历史遗迹造成破坏，加大了历史人文遗产的保护难度。

5. 运营期间，如前期工程处理不当，机车运行时产生的震动、噪声可能对沿线地面上的居民和敏感建筑物造成长久不利影响。

6. 轨道交通出入口不可避免产生人流汇集现象，尤其是在上下班高峰和节假日期间，可能造成周边交通拥挤问题，易引发社会安全风险等。

（三）主要利益相关者

1. 政府相关部门：发改局、住房和城乡建设局、交管局、市政公用管理局、财政局、人力资源与社会保障局、国土资源局、房屋征收办、环保局等。

2. 关联企业和机构：投资人、建设单位、设计单位、施工单位、运营单位、监理单位、金融机构、原材料和设备供应商、其他交通运营企业，以及城市轨道交通线路上需要涉及拆改移的各类管线、各类地面附着物（如公交场站、加油站、站牌、路灯灯杆、垃圾桶等）、各类需要拆移绿化设施的产权单位等。

3. 乘客：居民、流动人口等。

4. 社区、居民、企事业单位和商铺：征地拆迁范围内涉及的社区、居民、企事业单位和商铺，环境保护和控制保护区范围内涉及的社区、居民、企事业单位和商铺，轨道交通运行过程中涉及的沿线社区、居民、企事业单位和商铺等。

5. 弱势群体：生理性弱势群体（老人、儿童、妇女、残疾人、长期患病者等）、社会性弱势群体（贫困人口、下岗失业者等）等。

6. 其他：行业协会、学者、媒体、文物保护单位等。

三、社会评价检查清单

（一）社会影响分析

1. 项目经济层面影响分析。主要针对项目建设和运营对城市经济发展、当地居民收入及其分配、消费水平及结构影响、居民生活水平和质量、就业机会和就业结构、被征收土地或房屋人群的收入及其来源等影响进行分析。

2. 项目社会层面影响分析。主要针对城市发展（包括城镇化、城市形态和结构、人口流动、人口分布、交通发展、土地开发利用等）、城市景观、人文环境、生活环境、投资环境、资源和能源节约、交通安全、文化遗产保护等方面的影响进行分析。

3. 特殊群体影响分析。主要针对被征地拆迁人群、贫困人口、低收入人群、残疾人、老人、妇女和儿童等的影响进行分析。

（二）利益相关者分析

1. 利益相关的政府部门在项目中的角色、态度及其对项目建设的影响。

2. 利益相关企业和机构与项目的利益关系、态度及其影响。

3. 乘客与项目的利益关系、态度及其影响。

4. 被征地拆迁人群与项目的利益关系、态度及其影响。

5. 其他利益相关者的分析。

（三）社会互适性分析

1. 当地技术、经济和社会状况能否适应轨道交通项目的建设和可持续发展。

2. 社会公众对项目的接受性。

3. 在征地拆迁范围和环境防护范围内受影响的居民/村民、企事业单位等对项目的接受性与主要利益诉求。

4. 项目主要利益相关者参与项目建设与运营的意愿、方式。

5. 乘客的支付意愿与支付能力等。

（四）社会风险分析

1. 识别可能影响项目的各种社会因素，包括规划、设计、环境影响评价、征地拆迁、施工建设、运营等不同阶段的主要社会因素。

2. 识别、分析、预测可能导致社会风险的主要社会因素，特别是宏观经济政策、法律法规等对城市轨道交通建设的影响；轨道交通换乘站、停车场等控制保护区范围内及其周边受征地拆迁及环境影响的社区和居民的认可和接受程度；建设期间的征地拆迁实施和对环境、交通的影响；运营初期的风险、运营期交通拥堵的风险，运营期公共安全风险等。

3. 规避社会风险的主要措施和方案，包括中心枢纽、大型换乘站、停车站的优化选址；轨道线网的优化；对振动敏感的建筑物、文物、宗教设施等的保护；环境影响评价；建设期间的环境影响监测评估与社会风险管理；正常运营期间的环境影响监测评估与社会风险管理；停运期间的环境影响监测评估与社会风险管理；各个阶段的公众参与和信息公开机制；交通疏导机制；突发事件与社会风险预警机制；突发事件处置机制与社会风险管理机制等。

（五）社会可持续性分析

1. 项目受益者支付能力及其对项目持续运营的影响。

2. 轨道交通运营模式和财政补贴能力。

3. 项目收费政策、价格水平及其定价机制。

4. 项目社会效果的可持续性。

（六）政府公共职能评价

1. 项目与城市发展规划的衔接，包括：与城市规划、城市交通规划、循环经济发展规划、土地利用规划、环保规划等衔接情况。

2. 相关政策对项目的作用和影响，包括：城市轨道交通投资与运营管理模式、财政补贴政策、票价票制等对项目的作用和影响。

（七）社会管理计划

1. 利益加强计划。重点关注城市轨道交通的建设和运营如何发挥更大的效益。

2. 负面影响减缓计划。重点关注城市轨道交通建设涉及的征地拆迁影响，建设过程中的环境污染、交通影响，运营过程中的环境影响，提出相应负面影响减缓计划，运营期交通疏导计划，公共安全计划。

3. 利益相关者参与计划。

4. 社会监测评估计划。

（八）征收补偿方案

1. 项目征地拆迁影响范围的确定。包括大型换乘站、地面轨道、高架轨道征地范围（红线）、环境安全防护距离和控制保护区征地拆迁等范围的确定。

2. 被征收土地、房屋、企事业单位建筑物、商铺、地面附属物等各类实物指标调查及成果。

3. 受征收影响人口及其社会经济状况调查及成果。

4. 征收补偿安置政策框架和补偿标准。

5. 安置方案。被征地农民安置、被征收房屋居民安置、受影响企事业单位安置、受影响商铺安置等方案。

6. 公众参与和申诉。

7. 机构。

8. 费用及预算。

9. 实施时间表。

10. 监测评估。

第二节　城市轨道交通建设项目社会评价案例

某城市轨道交通建设项目社会评价

案例介绍

城市轨道交通是市政重大建设项目，需要对项目进行全面的社会评价，并有针对性地提出了减少社会风险的措施与对策。此外，本项目的社会评价较为独特之处在于其有效的公众参与活动，通过组织公众参与，倾听公众诉求，并将其融入项目方案，优化了方案设计。

本项目是世行贷款项目，根据国内的国际金融组织贷款项目程序，按照世行要求的社会评价工作都是在项目可行性研究已经完成后启动的，故本案例中社会管理计划所提出的建议已经在初步设计阶段得到了落实，所提出的公众参与等建议也在世行项目的准备中得到了执行。本案例呈现了一个项目从前期阶段到准备阶段社会评价工作的整个过程。

1　概述

1.1　项目概况

1.1.1　项目名称

K 市轨道交通 C 号线工程。

1.1.2　项目概况

K 市轨道交通 C 号线项目位于 K 市主体骨架线东西轴上，是 K 市建设规划的十字骨架线路之一。线路全长 20 公里，其中地下线路 15 公里，高架线路 4.4 公里，过渡段 0.44 公里；共设车站 19 座，其中地下站 16 座，高架站 3 座。项目投资估算 120 亿元，其中包括国际金融机构贷款 4 亿美元。

项目的建设目标为：（1）工程建成后，在城市交通中起骨干作用，形成以快速轨道交通为骨干，其他交通方式相结合的复合交通系统，缓解市民出行压力；（2）担负 K 市长距离交通出行的主要运输工具，降低城市跨越式发展的门槛；（3）缓解城市中心区交通压力，改变 K 市长期以来的上下班高峰必堵的局面；（4）联接城市中心区与外围，引导城镇化发展；（5）达到轨道交通客运量占全市公交出行比例的 40%，有效缓解公交系统压力。

1.2　社会评价的目的和要点

1.2.1　社会评价的目的

1. 了解 C 号线项目区经济社会发展的基本情况，分析影响项目目标实现的主要社会因素。

2. 识别 C 号线项目中的主要利益相关者，开展主要利益相关者参与项目的活动，分析他们的需求和对项目的影响。

3. 在项目准备和设计阶段，向项目涉及的各利益相关者发布项目建设信息，评估不同性别、年龄、阶层、出行方式的市民，对线路走向、站点设置、出口设计、交通组织、建设管理、受影响居民和企事业单位的补偿和恢复等方面的意见和建议，以利于项目方案改进。

4. 对收集的相关信息进行归纳和分析，提供给项目业主单位、设计单位和建设单位，优化项目设计和项目实施管理，通过持续的公众参与和信息交流实现项目准备和设计的最优化。

1.2.2 社会评价的要点

1. 重点关注项目建设是否符合规划要求。项目在路线规划、站点设置、环境保护、施工影响、征地拆迁等方面是否符合相关政策法规和标准规范要求。

2. 不仅关注项目范围内受项目负面影响的人群，还关注项目范围外受间接不利影响的人群，了解不同利益相关者对项目的感受和态度，分析他们与项目的相互适应性，帮助他们了解和参与项目的决策、实施和监督，以减轻他们对项目的担忧。

3. 通过建立合理的补偿机制和途径，或提供某些可能的便利服务，使受项目负面影响的人群能够从项目中得到具体实惠，改变对项目的负面看法。

1.3 现场调查方法

项目采用的现场调查方法包括：（1）访谈；（2）参与观察；（3）结构性问卷；（4）收集二手资料等，通过上述方法，了解项目的基本情况以及项目对社会经济生活的影响。

1. 访谈。

（1）中心小组访谈。根据 K 市轨道交通 C 号线的初步设计方案，针对 19 个站点以及车辆段、停车场、主变电站所在区域的居民和工作人员，组织覆盖全部社区的中心小组进行访谈。访谈对象既包括沿线社区居民、商户，也覆盖沿线企业事业单位，其中，老年人、妇女、残疾人等特殊人群在访谈对象中占适当比例。

（2）座谈会和个别访谈。根据公众参与活动的内容，分别组织不同形式的座谈会以及针对个别人士的个体访谈收集有关信息。

2. 参与观察。

社会评价机构人员到项目现场进行参与式观察，选取具有典型性的站点以及车辆段、停车场、主变电站所在区域的居民和工作人员、社区进行调研。了解项目实施现状，项目对项目区内社会经济与居民文化生活的影响，调查项目区利益相关者与项目之间的互适性影响，通过现场调研，获得第一手的资料与信息。

3. 结构性问卷调查。

针对项目准备和设计阶段的特点，设计结构性调查问卷，全面了解项目所在区域市民对轨道交通项目的知晓情况，就项目走向、站点位置、出口安排、地铁票价、安全设施等各种内容征求意见和建议。调查样本 1000 份，在 C 号线沿线均匀选取。

4. 收集二手资料。

（1）官方统计资料，如《中国统计年鉴》、《K 市统计年鉴》等；

（2）地方政府有关部门的相关政策、规划和计划、工作报告、年度计划和工作总结等；

（3）地方史志；

（4）项目前期报告和规划，如《项目建议书》、《环境影响报告书》、《C 号线交通疏解方案书》等。

社会评价调查工作程序如图 1 所示：

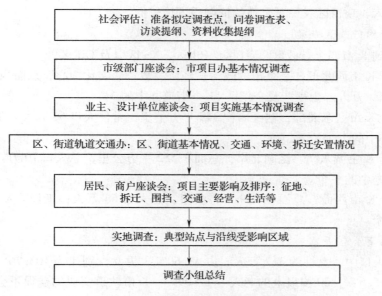

图1　社会评价调查程序图

1.4　社会评价方法

采用的社会评价方法有：定性与定量分析方法、对比分析方法、逻辑框架分析方法、利益相关者分析法和参与式方法。

2　社会经济基本情况与项目背景

2.1　项目影响区经济社会基本情况

2.1.1　项目区基本情况

K 市是国家历史文化名城，是我国重要的旅游、商贸城市，也是重要的工业城市。

根据第六次人口普查数据普查时点，现有人口 700 万人，占全省常住人口的 13.72%，居全省首位；人口密度 294.76 人/平方公里；人口自然增长率 6.02‰。全市户籍人口 517 万人，其中非农业人口占 41.56%，农业人口占 58.44%。K 市人口以汉族为主，共 276 万，占全市常住人口的 86.52%。

2007 年，全市实现国内生产总值（GDP）1393 亿元，人均生产总值达到 22578 元。全年地方财政总收入 340 亿元，地方一般预算收入 133 亿元。

2.1.2　项目影响区内居民经济、生活概况

项目区居民主要为城市居民，且沿线居民多居于商贸中心地带，局部公共交通极为拥堵。C 号线工程主要位于 K 市市区，沿途经过了 K 市的主要交通道路：RM 路、DF 西路、NP 街、DF 东路。DF 路是 K 市区东西方向的主要大街之一，是 K 市经济、娱乐、文化的集中街区，也是 K 市市民休闲、娱乐、购物的主要地区；沿线分布有省艺术剧院、省博

物馆、省邮电大楼等多处历史保护建筑以及省级文物保护单位，这些地方居民较为集中，道路极为拥堵，出行十分不便。

项目涉及农村居民较少。线路在 K 市内所占用的土地主要为城市建设用地，且线路主要以地下线形式穿过，对农民的土地占用较少。项目区内大部分农民经济收入主要来源于外出打工收入，项目区农民对土地的依赖程度比较低。

2.1.3 项目影响行政区概况

项目影响到 K 市四个行政区：SH 区、PR 区、XS 区以及 GD 区。

SH 区位于 K 市西北部，是全市的政治、经济、教育、文化中心，总面积 397.86 平方公里，总人口 90 万人。工程涉及全辖区 11 个街道办中的 3 个。

PR 区位于 K 市区东北部，辖区面积 345 平方公里，常住人口 66 万人。工程涉及全辖区 10 个街道办中的 1 个。

GD 区位于 K 主城东南、昆湖北岸，总面积 552 平方公里，总人口 70 万。工程涉及全辖区 9 个街道办中的 1 个。

XS 区位于 K 市西面，总面积 879 平方公里，总人口 66 万人；工程涉及全辖区 10 个街道办中的 2 个。

2.1.4 妇女儿童

K 市常住人口中，女性约 312 万人，占 48.60%，男女性别比为 105.76∶100，儿童为 112 万人，占 15.5%，60 岁以上的老人占 12.09%。K 市轨道交通的建设不会对妇女儿童造成负面影响，相反，会给她们的出行、接送子女上下学带来方便。同时，轨道交通所带动的商业机会会引导更多妇女就业。

2.1.5 流动人口

根据第六次人口普查数据显示，K 市属典型的人口净流入地区，省外及省内其他州市流入 K 市的人口约 198 万人。流动人口对于增加城市活力，发展城市经济具有重要意义，但另一方面，流动人口的增加也加剧了城市资源和公共设施的压力。

2.1.6 贫困人口

K 市的贫困人口来源复杂，主要包括无工资收入或工资收入低于国家贫困线标准和享受最低生活保障的人员。按 2006 年的贫困线标准，全市贫困人口约有 91 万，其中，农村约 50 万，城镇约 21 万，流动人口约 20 万，项目主要受影响的贫困人口是城镇居民与流动人口，主要体现在受票价支付能力的影响。

2.1.7 少数民族

K 市分布有多个少数民族，少数民族人口约 43 万，占全市常住人口的 13.48%，少数民族居住呈现散居状态。从总体上看，K 市少数民族与汉族在语言、经济生活、心理特征上并无太大区别，项目沿线没有少数民族聚集区，本项目受少数民族因素影响不大。

2.2 项目背景

2.2.1 土地与房屋征收直接影响区

1. 征收土地影响。

项目建设用地及影响范围：工程共涉及施工用地 1282.21 亩，其中永久征用土地 734.61 亩，施工临时用地 547.60 亩；受征地影响人口 9 人，2 户。

2．房屋拆迁影响。

本项目将涉及居民房屋、企事业单位及商铺的拆迁，拆迁房屋均为砖混结构，拆迁量共计 60895 平方米，其中，居民房屋拆迁共计 16860 平方米，受影响的居民有 312 人，61 户。

3．受影响企事业单位。

根据移民安置调查资料统计，C 号线工程影响到 14 家企事业单位，拆迁房屋均为砖混结构，拆迁量共计 26020 平方米，受影响人口 143 人，均为企事业单位员工。

4．受影响学校、医院。

根据设计单位提供的线路方案，经过沿线调查，本工程不影响学校和医院。

5．受影响商铺。

根据调查统计，C 号线工程沿线共有 134 家店铺受到影响，拆迁量共计 18015 平方米，受影响人口 395 人。影响主要集中在 MJ 街道办以及 JM 街道办，这些商铺大部分从事日常百货、五金制品的零售。这些商铺因为地铁出入口、风亭建设占地需要，将全部拆除。

6．受影响树木。

根据调查统计，FMQ 停车场将占用集体林地，在征地范围内共有树木 500 余株受到影响。这些受影响的树木均为 GD 区 JM 街道办 SLP 社区所有，主要为杨树、柏树、梨树、桃树等。

2.2.2 受益区

地铁 C 号线的建成，将有利于全市交通骨干网线的建成，便利全市，尤其是城市主城区市民的交通出行，从这个意义上来说，整个市区都是受益区。

2.3 城市发展规划和相关政策对项目的作用和影响

K 市是区域性商业城市，是国家历史文化名城，也是现代化的开放城市及山水园林生态城市。根据《K 城市总体规划（2008～2020）》、《现代新 K 市发展战略规划》、《K 市城市综合交通规划》规划。

对主城区综合交通的发展确定了明确目标，通过建设轨道交通，整合地面常规公交线网，结合换乘枢纽形成综合性、一体化、多模式的现代化公共交通系统。C 号线轨道交通的线网规划与正在修编的城市总体规划同步进行，整体联动，相互反馈，形成一体，城市轨道交通规划能够更好地适应城市发展计划。

3 社会影响分析

项目产生的社会影响主要包括：项目目标区域内居民收入、就业、物质财富变化等经济层面的影响，社会环境和条件、公共基础设施的改变、风俗习惯、宗教等社会层面的影响，以及特殊群体影响三个方面，详见表 1。

表 1 项目的社会影响分析一览表

分类	社会因素	影响的范围、程度	可能出现的后果	措施建议
经济层面	对居民收入的影响	较强	地铁沿线居民的收入明显增加，K 市民的收入也有相应增长	合理规划地铁沿线的物业、商业开发，为市民增收创造条件

分类	社会因素	影响的范围、程度	可能出现的后果	措施建议
经济层面	对居民生活水平与生活质量的影响	较强	为市民出行提供方便,便利工作于生活;便利远郊市民与市中心居民的往来	票价更为合理
	对居民就业的影响	强	增加就业岗位,降低失业率	考虑待岗人员和下岗职工择优上岗的同时,对已聘人员进行专业培训
	对城市化进程的影响	较强	地铁沿线出现大量的房地产物业投资热潮,可能出现盲目的投资,影响政府规划	可以借鉴其他城市的成功模式,将地铁建设与地铁沿线物业进行统一开发、管理
	对社会公平的影响	较强	有利于多数直接、间接利益相关者,满足便利群众的目标	促进社会公平,保持社会和谐
	对城市居民搬迁的影响	强	非自愿移民的不合作及搬迁居民融入问题	制定合理的搬迁安置政策与方案,合理安排好移民生活、就业、小孩入学、医疗、交通出行等
社会层面	对地区文化、教育、卫生的影响	强	改善交通环境,有利于K古城文化的保护、教育发展	利用文化、教育行业的优势,相互发展
	对宗教设施	弱	沿线有清真寺等建筑1座,但受工程直接影响较少	积极与宗教团体沟通,识别这些设施受影响的程度,提出解决方案
	对文化遗产与古迹的影响	较弱	沿线没有涉及文化古迹与非物质遗产等内容	仔细清查,如果涉及文化遗产,做好保护与迁建工作
特殊群体	社会性别的影响	较弱	男女就业机会不等,男女职工接受培训的机会不等及男女职工工资收入的差距	考虑女性职工的教育培训外,还考虑工作环境与身体;工作环境与家庭之间的关系
	对少数民族风俗习惯和宗教的影响	弱	几乎不受影响	宣传我国少数民族政策
	弱势群体	弱	对妇女儿童、鳏寡孤独者生活有轻微影响	完善设施和服务

3.1 项目经济层面影响分析

3.1.1 对居民收入的影响

轨道交通沿线城市人口的积聚效应导致经济增长和繁荣，因此，本项目的建成，不仅给市民出行提供了便利，还带动了项目站点与沿线的商业繁荣，给市民增收创造机遇。

3.1.2 对居民生活水平和生活质量的影响

C号线的建设，有利于居民改善居住环境和提高生活质量。由于K市生态环境敏感度很高，C号线的建设将主要利用地下空间，可以在现有环境容量范围内高效、集约配置使用宝贵的土地资源。

同时，轨道交通列车以电力作为动力，基本不存在空气污染问题，对减轻空气污染、节约油气资源、降低能源消耗等，都起到很好的作用，有利于建成人与自然和谐相处的低碳节约型社会，提高市民的生活质量。

3.1.3 对居民就业的影响

轨道交通作为一项大型公用基础设施，它的建设将从城市经济链的源头为城市注入活力，在多种行业创造就业机会，增加社会需求，带来市民收入的增长。

C号线的土建工程及设备投资，对于利用建材和建筑企业过剩生产能力，对于创造就业机会，对于机电设备的国产化及机电产业的结构调整和升级，对于扩大机电设备所用钢铁等中间产品需求，无疑都有积极作用。

同时，轨道交通布局会影响居住区、工业区或商贸区的布局，会带动配套的积聚基础设施建设，如道路、停车场、供电、供水、管道煤气、邮政通讯、环境卫生和排水系统、固体废弃物收集和处理系统等，及一些社会基础设施如学校、医院、文化活动场所等的建设。这些同样会扩大投资需求，创造大量的就业机会，吸纳更多的剩余劳动力。

另外，轨道交通C号线全部工作人员中除少部分技术和管理人员外，大多数职工将从市内招收。预计本项目产生的直接和间接就业机会将对增加K市社会就业做出较大贡献。

3.1.4 城市化进程

K市仍处于城市化过程中的扩张阶段，在未来较长的时期内，经济增长主要依靠投资拉动。

K市轨道交通C号线的建设，不仅可以合理引导居住用地布局，以健康、宜居、便利的居住和交通模式吸引、疏解K市主城区中心区人口分布，而且将更好的协调城乡发展不平衡状况，进一步提高城市化水平。

本项目不仅可以改善K市的城市布局，改善其生态环境和投资环境，还可以增强K市地区中心城市的功能和辐射能力，进一步加快K市城市化发展。

3.1.5 弱势群体

本项目的弱势群体主要指城市的妇女、儿童、残疾人员、鳏寡孤独人员、贫困人口和失业下岗职工等。本项目的实施，将带动沿线商业及相关产业发展，可以给妇女、贫困人口及失业人口等提供更多的就业机会，同时，项目的实施，本身也能吸纳一定的就业人数，并为非熟练工人提供技术培训。

3.1.6 支付意愿与支付能力

轨道交通票价的高低直接影响居民的生活，尤其是对低收入人群有较大影响。通过调查，有 50% 以上的市民愿意乘坐轨道交通出行。K 市市民对未来地铁 C 号线的营运票价十分关注。在中心小组访谈和网络论坛上，对票价的讨论都成为一个热点话题。下表是在 K 市网上一个论坛中关于 K 市地铁票价的投票结果。

表2　网络论坛关于 K 市地铁票价的投票结果

主　张	投票人数	比例（%）
统一票价 2 元	138	32.09
对老年人优惠	23	5.35
"一卡通"	85	19.77
基准价 2 元	64	14.88
按里程收费	53	12.33
票价不能高于京沪	67	15.58
总计	430	100.00

经过调查，市民对地铁营运票价制定的代表性主张如下：

1. 与地面公交衔接，IC 卡通用。
2. 地铁票价与地面公共交通相当。
3. 全程票价 1 元，换乘免费。
4. 全程票价 2 元，换乘免费。
5. 起步 1 元，换乘 2 元。
6. 起步 2 元，换乘 3～4 元。
7. 起步 1～2 元，超过 5 站，按照每站加收 0.25～0.5 元。
8. 对有需要者实行日票和月票制，日票 10 元，月票 200 元。

关于 K 市地铁票价的讨论

地铁营运中的票价，是事关市民切身利益的话题，每次讨论，都是热点话题。

一位 Z 女士发言：地铁是现代城市的标志，但 K 市发展水平有限，市民收入不高，票价不能超过 2 块。否则没有人坐，因为现在地面公交很发达，花 1 块钱可以走遍市区。

一位 H 姓女士也认为，地铁的票价必须与现在的公共交通相当才有吸引力，最好就是 1 元钱坐完全程。另外，老年人和市民的优惠措施也应该在地铁中适用，因为这是政府主导的工程，目的是方便市民，不是为了赚钱。

另外一位 Y 先生对此有不同意见，他说，地铁是个耗资巨大工程，K 市地铁的造价每公里在 9 亿元人民币左右。这样的成本，贷款的还本付息负担很重，现在是企业化经营，如果一味降低票价，加重企业负担，最终还是政府买单，损害的仍旧是广大市民的利益，甚至有可能让地铁的经营难以为继，有可能把好事办成坏事。所以，一定要在企业经济效益和市民承受能力之间找到一个大家都能接受的平衡点。

3.1.7 社会公平

过去，K 市的道路交通资源存在严重不合理分配现象，私家车占用了大部分道路交通资源，导致交通拥堵，空气污染，居民工作、生活环境质量下降。通过近几年的实践证明，单独在道路层面上建立多层次的公交系统，从效果、服务水平来看，都不能体现社会公平。建设轨道交通 C 号线，对于路权的公平分配，道路资源合理布局，促进社会公平，保持社会和谐起到了重要作用。

3.2 项目社会层面影响分析

3.2.1 对地区文化、教育、卫生的影响

K 市地处多个跨区域文化圈的交汇地带，文化交流频繁，具有多元文化汇聚共生的特征。C 号线的建设将带动轨道交通文化的发展，为文化交流和信息快速流通开辟新的途径，也可以充分发挥 K 市国际文化枢纽的辐射和带动效应，建设开放包容的国际文化枢纽。同时，C 号线的建成也将极大方便地区科技教育人才的流通与学术交流，有利于 K 市教育、卫生事业的发展。

3.2.2 文化遗产

K 市是国家级历史文化名城，物质与非物质文化遗产众多，几乎遍及全市各地。由于项目的主体工程在地下，因此项目对文化遗产几乎不会造成破坏。在项目施工区范围之内，对于具有历史和文化价值意义的建筑，项目单位都进行过排查，并与文化遗产相关管理主体进行过协商评估。对于少数在影响区内具有文化遗产性质的建筑与设施，项目以保护维持为主，项目涉及一条晚清时期的观光铁道，制定了妥善的保护规划，使这条铁路能够正常运行，没有破坏其原有面貌。

3.2.3 宗教设施

K 市是宗教文化多元特色的城市，有伊斯兰教、佛教、基督教建筑。从总体上来看，除去 MJ 站旁 50 米外有一座清真寺外，C 号线工程基本不涉及宗教设施。经过识别，项目对这一设施没有任何影响。

3.3 特殊群体影响分析

3.3.1 贫困分析

项目对城市贫困人口的负面影响主要体现在：项目建成后，轨道交通的票价会加重部分城市贫困人口的负担；施工期间的交通围挡，会对部分城市流动夜市摊贩的生活产生影响；征地拆迁也会给部分贫困人口带来严重的经济与生活问题。但是，项目的相应设计和规划已经就城市贫困人口的平等受益问题做出了相应考虑，表现在：

1. 项目可改变贫困人口的交通出行环境，便利其工作、生活；
2. 项目的建设有可能为他们提供在相关行业的就业机会；
3. 项目能够带动沿线商业带的开发，增加就业机会。

3.3.2 性别分析

项目的设计充分考虑到了性别因素，在厕卫、孕妇专座上都有醒目的标识，有多处人性化设计，方便女性的出行。

项目的建成运营也将给女性带来利好因素。随着地铁项目的开通运营，沿线的条状商业带也将逐步形成，由此形成销售、营业、管理等工作岗位将在很大程度上解决部分女性

的就业问题。

3.3.3　少数民族影响分析

　　K市人口以汉族为主，虽然少数民族众多，但是都较为分散，没有形成聚集区，对于少数民族的风俗习惯不会产生负面影响，反而通过轨道交通的文化宣传效应，能够促进少数民族地区的宗教文化和旅游的发展，加强其与广大市民的沟通，有利于民族大团结。

3.4　其他方面的社会影响

　　总体而言，项目的实施将改善城市空间布局、完善道路交通网络、便利市民出行，但是因为项目本身的特点，也存在着其他社会影响。

　　C号线的线路问题是市民最为关心的问题之一，如果布局不合理，就有可能造成市民出行不便。市民希望能够尽量考虑线路能到达市郊的公园等节假日可出游的地方，避免未来建设的重复性，也减少征地拆迁成本和环境影响。

4　利益相关者分析

4.1　主要利益相关者的识别与分析

4.1.1　利益相关者的识别

　　利益相关者的识别，主要包括受项目影响的个人、群体或组织以及为项目提供资金的机构、有关的项目管理和执行机构（包括计划、设计、咨询、管理机构等）等利益相关机构，可区分为受益者、受损者、既受益也受损者等不同类别。

表3　利益相关者识别表

主要利益相关者		主要利益相关者的诉求	项目对利益相关者的影响	利益相关者对项目的影响
受益者	K市市民 （直接受益者）	要求项目实施不要造成沿线环境污染，线路与站点设置更为合理，站点与公交接驳更为合理，施工期间交通不要受影响，运营期间安全有保障，票价更为合理，希望尽快建成	交通更加方便 工作和生活水平将获得提高 便利工作与生活	小
	沿线各区政府 （直接受益者）	希望项目实施中有更好的政策与资金支持，减轻本区内的拆迁安置阻力，更好地完成征地拆迁任务	本区交通基础得到提高 促进本区经济和社会发展 市民生活水平得到提高 税收有所增长	中
	设计施工单位 （直接受益者）	希望尽快实施	锻炼队伍 为单位创收	大
受损者	K市公交系统 （直接受损者）	希望获得适当补贴	地铁建成将分流公交的部分客流	小

主要利益相关者		主要利益相关者的诉求	项目对利益相关者的影响	利益相关者对项目的影响
既受益又受损者	受拆迁影响居民（直接受损者）	要求拆迁尽可能不影响工作和生活，希望补偿更为合理，项目实施后生活水平有所提高	地铁建设使他们举家迁移，对工作和生活造成不利影响 搬迁获得较好补偿和安排 享受地铁带来的方便	大
	受征地拆迁影响的商铺、企事业单位（直接受影响者）	要求拆迁尽可能不影响生产经营，希望补偿更为合理，企业与商铺希望在税收、租金等方面有一定的优惠。给予将来地铁商铺租用的优先权	商铺获得较好的补偿，等地铁建成，他们同时又是受益者 征地拆迁使部分企事业单位生产经营活动受到影响，征地拆迁使他们可以重新寻找较合适的地点或者获得较好补偿，所以他们又是受益者	大
	受围挡影响的商铺、企事业单位（间接受影响者）	希望施工尽可能减少对商铺的干扰，围挡时间应该尽可能减少	受噪声等环境污染的影响，部分商铺客流减少甚至停业 但是一旦地铁施工完成，这部分在地铁口附近的商铺将明显受益，因此他们也是受益者	中
其他利益相关者（项目执行者）	K市人民政府（直接受益者）	希望项目尽快获得审批和实施	代表地区最高行政管理机构直接管理和领导K轨道公司的建设，全面领导C号线工程的总体实施，直接决定项目成败，项目成败也影响政府总体规划的完成	大
	K市轨道交通有限公司（直接受益者）	希望项目尽快获得审批和实施	项目成败直接影响公司的发展，公司运营直接影响项目能否顺利进行	大
弱势群体	包括妇女、儿童、残疾人员、鳏寡孤独者、贫困人口和失业下岗职工等（直接受影响者）	弱势群体中，贫困人口希望票价更为合理，能够有支付能力；残疾人希望地铁为残疾人士乘坐地铁通行方便，完善无障碍设施；妇女、儿童希望地铁能够考虑妇女、儿童的需要，提供必要的服务设施，如洗手间等	部分贫困人口的支付能力存在问题。另外，如何保障残疾人员的乘车权利，完善针对残疾人士的无障碍设施和标志，便利他们出行，也是需要重点考虑的问题	小

4.1.2 利益相关者的主要诉求分析

通过公众参与活动，社会评价小组一共进行了1000余份的问卷调查，收到有效问卷943份，了解到市民的主要诉求见表4。

表4 市民诉求表

序号	主要问题	优 化 措 施
1	关于线路的走向的优化	1）C号线西边起点延长至BJ路XS脚下，照顾去XS公园游客的需求。 2）东西两端地面高架改变为地下建设，避免未来建设的重复性，也减少征地拆迁成本和环境影响。 3）C号线在小西门以东一直走RM中（东）路向东而不是向南拐弯。 4）C号线在穿越东二环线后至DF东路与JM路交汇处沿JM路沿线布局
2	关于站点和出入口的布置	1）XYC的站点设置应该向南移500米左右，布局在DJ路口附近比较合适。 2）从体育馆到百货大楼之间，站点的布局应该优化，重点考虑两个因素：一是到CH公园的游客，二是XXM一带多个商业网点、学校和公交乘客的需求。 3）目前的站点设置过密，城市中心两个站点之间只有500米左右，这样增加了建设成本，营运起来也很不经济，没有必要。建议城市中心的站点之间距离在1500～2000米为宜。 4）既然设置了百货大楼站，省博物馆站就毫无必要，因为两者很近。 5）出入口的设置，应该尽量选择空旷地带，减少或者避免拆迁。 6）C号线地铁走向为调整，穿越东二环线后继续沿DF东路向东至与JM路的交汇口，将现在设计的JMS站立在交汇口的JMS法庭附件。这样就是把目前的站点设立位置前移了250米左右。 7）环城东路站四个出入口全部安排在环城东路与DF东路交叉口以西，这样对客流不利，应该分别安排在道路两边。 8）TPC站点的A号出入口布局进行调整，与其他3个出入口平行设置，避免拆迁汽车修理厂
3	关于征地拆迁的影响	1）线路的走向和站点设置，应该尽可能进行优化，减少不必要的征地拆迁。 2）应该尽可能采取还建房安置为主、货币补偿为辅的方式进行安置，与目前K市展开的"城中村"改造政策相匹配。 3）货币补偿的水平，应该参照周边地区商品房价格来制定，保证被拆迁家庭能够用补偿资金解决居住问题。 4）合理安排施工周期，尽快落实回迁安置房建设计划，尽量减少被拆迁家庭过渡时间。 5）在过渡时期，应该给予合理的过渡费补贴，过渡房的标准应该参照周边地区二手房出租价格制定，并且随着市场行情波动而调整。一旦超出计划的过渡时间，过渡费应该加倍支付
4	施工过程中可能的影响	● 针对围挡施工带来的交通阻塞 1）分段施工，避免全线铺开，造成大面积堵塞； 2）施工围挡应该在一定距离就预留开口，尤其在交通流量较大的路口，开口应该较大； 3）施工围挡应该尽量少占面积，预留一定的交通空间； 4）一旦某个断面施工完毕，应该立即清理现场，拆除围挡，恢复交通； 5）事先打通周边社区微循环交通网络，替代RM西路交通； 6）C号线应该考虑结合1号线和2号线施工进展，分段施工。具体做法为先施工东西两端，最后施工中间部分； 7）加强信息发布，发放交通指南

序号	主要问题	优 化 措 施
4	施工过程中可能的影响	• 针对围挡施工给沿线经营企业和店铺的生产经营带来的不便 1）合理安排每一个路段施工，尽量控制施工周期； 2）在保证安全的前提下，能够不围挡就不围挡，一旦施工完毕，立即拆除围挡； 3）在企业进出货物的交通路口，预留适当空间，方便企业车辆出行； 4）允许企业在围挡墙上标明沿线企业和店铺经营信息 • 盾构施工和开挖可能造成对周边房屋的损害 1）施工之前告知每一位要穿越或者可能影响的建筑物业主； 2）对可能影响的建筑物进行一次全面现场勘察，提出处理预案； 3）建立施工队伍和社区居民联系机制，动态监测施工对建筑物的影响； 4）对施工和营运可能造成的影响，编写通俗易懂的宣传材料向社区居民发放； 5）对线路经过区域条件进行事先了解，对可能的事故制定防范预案 • 施工对水、电、气、网络等管线的破坏 1）施工队伍在施工之前掌握各类管线的走向和布置情况，避免盲目施工； 2）施工队伍加强员工的安全教育，克服野蛮施工行为； 3）不可避免情况下对管线进行搬迁和重新安置，提前发出安民告示，让市民做好各种准备； 4）施工队伍安排专门人员负责与所在社区居委会进行联络，发布信息，听取社区居民的报告，一旦出现管线破坏迹象，立即进行危机处理，避免危机扩大化 • 施工对周边产生环境和噪声污染 1）施工断面尽量进行围挡，围挡墙损害后及时修复； 2）加强施工现场管理，施工材料摆放整齐，垃圾及时清理； 3）对裸露的尘土进行覆盖或者及时清理； 4）施工过程中尽量采取控制高分贝噪声产生的工艺和技术； 5）在早8点之前，晚10点之后禁止高噪声作业施工； 6）修建临时隔音墙等措施减轻对周边居民的影响； 7）对周边受到严重噪声干扰的居民进行适当补偿； 8）对建设和营运中有害气体加以监测，严格使用环保建筑材料和施工工艺 • 施工对交通设施的破坏带来的安全隐患 1）施工围挡墙应该结实可靠，出现损坏及时修理； 2）施工过程中如果对围挡外车行道或者人行道构成危险，应该安排专门人员进行现场指挥和管理； 3）在出现路面破损或者其他隐患的地方，及时设立警示标志
5	营运过程中的安全管理	1）地铁的防洪问题。一定要避免地质灾害的产生，安排完善的抽排水设施。 2）地铁通风系统和消防设施一定不能省略。 3）出入口楼梯尽量设计得宽敞。 4）阶梯和走道应该采用防滑地面设计。 5）尽可能设置自动扶梯。 6）在楼梯和走道内可以考虑设立一定数量的安全巡视员，帮助有需要的乘客。 7）在站点内，不要设置报刊亭、食品摊等商业服务网点，避免造成拥挤，也容易保持卫生。

序号	主要问题	优化措施
5	营运过程中的安全管理	8）在站台设立安全巡视员，提醒乘客注意安全，处理可能发生的意外事故。 9）在站台的地面设计上进行创新，如用不同颜色地面瓷砖提醒乘客保持一定距离，不要离列车太近。 10）在车厢设施上提高科技含量，如车厢没有关好，可以自动发出信号，列车不能行驶。 11）像铁路车站那样，对行李包裹进行安全检查，对乘客，则只是安排一定安全人员，进行重点抽样检查
6	地铁营运的票价	票价的制定应该与K市市民收入水平相符，避免盲目与其他城市攀比
7	脆弱人群的交通需求	1）针对地铁客流较大，女性乘客不方便的问题，建议在站台以醒目标志设立女性乘客（同时也适用于老人、儿童和残疾人）的专门候车区； 2）对老年人乘车使用"爱心卡"做出时间上的限制，既给予其优惠，又减轻高峰期客流压力； 3）可以借鉴日本或者其他城市经验，考虑设置女性乘客专用车厢； 4）在车厢内设立女性和老弱病残座席； 5）在列车行驶过程中，经常性提示乘客给女性或者老弱病残人士让座； 6）车厢内的扶手设置应该高低搭配，满足女性乘客的需要； 7）所有地铁的出入口和站台，都应该有无障碍通行设施，方便老年人、儿童和残疾人通行； 8）地铁站设立对老人、儿童与残疾人服务的专门窗口； 9）地铁站卫生间同样应该有无障碍设施、盲道设施等； 10）在走道和站台设立巡视人员，对需要帮助的妇女、儿童、老人与残疾人提供帮助； 11）站台和车厢设计时，考虑老年人、婴幼儿、残疾人推车的上下方便； 12）车厢内设计专门位置方便使用推车的老人、儿童与残疾人停放推车
8	其他问题	1）在全市范围内组织市民参与地铁形象设计，为地铁出入口选择醒目的颜色或者标志，方便行人寻找和识别。 2）建议地铁车厢设计与制造单位参考公共汽车设计，每一节车厢设计两个门，一个用于上车，一个用于下车，避免人流量太大时上车和下车人流拥挤现象，克服潜在的安全隐患。 3）地铁站和营运的列车在行驶过程中，一定要加强语音提示，不仅要报即将到达的站名，而且对列车行驶的目的地方向、换乘信息，地面建筑物的方位、出口的选择等，也应该适时提醒，方便乘客及时下车和换乘。 4）在站台和车厢内应该设置醒目的地铁线路走向以及站点设置示意图，方便乘客了解和选择出行路线。 5）在每节车厢的适当位置，设立大件行李放置处和包裹悬挂设施，既方便乘客，又高效利用车厢空间

在调查轨道交通 C 号线带来什么不利影响时，被调查者担心最多的问题就是"建设期间带来的交通堵塞问题"，有 78.7% 的人都担心这个问题，"地铁与其他交通方式衔接不配套"、"对沿线造成环境影响"这两项分别占比 38.4%、38.3%，占第二位和第三位，其他详细数据见表5。

表5 对 C 号线项目不利影响的担心

担心的问题	人数	比例（%）
建设期间带来交通堵塞	742	78.70
对沿线造成环境影响	361	38.30
施工对沿线建筑物安全造成影响	326	34.60
地铁交通安全得不到保障	210	22.30
地铁交通价格过高	307	32.60
征地拆迁得不到合理补偿	169	17.90
地铁与其他交通方式衔接不配套	362	38.40
其他	16	1.70

不同年龄组、不同城区对于担心 C 号线带来的不利影响见表 6 和表 7。总体来看，市民对于轨道 C 号线带来的好处期待比例最高的是出行的方便和快捷，而在地铁可能带来的不利影响上，担忧最多就是施工期间带来的交通堵塞问题。

表6 不同年龄组市民对 C 号线项目不利影响的担心

年龄组别	担心 C 号线带来的不利影响							
	建设期间带来交通堵塞	对沿线造成环境影响	施工对沿线建筑物安全造成影响	地铁交通安全得不到保障	地铁交通价格过高	征地拆迁得不到合理补偿	地铁与其他交通方式衔接不配套	其他
0~18 岁	29.1%	12.0%	14.5%	8.5%	16.2%	4.3%	12.0%	3.4%
19~30 岁	29.0%	13.3%	13.9%	9.6%	12.4%	6.4%	14.9%	0.5%
31~45 岁	30.2%	16.5%	11.7%	6.1%	11.7%	7.8%	15.6%	0.4%
46~59 岁	34.8%	18.4%	9.9%	5.7%	11.3%	7.1%	12.1%	0.7%
60 岁及以上	34.0%	19.6%	10.3%	5.2%	10.3%	10.3%	9.3%	1.0%
调查人数总计	742	361	326	210	307	169	362	16

表7 不同城区居民对 C 号线项目不利影响的担心

居民分布	担心 C 号线带来的不利影响							
	建设期间带来交通堵塞	对沿线造成环境影响	施工对沿线建筑物安全造成影响	地铁交通安全得不到保障	地铁交通价格过高	征地拆迁得不到合理补偿	地铁与其他交通方式衔接不配套	其他
XS 区	31.8%	15.2%	11.6%	7.9%	13.1%	6.5%	13.4%	0.7%
SH 区	32.2%	14.9%	12.2%	8.6%	10.4%	7.5%	13.5%	0.8%
PL 区	28.8%	13.5%	14.5%	8.4%	13.1%	6.4%	14.5%	0.8%
GD 区	27.5%	15.2%	13.9%	7.9%	11.3%	6.5%	17.6%	0.0%
外地和流动人口	20.8%	9.4%	15.6%	14.6%	17.7%	9.4%	10.4%	2.1%
调查人数总计	742	361	326	210	307	169	362	16

4.2 管理机构分析

4.2.1 机构组成

为确保 K 市轨道交通 C 号线的顺利进行，便利轨道交通项目的实施，K 市轨道交通有限公司和相关区、街道办设置了必要的项目实施机构：

- K 市轨道交通建设领导小组
- K 轨道交通有限公司
- K 市国土资源局
- 区轨道交通建设领导小组
- 街道办、社区移民安置工作组、下设办公室
- 项目设计单位
- 外部独立监测评估机构

4.2.2 机构职责

K 市轨道交通建设领导小组（项目办）。作为轨道交通项目实施的领导机构，该领导小组主要职责有：组织协调各级机构参与设计、制定计划；研究制定相关政策并指导、监督项目实施；组织公众参与，宣传相关政策；协调工程建设单位与地方政府的关系；处理工程建设过程中出现的问题；协调组织全市各级移民机构配合外部监测活动。

K 轨道交通有限公司。K 轨道交通有限公司作为业主单位，全权负责处理全线的融资、建设、运营和管理，负责轨道交通建设、征地拆迁和配套土地开发资金筹措，确保建设目标顺利完成。同时，还负责向世行提供内部监测报告等；协调并配合外部监测活动。

K 市国土资源局。负责与项目有关的土地征用，办理相关的征地手续。

各区轨道交通建设领导小组。各区轨道交通建设领导小组由区人民政府分管领导担任组长，区发展计划局、国土资源局、建设局、林业局、交通局以及受影响的街道办等单位派员参加组成，其主要职责在于加强对重点工程建设的领导；负责本工程征地拆迁移民安置政策的制定；协调工程建设和有关各方的关系；处理工程建设实施过程中出现的问题；确保工程建设征地拆迁移民安置工作的顺利进行。

区轨道交通建设领导小组办公室。各区轨道交通建设领导小组由分管轨道交通事务的专职干部和各部门抽调的兼职干部组成。其主要职责为：

1. 协助设计单位界定项目影响范围、调查占地拆迁影响实物数据并负责数据保存。
2. 负责其主要干部接受业务培训。
3. 组织公众参与，宣传移民安置等各项政策。
4. 指导、协调、监督与有关的部门或单位的实施活动及进度。
5. 负责移民安置工作并按协议支付移民费用。
6. 实施内部监测活动、编制内部监测报告。
7. 协助外部监测活动。

街道办、社区移民安置工作组、下设办公室。由各街道办、社区分管领导牵头，土管局、民政局等单位及各街道主要干部组成。其主要职责为：

126

1. 参与项目调查并协助《移民安置行动计划》的编制。

2. 组织公众参与，宣传移民安置政策。

3. 实施、检查、监测和记录本街道范围内所有的移民安置活动。

4. 办理移民房屋迁建手续。

5. 负责补偿资金的支付与管理。

6. 监督土地的征用、房屋及附属物的拆除以及房屋的重建和搬迁。

7. 向区有关部门报告征地拆迁与移民安置情况。

8. 协调处理工作中的矛盾和问题。

项目设计单位。本项目的设计单位为某院研究所，其主要职责为：

1. 进行项目设计。

2. 界定项目影响范围。

3. 进行各项实物指标调查、项目影响社会经济调查，并进行项目影响分析。

项目监测评估机构。某社科院作为独立的监测评估机构，主要职责为：监测项目实施及移民安置计划和实施的各个方面，并向某银行提供移民安置监测评估报告。

4.2.3 机构衔接

该工程实施过程中，各组织机构将层层签订委托合同或协议，明确工作内容及各机构职责。

4.2.4 加强机构能力的措施

为了更好地实施项目，确保项目影响人受益，满足工程进度的总体规划，项目办将采取以下措施来加强组织机构的能力，提高效率。

- 领导负责制：实行由各区政府分管领导牵头，发改委等相关部门领导组成的强有力的领导集体；

- 配备高素质人员：各级安置机构的工作人员，要求具备较强的全局观念，政策水平、专业能力，特别是群众工作经验；

- 明确职责：根据某行要求及国家的有关法律、法规，明确各级安置办的职责；

- 安置工作人员培训：根据安置工作需要，不定期对安置工作人员进行安置政策、信息管理等方面的培训；

- 发挥群众和舆论监督作用：所有安置的资料向群众和社会公开，随时接受群众和舆论的监督；

- 定期召开市领导小组主持的项目实施通报会，以简报的形式下发给各区。

5 社会互适性分析

项目社会互适性分析旨在分析预测项目所在地的社会环境、人文条件能否接纳、支持项目的存在与发展，以及当地政府、居民支持项目存在与发展的程度，考察项目与当地社会环境的适应关系。

5.1 主要利益相关者对项目的态度及参与程度

本项目中，社会相互适应性分析的逻辑框架为：识别利益相关者、分析他们的态度、需求及意愿，并提出相应的措施。详见表8。

表8　利益相关者互适性分析表

主要利益相关者		态度	意愿	措施
受益者	K市民	积极	非常支持，希望尽快实施	考虑市民需求，对线路、站点、环境、交通进行合理规划，降低负面影响
	沿线各区政府	积极	非常支持，积极协助工作	实施项目
	设计施工单位	积极	非常支持	实施项目
受损者	K市公交系统	理解、担心	有条件支持项目实施	制定相关补贴政策
既受益又受损者	受拆迁影响的居民	支持、担心	有条件支持项目实施	做好宣传、咨询工作，严格执行拆迁补偿政策
	受征地拆迁影响的商铺、企事业单位	支持、担心	有条件支持项目实施	做好宣传、咨询工作，严格执行拆迁补偿政策
	受围挡影响的商铺、企事业单位	支持、担心	希望确定工期，尽快完成	公众参与，听取意见，合理施工
其他利益相关者（项目执行者）	K市人民政府	积极	非常支持，要求尽快实施	实施项目
	K市轨道交通有限公司	积极	非常支持，要求尽快实施	实施项目
弱势群体	包括妇女、儿童、残疾人员、鳏寡孤独者、贫困人口和失业下岗职工等	支持、担心	支持	制定针对贫困人群的优惠政策，完善针对残疾人士、妇女、儿童等弱势群体的各项设施与标识

5.2　项目与当地组织的适应性

当地组织是指与项目相关的非政府组织，或者是居民自发成立的组织、民间性团体。在项目区，未发现此类组织，因此项目与当地组织没有冲突或联系。

5.3　项目与当地技术、文化条件的适应性

K市是本地区最重要的科技、教育中心之一，拥有众多高等院校和各类专业技术人才。K市的科研单位科技力量雄厚，科研手段先进。特别是现代农业及产业技术、高新技术与新型工业化科技等方面有明显的优势。C号线的建设充分发挥了K市科研单位科研攻关的强势，提高了各参与单位的科研设计能力，也为施工、运营、管理单位提高专业技术水平，增加单位效益创造条件。

K市是我国著名旅游城市，旅游资源众多，旅客流量巨大，根据市民意愿，C号线在初步设计时将XS等市郊著名景点纳入项目方案，线路向西延长，可直达旅游景点，是对K市建设成为旅游强市、文化强市的最有力支持。

6 社会风险分析

6.1 社会风险的鉴别

根据项目区社会经济背景及项目自身的特点，通过实地调查和分析，本项目可能面临以下几类主要社会风险：（1）征收补偿安置风险；（2）施工安全风险；（3）环境污染风险；（4）施工期间交通拥堵风险；（5）资金风险；（6）目标群体不合作风险；（7）运营期的突出风险。

6.2 风险分析

6.2.1 征收补偿安置风险

C号线是大型市政工程，涉及较大征用土地与被拆迁居民安置活动。征地拆迁有可能使受影响群体失去生活保障和就业条件，导致受影响群体收入来源的减少和相关社会福利措施的恶化。征地拆迁还可能带来一系列潜在的、长期的社会、文化、心理方面的影响。如果不能进行很好地安置，或者补偿标准不合理、补偿款不能及时发放，将会造成受征地拆迁影响的居民与项目建设的直接冲突。

此外，居民搬迁造成部分人员面临更换工作、就医、小孩入学、交通出行不便、购物环境的改变以及与新社区的融入等问题，对此，政府部门在拆迁补偿和居民安置过程中应着力做好安置困难补助工作，改善迁入地的生活环境，使搬迁居民尽可能融入新的居住地，恢复正常的工作、生活秩序。如果此项工作不到位，可能会导致被拆迁居民强烈的敌意与抗拒，造成重大后果。

6.2.2 施工安全风险

盾构施工和开挖可能造成对周边房屋的损害，而且施工对水、电、气、通讯等管线的破坏。这类问题一旦处理不好，就有可能会影响市民对工程的信心，甚至会导致市民对整个项目的反对。对于这类风险，除施工要符合规范外，还要求整个施工过程中要与相关的建筑物业主、管线主管部门有充分的沟通与协调，并做出预案，降低事故的发生率。

6.2.3 环境污染风险

随着市民环境意识的增强，环境风险也成为项目社会风险的重要因素。K市是国家级历史文化名城，政府采取了一系列有效措施改善城市的生态环境。一旦在施工过程中出现严重的环境污染，市民和政府将不会支持项目的继续进行，因此，在项目的施工建设过程中应提倡安全施工，严格控制扬尘、污水、振动和噪声对周边居民正常生活的影响。在轨道交通运营阶段，C号线由于封闭式运营，并采用电力牵引，基本不会对市区造成噪声和空气的污染问题，因此，在C号线投入运营后将明显减少地面机动车尾气的排放量和交通噪声的污染。

6.2.4 交通拥堵风险

市民的交通出行受到影响是项目施工期间的重要风险。在进行地下开挖和地面建筑的修建过程中，围挡不可避免地会挤占部分道路，造成部分施工路段的拥堵。考虑到K市的交通状况在地铁修建之前就不太顺畅，因此，持续的施工将不可避免地给市民的出行造成重要影响，长期如此，会导致市民对项目的怨气与反对。因此，进行有效的交通疏导意义重大，项目实施方与交警部门已经对此进行了充分的预案，并编制了交通疏导方案，可以有效缓解由此引发的交通拥堵风险。

6.2.5 资金风险

由于项目本身还贷能力较差且还贷时间较长，项目可能面临贷款资金不能及时到位或者贷款银行附带条件的风险，造成对利益相关者补偿不到位，项目实施缺乏资金等情况。因此，为减少资金风险，项目管理单位宜提前展开工作，确保项目资金能及时到位，为项目树立良好形象和信誉。

6.2.6 目标群体不合作风险

项目涉及征地拆迁等严重影响市民生活的事项，很可能会招致部分目标群体的反对，甚至以实际行动来阻碍项目进行。因此，项目管理机构与目标群体之间应做好沟通，对可能产生目标群体不合作的风险进行防范和控制，并做好应有的预案。此外，K 轨道交通 C号线建设单位还应积极鼓励与争取广大市民，尤其是沿线市民的参与，深化交流，宣传政策、措施，使广大市民理解、合作和支持项目，避免建设中出现不必要的麻烦。

6.2.7 运营期风险

由于轨道交通对交通流量的吸引作用，项目建成投入运行后，人流的汇集是不可避免的问题，由此可能会产生公共安全、交通拥挤、震动影响地面建筑物等问题，需要在设计与施工时征求各方意见，制定相关的预警与预案。此外，如果站点与公交接驳设计不合理，也会使乘客减少，产生经营性风险。

6.3 社会风险规避的措施与方案

本项目的社会风险因素及可能导致的后果和措施建议如表9所列。

表9 社会风险分析表

序号	风险因素	持续时间	可能导致后果	措施建议
1	资金风险	长期	贷款资金不能及时到位、还贷时间长	树立公司良好资信、寻求政府担保公司担保
2	目标群体不合作风险	短期	工程延期、不能按期完工投入运营	积极与广大市民沟通、公共参与、征求意见
3	征收补偿安置风险	短期	影响项目建设的稳定性、搬迁安置居民生产生活水平下降，企业与商铺经营受影响	公众参与，充分听取搬迁居民、商铺的意见，采取前期补偿、补助与后期生产辅助的办法
4	施工安全	短期	可能对周边房屋水、电、气管线等造成破坏，影响市民生活	严格培训施工人员，按照规程施工
5	环境污染	较长	影响市民正常生活、工作与学习，影响市容与招商环境	建设阶段科学规划、科学施工、科学管理
6	交通拥堵	短期	影响市民正常出行	科学规划，做好多套预案，科学施工，科学管理，合理围挡
7	运营期主要风险	长期	交通拥堵与人群聚集、公共安全、经营亏损	科学设计，科学疏导，有预警机制与突发事件处置预案，寻求政府补贴

7 项目社会可持续性分析

项目社会可持续性分析是关于项目生命周期的总体分析，包括项目社会发展效果的可持续与项目运营的可持续。

7.1 项目社会发展效果可持续性分析

社会效应是项目存在的价值依据之一。修建城市轨道交通设施是消除大城市结构性缺陷的过程，可以成为这些城市扩大投资和消费需求、创造更多就业机会、获得更快经济增长的过程。C号线的建设必将给K市带来巨大的变化，从城市经济链的源头注入新鲜血液，为K市带来新的经济促进点，给城市经济发展带来新活力，增强整个城市的综合竞争力，提高人们生活水平，促进社会公平，减缓贫困，并实现城市经济发展目标。此外，K市仍处在城市化过程中的扩张阶段，轨道交通对于K市经济持续、快速和健康发展具有重要意义。同时，轨道交通的建设充分考虑生态与环保，工程的存在和发展对于建设低碳型、绿色环保宜居城市的可持续发展目标有重要的贡献。因此，K市轨道交通C号线工程项目的社会效应是显著的。

表10　项目效应的可持续分析

预期效应	措　　施
缓解城市交通压力	加快构筑完善交通骨架线网，优化轨道交通与公交系统的接驳
促进社会性别平等	轨道交通系统带动商业带的发展，有利妇女的就业；项目本身能够为妇女创造就业岗位，并不因妇女身体、婚育状况在用工与薪酬上有所歧视；地铁设施体现对妇女的照顾，如孕妇专座、扶手高度、卫生间等
促进社会公平	加大公共设施建设，减轻贫富差距
提高弱势群体社会保障与社会福利水平	出行条件改变，提高生活质量；完善针对妇女、儿童、残障人士的相关设施与标识，便利他们出行
减缓贫困	创造就业，增加贫困人群的收入
保持生态环保宜居环境	集约利用土地资源，减轻机动车污染，加快建设资源节约型社会

7.2 项目受益者对项目可持续性的影响分析

支付能力和支付意愿是项目运营可持续的核心因素。轨道交通需要较高的建设、运行及维护费用，这些费用除政府部分财政补贴外，主要源于营运票价所得，这是项目可持续的重要保障。虽然票价定得越高，越有可能提供高水平的服务。但是，票价过高却会给乘客带来支付困难，也可能因此失去部分客流。因此，如何根据当地居民的实际收入和支出的水平，制定出一个能使大多数人都能够接受的票价标准十分重要。

1. 支付标准。

K市地铁按照"起步＋里程"设定票价，2元起步，跳挡里程实行"递远递减"，每档里程递增2公里，票价相应递增1元，此试行价格的试行期为二年。

表 11　票价里程表

乘坐里程	跳挡里程（公里）	票价（元）
0～4 公里（含 4 公里）	4	2
4～9 公里（含 9 公里）	5	3
9～16 公里（含 16 公里）	7	4
16～25 公里（含 25 公里）	9	5

2．支付能力。

居民收支情况：2011 年本市城镇居民人均可支配收入 21966 元，扣除价格因素，比上年实际增长 11.0%；城镇居民人均消费性支出 14106 元。农村居民人均纯收入 6985 元，扣除价格因素，实际增长 13.3%。地铁 C 号线主要支付人员为城市居民。

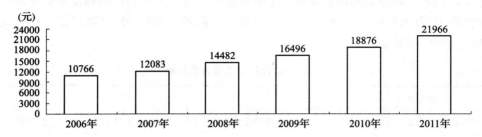

图 2　2006～2011 年 K 市城镇居民人均可支配收入

根据市价格主管部门的调查，K 市市民乘地铁以短途为主，市民每天人均乘地铁的花费预计在 2.7～3.15 元，每年扣除节假日按 10 个月算为 810～945 元，占城镇居民人均可支配收入的 3.7%～4.3%。根据 K 市地铁票价意向实地调查数据显示，出行距离在 7 公里以内的人数占调查总人数的 74.48%，其中 0～4 公里以内的占 52.08%。根据上述数据分析，并参照上海公共交通工具票价比例测算，K 市地铁的平均票价应为 2.7～3.15 元/人次，占城镇居民人均可支配收入的 3.7%～4.3%；可见，轨道交通费用在项目区居民的收入及支出中只占较少的部分。但是对于农村居民与流动人口，其支出比重将会有所升高。从实际票价水平到支付意愿，市民对于票价 2 元起步基本认可，但是对于将票价梯级最高定为 7 元有一定的看法（36～49 公里），如何做好宣传工作，帮助市民算好支出账，需要各个部门做好解释与宣传工作。

3．特殊人群的支付。

目前，项目区有专门针对脆弱群体（如低保人群及低收入人群）支付票价的优惠措施。K 市地铁票价的优惠方案包括，普通储值卡享受单程票票价 9.5 折优惠；70 周岁及以上老年人持记名卡享受无限次免费乘坐；1 名成年乘客可以免费携带 1 名身高不足 1.2 米的儿童乘车，超过 1 名的，按超过人数购票；革命伤残军警人员、盲人等重度残疾人凭相关证件免费乘坐地铁；中小学生储值卡享受单程票票价 5 折优惠等均需按相应的实施细则执行。

7.3　利益受损者对项目持续性的影响分析

该项目的利益受损者主要是受征地拆迁影响的居民、商铺、企事业单位与沿线的周边居民。他们为了本市交通系统的建设，承担了部分建设成本，受到了部分损失。因此，在项目的建设与运行期间，项目业主和政府相关部门需要考虑到他们的实际利益和情感，不能对他们造成持续的负面影响或者扩大已经造成的负面影响。避免因这些群体利益受损扩大化可能出现阻工、阻车的过激行为，引发项目工期延误、成本增加、效率降低等后果，不利于项目的可持续性。

XH 区 4 家不愿搬迁的商铺

在 XH 区的一个施工站点，因为征地拆迁，部分商铺需要搬迁，经过居民、商铺代表大会自选的监测评估机构与轨道公司指定的监测评估机构共同评估出建筑物的补偿、搬（家）迁费、停产停业费、临时安置补助费等价格。大部分商铺都接受了补偿价格，但是有 4 户业主刚刚买下店面，时间尚短，且盘过来的价格正是最为高涨的时刻，如果仅以现有补偿价格进行补偿将损失惨重，在这样的情况下，他们和项目方僵持不下，影响了征地拆迁的进行

市、区各级政府都制定了相关的地铁 C 号线工程建设项目的《移民行动计划》，规定了征收补偿安置工作实施细则，制定了详细的公众知情与公众参与计划，并结合市"城中村改造"等有关政策，为保证地铁 C 号线建设项目快速、高效、顺利实施，保护被征收当事人的合法权益做了大量工作。总体来看，受征地拆迁影响的大部分居民、商铺和企事业单位都对补偿比较满意，他们的损失都已经降到最低。

另一利益受损者包括公交系统，由于地铁项目会分流部分客流，预计公交系统的收入将会减少。对此，项目的可行性报告与初步设计报告中都做了预案，由地方财政进行适当补贴。

8 社会管理计划

项目实施阶段，为充分、及时地获得有关社会管理计划的实施信息，项目进行了监测与评估工作，并以此作为衡量项目实施成功与否的重要依据。

8.1 项目社会管理计划

8.1.1 控制或减轻项目负面社会影响的措施

在设计中尽量减少项目涉及的征地拆迁规模，并科学规划、科学管理、公众参与，听取市民意见，减少项目带来的负面影响，是社会评价的重要任务。针对群众的意见以及调查反映的问题，项目在初步设计上进行了调整。

初步设计在 SZ～MJ 沿 QY 路段的高架线路中，将 3.32 公里改为地下；将百货大楼站与艺术剧院站合并为省博物馆站，BT 路站与环城东路站合并为省体育馆站。此外，还在以下四个方面做出调整：

1. 在线路规划上。

从原来 19 个站调整为 17 个站，克服了原可研方案中站间距过短的问题，不但能减少征地拆迁量，节约投资和土地资源，也能满足吸引客流的要求。

考虑到 QY 路是城市主干道（市郊型），现存在足够的空间，从现状和近期考虑，高架对城市景观的影响不大，可大大节省投资。从长远考虑，MJ 片区将进行"退二进三①"功能布局调整，路中地下方案更好地适应城市要求。但应落实拆迁承担主体。

---

① 指在产业结构调整中，缩小第二产业，发展第三产业。

2．QY 路段线路敷设方式。

QY 路段为城市 I 级主干道，随着 K 城市功能划分、结构布局的调整，沿线地铁已被规划成商业、金融、文化、娱乐、高档居住区等用地为主。从城市的长远发展综合考虑，有必要选择合理、经济、符合城市发展要求，并利于打造该地区良好的空间景观环境的工程方案。QY 路段的线路敷设方式结合城市规划和可研评审意见，设计单位提出了两个方案：

表 12　QY 路路中和路侧线路方案比选

	方案一（路中方案）	方案二（路侧方案）
方案介绍	方案从位于 QY 路右侧的起点高架引出后，转入 QY 路路中至 MJ 站，出站后线路转向 QY 路左侧至 MS。路中方案共设车站 3 座，分别为 SZ 站、XYC 站、MJ 站	方案从位于 QY 路右侧的起点高架引出后，沿道路红线靠山一侧架设，向北至 MJ 站后与方案一在路侧重合，路侧方案共设车站 3 座
优点	1．QY 路道路较宽，地势平坦，道路规划条件好，具有在路中设置高架线路的条件，距离两侧的居民房屋较远。 2．路中方案对沿线景观较为有利，噪声对两侧房屋影响相对较小。 3．新征土地数量较少、建筑物的拆迁量较小。 4．根据分区控制性规划，道路东侧区域发展潜力较大，车站设在路中对吸引 QY 路东侧客流的效果较好	1．对 QY 路及管线影响小。 2．沿线车站主要为高架两层站，车站投资较省。 3．线路线型好，线路顺直。
缺点	1．QY 路中央仅有隔离带，路中与路侧过渡段，QY 路小半径 S 形曲线段（既有道路有一处 200m 和 250m 的 S 形曲线）对 QY 路的改造较大。 2．路中方案还需改移 QY 路部分地下管线	1．该方案拆迁量大，拆迁费用高。 2．线路位于道路外侧，离左侧房屋建筑较近，噪声对左侧市民影响较大
措施	方案一（路中方案）	

表 13　XSY 站至 TPC 站线路方案比选

	方案一（路网规划方案）	方案二（DF 路延长线方案）
方案介绍	根据线网规划，在 DF 东路与 KH 铁路交叉前设 XSY 站，出站后向东北方向下穿 XSY 后村，XSY 立交桥，沿人民东路延长线南侧敷设，在 TP 路和东连接支线间设 TPC 站后线位与方案二重合	该方案沿 DF 东路敷设，后转向东南沿 DF 东路延线长下穿 JM 立交桥，出站后沿东连接支线敷设线路
优点	符合线网规划方案	1．线型较好，线路顺直，线路长度比方案一缩短 110m。 2．XSY 站位于 DF 东路延长线上，设站条件较好，与 4 号线米轨通道（原 DY 铁路）换乘接驳距离近，与环城东路站站间距为 800m，站间距合理，同时可以吸引曙光片区、XSY 片区、JMS 片区的客流。 3．建筑物拆迁量较小，均为居住区，拆迁难度较小。 4．线路避绕了 ZT 寺，符合规划环评要求

	方案一（路网规划方案）	方案二（DF 路延长线方案）
缺点	1. 下穿 XSY 社区和 JMS 片区密集房屋，拆迁困难，实施难度大，拆迁费用高。 2. 线路正下穿区级文物保护单位 ZT 寺，振动影响对寺内建筑影响较大，不符合规划环评要求。 3. 由于二环快速系统改造完成后，XSY 立交桥桥墩错综复杂，桩基深度不等，轨道交通无法穿越立交桥	不符合线网规划方案
措施	方案二（DF 路延长线方案）	

3．DB 站站位调整。

DB 站推荐北侧站位是合理的，与 DB 站构成了较合理的综合交通枢纽。但该方案与 F 号线一期工程车站采用全非付费区换乘方式不适宜，乘客换乘困难，需进一步优化方案。

4．轨道线路协调。

高架段线路方案应高度重视与 F 号线线位、结构型式的协调，使该片区的景观更为和谐。

8.1.2　制定征收补偿安置计划

1．为尽可能减少征地拆迁，设计单位在设计过程中，遵循了"大范围的占地尽量避开居民密集区和居民点，减少拆迁"的原则；

2．优化施工设计，缩短工期，并合理安排房屋迁建和施工时段；

3．为将影响减小到最低程度，工程施工和征地拆迁将采取分阶段实施的策略；

4．制定合理的补偿标准，保证及时发放。

8.1.3　弱势群体相关费用减免计划

项目建成后的票价因素将影响部分贫困群体乘地铁出行，提高其出行成本。虽然提高的幅度不会太大，大部分城市居民都能承受，但是将给项目区内的城市贫困群体带来一定的经济压力。为减轻他们的生活负担，保障他们能公平享受到项目的社会效益，相关政府部门应该出台弱势群体扶持政策，制定优惠计划。此外，对于老人、妇女、儿童等群体，项目也在相关设施与标识上进行完善与优化，以利于他们的出行。

8.1.4　利益相关者参与计划

在项目设计、实施和监测管理期间，为保证各类型的利益相关者及时得到与项目有关的信息，并有平等的机会针对相应问题提出自己的建议和意见，同时也便于项目实施单位和监督管理机构掌握项目实施动态，依据实际情况做出科学的决策，因此需要：

1．保持项目信息的公开性，项目宣传工作需要贯彻整个项目周期。建立起项目信息的定期公开制度，将那些与主要利益相关者密切相关的、他们特别关注的项目信息定期在受影响社区公共场所张榜公布。此外，还可以通过群体会议、代表会议、标语、电视、广播等手段向主要利益相关者通报项目的准备和实施状况。

2．帮助主要利益相关者建立项目主体意识。可开展以下几类培训：（1）对项目主要利益相关者开展参与式培训，引导他们主动开展对轨道交通与社会发展方面问题的思考；（2）开展相关知识的培训，引导主要利益相关者思考轨道交通对自身的影响，支持轨道交通的建设；（3）开展有关项目技术方面的培训，消除主要利益相关者对项目的顾虑。

3. 吸收主要利益相关者参与项目建设，优先考虑雇佣他们为项目提供有偿的投工投劳，允许他们为项目的施工建设提供后勤服务。

4. 关注社区干部及社区力量在项目实施过程中作用。项目在宣传、培训、动员、反映市民的需求、发现项目实施中存在的问题、协调矛盾、后续管理等方面都需要社区干部的参与。

（1）参与目标。围绕 K 市轨道交通 C 号线项目展开的公众参与活动，预期达到的目标有：

1）在项目准备和设计阶段，充分利用各种媒体，向项目涉及的各利益相关群体发布项目建设信息，征求不同性别、不同年龄、不同阶层、不同出行方式的 K 市民对线路走向、站点设置、出口设计、交通组织、建设管理、受影响居民和企事业单位的补偿和恢复等方面的意见和建议。

2）对收集的相关信息进行归纳和分析，提供给项目业主单位和设计部门以及其他相关部门，优化项目设计和项目实施管理，并将各种优化措施向社会公众公开反馈，通过持续的公众参与和信息交流沟通实现项目准备和设计的最优化。

3）在项目建设的过程之中，通过公众参与，动态收集项目实施阶段各利益相关群体的抱怨、意见和建议，发现潜在的问题，寻求合理地解决问题的途径，保障项目建设的顺利实施，实现项目社会价值的最大化。

（2）公众参与与信息公开实施计划。2010 年 6～7 月，K 市轨道交通 C 号线项目公众参与活动正式展开，并使用各种方式与手段促进信息充分公开，积极鼓励市民参与。按照《公众参与活动实施大纲》安排，各项活动平行进行，在 K 市民中形成了轨道交通 C 号线信息发布和意见、建议收集的高潮。主要的公众参与活动包括：

1）项目前期。

①持续不间断地在各类报刊、电视台、广播电台发布轨道交通项目建设信息，唤起市民的关注和参与热情。以报刊为例，据不完全统计，截至 2010 年 7 月中旬，在《K 市日报》、《DS 时报》、《KC 晚报》等报刊，发布有关轨道交通项目的信息 173 条，内容涉及轨道交通项目线路走向、站点设置、施工安排、施工期间交通出行的组织、地铁项目的社会经济效益分析等事项。与此同时，K 电视台、广播电台也同时发布这些信息。通过多元的、立体的、广覆盖的信息发布，使得 K 市民对轨道交通建设有了初步了解，掌握了参加公众参与活动的必要信息，对 K 市地铁建设过程中可能遇到的短期交通阵痛有了心理准备，从而最大限度取得市民的理解和支持。

②通过互联网络设立论坛、公众信箱、热线电话等方式，方便市民反馈信息。20××年×月，K 轨道公司在 K 网设立专门论坛，就轨道交通 C 号线的建设以及公众参与活动发布信息，征求市民意见和建议。同时，还公布了公共信箱地址和热线电话。据统计，截至 2011 年 7 月中旬，已经有 15 万人次登录论坛，有×人次在论坛中发表自己的真知灼见，另外有网民发来 12 份电子邮件，对 C 号线的建设提出具体的意见和建议。还有 20 人次通过电话反映自己关心的问题。

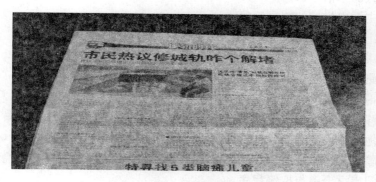

图3 参与C号线讨论的报刊

③通过发放宣传材料和交通出行手册、张贴交通指南等方式扩大轨道交通项目信息覆盖面。自2011年10月以来，共计发放交通出行手册50万份，张贴交通出行指南3万张，在C号线沿线发放具体这对C号线的宣传材料×万份。

④进行大规模的结构式问卷调查。2011年×月×日至×日，公众参与小组在C号线沿线地区随机选择普通市民和流动人口进行问卷调查，针对市民的交通出行模式、对C号线建设的意见和建议收集第一手资料，最终获得有效问卷998份。调查问卷见附件。

⑤组织中心小组访谈和座谈。2011年×月×日至×日，公众参与小组在K市轨道交通公司和沿线各区、街道相关部门的协调和帮助下，深入沿线的17个社区，共计组织15个中心小组访谈，并组织沿线的企业、事业单位有关人员和残疾人、妇女代表举行5次座谈，参与访谈和座谈的人员共计400人次。

2）项目实施期间。

①发布拆迁与围挡公告。在征地拆迁实施前，要对全体受影响人发布统征和拆迁公告。其目的是让受影响人了解征地拆迁相关事宜、征地拆迁范围、补偿和安置政策等相关规定。此外，要发布相关的围挡公告，告知时间、地点及可能受到的影响，提供交通疏导方案，便利市民出行。

②发布移民安置信息手册。移民安置信息手册将在移民安置工作实施前由地方政府的轨道交通建设办公室在征地拆迁前发给所有受影响街道办、社区。移民安置信息手册包括K轨道交通C号线项目简介和项目征地、补偿和安置的相关政策、单位面积综合补偿单价、申诉机制等内容。

③召开被拆迁群众大会亦是信息发布的一种主要形式。这种会议的作用是让与会者优先了解征地实施情况、补偿政策和标准、房屋重建和人员安置对策，同时收集与会者的反馈信息。各影响区都有群众大会，通过大会选择出一家具有资质的评估机构。

（3）抱怨与申诉。

1）收集不满和抱怨的方式。

①通过地方轨道交通建设领导小组及街道安置拆迁办公室的报告，收集和了解包括群众抱怨、进度、工作措施、存在的问题。

②业主建设单位施工现场巡查中发现的协调问题。

③外部监测机构反映的有关信息。

④受影响人的来信、来访。

⑤项目业主派出机构的情况反映。

⑥审计、纪检等部门工作检查中反映的相关专题问题。

⑦从开户银行的资金拨款明细表中收集到的征迁费用支出情况。

⑧内部监测专项调查。

2）申诉和抱怨程序。

在本工程移民行动计划编制和实施过程中，始终鼓励被拆迁群体的参与，但在实际工作中或多或少地会出现各种问题，为使问题出现时能得到及时有效地解决，保障工程建设的顺利进行，除各级地方政府现有的信访申诉渠道外，本工程还针对受影响居民建立了透明而有效的专门申诉渠道与抱怨程序。

例：移民安置申述与抱怨程序

阶段1：

受影响居民可以向居委会、其所在街道办移民安置工作组或监测小组的公众代表提出口头或书面申诉，如果是口头申诉，则要由街道办、社区做出处理并书面记录，街道办、社区移民安置工作组应在接到申诉后15天内予以答复。如涉及问题较大，需请示上级安置办公室的，必须在15天内争取上级安置管理部门的答复意见。

阶段2：

受影响居民若对阶段1的处理决定仍不满意，可以在收到决定后向区轨道交通建设领导小组及其办公室提出申诉；区轨道交通建设领导小组及其办公室应在收到申诉后15天内做出回复。

阶段3：

受影响居民若对阶段2的处理决定仍不满意，可以在收到决定后向K市轨道交通领导小组办公室提出申诉；K市轨道交通领导小组办公室应在收到申诉后15天内做出处理决定。

阶段4：

受影响居民若对阶段3的决定仍不满意，在收到K市轨道交通领导小组办公室决定后，可以根据民事诉讼法，向民事法庭起诉。

受影响居民可以针对移民安置的任何方面提出起诉，包括补偿标准等。

3）处理申诉和抱怨的原则。

对群众提出的抱怨问题必须实地调查研究，充分征求群众意见，耐心反复协商，根据国家法律法规和安置行动计划规定的各项原则和标准，客观、公正提出处理意见。对无能力处理的抱怨问题必须及时向上级部门反映情况，并协助搞好调查。

如前一阶段的决定机构没有在规定日期对上诉问题作出答复，申诉人有权上诉。

此外，妇女可能有自己特殊的抱怨和申诉，因此项目办公室计划每个安置工作小组至少雇佣1名女性工作人员处理妇女的申诉。当地政府和非政府组织如民政局、妇女联合会也将监督移民安置活动，保障受影响人口的权益。

答复申诉的内容和方式：

①答复的内容

- 抱怨者的不满简述。
- 调查事实结果。

- 国家有关规定、安置行动计划的原则和标准。
- 处理意见及具体依据。

②答复抱怨的方式

- 对个别现象的抱怨问题，答复采取书面材料直接送抱怨者的方式。
- 对反映较多的抱怨问题，通过召开受拆迁影响居民与商铺店主大会或发文件的形式通知其所在社区。
- 无论采取哪种答复方式，都必须将答复资料送到抱怨者所属的安置部门。
- 申诉与抱怨的纪录和跟踪反馈。
- 在项目设计计划执行期间，监测小组要配合各部门做好抱怨资料和处理结果资料的登记与管理，定期以书面材料形式报项目安置办公室。项目安置办公室将对抱怨处理登记情况进行定期检查。

为了完整记录受影响人的抱怨与相关问题的处理情况，项目安置办公室制定了受影响人抱怨和申诉处理情况登记表。

表 14　C 号线项目移民安置抱怨与申诉登记表

接受单位		时间		地点	
申诉人姓名	申诉内容	要求解决方式		拟解决方案	实际办理情况
申诉人（签名）				记录人（签名）	

注：（1）记录人应如实记录申诉人的申诉内容和要求；（2）申诉过程不应受到任何干扰和障碍；
　　（3）拟解决方案应在规定时间内答复申诉人。

此外，有关申诉与抱怨的渠道将向本项目受影响人群公开发布，并在移民安置实施之前，以公开的宣传材料形式送至每一个受影响户、企事业单位或商户。

8.2　社会管理计划实施

8.2.1　机构安排及能力建设

社会管理计划实施的责任主体是项目业主。项目业主可以根据社会管理计划实施需要，结合项目相关机构的职能分工，自主或者委托相关机构负责实施项目社会管理计划的全部或者部分。

1．机构安排。

K 地铁 C 号线项目涉及的社会管理机构包括：

➤ 市政府轨道交通建设领导小组
➤ 贷款项目办
➤ 市轨道交通有限公司
➤ 市相关政府机构（如发改委、国土局、建设局等）
➤ 沿线各区政府、街道
➤ 项目监测评估单位

2．机构职责。

机构具体职责见 4.2.2。

3. 机构配置及能力建设。

根据调查，项目实施单位的办公条件、设备配置较为齐全，工作人员的专业素质水平较高，也富有同类项目建设及运营的国内经验；但由于项目属于国际金融机构贷款项目，因此需对国际标准与国内经验进行充分比较和熟悉，相关人员需要进一步学习，需开展相关业务政策要求的培训。培训计划详见表15。

表 15　机构社会管理能力业务培训

序号	培训内容	培训对象	时间	地点	费用（万元）
1	世行有关社会及安全保障政策	市轨道交通建设领导小组与办公室、区各级轨道交通领导小组与办公室、项目业主	××	××	××
2	项目社会管理计划的相关内容	市轨道交通建设领导小组与办公室、区各级轨道交通领导小组与办公室、项目业主	××	××	××
3	其他相关培训	市轨道交通建设领导小组与办公室、区各级轨道交通领导小组与办公室、项目业主	不定期	××	××

8.2.2　实施计划

根据项目社会管理计划，项目制定了详细的实施计划及安排，详见表16。

表 16　项目社会管理实施计划

序号	内　容	实施时间	主要责任机构
1	优化项目设计	2010.7～2010.9	项目业主、设计单位
2	移民行动计划实施	2010.8～2013.12	市轨道交通建设领导小组与办公室、区各级轨道交通领导小组与办公室、项目业主
3	环境管理计划实施	2010.8～2013.12	市轨道交通建设领导小组与办公室、区各级轨道交通领导小组与办公室、项目业主
4	弱势群体相关费用减免计划实施	项目建成后	市发改委及财政局
5	信息公开及公众参与	全过程	市轨道交通建设领导小组与办公室、区各级轨道交通领导小组与办公室、项目业主
6	利益相关者参与计划	全过程	市轨道交通建设领导小组与办公室、区各级轨道交通领导小组与办公室、项目业主
7	社会管理计划实施监测与评估	项目实施期每年进行一次	市轨道交通建设领导小组与办公室、区各级轨道交通领导小组与办公室、项目业主、监测机构

8.2.3 突发事件应急预案

根据《中华人民共和国环境保护法》、《中华人民共和国安全生产法》、《国家突发公共事件总体应急预案》和《国家突发环境事故应急预案》及相关法律、行政法规，制定了突发事件预案。

预案分为三类：

1. 工程施工中的突发事件。因施工围挡会带来的交通阻塞，给沿线经营企业和店铺的生产经营带来的不便；盾构施工和开挖可能造成对周边房屋的损害；施工对水、电、气、网络等管线的破坏；施工对周边产生环境和噪声污染；施工对交通设施的破坏带来的安全隐患；施工也有可能产生劳动安全等问题。上述事件都有可能演变成突发事件，应考虑减少因围挡带来的经济损失，尽量通过交警部门制定交通疏导方案，并会同市政部门做好各类管线的了解，同时按照规范严格施工。此外，还要做到信息公开，对市民提前告知。

2. 运营期突发事件。列车失控、火灾、电器、设备过载及供电设备故障、轨道损伤或者断裂；隧道内排水系统不完善，结构地震设防不满足要求，导致涝灾或地表水浸入；陈展地面材料不防滑或防滑效果不明显存在安全事故隐患等。这些都有可能造成突发事件，因进行多种预案，从技术和管理两方面防范可能的风险。

3. 施工期间利益相关者不合作引发的突发事件。受项目影响的人众多，如政策实施不当容易演变成突发事件，应根据产生原因制定各种预案，应严格按照《设计报告》和《移民行动计划》要求制定具体规范与实施预案，编制处理突发事件的维稳手册。

9 结论与建议

9.1 结论

K市的现状是交通设施容量不足，产生了比较严重的交通问题，严重影响了人们的生活以及城市效率，威胁城市的活力和竞争。而C号线的建设对这些问题的解决具有如下重要意义：

1. 该项目有利构建K市快速轨道交通骨架线网。项目最终形成覆盖K市主城以需求为主的骨干线，对缓解主城交通压力起到巨大作用。

2. 有利于城市整体规划与发展目标的实现。C号线沿线经过大批商业中心、居住区、交通枢纽、城市广场，沿线用地极具多样性，使C号线工程在K市空间布局中具备重要的引导功能。

3. 有利于缓解城市交通压力。C号线担负K中长距离交通出行，降低了城市跨越式发展的交通门槛。

4. 有助于促进K市社会经济的可持续发展，缓解贫困问题。轨道交通改变了人们的出行方式，提供了舒适、高效率的交通工具，促进人们经济活动范围的扩大，有利于社会经济水平的提高。可为城市创造就业机会，增加社会需求，缓解贫困问题。

5. 有利于保持K市生态环保宜居特色。轨道交通C号线的建设，是缓解K缓解困扰、达到集约化发展目标的需要。同时，C号线作为一种绿色环保的交通方式，是加快建设资源节约型社会的需要。

6. 有利于促进社会公平。轨道交通对于路权的合理分配和管理，提高城市交通可达性水平具有重要意义。通过轨道交通建设，使市民共享城市发展的成果，对于促进社会公平，创建和谐社会具有重要意义。

7．本项目突出了弱势群体，增进弱势群体福祉。一方面，这些弱势群体通过项目实施改善交通出行状况，提高生活质量与生活水平；另一方面，项目实施也有可能损害其利益，C 号线项目充分重视这部分人群的独特性，提供了各种措施使其能共享轨道交通带来的各项便利。

9.2 建议

针对社会风险分析识别出来的风险因素，社会评价小组提出如下应对措施建议：

1．优化设计。

项目业主和设计单位，在方案设计中尽量减少征地拆迁规模，优化站点与路线，并通过公众参与，征求公众意见，优化设计。

2．扩大利益相关者的公共参与。

由项目各方制定受益人参与纲要，并开展参与活动的监测和评估，以保证主要利益相关者对项目的参与贯穿于包括项目准备、设计、实施和监测评估阶段，培育并且树立其作为项目参与者的主体意识。

3．优化移民行动计划。

项目方在与受影响居民、商铺、企事业单位协商的基础上，按照有关政策要求保障利益受影响群体的生活水平至少不因项目建设而降低。对于外迁后确实没有能力维持生计的残疾人贫困户、无就业贫困户等，政府和项目方应当帮助他们在原生活区附近寻找合适的居所，就近安置。

4．提供就业岗位。

项目办、项目业主、项目施工单位，联合民政局、社会保障局，尽可能为受拆迁影响的居民，尤其是贫困户和妇女提供就业机会。

5．制定合理票价。

市政府、项目业主、物价局等机构在公开听证的基础上，制定适合本地区的更为合理的票价，同时提出适当的针对贫困人口的票价支付优惠政策。

6．施工期间的安全和环境保护。

项目业主和施工单位在项目施工期间，充分考虑当地居民生产生活的客观需求和习惯，进行科学管理，合理安排项目施工进度，按照规范施工，减低对周边环境的扬尘、噪声污染，并确定各个施工段交通疏导方案，以便利施工期间市民出行。

7．机构能力建设。

加强项目管理者、项目建设者对有关社会及安全保障方面的培训，以更好的实施本项目。

8．建设项目后续管理机制。

吸收项目区居民参与项目的后续管理。在项目建设期间社区项目管理小组的基础上，成立社区项目后续管理小组，实现项目效果的可持续。

第四章 生活垃圾处理建设项目社会评价

第一节 生活垃圾处理建设项目社会评价要点

一、行业特点

生活垃圾处理是市政公用事业重要领域之一，是城镇公用事业管理和环境保护的重要内容，是考核社会文明程度的重要标志，关系人民群众的生活环境和切身利益。

生活垃圾处理专指对城镇垃圾中由居民丢弃的各种固体废弃物（不包括建筑垃圾）的处理，包括垃圾回收利用、收集、运输、处理处置全过程。

处理生活垃圾的目的是通过收集分散的垃圾进行集中处理，使垃圾的形态、组成、数量、体积发生变化，从而达到减量、无害和资源再利用的目的。垃圾收集运输和处理处置方式详见表4-1。

表4-1 垃圾收集运输和处理处置方式

收　集	集　中	运　输	处　理　处　置
● 垃圾桶 ● 垃圾池	● 垃圾收集站 ● 垃圾收集池	● 封闭式运输 ● 开敞式运输	● 填埋 ● 焚烧 ● 堆肥

生活垃圾处理项目具有以下特征：

1. 与社会公众的福利密切相关，社会关注度高，影响面广。在城市系统中，每个在城镇里生活的人都会产生垃圾，都希望垃圾得到及时、有效、无害化的处置。

2. 城镇产生的生活垃圾不论采用哪种方式处理，处理处置地点基本上都在远离居住区的郊区或者周边农村地区，需要征收农村集体所有土地和拆迁农村房屋，产生农村移民安置问题。

3. 垃圾转运站、填埋场、焚烧发电厂等垃圾处理处置设施不仅要考虑永久占地范围，还要根据国家的行业技术标准确定环境影响范围，考虑环境影响范围的房屋拆迁和土地利用限制。

4. 城市人口的文化素质高，环境意识、健康意识较强，善于通过法律手段、制度渠道、媒体等各种途径来维护并争取自身权益。

5. 城市媒体和网络高度发达，任何突出的热点问题，项目中引发的矛盾和冲突，都会引起反响并容易被迅速放大成为舆论的焦点，对政府形成舆论压力。

6. 在生活垃圾处理建设项目中，政府具有双重地位和作用，一方面履行公共管理职能，对项目实施监管；另一方面通常作为项目投资者，为社会提供垃圾处理公共服务。

7. 生活垃圾处理项目的运营阶段，需要政府长期提供补贴以维持运营。对于私营企业，政府通过购买服务的方式支付其垃圾处理费。

二、主要社会影响与利益相关者

1．有利影响。

（1）保护和改善城市自然环境质量（包括空气、水体、土壤等）和人民生活居住环境质量。

（2）改善城市环境卫生状况，保障公众身体健康，减少疾病，延长寿命。

（3）改善城市发展环境和投资环境，促进旅游业、服务业等的发展。

（4）促进合理利用和节约土地、资源和能源。

（5）促进生活垃圾的减量化、资源化和无害化，促进循环经济发展，减少温室气体排放。

2．不利影响。

（1）垃圾收集、转运、处理过程中产生的臭气、甲烷、二噁英等有毒有害气体、飞灰和渗滤液等污染物，如不能严格按照有关标准规范要求进行处理处置和安全排放，会对周边的空气、水体、土壤等环境造成二次污染，滋生蚊蝇等害虫，损害周边群众的身体健康和生活质量，可能导致相关群众对垃圾处理企业和地方政府不满，引发社会矛盾，影响社会稳定。

（2）垃圾处理项目一般均会涉及征地拆迁与移民安置活动，需要永久占用农村集体土地，可能拆迁农民住房、村集体和企业的房屋、商铺等，如果处理不当，可能对部分人群的住房、生计、生活条件、生活环境等造成损害。

（3）项目实施可能使当地执行更严格的环境政策，提高垃圾收集和处理收费标准，可能给贫困人口和低收入群体带来经济上的压力。

（4）生活垃圾产生地和处置地可能分属于不同的行政区（乡镇及以上行政区），可能会带来地区之间的利益冲突。

3．主要利益相关者。

（1）政府部门：住房和城乡建设局、财政局、发展改革局、环保局、人力资源与社会保障局、国土资源局、房屋征收办等。

（2）关联企业：垃圾处理企业、市政管理所等。

（3）社区及居民：垃圾收集范围内的社区及居民、垃圾收集与运输过程涉及的沿线社区及居民、新建垃圾处理设施（垃圾收集场所、垃圾中转站、垃圾处理场/厂，下同）征地范围涉及的社区及居民、新建垃圾处理设施环境保护范围内涉及的社区及居民等。

（4）其他：拾荒人群等。

三、社会评价检查清单

1．社会影响分析。

（1）项目经济层面影响分析主要针对当地居民收入及其分配、消费支出水平及结构影响、居民生活水平和质量、创造和减少就业机会（建设期、运营期）、被征收（土地、房屋）人群的收入及其来源等影响进行分析。

（2）项目社会层面影响分析主要针对卫生健康水平、人文环境、生活环境、投资环境等方面影响进行分析。

（3）特殊群体影响分析主要针对被征地农村居民、房屋拆迁影响人群、需要支付垃圾处理费用的低收入人群、拾荒人群、在拟建垃圾处理场/厂附近生活的人群进行的分析。

2．利益相关者分析。

（1）利益相关的政府部门的角色、态度及其对项目建设的影响分析。

（2）利益相关企业与项目的利益关系、态度及其影响分析。

（3）受征地拆迁影响的人群与项目的利益关系、态度及其影响分析。

（4）项目场址周边居民与项目的利益关系、态度及其影响分析。

（5）其他利益相关者的分析。

3．社会互适性分析。

（1）当地政府和主要利益相关者对项目立项、选址、建设与运营的态度。

（2）项目目标受益群体对项目的可接受性。

（3）受征地拆迁和在环境防护范围受影响的居民对项目的可接受程度与主要利益诉求。

（4）项目主要利益相关者参与项目建设与运营的意愿、方式。

（5）垃圾处理费支付意愿与支付能力。

（6）垃圾来源地与处理地所在行政区（乡镇及以上行政区）不一致时的利益协调。

4．社会风险分析。

（1）对可能影响项目的各种社会因素进行识别，包括选址、规划设计、环境影响评价、征地拆迁、施工建设、运营、关闭等不同阶段的主要社会因素。

（2）对可能导致社会风险的主要社会因素进行识别、分析、预测，特别是垃圾收集转运点、垃圾处理处置场所及其周边受征地拆迁及环境影响的社区和居民的认可和接受程度，接受垃圾地区地方人民政府、社会公众、受影响居民的认可接受程度，建设期间的征地、房屋拆迁实施和环境影响，运营期间的环境影响。

（3）规避社会风险的主要措施和方案，包括垃圾收集转运点、垃圾处理场所的优化选址；垃圾收集、转运、处理处置技术方案的优化，要特别关注垃圾转运方式、垃圾处理场/厂的污水、渗沥液、有毒有害气体的处理和排放控制；可行性研究和设计阶段的环境影响评价；正常运营期间的环境影响监测与社会风险管理；垃圾焚烧处理厂设备检修、停运期间的环境影响监测评估与社会风险管理；建设期间的环境影响监测评估与社会风险管理；各个阶段的公众参与和信息公开机制；突发事件与社会风险；突发事件处置机制与社会风险管理机制等。

5．社会可持续性分析。

（1）项目社会效果的可持续程度。

（2）项目对促进周边地区减贫、就业、福利等有无贡献。

（3）政府对项目的运营补贴能力。

（4）政府相关机构监管项目的能力。

6．政府公共职能评价。

（1）与城市发展规划衔接的评价，包括与城市规划、当地城市生活垃圾无害化处理设施建设规划、循环经济发展规划、旅游规划、环保规划等衔接情况。

（2）相关政策对项目作用和影响的合理性评价，包括垃圾供应保障及收运、垃圾处理费财政补贴政策、BOT 等不同运营模式、垃圾发电上网电价与补贴等对项目的作用和影响。

（3）政府管理、协调和解决社会矛盾及问题的能力和机制的有效性评价，特别是协调、处理、解决有关农村集体土地征收、房屋拆迁、环境影响等方面的社会矛盾与问题的机构、能力、机制、效果等。

7. 社会管理计划。

（1）利益加强计划，重点关注垃圾收集和分类系统的设计和运营如何发挥更大的效益。

（2）负面影响减缓计划，重点关注垃圾处理场所涉及的征地拆迁、垃圾收集运输和处理处置过程中的环境污染影响，提出相应负面影响减缓计划。

（3）利益相关者参与计划。

（4）社会监测评估计划。

8. 征收补偿安置方案。

（1）项目征收影响范围的确定，包括垃圾处理场/厂区征地范围（红线）、环境安全防护距离（黄线）、进场道路、垃圾收集和转运系统等范围的征地拆迁。

（2）被征收土地、房屋、地面附属物等各类实物指标调查及成果。

（3）受征收影响人群众及其社会经济状况调查及成果。

（4）征收补偿安置政策框架和补偿标准。

（5）安置方案，被征地农民安置、被征收房屋居民安置、受影响企事业单位安置、受影响商铺安置等方案。

（6）公众参与和申诉。

（7）机构。

（8）费用及预算。

（9）实施时间表。

（10）监测评估。

第二节　生活垃圾填埋处理建设项目社会评价案例

某生活垃圾填埋处理建设项目社会评价

案例介绍

本项目包括建设新的垃圾填埋场、收运系统，具有生活垃圾填埋处理项目的代表性。垃圾填埋场的选址，以及垃圾填埋场运行期间，如不能正常运转或对污染物处置不当会造成二次污染问题，是社会评价关注的重点。对于项目周边居民而言，垃圾填埋场的气味和环境安全是他们最为关心的问题。因此，生活垃圾填埋场的影响范围不仅包括项目红线范围，还包括环境安全防护距离内的居民，这也是社会评价需要考虑的重要方面。此外，本

146

案例还把项目对垃圾收集与转运系统附近居民的影响、对于拾荒人群的影响等都纳入了分析范围。

1 概述

1.1 项目概况

项目名称：DJ 市世行贷款 MC 垃圾填埋工程。

DJ 市世行贷款 MC 垃圾填埋工程为 Z 省世行贷款项目—QTJ 环境整治项目的子项目之一。

工程建设规模：MC 垃圾填埋场总库容约 192 万立方米，一期库容约为 28 万立方米；平均日处理垃圾量为 264 吨，总使用年限为 20 年，一期使用年限为 3 年。

项目建设地点及服务范围：项目位于 MC 镇 JS 村。项目建成后将解决 MC、DY、SD、YCQ、XY 及 YX 6 个乡镇的生活垃圾处理问题。

项目受益人口：工程服务范围内现状（2006 年）人口约为 19.7 万人，远期（2020 年）规划人口约 28.3 万人。

项目投资估算：13825 万元。

项目组成情况详见表 1。

表 1　项目组成情况

类别	建 设 内 容
填埋场	一期库容 28 万立方米，占地面积 20 公顷
收运系统	在 MC、YCQ、XY 建设垃圾中转站，垃圾在中转站压缩后送 MC 垃圾填埋场填埋。无中转站的，直接从村收集并压缩送 MC 垃圾填埋场填埋

根据项目的特点，本项目的机构安排如下：

①Z 省世行项目办：负责 QTJ 整个世行贷款项目的协调，负责与世行进行日常的沟通与协调；定期向世行提交相关文件及资料；

②DJ 市世行项目办：负责与项目业主的沟通和协调，并与省项目办沟通协调，定期向省项目办提交相关的文件及资料；

③项目业主：为 DJ 市环卫局，负责 MC 垃圾填埋场工程项目的准备、实施及运营等，实施项目社会管理计划的相关内容。

1.2 项目建设目标及预期的社会目标

1.2.1 项目建设目标

本项目的建设目标为：①本工程建成后，将使工程服务范围内的城镇垃圾无害化处理率近期达到 90% 以上，远期达到 100%；农村垃圾无害化处理率近期达到 75% 以上，远期达到 85%；②垃圾填埋场的渗滤液、排放气体以及臭味满足《生活垃圾填埋污染控制标准》（GB 16889—2008）的要求。

1.2.2 预期的社会发展目标

本项目预期的社会发展目标为：提高城市和城镇的卫生条件，改善城镇居民的健康状况。

1.3 项目社会评价依据（略）

1.4 工作范围与主要内容（略）

1.5 现场调查过程（略）

1.6 社会评价调查方法（略）

1.7 采用的社会评价方法（略）

1.8 社会评价工作步骤（略）

1.9 社会评价机构（略）

2 社会经济基本情况与项目背景

2.1 项目区社会经济基本情况

项目区包括工程建设占地区（影响）和服务覆盖区（受益）。

根据项目影响及受益范围分析，MC 垃圾填埋场项目的影响区为 MC 镇 JS 村，受益区为 MC、DY、SD、YCQ、XY 及 YX 6 个乡镇。

2.1.1 项目所在城市基本情况

DJ 市是历史文化名城、著名的旅游城市、区域交通枢纽，以精细化工、食品饮料、碳酸钙、五金工具等为区域特色支柱产业的区域中心城市。

该市市辖 3 个街道，12 个镇，1 个乡，总面积 2364 平方公里，2007 年底，户籍人口 51.04 万人，其中非农业人口 12.54 万人，农业人口 38.5 万人。2007 年全市实现国内生产总值 138 亿元。该市社会经济基本情况详见表 2。

表 2　DJ 市社会经济基本情况

序号	指　　标	单位	某　　市		
			2007 年	2006 年	比上年增长（%）
1	户籍人口	人	510424	509739	0.14
	其中：非农业人口	人	125462	124757	0.56
2	GDP	万元	1377046	1140518	20.70
2.1	第一产业	万元	167648	156498	7.12
2.2	第二产业	万元	820963	660075	24.37
2.3	其中：工业增加值	万元	505362	378770	33.42
2.3	第三产业	万元	388435	323945	19.91
3	全社会固定资产投资	万元	508845	453256	12.26
4	地方财政收入	万元	168006	131172	28.08
5	市区居民人均可支配收入	元	17300	15602	10.88
6	农村居民人均纯收入	元	7139	6298	13.35

数据来源：DJ 市统计年鉴，2007。

2.1.2 项目区社会经济情况

本项目区为 MC、DY、SD、YCQ、XY 及 YX 6 个乡镇。项目区社会经济基本情况详见表 3。

148

表3　城镇等级规模及分乡镇生产总值

等级	城镇名称	规划城镇人口（万元）	城市化水平（%）	GDP（万元）	居民可支配收入（元）	农民纯收入（元）
一级（中心城市）	YX	8.4	84.8%	177713	19769	7369
二级（中心镇）	MC	8.7	86.1%	180039	17972	7250
三级（一般镇）	DY	2.4	57.1%	63168	17763	7120
	YCQ	1.9	65.5%	49710	16536	7310
	XY	1.7	51.5%	59635	15206	7050
	SD	1.5	48.4%	51665	16023	7130

数据来源：DJ市统计年鉴，2007。

2.1.3　妇女

根据调查，项目区的妇女总人口为120015人，占总人口比例为48.4%，详见表4。在"十一五"计划期间，DJ市为促进项目区妇女的发展，实施了一系列项目，详见表5。

表4　项目妇女人口情况统计

类别	YX	MC	DY	YCQ	XY	SD	小计
妇女人数（人）	40740	42891	11400	9424	8330	7230	120015
占总人口比例（%）	48.5	49.3	47.5	49.6	49	48.2	48.8

数据来源：DJ市统计年鉴，2007。

表5　DJ市"十一五"妇女发展实施项目

序号	项目名称	责任单位
1	实施"女干部教育培训工程"	市委组织部
2	实施"农村妇女素质培训和富余劳动力转移工程"	市农办
3	实施第二轮"母婴健康工程"	市卫生局
4	实施农村计划生育家庭奖励扶助计划	市人口和计生局
5	建立市妇女儿童活动中心	市妇联
6	实施"职工爱心帮扶工程"	市总工会
7	实施"妇女健康工程"	市卫生局

另外，在环境方面，DJ市在"'十一五'妇女发展规划"上有针对性的说明。为妇女创造适宜的居住环境。增强妇女的环境保护意识，城市空气和地表水环境质量达到国家标准；主城区生活垃圾无害化处置率达到95%以上，城区环境噪声达到功能区要求；发展老年公益事业和社区服务事业。[①]

2.1.4　儿童

2006，DJ市九年制义务教育初中21所（含民办1所），九年一贯制学校7所，在校生22829人；小学56所，在校生35557人；幼儿园77所，在园幼儿12265人；全市学前

---

① DJ市"十一五"妇女发展规划。

三年（3~5周岁）幼儿入园率为95.74%；小学、初中适龄儿童少年（含"三残"儿童少年）入学率，巩固率均达到100%；17周岁初级中等教育完成率为99.33%。①

关于DJ市儿童环境保护方面，政府在改善儿童生存的自然环境和儿童环保知识普及方面都制定了相应的规划，详见表6。

表6　DJ市"十一五"儿童发展规划环境部分②

项　　目	指　　标
改善儿童生存的自然环境	城市集中式饮用水源地达标率大于90%
	环境噪声小于55dB
	重点污染源工业废水排放达标率达到95%，废气排放达标率达到95%
	城市生活污水处置率大于60%，县城大于50%
	农村自来水普及率达到82%，改水受益率达到97%，农村卫生厕所普及率达到70%
	城市生活垃圾无害化处理率达到90%，县城大于85%，农村生活垃圾收集率大于80%
	工业固体废物综合利用率大于70%
	把农村改水改厕纳入国民经济和社会发展规划。根据推进城市化的要求，加快农村自来水普及率，争取乡镇水厂基本达到国家生活饮用水标准；在扩大卫生厕所普及率的同时，提高粪便无害化处理水平
儿童环保知识普及	青少年环境教育普及率达85%
	广泛开展包括儿童在内的全民环境保护意识教育，提高全民环保意识，加强生态环境建设，加大对大气、水、垃圾和噪声的治理力度，控制和治理工业污染

同时，在"十一五"儿童发展规划中，儿童发展实施项目也涉及卫生保健，详见表7。

表7　DJ市"十一五"儿童发展实事项目③

序号	项　目　名　称	责任单位
1	修订《某市新生儿疾病筛查管理办法》	市卫生局
2	继续实施"母婴健康工程"项目	市卫生局
3	实施"农村中小学校家庭经济困难学生资助扩面工程"	市教育局
4	实施"农村中小学生食宿改造工程"	市教育局
5	实施"农村中小学生教师素质提升工程"	市教育局
6	建立某市儿童图书馆	市文化局
7	实施《某市家庭教育工作"十一五"计划》	市妇联、市教育局

项目建成后，垃圾清扫、收集、清运的方式将得到极大的改善，当地的环境会将会变得整洁舒适，降低各种传染疾病的发生率，给儿童提供良好的生活生长环境，有利于儿童

---

① DJ市"十一五"教育事业发展规划。
② DJ市"十一五"儿童发展规划。
③ DJ市"十一五"儿童发展规划。

的茁壮成长。

2.1.5 贫困人口

2006 年，DJ 市贫困家庭统计户数为 5611 户，共 8812 人。项目区贫困人口户数为 1783 户，2827 人；详见表 8。

表 8 DJ 市贫困人口情况

指标	全市	项 目 区						
		YX	MC	DY	YCQ	XY	SD	小计
城乡户数	5611	147	394	494	206	204	338	1783
城乡人数	8812	241	623	833	301	301	528	2827

数据来源：DJ 市民政局访谈资料。

2.1.6 少数民族

DJ 市有 11 个民族，其中汉族占总人口的 99% 以上，少数民族有畲族、回族、满族、高山族等。现有少数民族群众近 5000 人，其中畲族 3500 余人，5 个少数民族行政村，17 个少数民族自然村，由于历史原因，大多居住在偏僻农村。

根据调查，本项目区不涉及少数民族。

2.2 项目背景

2.2.1 项目区垃圾处理现状

DJ 市由于地处山区，垃圾填埋具有较好的地形条件，因此，很早就着手建设了城区的垃圾填埋场工程。

1996 年 9 月，DJ 市建设了 YA 垃圾填埋场工程，填埋场地处 XAJ 下游南岸洋安村和尚湾，占地面积 47.9 亩，总库容量 26 万立方米。至 2007 年 7 月，填埋场库容达到饱和进行了封场。

目前使用的 DJ 市垃圾填埋场位于寿昌镇夫衣垅山弯，距市中心约 18 公里。填埋场三面环山，标高 76 米至 125 米之间。填埋场总库容量 170 万立方米（约 204 万吨），填埋场总占地面积为 228 亩，其中库区约 135 亩。

该项目 2007 年 7 月经 DJ 市发改局批准立项后，于 2008 年 1 月 10 日开工建设，并于 2008 年 7 月 25 日通过工程竣工验收。工程项目总投资为 5156.77 万元，使用年限为 23 年。工程分三期建设，第一期投资为 3295.7 万元，占地面积为 65 亩，库容为 21 万立方米，平均日处理垃圾量为 239 吨，配套建有垃圾渗滤液处理站，设计日处理污水 200 吨，一期库容填埋量为三年。

DJ 市垃圾填埋场目前服务范围 XAJ（白沙）、更楼、洋溪、莲花、寿昌五个乡镇。

除城区外，下涯、MC、乾潭、寿昌、大同、杨村桥等乡镇都建有自己的垃圾填埋场，这些填埋场大多库容较小，缺乏规范的设计和作业流程，安全和环保方面存在一定的隐患。

DJ 市城区和各乡镇大多建有较为完备的垃圾收集和转运系统，其中，XAJ 城区目前建有锦枫压缩中转站、白沙路压缩中转站、农贸市场集装箱式中转站和溪头农贸市场压缩中转站等垃圾中转站，此外，桥南压缩中转站也正在审批中。洋溪街道、更楼街道、莲花镇和 MC 的垃圾中转站也都于近几年陆续建成投入使用，城区和各乡镇垃圾基本做到了日产日清。

除了已建成的垃圾填埋场外，城区和各乡镇农村大都建有垃圾焚烧炉，这些垃圾焚烧炉设施较为简陋，也没有配套的废气、废渣处理设施，对周围环境存在一定的负面影响。

2.2.2 项目的紧迫性和必要性

DJ 市地处 QTJ 上游，其生态环境的优劣直接影响到整个 QTJ 流域的环境治理。但目前 DJ 市域除市垃圾填埋场外，其他垃圾处理设施均规模较小，各乡镇垃圾处理各自为政，不规范的垃圾填埋和垃圾焚烧不但缺乏可持续性，而且对环境产生了一定的危害。

现有正在运营的 DJ 市垃圾填埋场位于寿昌镇，位于市域的东南部，距离收集范围内的洋溪街道和莲花镇运输距离都在 20km 以上，距离市域西北部的 MC、乾潭等乡镇距离更远，同时，市垃圾填埋场有限的库容量也不可能满足整个 DJ 市域垃圾处理的要求。因此，根据《DJ 市市域总体规划》（2007~2020）及 DJ 市域的地形特点，有必要在市域西北部建设一座集中的垃圾填埋处理设施，以满足西北部各乡镇生活垃圾集中处理的要求。目前 DJ 市生活垃圾收集和处理存在以下几方面问题：

1. 垃圾分类和回收处理尚未形成规模，垃圾混合收集增大了垃圾资源化、无害化处理的难度。虽然 DJ 市历年重视废旧物资的回收利用，但回收对象多集中于废旧金属、废纸等利润较高的物资，对废旧塑料、玻璃、废电池等回收较少。同时，垃圾分类收集推进较慢，人们的环卫意识有待加强。

2. 环卫产业化程度低，产业链短，科技力量薄弱。目前，环卫产业仍处在清扫街道、垃圾简易填埋和焚烧等方面，尚未形成产业化运作的模式，与先进城市相比仍存在较大的差距。同时，城乡环卫部门科技人才极少，对城乡垃圾构成、分类收集、无害化利用和科学管理等方面尚缺乏深入研究，农村的情况尤为严重。

3. 垃圾减量化未能引起足够的重视，不合理的消费造成资源浪费。随着生活水平的提高和观念意识的变化，商品包装废弃物产量增加较快，尤其是塑料制品，增加速度很快。此外，一次性商品也广泛应用于宾馆和餐饮业。不适当的过分包装和一次性商品的大量使用不仅增加了垃圾产生量，也造成了资源的极大浪费。

根据相关规划和 DJ 市的地形特点，若在市域西北部建设一座集中式的垃圾填埋场，不但可以把周边乡镇的垃圾进行集中处理，而且可以与现有的 DJ 市垃圾填埋场形成南北对置的城乡一体化垃圾处理格局，基本解决近、远期整个 DJ 市域的垃圾处理问题。因此，本工程的建设对于 QTJ 流域环境治理和 DJ 市域城乡一体化垃圾处理设施的完善都具有相当重要的意义。鉴于垃圾填埋场工程建设周期较长和 DJ 市目前乡镇垃圾处理设施急需完善的局面，本工程建设还具有相当的紧迫性。

2.2.3 方案选址比较分析

根据区域总体规划和相关部门意见，MC 垃圾填埋场可选择场址主要有两处，一处位于 QS 村，另一处位于 QJW。

QJW 地块总占地面积约 26.4 公顷（约 396 亩），填埋场总库容约为 427 万立方米，可满足 MC、大洋等 7 个乡镇 20~50 年的垃圾填埋需要。其中，一期填埋场库容约 51 万立方米，可以满足收集范围内近 3~4 年的垃圾填埋要求。

QS村地块总占地面积约18公顷（约270亩），填埋场总库容约200万立方米，基本可以满足收集范围内约10年的垃圾填埋需要。根据地形特点，初步划定一期填埋库容约30万立方米，可以满足收集范围近2～3年的垃圾填埋要求。

两个方案的比较分析如表9所示。

表9　方案比较表

项　　目	QJW方案	QS方案
占地面积	26.4公顷	20公顷
总填埋库容	约427万立方米	约200万立方米
可填时间	20年以上	约10年
一期填埋库容	约51万立方米	约30万立方米
一期库容可填埋时间	4年	2～3年
库区与XAJ江的距离	>1500m	>5000m
周边500m范围内居民点	QJW、王圣堂、傅家、麻车等	QS
主导风向时对周边的影响	主导风向的下风向无环境敏感点	主导风向的下风向无环境敏感点
地形条件	较方正，有利于垃圾填埋	狭长、设施利用率低
分期征地的便利性	不方便	较为方便
与污水处理厂的距离	约2.5km	约1.5km
对周边土地利用的影响	基本无影响	对填埋场以西地块影响较大
交通便利性	好	好
一期工程投资	约1.1亿	约0.9亿
单位库容建设成本	低	高
地面附属物	20多座坟墓、6电线杆、一个灌溉水塘	1根高压线

根据以上方案的比较，对两个方案的优、缺点分析如下：

QJW方案的优点主要是有效库容大、单位库容建设成本低，地形条件有利于垃圾填埋厂的建设，填埋场建成后对周边地块影响较小。缺点主要是周围居民点较多，而且一期建设时就必须对QJW进行搬迁，建设难度大。

QS方案的优点主要是对周边居民影响小，附近唯一在影响距离内的QS村与填埋厂也有高山隔断，政策处理相对较容易，同时，一期填埋场场址靠近主出入口，征地和建设有利于分期实施。缺点是库容偏小，填埋库区与XAJ距离较近。同时，垃圾填埋场建成后，填埋场西侧土地无法利用，会造成一定的浪费。

根据项目综合比选的结果，拟选择QS方案为本项目的推荐方案。

2.3　城市规划和相关政策对项目的作用和影响

本工程建设方案是在《DJ市市域总体规划》（2007～2020）、《DJ市国民经济和社会发展第十一个五年规划纲要》和《DJ市"十一五"环境保护规划》等相关规划的基础上编制的，符合相关规划的要求。

本项目的项目社会目标与规划的社会发展目标的要求相一致。项目建设对实现规划社会发展目标的贡献明显。DJ市2004年编制完成了《Z省DJ市生态市建设规划》，确立了

"依托丰富的山水资源，挖掘和发展严州文化，弘扬 DJ 山水文化，以开放促发展、以创新促发展、以务实促发展，加快建立以生态产业为特征的循环经济发展模式，把 DJ 建设成生态环境优美、人文精神积极向上、经济繁荣社会昌盛的现代化山水旅游城市"建设目标，确定了"到 2010 年全面建成生态市"战略目标。本项目将为 DJ 社会经济可持续发展起到积极作用，也为 DJ 市环境保护工作做出卓越贡献。

DJ 市"十一五"环境保护规划提出：建立和完善城镇垃圾分类收集系统，形成分散与集中相结合的城乡生活垃圾处置系统。加强城区生活垃圾收集和运输的袋装化、密闭化，城区逐步推广垃圾分类收集系统，到 2010 年，城市建成区所有公共场所、居住小区、企事业单位应配备生活垃圾分类投放设施，分类收集率应达到 50% 以上。将城区垃圾中转站全部改造为密闭式压缩中转站。普及农村生活垃圾收集设施。大力普及农村生活垃圾收集设施建设，逐步开展垃圾分类收集，推进城乡生活垃圾收集处理的一体化。各行政村成立专门保洁队伍，开展村村联手合作，建立农村垃圾收集、清运责任制度和考核制度，杜绝农村垃圾向河面抛散、在河岸堆置等现象。至 2010 年全市建设生活垃圾填埋场 33 座，城区生活垃圾无害化处理率达到 100%，乡镇生活垃圾无害化处理率达到 90%。

3 社会影响分析

3.1 项目的经济层面影响

3.1.1 区域经济与当地产业发展

本工程是公用事业，其效益主要体现在社会效益和环境效益，但也有一定的经济效益，对促进当地经济发展和产业结构调整有一定的影响作用。这种效益表现在以下几个方面：

（1）提供就业机会。

工程建设期间需要雇用技术人员及临时工，可以给当地群众提供临时就业机会，增加收入。如女性还可以获得提供餐饮服务等工作机会。

（2）促进旅游业的发展。

DJ 市旅游资源较丰富，项目的建设将会改善 DJ 的市容环境，给来 DJ 旅游的游客留下较好的印象，进一步吸引周围城市乃至全国的旅游爱好者源源不断地光顾 DJ，促进 DJ 市旅游业的发展，并带动与旅游业相关的服务业的发展。

（3）吸引投资，促进城市经济社会发展。

环境得到改善，将吸引更多的外部资金进入本市投资建设，促进当地工农业和第三产业的发展，提高当地居民的就业机会和经济收入水平，提高当地科学技术的发展和企业管理水平；外来投资对地方资源的开发将为当地人创造就业机会。

外来资金投资工程建设、旅游业的发展、商业的繁荣、服务业的进一步发展也会增加当地财政收入，也就会增加经济发展与财政投入。

（4）提高相关企业的经济效益。

项目施工期间需要大量的建筑材料，这些材料需要在当地采购，相应的也就给经营建材的企业或个体经营者带来了经济收入。

（5）提高农产品的质量。

项目的实施能够改善环境，从而使原简易垃圾填埋场附近的农田避免了垃圾的污染危

154

害，改善了当地农产品质量，从而提高经济收益。

3.1.2 居民收入与分配

对受征地影响的村民来说，项目场址所在地的农田基础设施差，耕地所占比例面积小，位置也比较分散。土地征用让一部分农村劳动力从农业生产中转移出来，同时土地补偿费可以让村民有资本从事其他可为其带来经济收入的活动。

3.1.3 就业

项目建设期间需要雇用技术人员及临时工，运营期间需要招收固定的职工从事企业的日常运营管理工作。项目促进了相关产业的发展，从而带动地方就业状况的改善。

3.1.4 居民生活水平和质量

项目的实施有利于改善 DJ 市的地面环境和保护地下水水质，从而减少疾病发病率，减少与之相关的医疗费用和工作日损失，特别是减少贫困人口、妇女、儿童和老人在卫生、保健方面的支出，改善居住和生活的环境。

3.1.5 基础设施与社会服务

本项目影响区原有的 MC 镇垃圾简易填埋场由于没有实施封闭式管理，场址所在地的环境比较恶劣。在对项目受益乡镇的垃圾中转站的调查中也发现一些问题，垃圾收集点基础设施情况各地也不同。

图 1　MC 镇垃圾收集点之一及现有垃圾填埋场

城市生活垃圾是城市生态环境的破坏者，是一种危害性较强的环境污染物。因此，建设城市垃圾处理场是造福人类、保护生态环境的公益事业。该项目的建设有助于保护 DJ 市的生态环境。

3.1.6 城市化进程

DJ 市 2003 年建成区面积为 6.2 平方公里，2007 年建成区面积为 7.83 平方公里。DJ 市的建成区面积在不断扩大，更多的农业人口将转变为城市人口。城市规模的持续扩大会相应的增加基础设施建设的需求，MC 垃圾填埋场服务于 DJ 市，项目的建设考虑了城市近期和远期发展规划，能够满足城市未来发展的需求。

3.1.7 弱势群体

项目的实施，可能导致垃圾处理费的收取，从而增加居民的生活开支，对收入较高的居民来说增加的费用不会影响到他们的生活，但对于贫困人群来讲，将增加其生活负担。

3.1.8 支付意愿与支付能力

对垃圾处理项目而言，垃圾处理费收费标准根据服务对象或垃圾的性质有所区别，一般分为居民垃圾处理费和非居民（包括商铺、企业等）垃圾处理费。DJ市MC镇垃圾填埋场未来服务的乡镇目前都建有自己的环卫所，负责本区域内的垃圾清运、费用收取等工作。根据实际调查，各乡镇垃圾收费情况是：镇区普通店铺100～200元/年，企业一般在2000元/年左右，污染性大企业费用相应提高；农村未收取垃圾处理费。

目前MC镇及周边乡镇的垃圾处理存在以下几方面的问题：处理技术简单；乡镇垃圾处理系统运行难度大；资金不足。垃圾处理不规范导致居民日常生活受影响，群众对建设垃圾处理系统的需求较强烈。在支付意愿调查上，城市垃圾运行系统相对成熟，居民支付意愿高，被调查者中愿意支付的比例为100%；农村住户相对分散，垃圾丢弃随意性较大，对环境要求不太敏感，在支付意愿上相对城市低，一般在80%左右。

根据统计显示，2008年农村居民人均纯收入为7123元。通过实地查，被调查家庭人均总收入为16794.74元/人，家庭年人均总支出7543.16元/人。家庭经济水平能够负担所要收取的垃圾处理费。

3.2 项目的社会层面影响分析

3.2.1 社会环境与条件

1. 社会人文环境。

DJ市把创建国家环保模范城市列入全市目标，以"优化社会人文环境、提高市民整体素质、建设秀美繁荣和谐新DJ"为主线，开展十大综合整治：围绕"环境立市"战略，深入开展生态建设。本项目的实施正是服务于DJ市"环境立市"的目标，并在优化社会人文环境上做出贡献。

MC镇垃圾填埋场项目将解决DJ市西北部乡镇垃圾填埋处理的问题，在实际生活中改善社会人文环境，提高人民生活质量和环境意识。

2. 教育。

由于政府重视环保，环境卫生知识的普及在Z省广为开展。DJ市的城市公共交通汽车上也有视频广播宣传环境保护的理念，口号是"污染减排与生态市创建；保护环境从我做起，从点滴做起。"DJ市儿童"十一五"发展规划中的环境知识教育也有较多体现。

本项目的实施也将对环境卫生的教育起到积极的促进作用，对市民建立更好的环境意识奠定基础。在调查的过程中，社会评价小组不仅仅将调查任务扎实完成，也将本项目的环保宗旨及其重要性方面对民众进行了宣传，形成互动，让社会评价在项目中起到润滑剂的作用。

3. 卫生。

随着DJ市城镇建设规模不断扩大，人口的增长、居民消费结构的变化将改变生活垃圾的产量及其结构成分，城市化进程对环境卫生质量的要求越来越高，目前城市垃圾无害化处理的标准也要求必须加快城市垃圾无害化、资源化处理实施步伐。DJ市MC垃圾填埋场项目的实施将有助于解决垃圾增长和卫生要求提高的问题。

3.2.2 宗教设施

项目建设区域内没有宗教设施和少数民族传统生活设施。

3.2.3 社会性别分析

QS村里的未婚妇女和部分已婚妇女一般都外出打工，拥有每月1500元到2000元不等的工资收入，一部分人和丈夫一起做生意，管理账务，只有少数人还在种地或者在家照顾孩子和老人。对于这部分仍在家务农的妇女来说，由于被征用土地上原先的产出只能满足部分日常食用，并没有什么收入。在她们失去土地后，项目业主应当尽力给她们提供一些低技能的、非重体力的工作机会，不仅有利于她们恢复生计，也有利于她们锻炼新技能，适应未来的就业变化。因此，本项目征地不会对女性造成特别的影响。

4 利益相关者分析

4.1 利益相关者的识别

社会评价小组在现场调查的基础上，识别出了 MC 垃圾填埋工程的利益相关者。Z 省 DJ 市 MC 镇垃圾填埋场项目的建设将对不同的利益相关者产生不同的正面或负面的影响，详见表 10。

表 10 主要利益相关者与项目的利害关系分析

利益相关者		与项目的利害关系	在项目中的角色	对项目的态度	对项目的成败影响程度
项目办	省项目办	与项目无直接利害关系	组织协调者	支持	大
	县/市项目办	与项目无直接利害关系	组织协调者	支持	大
市政府		间接受益者	组织协调	支持	大
市级职能部门	环卫局	直接受益者，项目经费为其工作的开展提供了极大的支持	工作的主要承担者	积极	大
	住建局	直接受益者，项目经费为其工作的开展提供了极大的支持	承担者	积极	大
	国土资源局	负责项目征地手续办理	配合者、部分工作参与者	积极	很大
	环保局	间接受益者，项目的建成有利于其工作的开展	配合者、部分工作参与者	积极	一般
	民政局	从项目中不能直接受益，但其工作内容或职责与该项目的某些内容存在交叉，为潜在利益相关者	无角色	支持	小
	人社局	从项目中不能直接受益，但其工作内容或职责与该项目的某些内容存在交叉，为潜在利益相关者	无角色	支持	小
	卫生局	间接受益，其工作内容或职责与该项目的某些内容存在交叉，为潜在利益相关者	无角色	支持	小

利益相关者	与项目的利害关系	在项目中的角色	对项目的态度	对项目的成败影响程度
乡镇部门	不直接受益，但项目目标和乡镇政府工作目标一致	项目的重要组织和实施者	积极	大
村委会	直接受益者	组织者、受影响者	积极	大
被征地拆迁村民（厂址所在地居民）	直接相关者	受益者、受影响者	积极、担心	大
项目区附近村民	直接相关者	受益者、受影响者	支持、担心	小
项目服务区居民	直接相关者	受益者	支持	小

4.2 项目对利益相关者的影响分析

4.2.1 省项目办

管理协调本项目，使项目顺利通过世行评估是省项目办当前工作的主要职责，也是上级单位对他们进行业绩考核的一项最重要指标。项目的成功与失败对省项目办有着非常大的影响。项目成功，可以成为省项目办非常重要的一项业绩，可以为今后申请管理类似项目打下基础。项目失败，项目办也会因此失去其存在的必要性，甚至面临被解散的风险。

4.2.2 DJ 市政府

垃圾处理项目的建设是 DJ 市社会经济可持续发展的需要。建设新的垃圾处理场将缓解项目服务区各乡镇政府在环境方面的压力，改善投资环境，为经济发展带来生机，为城市带来全新的面貌，该项目也成为 DJ 市和各乡镇政府的一项业绩。

4.2.3 DJ 市项目办

同省项目办一样，项目实施对该市项目办也有着类似的影响。

4.2.4 DJ 市政府其他机构

项目的建设将需要得到 DJ 市政府其他机构的支持和协助。项目的建设不可避免地给他们增加一定的工作量，由于这是市里的重点工程，他们必须要配合。

4.2.5 项目实施机构（业主）

项目的建设给实施机构增加了工作量，但是项目的成功建设将成为实施机构的一项业绩。

4.2.6 场址所在乡镇政府和村委会

项目的建设对该垃圾填埋场厂址所在地的乡镇政府并没有带去直接的利益，这些乡镇所属的个别村组的土地被征收，同时，还需要对项目的征地拆迁工作进行协调。

4.2.7 受益区居民

受益区居民是此项目的最大受益者。垃圾处理场的建设将一改过去垃圾简单填埋的方式，垃圾的清理、运输及处理更加科学，避免了二次污染；新建垃圾处理场将使环境更加清洁卫生、城市更美、公众健康也有了保证。项目施工期间需要建筑工、装卸工等，将主要来自当地，这为当地居民提供了不少就业机会。项目建成后的运营也需要一定的技术人员及工人，在一定程度上也增加了就业。另外，配套设施的建设也让居民受益。如垃圾箱、垃圾收集站的建设、垃圾通道的改建等都使得生活垃圾在收集、清运等过程中减少污染。

4.2.8 场址所在地村民

项目的征地拆迁也会影响到场址所在地的村民。土地被征收后，他们所有的土地资源因此而减少了。

拟建垃圾处理场场址附近的居民担心垃圾处理场建成之后蚊子、苍蝇、老鼠数量增加；垃圾处理产生臭味；垃圾存在对地下水造成污染的可能性。因此他们希望项目的建设能够采用先进的工艺，在项目实施期间保质保量，把可能对周边居民造成的不利影响降到最低。

4.2.9 受征地拆迁影响村民

城市生活垃圾处理项目建设均涉及征地，和房屋拆迁。被征地拆迁居民，他们原有的生产生活模式将被打破，他们不得不面临生计恢复、房屋重建、甚至社会关系网络重建等多种问题。他们为项目做出牺牲最大，受项目影响最大。因此，必须对他们进行重点关注。

4.2.10 进场道路影响人群

进场道路施工将结合 JS 村新工业园区的规划建设，不涉及已有路面的开挖，而且需要考虑工程建设时间的契合性。

4.3 利益相关者对项目的影响

4.3.1 省项目办

省项目办是本项目的最高组织协调机构，他们的工作态度、工作能力、工作效率、组织协调能力，直接影响本项目的成败。

4.3.2 DJ 市政府

由于市政府是地方最高行政管理机构，也是项目的出资机构之一。该机构在项目中起到了项目准备和实施过程重大事项决策和实施阶段组织协调的作用。项目的征地拆迁以及移民安置工作需要得到市政府的支持才能顺利实施。

4.3.3 DJ 市项目办

市项目办是项目的直接管理协调机构，其工作能力、工作作风对项目的成败有着关键性作用，应及时有效地上传下达信息，有效地组织市各个部门之间的协作。

4.3.4 项目执行机构

项目执行机构是项目的具体实施单位，他们的工作能力、工作作风和敬业程度直接决定项目的效果。

4.3.5 场址所在乡镇政府和村委会

项目所在乡镇政府和村委会对项目的接受程度对项目是否能顺利开展起到了关键的作用。项目的征地拆迁必须借助于项目所在乡镇政府和村委会进行协调，以保证项目能够顺利开展。

4.3.6 受益区居民

垃圾处理场的服务对象都是城区居民，他们是此项目的最大受益者。从调查中得知大部分城区居民对该项目持支持态度，他们可以通过一些渠道表达他们对该项目的意见和建议。

4.3.7 场址所在地村民

根据以往相似项目的经验，如果项目建设和运营过程中没有处理好与当地村民的关系，那么项目的推进将受到很大的阻力，同样地，项目建成后也无法正常运营。他们对项目的影响力很大。

4.3.8 被征地拆迁影响村民

垃圾处理场的建设需要征用他们的土地，项目的建设还造成了房屋拆迁，征地拆迁之前都必须获得他们的同意，并协商赔偿和安置的具体办法，他们是否同意征地拆迁的决定对项目的影响也很大。

4.3.9 受进场道路影响的人群

进场道路施工是结合 JS 村新工业园区建设的，虽没有对现有路面及周边居民、商铺的造成影响，但是新工业园区的建设涉及征地拆迁，如不能按计划完成将对垃圾填埋场进场道路的铺设产生影响。相关居民是否配合项目的行为也会对项目造成影响。

4.4 组织机构分析

根据调查，省项目办已经组织实施了一期世行贷款项目，在该类项目积累了丰富的运作及管理经验，且办公设施及人员完善。

对于市项目办、实施机构及相关单位，尽管已经组织了很多国内重大的市政项目，对于项目准备、实施及运营管理的经验，在土地征收及移民安置方面也具有丰富的国内经验，但均是第一次参与世行的项目。根据机构能力评价表分析，市级参与项目单位亟需世行贷款项目的相关培训，包括世行的政策及程序，项目管理，招标采购，支付报账，移民管理等。

5 社会相互适应性分析

项目与所在地互适性分析旨在分析预测项目所在地的社会环境、人文条件能否接纳、支持项目的存在与发展，以及当地政府、居民支持项目存在与发展的程度，考察项目与当地社会环境的适应关系。

5.1 不同利益相关者与项目的相互适应性

利益相关者与项目是一种影响与被影响的关系，根据利益相关者分析方法识别出不同的利益群体、不同利益相关者与项目的关系，获取各利益群体对项目的态度和要求，分析产生的后果。

表 11 互适性分析表

利益相关者		态度	需求	意愿	措施
执行单位	省项目办	积极	实施单位配合完成项目	顺利推进项目、开展工作	做好协调工作，推进项目有序开展
	市项目办	积极			
协调单位	市政府职能部门	支持		顺利完成项目	配合项目办工作
实施单位	环卫局	积极	配套资金和机构的配合	顺利完成项目的实施工作	实施项目
既受益又受损	乡镇部门	积极	资金帮助	协助项目开展	做好宣传、咨询工作
	村委会	积极	资金帮助、做好安置规划	协助项目开展	做好宣传、咨询工作

利益相关者		态度	需求	意愿	措施
受损群体	被征地拆迁村民	理解、担心	资金帮助、住房安置	支持	制定移民行动计划
既受益又受损	项目区内村民	支持、担心	卫生措施确保安全	支持	做好宣传、咨询工作
受益群体	项目服务区居民	支持	少增加垃圾费	非常支持	对贫困群体扶持

5.2 项目与当地组织及社会结构的适应性

当地组织是指与项目相关的非政府组织，或者是村民（居民）成立的自发组织、民间性团体。在项目区，未发现此类组织，因此项目与当地组织没有冲突或联系。

垃圾处理项目场址所在地区居民是项目的受损群体，因此项目中可能存在抵制垃圾运输的自发性团体。调查发现，项目选址所在村的村民的项目知情率为100%；项目接受水平也很高，居民主要的关注点是污染如何防治。村民对于项目的接受来自于项目实施单位对于村民诉求的理解及教育。在项目选址的前期阶段，已安排村民参观某市已建成的SC垃圾填埋场，较好的垃圾填埋场环境打消了村民心头的疑虑，对于项目的推进有很大帮助。

5.3 项目与当地技术、文化条件的项目适应性

当地的技术条件可以满足项目的建设、运营、管理、维护等，JD市现有的SC垃圾填埋场的运营管理模式和良好的周围环境向村民展示了最好的例证。

在文化条件上，本项目主要有两点适应性：①项目区非常重视环境保护，某市"生态立市"的思路已经不仅仅停留在宣传口号上，而是在环境保护的理念上赢得了广大群众的认同感。这对于环境项目的开展无疑是极大的配合基础，为项目的顺利推进奠定了文化基础；②在方案比选上也融入了文化适应性的考虑。在方案比选的时候，舍弃了涉及坟墓搬迁的方案。如涉及坟墓迁移，相应涉及村民感情难以接受的迁坟和仪式成本的增加，对于文化适应性和协调性方面会造成一定损害。

6 社会风险分析

根据项目区社会经济背景及项目自身的特点，在实地调查和分析的基础上识别出与项目相关，并可能影响项目发展目标实现的主要社会风险。识别主要的社会风险，是寻求规避社会风险及方便相应机构做出安排的有力措施。

6.1 社会风险的识别

6.1.1 项目前期的社会风险

征地拆迁是城市建设项目中最容易产生社会矛盾和纠纷，进而诱发社会风险的主要风险因素。可能导致风险事件的风险因素包括补偿标准、安置政策、安置方式及其实施等。

征地拆迁有可能使受影响群体失去生活保障和就业条件，导致受影响群体收入来源的减少和相关社会福利措施的恶化。征地拆迁还可能带来一系列潜在的、长期的社会、文化、心理方面的影响。如果不能进行很好地安置，特别是移民安置费用不能及时发放，将会造成移民与项目建设的直接冲突。

同时，垃圾填埋场及中转站周边的居民对项目的认可程度，将会对项目能否顺利开工建设带来决定性的影响。

6.1.2 项目施工期潜在的风险

项目施工中的风险主要包括：施工过程中产生的噪音、扬尘、阻碍交通、车流量增加可能引起安全事故、临时占地的补偿及恢复等对附近村庄的居民生产和生活产生的影响。

6.1.3 项目运营期潜在的社会风险

项目运营期的风险因素主要包括：①臭气、渗滤液、污水、扬尘和噪音问题如不能妥善处理，将给附近居民带来健康风险；②经济风险；垃圾污染水源的后果是影响养殖业、种植业的发展，给他们的生产带来风险；③垃圾处理费增加，有可能会增加贫困人口的生活支出。

6.2 项目主要社会风险分析

6.2.1 非自愿移民

MC 垃圾填埋项目的红线范围之内需要在 JS 村（自然村）永久征地大约 280 亩，涉及水田 70 亩，园地 10 亩，林地 200 亩，没有涉及住房拆迁。根据调查，当地村民的生计主要依靠非农收入，因此，只要遵循正常的程序和合法的补偿，选址征地基本不影响被征地家庭的生活。另外，基于环境保护的需要，垃圾填埋场厂址周围 500 米以内不允许村民居住，引起 30 户居民需要拆迁安置。

6.2.2 二次污染风险

调查发现，项目实施地居民屡次提到了二次污染的风险。二次污染是指城市环保工程在对城市污水、垃圾、河道淤泥进行处理的过程中，由于污染物自身的特性，对空气、水体和土壤造成的破坏和影响。

与项目相关的、可能带来"二次污染"的问题有：

（1）气体。垃圾填埋场产生的气体包括 CH_4、CO_2、H_2S、NH_3、SO_2、NOX 等。CH_4 为可燃性气体，形成混合气体后，在一定体积比例范围内（占空气体积比为 5% ~ 15%）时易发生爆炸，将会对周围人群和环境空气产生污染危害。其中的 H_2S、NH_3 属恶臭气体，环境较敏感。

（2）渗滤液。垃圾填埋处置过程中产生的渗滤液含有高浓度的有机物，CODCr、BOD_5、氨氮浓度均较高，而且还可能携带大肠菌群，重金属离子、恶臭污染等有害成分。垃圾渗滤液如果不幸泄漏，如进入地表水水体，则会造成纳污水体水质的恶化，导致水生生物的死亡，如进入土壤层则会造成地表植被的死亡或减产，如侵入地下水则会造成地下水的污染，而且其影响时间将是较长或永久的。

（3）粉尘。本项目运行期间的粉尘主要来源于垃圾中转站以及垃圾填埋场。由于垃圾转运站为封闭砖墙建筑，有水泥地面，加之新鲜垃圾含水量较大，这些扬尘量很小，也不会扩散到周围环境中去，垃圾填埋场采取封闭性运行管理，因此，对周围居民的生活和生产不会带来较大的社会风险。

（4）噪声。本项目运行期间的噪声源主要是压实机、装载机以及垃圾自卸卡车运输作业产生的噪声。垃圾装运的车辆噪声主要在集中的时间段内发生，而且均在白天进行。噪声的影响范围主要是垃圾中转站的周边居民和垃圾填埋场附近有田地的农民。如果噪声频繁地干扰人们的生产和生活，也可能出现阻挠运输车辆和垃圾作业的行为。

（5）垃圾污染水源危害到农作物的生长和水产的养殖。用受到污染的水灌溉农田，其中的有害物质就会使农作物的长势受到影响或者枯萎。如果养殖水产的水受到污染，那么其中的有毒物质就会导致鱼类、贝类等的残废或带上毒素。那些体内带上毒素，没有死亡的植物或动物被人们食用后，会对人体造成伤害，使人生病，形成新一轮的健康风险。

（6）可能引起的健康风险。垃圾不但产生异味，而且会会滋生细菌、昆虫（苍蝇、蚊、蟑螂等）以及啮齿类动物（老鼠和大老鼠）的出现和大量繁殖，因此，垃圾临时堆放得不到及时处理将可能增加周边居民、垃圾清运工人患疾病的风险，特别是可能对妇女、儿童产生不利的影响。滋生的老鼠经常啃噬周围的庄稼，影响庄稼的生长；滋生的蚊虫对田间耕种的牛、羊等动物也较易造成危害。

6.2.3 居民生活方式、意识与项目目标实现和持续的风险

居民的日常生活方式与周围环境有着密切关系。多数居民没有意识到是自污染源之一，也较少意识到环境保护需要从自己做起，改变自己的某些日常生产生活行为，如乱丢垃圾、乱倒污水等。

主要利益相关群体对自己在环境污染和环境保护中所起的作用定位有偏差，他们既不认为自己应该对周围环境污染负责任，也不认为自己是环境治理的主体之一。他们目前的角色主要是项目行为、政策行为的被动接受者。而且，一些主要利益相关群体认为环境保护是政府的事情，很有可能造成在项目设计、实施和管理中对主要利益相关群体权利和义务考虑不周。

6.2.4 项目的后续管理及机构管理能力建设

城市环境建设不是以经济效益为目标，并在短时间能够看到环保效果的项目，因此项目建成后的后续管理工作尤为重要。目前，MC 垃圾处理场项目尚处在项目准备的前期阶段，各单位工作的中心在于项目立项的通过，项目管理机构和项目业主单位没有就项目的后续管理工作进行过充分考虑。MC 垃圾填埋场项目面临建立权责明确、管理高效的机构问题。

6.2.5 居民与项目建设的冲突

项目的施工过程中不可避免地会增加噪声、增加交通压力，同时带来一定的安全隐患，给居民的生活带来不便。如果项目施工过程中不能很好地规避或减轻这些负面影响，将容易造成居民与实施机构的冲突，从而影响施工的进度。

表 12　MC 垃圾填埋场影响—风险—防范措施一览表

影响类型	受影响对象	风险识别	防范措施
征地影响	征地 280 亩，包括水田、林地、园地	减少农业收入	①做好征收的补偿工作；②适当考虑安排被征地村民进垃圾处理场工作
房屋拆迁影响	30 户，90 人	房屋拆迁，可能产生移民无家可归或者生活水平降低风险	①妥善安排宅基地；②按照重置价给予合理补偿；③先建后拆；④给需要建房的居民建好新房提供必要的帮助

影响类型		受影响对象	风险识别	防范措施
场址 500 米内影响		鱼塘、园地和水田	建设和运行期间会造成一定影响	①成立社区项目后续管理小组；②做好项目宣传，向群众解答疑问；③规范项目经营，控制外部影响
场址 500 米以外的影响		500 米外部分村民	风险较少，但可能出现渗滤液污染地下水的风险，进而影响其饮用水和生活用水	①严格按规范建设和运营管理；②做好垃圾填埋场的各项风险防范措施
施工期影响	扬尘	当地村民	对 JS 村村民基本无影响，但是对于在周边耕作的村民会造成一定影响	文明施工，及时洒水、清扫
	噪声	当地村民	对 JS 村村民基本无影响，但是对于在周边耕作的村民会造成一定影响	调整或缩短高噪音机械工作时间
	生态影响	植物	对 JS 村的植物生长造成一定影响	及时清除施工垃圾，实现植物复种
运营期影响	有害气体	当地村民	对于在周边耕作的村民会造成一定影响	及时合理处理有害气体，避免泄漏事件
	渗滤液	地下水	可能出现污染地下水的风险，影响村民的饮用水	施工期间做好防渗设施建设，运营期间做好防渗处理工作
	垃圾费涨价	贫困人群	可能会增加开支，加重其经济负担	对贫困人口实行垃圾处理收费减免政策
	中转站	周围人民	可能会污染周边环境，对周围人群造成一定的影响	减少垃圾在中转站逗留的时间，做好防护措施
	垃圾运输沿线	沿线居民	沿线居民点较少，不会带来较大的影响	使用封闭式垃圾运输车
封场期影响	气体影响	当地村民	对 JS 村村民基本无影响，但是对于在周边耕作的村民会造成一定影响	做好封场处理工作；加强封场期至安全期的管理及监测工作
	垃圾渗沥液	当地村民	可能出现污染地下水的风险，影响村民的饮用水	做好封场处理工作；加强封场期至安全期的管理及监测工作

7 项目可持续分析

7.1 社会发展效果可持续性分析

社会效应是项目存在的价值依据之一。从项目效益分析看，MC 垃圾填埋场作为环境工程项目，其社会效应是显著的。项目可以提高 MC 镇及周边五个乡镇的环境质量，提高人们环境安全意识，减少人们疾病发生率，间接地减缓农村贫困、促进社会公平、提高社会福利水平等。

表 13　项目效应的可持续分析

预期效应	措　　施
提高环境质量	提高人们的环境安全意识和责任意识，加大环境卫生设施的供给，提高环卫工素质和待遇
缓解农村贫困	培养农民良好的卫生习惯，减少发病率，控制因病返贫的现象。吸收贫困的劳动力参与项目的建设和运行
促进社会公平	加大农村公共设施建设，减小城乡差距
提高社会福利水平	开展环境保护宣传和动员，提高生活质量

7.2　项目受益者支付能力及其对项目持续性的影响分析

7.2.1　支付现状

目前，MC 镇及周边乡镇的垃圾处理费用是由镇政府、村集体和居民共同承担的。

根据对 MC 镇集镇区域内的垃圾处理收费调查，社区居民的保洁费为每户每年 20 元，每年环卫所收取的保洁费大概是 17 万，远远小于支出，现在市政府每年补贴环卫所 50 万，镇里补贴 100 万左右。

农村垃圾收费水平比较低，平均是 2～3 元/年，一般是由村集体承担，如 DY 镇的 SY 村 2100 人，每年花 4500 元让垃圾运输车清运，DY 村 1400 人，每年花 5000 元。

镇区垃圾处理收费标准见表 14。

表 14　镇区垃圾收费标准一览表

序号	收费项目	收费标准	序号	收费项目	收费标准
1	居民住户	每户 20 元/年	7	固定水果摊	300 元/年
2	固定商店	每间 30 元/年	8	固定小摊	80 元/年
3	固定酒家（饭店）	300 元/年	9	企业	300 元/年
4	小吃店	80 元/年	10	建筑垃圾及工业垃圾	50 元/吨
5	旅馆（招待所）	每床 10 元/年	11	超市	500 元/年
6	镇属各行政事业单位	300 元/年	12	菜市场	2000 元/年

7.2.2　支付能力

JD 市 2007 年生产总值（GDP）达到 115.12 亿元，三次产业结构为 14.5∶57.4∶28.1，人均生产总值为 22643 元；财政总收入为 131172 万元，其中地方财政收入 67657 万元；城市居民人均可支配收入 17300 元，人均消费性支出 11045 元。农民人均纯收入 7139 元；人均消费性支出 4695 元。

表 15　JD 市居民人均收入及消费支出情况

序号	指　标	单位	2007
1	城镇居民人均可支配收入	元	17300
2	城镇居民人均消费性支出	元	11045
3	农村居民人均纯收入	元	7139
4	农村居民人均消费性支出	元	4695

数据来源：DJ 市统计年鉴，2007 及问卷调查。

根据目前城镇居民的垃圾缴费水平，垃圾费用占城镇居民可支付收入的比例仅为 0.04%；可见，垃圾费用在项目区居民的收入及支出中几乎可以忽略不计。

7.2.3 支付意愿

调查发现，人们一致赞成需要建设一个现代化的垃圾填埋场，也认为现在的垃圾产生数量在逐年增加。多数居民认为，如果能有较好的服务和高效率的垃圾处理相匹配，人们愿意为此花更多的钱。

根据对城市居民的随机抽样调查，对垃圾费支付意愿进行了统计分析，有77%的人愿意支付垃圾费。访谈发现，享受环境清洁应该为此付费的理念已被多数人接受。他们还很感谢环卫工人付出的艰辛劳动，因为垃圾随处堆放的脏、臭是有目共睹的。同时，多数居民认为垃圾是由人们产生的，因此有义务支付处理垃圾的费用。有14%人不愿意支付垃圾费。不愿意支付垃圾费的人认为，政府有义务为居民创造一个清洁美丽的环境，垃圾费属公共开支，应由政府承担，而不应该让个人来分摊。还有9%的人对此表示无所谓。

根据调查统计，大部分居民认可的垃圾收费水平集中在5～10元/月的范围内。如果把居民认可的合理收入费水平与现在实际上在征收的费用相比较发现，目前的垃圾收费标准比人们认为合理的垃圾收费低，因此，新的垃圾处理场建成以后，垃圾收费水平的适当增加是可以被居民接受的。

访谈发现，虽然现有的垃圾收集、运输和处理费中居民只需承担较低的费用，但由于经费不足导致环卫工人的积极性也较低，服务质量不高，而居民的环境保护意识也有待加强。从政府主管部门来说，希望通过项目的建设，改进环境卫生服务，取得居民对收集垃圾卫生费用于建设垃圾处理场的认可，共同促进集镇和农村环境质量的改善。

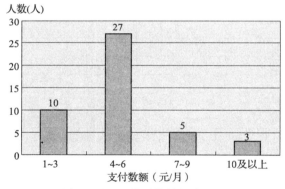

图2　居民可接受的垃圾处理费

7.2.4 特殊人群的支付

目前，项目区没有专门针对脆弱群体（如低保人群及低收入人群）支付垃圾处理费的优惠政策，因此，项目实施后，需考虑对脆弱群体实行收费优惠乃至减免政策，以保证项目的建设运营不给他们增加额外的生活负担。

同样，目前也没有专门针对流动人口的收费管理办法。在本地的外来人口基本上都是从事小商店经营，因此对这些从事商业活动的流动人口的支付按照商业店铺的收费标准和办法来实施，但对于其他流动人口的收费则存在很大的困难，包括长期居住的流动人口的垃圾费往往都收不上来。针对这部分人群，政府有必要采取相关措施予以解决。

7.3 利益受损者对项目建设与运营的可持续性影响分析

该项目的利益受损者主要是被征地拆迁户、垃圾运输沿线的居民、在垃圾填埋场500米范围内有耕地需要农作的农民，他们为区域的环境质量改善做出牺牲，承受了垃圾填埋场建设、运营过程中的种种负面影响。因此，项目业主和政府相关部门应当充分考虑到他们的利益和感情，不能对他们造成持续的负面影响或者扩大已经造成的负面影响。如果由于某种原因使得这些利益受损者进一步遭受利益的损失而又没有得到及时的弥补，有可能出现阻工、阻车的过激行为，导致项目工期延误、成本增加、效率降低等后果，不利于项目的可持续性。

对于加强居民的环境保护意识，提高环境保护行动的效率和可持续性，JD市和各乡镇政府也做了很多工作，如MC镇专门建立了以镇长为组长的"清洁乡村"大行动领导小组，以镇人大主席为组长的"清洁乡村"大行动督查组，坚持每月开展一次"清洁乡村"集中整治活动。镇（乡、街道）建设生活垃圾卫生填埋场或中转站，采取"户集、村收、镇（乡、街道）运输集中填埋（中转）"模式处理。MC垃圾填埋场一旦建成，将可以收集周边六个镇的垃圾，集中进行无害化处理。为了"清洁乡村"活动，各村和部门单位积极响应，不间断地对街巷里弄、村庄内外、道路两侧、房前屋后、河道沟塘等重点部位进行集中清理，彻底清除各类存量暴露垃圾，同时不断推行企业、商铺、家庭门前"三包"责任制，做到各家"自扫门前雪"。另外，还通过加强宣传和制定村规民约来转变居民的思想观念，从而约束不良卫生习惯。

8 社会管理计划及实施

8.1 项目社会管理计划

8.1.1 控制或减轻项目负面社会影响的措施

1. 优化项目方案设计。

在项目方案设计中应尽量减少征地拆迁规模，并采取必要的环境保护措施，避免因项目建设可能带来的二次污染。主要措施有：

①采用先进的防渗处理措施，以防止对地下水环境的污染；

②填埋场产生的渗滤液必须经过处理达到相应的排放标准后才能排入水体或城市污水管道系统；

③填埋作业应分层铺盖堆填、压实，并尽可能做到当日覆盖（用土壤或其他材料），以提高填埋库积的利用率，减少臭气散发和蚊蝇滋生；

④填埋体产生的沼气应有组织的收集、排放，如有条件可加以利用，以防止发生沼气无序迁移和聚集引发爆炸。

上述要求中，第一条和第二条具有更为重要的地位。因为地下水一旦发生污染，补救将十分困难，而且对在附近耕作的农民及其所种植的作物和养殖的牲畜等都将产生很大的负面影响。

2. 制定移民行动计划。

优化方案设计，尽量减少征地拆迁量。对于项目不可避免的征地与拆迁，需制定详细的移民行动计划。移民行动计划按照有关政策要求保障移民的生活水平至少不因项目建设而导致降低。在移民安置实施过程中，要严格按照移民行动计划执行，实施机构按时落实移民安置费用，并另外聘请第三方机构或专家对移民安置工作进行外部监测评估。在移民行动计划中，需特别关注贫困人口如何使用安置补偿金进行收入恢复。

3．制定环境管理计划。

环境管理计划需识别项目不同阶段潜在的环境影响、针对不同影响的减缓措施、实施机构、监督机构、资金安排、实施计划及监测指标等。

4．信息公开及公共卫生教育计划。

MC 垃圾填埋场涉及许多利益相关者，被征地户、被拆迁户、垃圾运输线和中转站附近的居民、垃圾填埋场附近 500 米之内有田地的农户、工程施工单位、工程业主管理方、环卫工人、环卫管理机构，以及目前的垃圾清运工及既有垃圾填埋场周边的居民。不同的利益相关者与项目的关系也是不同的。信息公开机制就是通过信息在利益相关者之间相互分享项目的有关信息，让利益相关者拥有共同的信息基础，有利于做出更加理性的决策和反应。信息公开的责任方主要是项目业主和地方政府。

需要公开的信息有：项目的基本情况；目前垃圾处理能力不足的危害和隐患；建设现代化垃圾处理场的必要性和紧迫性；项目建设期和运营期的受影响群体，以及明确说明各利益相关人群参与这次项目的建设、设计和实施过程的办法和渠道；居民需树立良好环保意识和行为；项目运营期的环境数据等。由于垃圾填埋场的运营期比较长，其环境危害和风险主要发生在这个阶段，因此，项目运营期的环境信息披露尤其重要。垃圾填埋场的运营企业应严格按照环境监测计划，定时、定点观测地下水、地表水、大气、土壤等环境要素变化情况，避免可能产生的各种污染，避免对垃圾填埋场周围的居民生产生活产生不利影响。

信息公开的方式有：①制订项目的宣传手册，分发给各利益相关人群；②结合宣传车、报栏等基础设施加大项目的宣传力度；③地方媒体，包括电视台、报社、网络都应配合进行更为广泛的宣传，争取更大范围的使各利益相关人员了解项目。

同时，为确保项目预期目标的实现和可持续，需进一步提高全民的公共环境卫生意识，有必要对其进行环境卫生教育。环境卫生教育可由政府有关部门组织开展，联合宣传部门、教育局、环保局、广电局、报社、街道/乡镇及居委会/村庄等各部门协助，面向全民，开展节约用水、污水及垃圾文明处理、水介疾病预防、废弃物循环利用、国家和地方相关环境指标、环境保护法规等方面的宣传。

8.1.2 利益增强措施

垃圾填埋场项目的正面效益主要表现在环境效益、经济效益和社会效益。正面效益可以采取积极鼓励、强化的具体措施予以激活、尽可能扩大和持续。通过对项目受益人的调查发现，人们普遍关心垃圾产生的环境污染对人们的健康构成的威胁问题，虽然，目前还不能测定垃圾所造成的环境污染对人体健康的危害程度到底有多大，但是项目的建设必然会给环境带来有利的影响，具体表现在：（1）改善当地卫生环境；（2）降低人们受垃圾引发的疾病影响的危险，减少因垃圾引起的疾病的发病率，也因此减少医疗费用和健康工作日损失等；（3）增加地方税收，增加就业机会，促进旅游业的发展，改善投资环境和采购地方物资。

为增进项目的正面效益，需要进一步采取以下强化措施：

（1）加强垃圾分类、减量。垃圾填埋只是一种事后处理，根本的解决办法是从源头治理。首先是倡导居民爱护环境卫生，开展卫生健康教育活动，提高居民对垃圾危害性的认识，从我做起；其次是向居民推广垃圾分类，在居民区或在大商场等公共场所设立废旧电池回收点，设置不同颜色垃圾箱，鼓励居民分类生活垃圾。由于过去农村的垃圾主要是自然堆放，分散式处理，环境污染较为严重。本项目应考虑改善居民区的垃圾收集和堆放条件，鼓励居民向垃圾桶、垃圾箱、垃圾池集中，提高垃圾的收集率。

（2）完善环卫设施建设及管理机制。政府应出台相关规定，规范垃圾收集、运输行为，并监督实施；依法监督垃圾填埋场的运行；垃圾填埋场的运营企业应当严格按照规范进行垃圾填埋处理，建立责任制度，准备应急预案。

（3）加强宣传教育及公众监督，增强居民的环境意识。DJ 市政府、MC 镇和其他项目服务覆盖乡镇应当经常性地开展宣传现代化垃圾处理的优点和随意丢弃、堆放垃圾所造成的危害，增强居民对 MC 垃圾填埋场建设的认同感；垃圾填埋场经营企业应当坚持公开垃圾处理相关信息，以开放的姿态接受周边居民的监督。

8.2 社会管理计划实施与监测

社会管理计划实施的责任主体是项目业主。项目业主可以根据社会管理计划实施需要，结合项目相关机构的职能分工，负责实施项目社会管理计划。

8.2.1 突发事件应急预案

根据《中华人民共和国环境保护法》、《中华人民共和国安全生产法》、《国家突发公共事件总体应急预案》和《国家突发环境事故应急预案》及相关法律、行政法规，制定了 MC 垃圾处理场突发事件预案。

一旦项目因灾害性气候造成垃圾场大面积坍塌、生活垃圾渗滤液泄露突发事件造成水域污染、沼气爆炸、车辆安全事故、药品中毒等突发事件出现人员伤亡。所采取的应急措施有：

（1）在项目运行期间加强对渗滤液收集缓冲池、地下监测井的监测，并建立渗滤液监测报警系统，一旦发生事故，立即启动特别重大突发事件（一级）预案；

（2）发现填埋场衬底破裂导致污染地下水，要加强对地下水的抽吸，并通过开孔灌注黏合剂的办法，进行裂缝密封或以硅碳溶液来修补填埋场垫层的破损部位，以解决垫层的渗漏污染问题；

（3）监测井发现地下水污染情况类似于填埋场渗滤液事件，在应急状态下，在截污坝外侧建造垂直渗滤墙至地下 10 米以下，隔断被污染地下水向外漫渗。预防的重点是加强对环境事故危险源的检测、监控并实施监督管理，建立环境事故风险防范体系，积极预防、及时控制、消除隐患。

8.2.2 社会管理计划实施监测评估

表 16　MC 垃圾填埋场监测内容及指标

社会风险	行　动	实施时间	责任者	协助者	行动方式	监测指标
居民环境意识缺乏与项目目标实现的风险	①宣传项目实施的重要性和必要性，征求他们的意见和建议。②面向受影响群众，加强对国家和地方相关环境指标、环境保护法规的培训。③开展垃圾文明处理、废弃物循环利用等方面的培训。④向群众宣传垃圾处理的工艺和技术要求，免除项目实施地居民对此类项目的顾虑	整个项目周期	环保局	街道/乡镇及居委会/村庄	实施环境管理计划	环评报告中的环境管理计划中一系列培训计划安排

社会风险	行动	实施时间	责任者	协助者	行动方式	监测指标
二次污染风险	①当地环保局对这些场所附近地下水质、土壤环境等其他环境指标进行监测并每年发布一次环境监测公报。②采用先进处理和防范技术以规避项目对周边环境潜在的负面影响	整个项目周期	环保局	住建局、街道/乡镇及居委会/村庄	优化设计、环境检测	年度环境监测报告
居民生产生活与项目建设矛盾	①对可能存在危险隐患所在地设置明显的警示标志。②对施工影响到交通时，施工单位在主要道路应设置防护栏、标语牌，危险处设置警示标志。③施工单位组成治安巡逻队，维护施工期间的社会治安。④施工单位吸收项目所在地居民，特别是贫困户、妇女参与项目的建设	项目建设期间	业主单位和施工单位	项目办、乡镇政府、村委会	落实前述几项行动	①居民对项目建设影响的投诉数量和内容。②参与项目建设的垃圾场所在村庄居民的人数、男女比例、贫困人口比例、工资数
移民安置风险	编制移民行动计划	项目准备阶段	项目业主、项目办	移民咨询单位	落实移民行动安置计划	移民行动计划中提出的监测指标
项目后续管理问题	成立垃圾填埋场所在村庄项目后续管理小组，协助环保局开展每年一次的参与式村庄环境检测。开通垃圾填埋场所在村庄环境监测反馈和申诉热线电话。公开年度环境监测报告，并给村民发放环境申诉建议表	项目监测阶段	环保局	社区项目后续管理小组、项目业主	社区环境监测小组与环保部门开展定期监测	①村委会环境申诉建议表份数和主要内容。②申诉电话处理记录。③年度环境监测报告

9 结论与建议

9.1 结论

MC 垃圾填埋处理项目的社会效益主要体现在：

1. 该项目为 Z 省 QTJ 世行贷款项目的子项目之一，是 DJ 市急需实施的环境项目，该项目的实施在改善流域和区域环境质量、改善城市环境状况、提高城市居住环境质量、扩展城市发展空间、改善城市形象及投资环境、促进城市化发展等方面具有积极作用。

2. 该项目对城市经济发展推动作用的展现将是一个长期的过程，这些作用主要包括：（1）城市环境的改善；（2）城市基础设施的完善；（3）带动旅游业、服务业、现代农业等相关产业的发展；（4）项目建设期间和项目建设后增加相关行业的就业机会；（5）为城镇化的继续深入奠定基础。

3. 项目的实施还将推动项目区环保机构的能力建设，通过引进先进的项目管理方法、建立先进的办公管理系统，有助于培养一批环境项目的管理人员。此外，项目的实施还将培养和增强项目区居民的环保意识。

4. 本项目服务覆盖了农村和城市的贫困人口，可改善贫困人口的生存环境和居住条件，提高贫困人口的健康水平。

MC 垃圾处理场项目潜在社会风险包括：

1. 征地拆迁的风险。征地拆迁是本项目潜在的主要社会风险。

2. 项目场址及中转站周边的居民可能抵制项目建设。

3. 城市贫困人口低支付能力风险。项目建成后，会涉及部分环境收费的增加，可能加重城市贫困人口的经济压力。

4. 二次污染风险。在垃圾收集、转运及处置的过程中，如措施不到位，可能给项目实施地居民带来空气、水体和土壤二次污染的负面影响。

5. 居民生活方式与项目目标实现和持续的风险。多数项目区居民没有意识到自己的行为在影响周围环境，也没有意识到环境保护和治理需要从自身做起，自己也是环境治理的主体之一，这将不利于在整个项目周期内保证主要利益相关者能参与项目，会对项目目标实现和可持续不利。

6. 居民与项目建设的冲突。项目施工过程中会给居民的生活带来不便，还可能造成施工地周边的社会治安问题。如果项目施工过程中不能很好地规避或减轻这些负面影响，将容易造成居民与实施机构的冲突，从而影响施工的进度。

9.2　建议

针对上述可能存在的社会风险，社会评价小组提出的建议包括：

1. 优化设计。

建议项目业主和项目可研单位，在方案设计中尽量减少项目涉及的征地拆迁规模，并采用先进的环境保护措施，避免环境项目可能带来的二次污染问题。

2. 开展参与式活动，吸收项目主要利益相关者参与项目的设计、实施、管理和监督。

由项目办、项目业主、社会评价小组共同制定受影响人参与纲要，并开展参与活动的监测和评价，以保证项目的主要利益相关者对项目的参与贯穿于包括项目准备、设计、实施和监测评估阶段在内的整个项目周期中，使其树立环境保护主体的意识。

3. 开展环境知识和公共卫生教育培训。

由政府有关部门组织，联合各基层组织（街道/乡镇及居委会/村庄）、舆论宣传机构（广播、电视、报纸、互联网）等，面向全体市民，开展有关环境保护法律法规、国家和地方相关环境指标知识的培训；开展节约用水、污水及垃圾文明处理、面源污染控制、水介疾病预防、废弃物循环利用等方面的培训；帮助项目区居民认识哪些生活方式可能对周围环境产生不利影响，以约束自己的不良行为等。

4. 制定合理的移民行动计划。

项目办、移民行动计划编制组和项目业主单位，在与受影响群众协商的基础上，按照有关政策要求保障移民的生活水平至少不因项目建设而降低，生计和发展具有可持续性。

5. 提供就业岗位。

项目办、项目业主，联合民政局、社会保障局等共同创造条件，为被征地拆迁居民、城市和农村贫困户和妇女提供就业机会，使其能参与到项目建设中，获得收入，提高生活水平。

6. 施工期间的安全和便利维护。

项目业主和项目施工单位在安排项目施工进度和采取安全、便利措施时，应当充分考虑到当地居民的生产生活的客观需求和习惯。

7. 机构能力建设。

加强项目管理者、项目建设者对世行项目有关社会及安全保障方面的培训，以更好的实施本项目。

8. 建设项目后续管理机制。

吸收项目区居民参与项目的后续管理。在项目建设期间社区项目管理小组的基础上，成立社区项目后续管理小组。后续管理小组的成员由村民选举产生，其中必须包括妇女代表。建议政府的环境管理部门和机构加大对环境保护的执法力度，加强对项目区居民的环境教育，以实现项目社会效果的可持续性。

附件
1. 项目位置图（略）
2. 项目社会评价人员（略）
3. 项目社会评价日程安排（略）
4. 项目问卷调查（略）
5. 项目社会评价访谈提纲（略）

第三节 生活垃圾焚烧处理建设项目社会评价案例

某生活垃圾焚烧发电建设项目社会评价

案例介绍

生活垃圾焚烧发电项目环境敏感性强，容易引发社会关注，成为社会热点问题。项目所在地居民出于对垃圾焚烧过程产生二噁英会危害健康的担忧，会极力阻止项目实施，容易导致社会矛盾激化或社会冲突，甚至引发群体性事件。垃圾焚烧发电厂的选址问题是此类项目社会分析的重点。基于此，该案例从媒体舆论与信息不对称以及类似项目的示范效应等角度分析了生活垃圾焚烧发电项目的社会风险来源，并进行了选址方案分析。此外，对土地征收补偿、安全防护距离内的房屋拆迁与安置、项目建设与运营的环境风险以及如何做好公众参与与信息披露等也进行了分析。

政府履行公共职能是否到位，对生活垃圾焚烧发电项目产生的作用和影响较为突出，特别是项目的环境安全、垃圾分类、环境意识教育、环境数据公开、垃圾收集和运输系统的配套建设等是确保垃圾焚烧发电厂可持续运营的必备条件。因此，本案例同时也进行了政府公共职能评价。

172

1 概述

1.1 项目背景

城市生活垃圾是当前世界各国面临的主要环境问题之一，也是当前我国存在的突出环境问题之一。随着经济社会的发展和人民生活水平的提高，城市化进程的不断加快，城市生活垃圾的产生量越来越大，所带来的环境污染越来越严重。目前比较普遍的垃圾无害化处理方式主要有卫生填埋、焚烧发电和堆肥。垃圾焚烧处理的优点是减量效果好，焚烧后的垃圾体积能减少 90%，重量减少 80%，并且可以有效利用焚烧余热供暖或直接发电，从而实现了城市垃圾减量化、无害化和资源化，故其社会效益与经济效益都较高。

近年来，随着 N 市的经济和城市建设飞速发展，城市生活垃圾产生量日趋增多，预测 2015 年 N 市市区生活垃圾处理量将达到 6334t/d。目前，N 市生活垃圾处理以卫生填埋为主，现有三座大型填埋场。但按现有垃圾产生量和垃圾填埋场的消纳能力，三座填埋场不久都将被填满，届时 N 市将面临生活垃圾无处消纳的局面。

为此，N 市委、市政府明确指示有关部门组织力量，考虑筹建新的垃圾处理设施，研究利用垃圾焚烧发电技术，处理一部分城市生活垃圾的可能性。经过前后几年时间的准备，N 市生活垃圾已具备焚烧发电的基本条件，而目前国内垃圾焚烧发电技术已经相对成熟，因此拟在 J 区建设江南生活垃圾焚烧发电厂。2011 年 11 月，N 市城市管理局委托 J 省国际招标公司通过公开招标方式，最终择优确定 G 公司为中标人，由 G 公司负责项目建设资金筹集及项目设计、建设、运营与管理等工作。

1.2 项目概况

N 市江南静脉产业园生活垃圾焚烧发电厂项目选址于 N 市 J 区 J 街道静脉产业园（TJ 镇）。该项目接收处理的垃圾来源于 5 个区的部分生活垃圾。项目总规模为日处理生活垃圾 2000 吨，配置 4 台 500t/d 机械炉排焚烧炉，配 2 台 20MW 凝汽式汽轮发电机组。

项目业主为 N 市城市管理局，负责本项目在建设及运营期间的管理以及其他与政府部门的协调工作。

项目采用特许经营权（BOT）模式，由 G 公司负责项目建设资金的筹集及项目设计、建设、运营管理等工作，特许经营期限 30 年。G 公司拟向亚行申请贷款。

1.3 项目区社会经济状况

1.3.1 项目区界定

根据垃圾焚烧发电项目的特点，将项目区划分为四类区域：

1. 厂区（红线范围）：即厂区围墙内的区域。

2. 直接影响区（安全距离区，即黄线范围）。即以焚烧炉烟气排放设施为中心，半径 300 米的圆所覆盖的区域。该区域内的居民需要迁移。

3. 间接影响区（环境敏感区）。即以焚烧炉烟气排放设施为圆心，半径 2.5km 范围内区域。该区域内居民普遍较关注项目影响，对项目较为敏感。

4. 直接受益区。为该市的 5 个项目目标服务区。

1.3.2 社会经济概况

N 市位于我国经济发达的东部地区，是长江三角洲经济核心区的重要城市和长江流域四大中心城市之一。J区位于N市主城区内，经济综合实力已跨入全国百强之列。2011年，N市J区实现地区生产总值759.11亿元，按常住人口计算，人均地区生产总值达66000元，突破1万美元大关。

1.4 社会评价的意义和目的（略）

1.5 社会评价的主要依据

1.5.1 国家相关法律法规

1.《生活垃圾焚烧处理工程项目建设标准》（建标142—2010）。

2.《生活垃圾焚烧污染控制标准》（GB 18485—2001）。

3.《城市生活垃圾处理和给水与污水处理工程项目建设用地指标》（建标〔2005〕157号）。

4.《关于防范环境风险加强环境影响评价管理的通知》（环发〔2006〕4号）。

5.《环境影响评价公众参与暂行办法》（环发〔2006〕第28号）。

6.《关于进一步加强生物质发电项目环境影响评价管理工作的通知》（环发〔2008〕82号）。

7.《国务院批转住房城乡建设部等部门关于进一步加强城市生活垃圾处理工作意见的通知》（国发〔2011〕9号）。

8.《国务院办公厅关于印发"十二五"全国城镇生活垃圾无害化处理设施建设规划的通知》（国办发〔2012〕23号）。

1.5.2 地方级相关法规、规章

1.《关于加强环境影响评价管理防范环境风险的紧急通知》。

2.《关于进一步规范规划和建设项目环评中公众参与听证制度的通知》。

1.5.3 区域规划、专业规划

1.《N市城市总体规划》（2007～2020）。

2.《N生态市建设规划》（2004～2020）。

3.《N市环境卫生专业规划（修编）》（2011～2020）。

1.5.4 项目文件

1.《N市江南静脉产业园生活垃圾焚烧发电厂项目可行性研究报告》。

2.《省发展改革委关于N市江南生活垃圾焚烧发电厂项目建议书的批复》。

3.《N市江南静脉产业园生活垃圾焚烧发电厂项目环境影响评价报告》。

1.6 社会评价的程序及方法

1.6.1 社会评价的程序（略）

1.6.2 社会评价调查方法（略）

1.6.3 社会评价方法（略）

2 利益相关者分析

2.1 利益相关者识别

在问卷调查、实地走访和机构座谈会的基础上，本项目利益相关者识别过程如下：

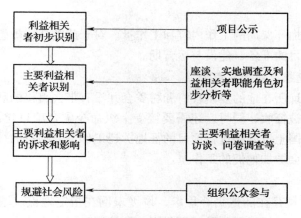

图1　主要利益相关者识别过程

通过上述程序，识别出本项目的主要利益相关者为：N 市政府、N 市城市管理局、J 区国土资源局、J 区环保局、场址所在地乡政府和村委会、受益区居民、场址附近的居民和征地拆迁户。

2.2　项目对利益相关者的影响

2.2.1　N 市政府

对于 N 市政府而言，他们完全支持该项目的建设。该项目的建设是 N 市经济社会可持续发展的需要，也将成为 N 市政府为民服务的一项业绩。具体表现在：

（1）通过项目引进资金，可以加快和促进当地的环境改善和经济发展。

（2）通过项目改变当地的环境卫生状况，解决市民抱怨和垃圾围城的困扰。

（3）项目采取 BOT 模式，有利于推进垃圾处理的市场化改革，同时减轻政府投资资金来源的压力。该项目的建设，是 N 市政府生活垃圾处理机制改革的重要举措。其意义在于，实现了生活垃圾处理投资主体多元化、运营主体企业化、运行管理市场化，形成开放式、竞争性的建设运营格局。

（4）项目采用焚烧处理技术，利用焚烧余热发电，通过售电收入补助企业运营费用，同时可减少政府对垃圾处理项目的补贴费用。

2.2.2　N 市城市管理局

N 市城市管理局的主要职责包括负责编制城市管理发展战略、中长期发展规划和年度计划，并组织实施。研究制定市容景观、环境卫生、市政设施、城市绿化等专项规划和行业发展规划，并组织监督实施。对 N 市城市管理局而言，他们完全支持项目的建设。该项目的建设，缓解了垃圾围城的困扰，有利于减轻他们的工作负担。

同时，项目的实施也给他们增加了大量的工作。作为项目的业主单位，他们需要协调诸多政府部门，以及回应社会对于项目的关注与质疑。

2.2.3　J 区国土资源局

集体土地征收及其房屋拆迁，容易引发社会风险。对 J 区国土资源局而言，该项目的建设增加了该单位对于集体土地征收的任务，还需要妥善处理土地征收中的纠纷，增加了他们的工作量。

2.2.4 J区环保局

项目的实施将增加环保局的工作内容和工作量。对于此类环境敏感型项目，环保局的工作将贯穿于整个项目的准备、建设与运营期。

2.2.5 场址所在地乡镇政府和村委会

项目的建设对场址所在地的乡镇政府和村委会并没有带去直接的利益，这些乡镇所属的个别村组的土地将被征收，同时，还需要接受上级命令配合项目建设，协调组织环评、公众参与活动，配合国土资源局进行项目的征地拆迁工作等。项目的征地拆迁会给村委会带来一定收入，但也会增加他们的工作量。

2.2.6 受益区居民

在N市城区，大量存在随地扔弃垃圾、垃圾未倒在指定地点、城区及周围地区的环境卫生脏乱差等问题。垃圾清理不及时不仅影响环境卫生，也影响了市容、市貌。在调查中也进一步了解到，城区居民认为，自己已经缴纳了垃圾处理费，政府就应该给市民营造一个卫生清洁的环境。他们支持生活垃圾焚烧项目的启动，希望通过该项目改变环境现状。同时，他们也希望该项目启动后，向居民收取的垃圾处理费不要增加很多。

2.2.7 场址所在地村民

场址附近的居民担心生活垃圾焚烧项目的建设会给他们带来负面的影响，他们担心的问题主要包括：垃圾焚烧产生的烟气（尤其是二噁英），会影响身体健康、场址周边的水环境、大气环境等安全会受到威胁。因此他们希望项目的建设能够采用先进的工艺，在项目实施期间必须保质保量，把可能对周边居民造成的不利影响降到最低。

2.2.8 受征地拆迁影响的村民

项目需要征收13.52公顷的集体土地，拆迁35443.47平方米居民房屋，影响到190户、576人。项目对其生计会造成影响，使得他们需要搬离世代居住的地方。

2.3 利益相关者对项目的影响

2.3.1 N市政府

本项目是一个为社会服务的公益性项目，以保护环境为目的，需要在政府的政策支持及提供补贴下才能维持运营。本项目的最大作用是社会效益显著，本项目建成后，将减少该地区的垃圾填埋量，延长N市现有填埋场的使用寿命。对改善N市城市环境将有十分重大的意义。因此，N市政府支持该项目的建设。

2.3.2 N市城市管理局

N市城市管理局在项目中起着配合实施单位建设项目的作用，对项目产生很大的影响，他们的工作能力、工作作风和敬业程度直接决定项目的效果。项目准备、建设、运营中相关政府部门手续的办理需要得到他们的支持。当G公司与J区政府及其相关部门需要沟通协调时，亦需要N市城管局的出面。

2.3.3 J区国土资源局

对J区国土资源局而言，他们能否顺利完成厂区红线范围内的土地征收以及环境安全距离内的房屋拆迁，对项目起着至关重要的作用。

2.3.4 J区环保局

J区环保局对于项目的环境影响起到实时监管的任务。这些机构对项目的态度是否积极对项目产生一定的影响，项目建设中相关手续的办理需要得到他们的支持。

2.3.5 场址所在地乡镇政府和村委会

项目所在乡镇政府和村委会对项目的接受程度对项目是否能顺利开展起到了关键的作用。项目的征地拆迁必须借助于项目所在乡镇政府和村委会进行协调，以保证项目能够顺利开展。居民一旦对项目征地拆迁、建设、运营有抱怨时，他们是化解纠纷的最直接的第一途径。

2.3.6 受益区居民

垃圾焚烧发电的服务对象都是城区居民，他们是此项目的最大受益者。从调查中得知大部分城区居民对该项目持支持态度，他们可以通过一些渠道表达他们对该项目的意见和建议，但是他们对该项目的影响不大。

2.3.7 场址所在地村民

场址所在地的村民如何看待垃圾焚烧发电厂，对该项目的影响很大。项目建设过程中以及项目建成后的运营都会受到这些居民的影响。根据以往类似项目的经验，如果项目建设和运营过程中没有处理好与当地村民的关系，那么项目的推进将受到很大的阻力，同样地，项目建成后也无法正常运营。因此，他们对项目的影响很大。

2.3.8 被征地拆迁村民

垃圾焚烧发电厂的建设需要征用他们的土地，项目的建设还造成了部分房屋拆迁，在现今"以人为本"的政府行政理念下，不允许强制拆迁和强制征收土地，因此征地拆迁之前都必须获得他们的同意，并协商赔偿和安置的具体办法，他们是否同意征地拆迁的决定对项目的影响很大。

3 项目社会分析

3.1 社会影响分析

3.1.1 经济层面

本工程虽然是公用事业，但也有一定的经济效益，表现在以下几个方面：

（1）缓解供电紧张，提供就业机会。

本项目年上网电量为 $2.24 \times 10^8 kW \cdot h$，在一定程度上满足当地用电增长需求，缓解当地供电紧张的局面，对推动当地的社会经济发展起重要作用。同时本项目还可提供一百多个就业岗位，工程建设期间需要雇用技术人员及临时工，项目运营期间也要招聘技术人员及普通工人，可以给当地群众提供就业机会，增加收入。

（2）售电收入可弥补经营成本，提高经济效益。

垃圾焚烧发电厂利用焚烧产生的余热发电，通过售电获得收入，可以弥补企业经营成本，提高项目的经济效益。

（3）带动环保与再生资源利用产业的发展。

静脉产业园是资源循环利用的集中示范区。静脉产业园已经成为我国各大城市进行固体废弃物处理处置、资源综合利用和循环经济发展的关键基础设施。

通过该垃圾焚烧发电厂的建设与带动，N市将以此为基础打造静脉产业园。例如，废弃电子垃圾可以拆解成可以利用的工业原材料；废旧轮胎打碎成胶粉再利用；废弃油脂用于生产生物柴油；废旧电池可以提取各种金属等。而且上述资源再利用的各项技术均已很成熟。静脉产业园的建设对 N 市生活垃圾减量化、资源化利用意义重大，有利于城市从垃圾围城中突围，并有可能成长为又一经济增长点。

（4）提高相关采购部门的经济效益。

项目施工期间需要采购大量的建筑材料，这些材料可能在当地采购，相应的也就带来了相关采购部门的经济收入。

3.1.2 社会层面

项目建设可以解决垃圾污染环境和垃圾占地问题，改善公众的生活质量。N 市现有垃圾处理方式比较简单，以填埋为主，其他方式如堆肥、焚烧的比例严重偏低，填埋处理能力已接近饱和，可持续发展水平低。N 市属于经济发达的大城市，人口密集，垃圾产生量高，同时土地资源紧张，垃圾处理场址的选择越来越困难，而采用垃圾焚烧发电方式具有占地少、减容效果好、无害化处理彻底、余热可利用等优点，且随着技术的不断发展和成熟，已经能够通过合理的工程技术手段显著减少和抑制二噁英的排放量，因此，本项目的建设将有力缓解 N 市生活垃圾消纳出路问题，实现垃圾的"无害化、减量化、资源化"，从根本上有效的解决垃圾污染环境的风险，改善城市生活环境，保障人民群众的身体健康。

3.1.3 非自愿移民

被征地村民人均耕地约为 1.5 亩，中青年人长期在附件的开发区打工，土地主要由一些中老年人耕作，主要种植水稻、油菜、小麦、茶叶、棉花，在每年的农忙期间，青年人会择时回村帮忙。根据对 64 户样本家庭（抽样比例为 34%）进行分析，2012 年年均家庭总收入 47000 元，其中家庭农业收入 4000 元，占 8.51%。以上数据反映，农业收入只占家庭总收入中很小的一部分，不足 10%。因此，土地的征收不会对家庭收入产生严重的影响。被征地人员达到养老年龄时，基本生活保障平均领取水平为 480 元/月，老年生活困难补助平均领取水平为 240 元/月。征地对于中青年而言，没有任何影响。对于老年人而言，领取养老金，生活水平反而得到了保障甚至提高。

对于被拆迁的房屋，农民可以获得现金补偿或者产权置换的房屋。一比一的置换方案确保被拆迁户能够得到跟原有居住面积一样大的安置房。

3.2 社会相互适应性分析

项目与所在地互适性分析旨在分析预测项目所在地的社会环境、人文条件能否接纳、支持项目的存在与发展，以及当地政府、居民支持项目存在与发展的程度，考察项目与当地社会环境的相互适应关系。

3.2.1 项目与当地组织的适应性

1. 选址地区的居民是项目的受损群体，因此项目中可能存在抵制垃圾运输的自发性团体。调查发现，项目选址所在村的村民对项目的知情率为 100%；项目接受水平也很高，居民主要的关注点在于污染如何防治。居民对项目持不排斥的态度主要来自于项目实施单位对村民诉求的理解。在项目选址的前期阶段，项目实施单位已安排村民参观了某市已建成的垃圾焚烧发电厂，该垃圾焚烧发电厂较好的环境打消了村民心头的疑虑，对于项目的推进有很大帮助。

2. 在项目 2.5 公里范围的环境敏感区内，不存在由于项目建设影响的行业、产业，不存在较大规模的新建商品房小区。初步分析，不存在抵制项目的自发性组织。

3.2.2 项目与当地技术、文化条件的项目适应性

当地的技术条件可以满足项目的建设、运营、管理和维护等。G公司也具备了在该省建设运营多座垃圾焚烧发电项目的经验。

在文化条件上，N市非常重视环境保护，建设人文城市、绿色城市的思路已经不仅仅停留在宣传口号上，而是在人们环境保护的理念上赢得了广大人民群众的认同感。这对于环境项目的开展无疑是极大的配合基础，为项目的顺利推进奠定了文化基础。

3.3 项目可持续分析

项目可持续性分析是关于项目生命周期的总体分析。项目可持续分析主要内容是项目效果是否能够持续发挥，需要何种条件，作为项目的受益者是否能够持续地承担项目所需的成本，以及项目实施中的可能受益者或受损者是否可能阻止项目建设和运行，从而阻断项目社会效果的持续发挥。

3.3.1 社会发展效果可持续性分析

社会效果是项目存在的价值依据之一。N市垃圾焚烧发电项目作为环境工程项目，其社会效果是显著的。项目可以解决该市垃圾围城的局面，提高5个区的环境质量，提高人们环境安全意识，减少人们疾病发生率，并间接地减缓农村贫困、促进社会公平、提高社会福利水平等。

3.3.2 经济可持续性分析

垃圾焚烧发电项目需要较高的运行及维护费用，有足额的垃圾处理费补贴和售电收入支撑，才能确保项目经济可持续性。通过以下分析，证明了本项目在经济具有可持续性：

1. N市与G公司签订了特许经营合同，确保了30年内有足量的垃圾供焚烧炉运转需要，并将足额及时地支付垃圾处理费，该垃圾处理费还将随着处理成本的提高而适时进行调整；N市财政实力雄厚，支付垃圾处理费所需的财政补助资金可以得到保证。

2. 国家给予政策优惠。根据国家发改委《关于完善垃圾焚烧发电价格政策的通知》（特发改价格〔2012〕801号），每吨生活垃圾执行全国统一垃圾发电标杆电价0.65元/kW·h。根据财政部和国家税务总局财税〔2001〕198号文和财税〔2004〕25号文件规定，本项目售电收入预计还可实行增值税即征即退政策。

4 社会风险分析

根据项目区社会经济背景及项目自身的特点，通过实地调查和分析识别出与项目相关，并可能影响项目发展目标实现的主要社会风险。寻求规避社会风险的措施，以方便相应机构做出安排。

垃圾焚烧发电项目的社会风险与项目建设和运营中可能对群众利益造成损害的因素有关，此外，信息不对称、谣言和不符合实际、只谋求新闻效应的宣传也是诱发社会风险的因素。

在垃圾焚烧发电项目的准备、建设和运营期，可能诱发或导致社会风险的因素、产生路径见表1。

表1　N市垃圾焚烧发电项目主要社会风险识别表

项目阶段	风险诱发因子	诱发因子影响内容	备　　注
准备期	媒体舆论与信息不对称	各类新闻媒体对涉及工程的相关内容进行热点追踪和报道，使公众参照已有类似工程或个人经验，判断工程建设对自身利益的利弊，引起对项目建设的担忧和疑问	媒体记者往往非专业人士，亦对垃圾焚烧的专业知识了解不多。往往在追逐新闻焦点效应的过程中，制造热点问题，以吸引眼球
	别的工程的负示范效应	近期发生的其他类似工程项目导致的群体性事件，带来负示范效应。让居民觉得，通过群体性事件能突出表达自己的利益诉求，并让政府在社会舆论的压力下接受群众的诉求	典型的如四川的什邡事件、江苏的启东事件。政府在群体性事件发生之后，立即做出了项目停止建设的决定
施工期	征地拆迁	工程的征地拆迁将对被征地拆迁居民的生产生活产生一定程度的负面影响，如果补偿安置措施不到位，会造成居民生活质量下降，引起被征地拆迁居民的不满，甚至可能引发上访、阻碍施工等威胁社会稳定的事件	
	环境污染	施工过程中产生的扬尘、噪声、废水、垃圾如不能进行妥善处理，将对施工区附近的环境造成污染，降低环境质量，影响居民生活和身体健康，从而引发不满和投诉	
运营期	环境污染	垃圾焚烧过程中所产生的烟气、污水等如不能严格按照规范操作和达标排放，会对周围环境和附近居民的生活造成负面影响，从而引发不满和投诉，甚至可能发展成威胁社会稳定的事件	
	生产事故	焚烧炉配套的烟气处理设施发生故障；焚烧炉启动或关闭过程中措施不力，造成的二噁英非正常排放；恶臭防治措施无法正常运行，造成恶臭污染物事故性排放等，对周围环境和附近居民的生活造成负面影响，从而引发不满和投诉等	

4.1　媒体舆论与信息不对称

生活垃圾焚烧发电属于"敏感项目"，新闻媒体和网络信息的误导常常成为影响此类项目社会稳定的重要风险因素。与传统媒体主导下的大众传播相比，借助网络论坛、QQ群、手机等新媒体传播平台，普通公众可以不受组织化的大众媒体的把关限制，将个体所感知到的风险告知他人，共享风险信息与风险知识，达成风险共识，从而达到将风险问题化、公共化的目的；这种风险共识聚焦于风险对公众生命健康所构成的威胁上，更具有广泛的动员潜能；而新媒体传播的便捷性和低成本性优势则又使得这种动员潜能能够在短时间内迅速转化为公众的集体行动，对决策者形成强大的社会舆论压力。

尽管本项目已经在国家级、省、市级媒体进行了广泛的宣传报道，并举办了多次公众参与活动。网络媒体也对本项目进行过详细的、相对准确的与科学的报道，在一定程度上缓解了媒体舆论的误解，也初步解决了群众对于垃圾焚烧发电相关知识的信息不对称问题。但仍有部分项目环境敏感区域内外的居民，对于项目持质疑态度，其反对建设垃圾焚烧厂的表达首先都是利用网络的传播渠道，尤其是各小区的业主论坛。居民使用网络的便利性、低成本性、及时性、公开性以及传播对象的特定针对性，使原本局限于"私领域"的垃圾焚烧风险被迅速转化为"公领域"中为广大业主普遍关注，并认为有必要采取行动予以遏制的重大环境健康风险问题，从而为集体行动的产生提供了必要前提。

4.2 类似项目的负示范效应

近年发生的什邡"宏达钼铜事件"与江苏启东的"王子制纸排海工程"都宣布停建，PX 项目在厦门遭到市民反对后另选厂址。值得注意的是，这些项目不少通过了环评，甚至是国家或省里确定的重点产业项目。这些事件带来负示范效应，也会进一步激发或者放大本项目的潜在风险。在公众的环境意识与权利意识迅速提升的当下，也让部分群众觉得，通过制造群体性事件可以抵制项目的实施。

通过与这些导致群体性事件的项目相比较，社会评价小组认为，本项目基于以下理由预计不会产生此类事件：

（1）未导致居民群体的收入与生计受到影响（如启东王子造纸事件）；

（2）未导致较大区域的居民生活与生产条件可能受到无法预计的环境破坏风险（如宏达钼铜事件）；

（3）未选址于环境敏感、脆弱地区；

（4）未对该地区其他产业的发展造成负面影响（如 PX 项目）；

（5）未牵扯其他的社会矛盾点。

4.3 同城效应

N 市同时在准备建设两个垃圾焚烧发电厂，由不同的中标者按照各自的 BOT 协议建设运营。由于两个垃圾焚烧发电厂所处和服务的行政区不同，在征地拆迁补偿安置、临近社区人员的就业安排、厂区布局与设计等方面也存在着不同，但借助于新媒体等方式的传播，使两地的居民互相攀比，图求两个项目所有政策的一致性，导致两个项目之间形成联动效应，给各自具体政策的制定与实施带来困难。

4.4 方案选址

在垃圾焚烧发电厂选址过程中，依据城市垃圾的特性和 N 市的国民经济发展要求，按照 N 市生活垃圾的实际情况，设计单位对垃圾处理处置地点进行了比选和推荐，最终决定 D 厂址为本项目厂址。该厂址距离邻市和 NS 湖风景区两个较大的环境敏感点距离适中，厂址周边拆迁居民较少，环境敏感点较少。厂址比选情况详见表 2。

表2 生活垃圾焚烧发电厂方案选址分析表

选址要求	招标文件选址	D选址	T选址（J区政府推荐）
选址位置	该点位于TJ镇嵇家东与杨安南区域	位于J区TJ镇戴家庄房以北、南庄以西、福兴以东空阔区域	位于TJ镇洪幕村西、红庄东、洪太路南采石场区域
用地及周边情况	距离TJ2公里，某别墅区1.2公里，邻市边界线3公里，200亩内无拆迁	目前红线未定，地区主要有零散的居民点，北侧1800m为某别墅，200亩内无拆迁	距离省界1.2公里，需拆迁采石场，1.5公里外有邻市鹦鹉山村、天然村等居民密集区
地形影响	选址处于丘陵地区	选址处于丘陵地区	选址处于丘陵，为铜矿和金矿挖空区，属于复杂地形
应符合城乡建设总体规划、环境保护规划、环境卫生专业规划，并符合当地的大气污染防治、水资源保护、自然保护以及国家现行有关标准的要求	位于规划中的静脉产业园内。该选址距离J马头山水源涵养区（自然保护区）较近，约0.5km。属于水源涵养区的控制开发区内	位于规划中的静脉产业园内。该选址距离J马头山水源涵养区（自然保护区）较近，约0.5km。属于水源涵养区的控制开发区内	位于规划中的江南静脉产业园内。该选址距离J马头山水源涵养区（自然保护区）较近，约0.8km。属于水源涵养区的控制开发区内
必须符合所在城市的总体规划、土地利用规划及环境卫生专项规划（或城市生活垃圾集中处置规划等）	相关的N市规划、J区规划、J区统筹规划、环境卫生专业规划未涉及该选址	相关的N市规划、J区规划、J区统筹规划、环境卫生专业规划未涉及该选址	相关的N市规划、J区规划、J区统筹规划、环境卫生专业规划未涉及该选址
禁止在城市建成区及规划建成区建设	位于城市规划区外	位于城市规划区外	位于城市规划区外
禁止在可能造成敏感区环境保护目标不能达到相应标准要求的区域建设	红线内无居民拆迁，300m防护范围内有少量居民拆迁	红线内无居民拆迁，300m防护范围内有少量居民拆迁	红线内无居民拆迁，300m防护范围内有少量居民拆迁
城镇或大的集中居民区主导风向的上风向	位于邻市城区上风向，距离约4.5km	位于邻市城区上风向，距离约4km	位于邻市城区上风向，距离约1.5km
JS与AH省界限制及相关影响	距离省界较近，约3000m	距离省界较近，约2800m	距离省界较近，约1200m
考虑相关的社会文化背景，应避免生活垃圾焚烧厂对地面水系造成污染，避免对重点保护的文化遗址或风景区产生不良影响	该选址距离J马头山水源涵养区（自然保护区）较近，约0.5km，属于控制开发区范围	该选址距离J马头山水源涵养区（自然保护区）较近，约0.5km，属于控制开发区范围	该选址距离J马头山水源涵养区（自然保护区）较近，约0.8km，属于控制开发区范围

选址要求	招标文件选址	D 选址	T 选址（J 区政府推荐）
生活垃圾焚烧厂，尤其是Ⅰ、Ⅱ类焚烧厂，运输量大，来往车辆相对集中、频繁，若厂址与服务区之间没有良好的道路交通条件，不仅会影响垃圾的输送，还会对城市交通造成影响	距离 N、J 主城区较远（约 1 小时车程），进入丘陵地区的运输道路需要进行建设。运输费用较大	距离 N、J 主城区较远（约 1 小时车程），进入丘陵地区的运输道路需要进行建设。运输费用较大	距离 N、J 主城区较远（约 1 小时车程），进入丘陵地区的运输道路需要进行建设。运输费用较大
需要可靠的水源	取水采用自来水或长江边工业水厂的水	取水采用自来水或长江边工业水厂的水	取水采用自来水或长江边工业水厂的水
需要外部电力供应，此外，当利用垃圾热能发电时，电力需要上网，故应考虑高压电的上网方便	以 110kV 接入地区电网	以 110kV 接入地区电网	以 110kV 接入地区电网
不宜选在重点保护的文化遗址、风景区及其夏季主导风向的上风向	根据现场勘察项目用地不涉及风景区、文化遗址	根据现场勘察项目用地不涉及风景区、文化遗址等	根据现场勘察项目用地不涉及风景区、文化遗址等
应充分考虑焚烧产生的炉渣及飞灰的处理与处置	炉渣和飞灰均在园区内处理	炉渣和飞灰均在园区内处理	炉渣和飞灰均在园区内处理
污染防治措施	附近无污水处理厂，接管困难，污水需要零排放	附近无污水处理厂，接管困难，污水需要零排放	附近无污水处理厂，接管困难，污水需要零排放

4.5 征地与拆迁风险

本项目的征地拆迁补偿与安置政策，公众参与的结果表明，群众认可并且接受。主要的风险在于安置房的建设需要完成相应的审批手续，安置点的选择在本项目启动时还在进行中，这样会导致群众的安置过渡期较长，从而引发不满。

4.6 环境污染导致的社会风险

4.6.1 施工期

在施工过程中存在的环境污染有四个方面，即噪声、扬尘、固体废弃物和废水。

1. 噪声。

施工期噪声主要为施工机械和运输车辆产生的噪声，经类比分析，这些施工机械噪声值一般在 75～115dB（A）之间，在多数情况下施工混合噪声在 90dB（A）以上，将对施工人员和周围环境产生一定程度的不利影响。

2. 扬尘。

施工粉尘主要来自土石方开挖、填筑、混凝土拌和、料场取土、弃渣堆放、散装水泥作业及车辆运输，主要污染物为 TSP。施工中土石方开挖、混凝土拌和、料场取土、弃渣堆放等产生的粉尘，基本上都是间歇式排放；而散装水泥作业、车辆运输及施工设备运行产生的扬尘和废气排放方式为线性的，对沿途环境造成污染。

3．固体废弃物。

施工期产生的固体废弃物主要有土石方开挖出的渣土及碎石，物料运送过程的物料遗洒和漏损，包括砂石、混凝土等，以及施工人员产生的生活垃圾。

4．废水。

施工产生的废水主要来源于基坑排水、混凝土搅拌和养护碱性废水等，均为间歇式排放。此外还有施工人员产生的生活污水等。

表3　施工期间环境污染社会风险预测

影响因素	社会风险预测	风险等级
噪声	由于附近村庄距离工程建设工地较近，因此，应禁止夜间高噪声施工，昼、夜施工均应做好防护措施，避免对附近的居民产生不利影响	较低
扬尘	对于施工扬尘应采取定期洒水作业，由于施工场地附近现状大部分为空地和农田，故施工扬尘产生的影响不大。 由于施工期较短，场地范围较小，所以扬尘对大气污染是小范围、短暂的，不会对周围环境产生显著影响	较低
固体废弃物	由于本工程基本上都是在厂界内施工，产生的固体废弃物按要求定点堆放、管理，所以对周围环境影响的甚微	较低
废水	工程少量基坑排水通过明渠排入附近河流；混凝土拌和养护废水集中收集，经沉淀中和处理后回用不外排；在施工人员临时居住区设生活污水集中收集设施，定期清理粪便污物外运，作为农田堆肥。总之，施工期外排废水量很少，对附近地表水环境的不利影响很小	较低

4.6.2　运营期

1．噪声。

项目噪声主要有机械设备噪声、空气动力性噪声和运输设备噪声。本项目主要产生高噪声设备有：汽轮发电机组、送风机、引风机、搅拌机、锅炉排汽、冷却塔等。

2．废水。

项目所产生的废水将由厂内污水处理站经深度处理达到回用水质标准后在厂内回用，实现零排放。因本项目废水零排放，对地表水环境影响较小。

3．垃圾运输。

（1）噪声影响。垃圾运输车噪声源约为85dB（A），在道路两侧6m以外的地方，交通噪声符合昼间交通干线两侧等效连续声级低于70dB（A）的要求，但超过夜间噪声标准55dB（A）；在距公路30m的地方，等效连续声级为55dB（A），可见在进厂道路两侧30m以外的地方，交通噪声符合交通干线两侧昼间和夜间等效连续声级低于55dB（A）的标准值。但道路两侧30m内的办公、生活居住场所会受到垃圾运输车噪声的不利影响。

（2）恶臭与环境卫生影响。垃圾在运输前已经过压缩处理，并且采用全密封式垃圾运输车，运输过程中基本可控制垃圾运输车的臭气泄漏、垃圾及其渗液洒漏问题。但因为本项目的垃圾运输量较大，运输距离相对较远，一旦运输过程中发生交通事故，或运输车辆出故障，可能会发生垃圾撒漏事件，产生恶臭和污染，影响当地的环境卫生。

（3）废水影响。在车辆密封良好的情况下，运输过程中可有效控制垃圾运输车的垃圾渗液泄露问题，对垃圾运输车所经过的道路两旁水体水质影响不大。但如垃圾运输车出现故障，导致垃圾渗液沿路洒漏，则会由于雨水冲刷路面而对附近水体造成污染。

（4）运输路线的影响。本项目垃圾运输路线路面较宽、路况较好，市区段敏感目标较集中，马路两边主要以商业、办公、住宅为主。为减缓市区交通的压力，同时减少对城市正常生活的影响，可考虑规定垃圾运输车辆的运输时间，如增加夜间的运输密度等。

4. 大气。

非正常工况氯化氢小时平均浓度最大贡献值超标，预测此时环境敏感保护目标居民区正常成年人吸入的二噁英量低于呼吸进入人体的允许摄入量。非正常工况对外环境和敏感目标的影响程度比正常工况显著增加，对外环境影响也比较大。

表4　运营期环境污染诱发社会风险预测

影响类型		社会稳定风险预测	风险等级
声环境		项目建成后，厂界噪声各点均能达标。厂界外300米范围内无居民等环境敏感目标，故本项目建成后不会出现噪声扰民现象	低
水环境		本项目废水零排放，对地表水环境影响较小	低
垃圾运输		道路两侧30m内办公、生活居住场所会受到垃圾运输车噪声的影响。 垃圾运输前已经过压缩处理，并且采用全密封式垃圾运输车，运输过程中基本可控制垃圾运输车的臭气泄漏、垃圾及其渗滤液洒漏问题。另外，本项目垃圾的运输量较大，运输距离相对较远，一旦运输过程中发生交通事故，可能会由撒漏的垃圾产生恶臭，影响当地的环境卫生。 在车辆密封良好的情况下，运输过程中可有效控制垃圾运输车的垃圾渗滤液泄露问题，对垃圾运输车所经过的道路两旁水体水质影响不大	低
生态环境影响		由于占用土地比较少，从整个大区域来说，工程占地只是一小部分，在按标准排放的情况下，项目对整个气候影响极小。 由于垃圾焚烧排放的各种大气污染物对植物有复合作用，如二氧化硫与氮氧化物之间的联合作用都比单一气体造成危害的程度大	低
大气环境的影响分析	无组织排放	H_2S、NH_3 厂界处最大浓度值明显低于《恶臭污染物排放标准》（GB 14554—93）中恶臭污染物厂界标准值中新改扩建项目二级标准。NH_3、H_2S 最高浓度出现在厂界外西南侧约10米处，NH_3、H_2S 厂界内外均可达到环境质量标准	低
	正常工况下		
	环境防护距离	本工程厂界周围300m范围内现有居民165户、约374人，这部分人群搬迁后，无环境敏感保护目标	低
	非正常工况下	非正常工况对外环境和敏感目标的影响程度比正常工况显著增加，对外环境影响也比较大	中

4.6.3 生产事故

根据以往经验分析，垃圾焚烧项目在生产过程中有可能产生以下几类造成环境污染的事故：

（1）焚烧炉配套的烟气处理设施达不到正常处理效率；

（2）在焚烧炉启动（升温）、关闭（熄火）过程中，或因管理及人为因素造成炉温不够、烟气停留时间不足情况下二噁英非正常排放；

（3）轻柴油储罐发生泄漏的火灾爆炸；

（4）焚烧炉内 CO 量过大造成爆炸事故对周围环境的影响；

（5）恶臭污染物防治措施无法正常运行。

表5　生产事故原因与风险等级

	生产事故可能诱发社会稳定风险	风险等级
事故后果	一是焚烧炉配套的烟气处理设施达不到正常处理效率时的废气排放情况；二是在焚烧炉启动（升温）、关闭（熄火）过程中，或因管理及人为因素造成炉温不够、烟气停留时间不足情况下二噁英非正常排放	中
	柴油发生泄漏的火灾爆炸风险。油库最可能发生的事故是贮存的油品泄漏并发生火灾爆炸，油罐发生火灾后，油品燃烧产生的辐射热将影响其周围的邻罐或周围建筑物，甚至引起新的火灾。对周围环境产生一定的破坏作用	中
	恶臭污染物防治措施无法正常运行而造成恶臭污染物事故性排放对周围环境的影响	低
	焚烧炉内因 CO 量过大造成爆炸事故对周围环境的影响。若发生爆炸将会造成废气中 HCl 等污染物的外泄至周围环境中，增加对周围环境的影响	中
	甲烷爆炸事故对周围环境的影响分析。无论在哪里，发生甲烷爆炸事故需满足两个条件：甲烷处于爆炸浓度范围、在处于爆炸浓度范围的甲烷气体里出现火源。对于本项目，这种情况发生概率相当小，而且完全可以通过采取防范措施避免	低

5　政府公共职能评价

城市生活垃圾焚烧发电项目的有效实施，需要政府强有力的支持，如建立健全垃圾收费、分类制度，实施上网电价补贴政策等。目前，N 市政府已经采取了如下的措施：

1．制定了《N 市生活垃圾分类管理办法》。

规定了垃圾的种类、责任人、设施建造费用、设施保护与处罚标准等。

2．完善了垃圾收集系统。

密闭运输：城区内垃圾实行全封闭清运，用机动车收集代替传统的三轮板车、人力手推车收集方式。采用先进技术确保转运过程密闭化。

垃圾中转站：距垃圾处置场 30 千米以上的城区逐步建设大型中转运输系统，都市区建设 9 座大中型垃圾中转站。

3．制定了《N 市城市生活垃圾处理费征收管理办法》。

从 2012 年下半年起统一实施垃圾费与水费同步收缴，即依据水费的抄收方式，由供水企业（包括自备水厂）的各收费网点在收取自来水费时一并代收代缴垃圾处理费。

6　社会管理计划及实施

6.1　项目社会管理计划

6.1.1　重视新媒体的作用

G 公司与相关部门在日常工作中将密切关注新媒体针对本项目的动态，利用论坛、微博等方式快速、积极跟进，紧紧掌控舆情态势，引导网络舆情，以最终使网上舆情趋于平稳。

6.1.2 信息交流与公开

1. 在项目准备阶段，组织环境敏感区居民参观由 G 公司运营的其他垃圾焚烧发电厂及其附近的社区。

2. 本项目建设有参观通道，包括厂前区、环保教育厅、主厂房内的参观通道和烟囱顶部的参观平台等。所有参观通道自然连接，参观路线便捷。

参观人员通过厂区人流入口进入，入口大门的玻璃连桥上设置室外公示显示屏，垃圾焚烧发电厂各项重要运行参数，如垃圾焚烧量、发电量、安全运行时间和各种环保监控指标的实际值、设计控制值与国标控制值的对比等均能清晰展示给观众。

通过中心广场的参观人员可以来到烟囱下面的门厅通过电梯直接到达顶部的参观平台，俯视整个厂区。烟囱参观通道还可直接连接主厂房内参观通道，参观通道两边设置玻璃幕墙，参观人员可直接参观焚烧锅炉间、中央控制室、汽机间、烟气处理间等整个厂区的生产场景，通过门厅内的电梯，参观人员还可来到 23.5m 层参观垃圾坑和垃圾吊控制室。本参观通道的设置既满足了参观的完整性，又考虑了参观通道的独立性。通过参观通道可以参观到本厂主厂房的各个主要的车间，形成了参观的完整性；为使参观不影响生产，本参观通道用大面积玻璃墙与生产车间隔开，形成了通道的独立性。

在项目运营阶段，将定期组织周边村民、新闻媒体的记者和关心环保问题的社会人士参观垃圾焚烧发电的过程，增强公众对生活垃圾焚烧发电项目的了解，项目业主也有义务普及生活垃圾焚烧发电方面的知识，开展一些公益性宣传活动。

3. 不同的利益相关者与项目的关系也是不同的。信息公开机制就是通过信息在利益相关者之间相互分享项目的有关信息，让利益相关者拥有共同的信息基础，有利于他们做出更加理性的决策和反应。信息公开的责任方主要是项目业主和地方政府。公开的信息应当包括：项目的基本情况；目前垃圾处理能力不足的危害和隐患；建设现代化垃圾焚烧发电厂的必要性和急迫性；项目建设期和运营期的受影响群体，以及明确说明各利益相关人群参与这次项目的建设、设计和实施过程的办法和渠道；树立良好环保意识和行为；项目运行期的环境数据等。由于垃圾焚烧发电厂的运营期比较长，其环境危害和风险主要发生在这个阶段，因此，运营期的环境信息披露尤为重要。垃圾焚烧发电企业应严格按照环境监测计划，定时、定点观测地下水、地表水、大气、土壤等环境要素变化情况，避免可能产生的各种污染，避免对焚烧发电厂周围的居民生产生活产生不利影响。生活垃圾焚烧发电工艺对于大多数居民而言是"陌生的"，需要通过大力宣传，普及相关知识，信息公开的方式通常有：（1）制订项目的宣传手册，分发给各利益相关人群；（2）结合宣传车、报栏等加大项目的宣传力度；（3）利用地方媒体，包括电视台、报社、网络等配合进行更为广泛的宣传，争取使更大范围的各利益相关人员了解项目；（4）将垃圾焚烧发电厂打造成为市民低碳体验馆和教育基地，承担环保宣传教育的社会功能。

4. 为确保项目预期目标的实现和可持续，需要进一步提高公众的公共环境卫生意识，进行环境卫生教育。环境卫生教育可由政府有关部门，如宣传部门、教育部门、环保部门等联合新闻媒体、街道/乡镇及居委会/村庄等基层组织，面向社会公众，开展节约用水、污水及垃圾文明处理、水介疾病预防、废弃物循环利用、国家和地方相关环境指标、环境保护法规等方面的宣传教育。

6.1.3 制定移民行动计划

在相关国家、省、市法规政策的基础上，结合群众意愿，制定切实可行的移民行动计划，并将方案予以公示。同时抓紧落实安置房的建设工作。

6.1.4 制定环境管理计划

环境管理计划需识别项目不同阶段的潜在环境影响，制定针对不同影响的减缓措施、实施机构、监督机构、资金安排、实施计划及监测指标等。具体措施由环评单位落实。

6.1.5 权益维护的申诉机制

在本项目准备、实施和运营期间，生活垃圾焚烧发电厂附近的居民和本项目的征地拆迁户等利益受损者，可以在焚烧炉炉温监控、征地拆迁补偿安置、出现恶臭和污染水体等情况下进行抱怨与申诉，起到气压阀的作用。

表6 抱怨申诉渠道

抱怨内容	申诉渠道	备 注
征地与拆迁相关问题	J区国土资源局	热线号码：×××
出现恶臭、污染、噪声等问题	J区环保局	热线号码：×××
任何问题	市政府	热线号码：××× 网址：×××

6.2 社会管理计划实施

6.2.1 机构安排及能力建设

社会管理计划实施的责任主体是项目业主。项目业主可以根据社会管理计划实施需要，结合项目相关机构的职能分工，自主或者委托相关机构负责实施项目社会管理计划的全部或者部分。

（一）机构安排

N市垃圾焚烧发电厂项目涉及的机构包括：

1. 市城管局。

2. G公司。

3. N市相关政府机构。

4. TJ镇政府。

5. 相关村。

6. 项目设计单位。

7. 项目监测评估单位。

（二）机构职责

市城管局（项目业主）：负责指导协调G公司的N市垃圾焚烧发电厂项目的准备、实施及运营等，包括社会管理计划的实施及监测。

N市相关政府机构（如发改委、国土局、住建局、环保局等）：负责审查并批准项目的相关文件，监督项目的实施。

TJ镇政府及相关村：配合项目业主开展项目的各项准备、建设等活动，包括社会调查、利益相关者识别、项目信息宣传、公众参与等。

项目设计单位：负责项目的设计、优化完善项目实施技术方案。

项目监测评估单位：调查与评估项目社会管理计划的实施情况，提出相关问题及建议，向项目业主提交监测评估报告。

6.2.2 突发事件应急预案

根据《中华人民共和国环境保护法》、《中华人民共和国安全生产法》、《国家突发公共事件总体应急预案》和《国家突发环境事故应急预案》及相关法律、行政法规，制定了：（1）N市垃圾焚烧发电厂突发技术事故事件预案；（2）N市垃圾焚烧发电厂群体性事件预案。

7 结论与建议

7.1 结论

N市垃圾焚烧发电项目的社会效益主要体现在：

1. 该项目是N市急需实施的项目，项目的实施将有效解决N市的垃圾消纳问题，提高N市生活垃圾的无害化处理率，提高生活垃圾的资源利用率，减少生活垃圾的填埋量，改善N市的生态环境、提高居住环境质量、扩展城市发展空间、改善城市形象及投资环境、促进城市化发展等方面具有积极作用。

2. 该项目对城市经济发展推动作用的展现将是一个长期的过程，这些作用主要包括：（1）城市环境的改善；（2）城市基础设施的完善；（3）带动资源再生与利用等相关产业的发展；（4）项目建设期间和项目运营后将增加相关就业机会；（5）为城市化的继续深入奠定基础。

3. 项目的实施还将推动项目区环保机构能力建设，通过引进先进的项目管理方法、建立先进的办公管理系统，有助于培养一批环境项目的管理人员。此外，项目的实施还将培养和增强项目区居民的环保意识。

N市垃圾焚烧发电项目潜在社会风险包括：

1. 媒体舆论与信息不对称，以及类似项目的负示范效应，加剧项目环境敏感区内居民的邻避效应，进而可能抵制项目。

2. 移民安置的风险。主要是由于安置点未确定，进而导致被拆迁居民的安置过渡期可能被延长，引发居民的不满。

3. 运营期间可能产生的环境问题导致发生冲突。

7.2 建议

针对上述可能存在的社会风险，社会评价小组提出的建议包括：

1. 重视新媒体的作用。

G公司与相关部门在日常工作中将密切关注新媒体针对本项目的动态，利用论坛、微博等方式快速积极跟进，紧紧掌控舆情态势，引导网络舆情，最终使网上舆情平稳。

2. 信息披露与开展参与式活动

由项目业主、社会评价小组共同制定受益人参与纲要，并开展参与活动的监测和评价，以保证项目的主要利益相关群体对项目的参与贯穿于包括项目准备、设计、实施和监测评估阶段在内的整个项目周期中，并使其树立环境保护主体的意识。

及时、准确的披露群众所关心的各项环境指标。

3．开展环境知识和公共卫生教育培训。

由政府有关部门组织，联合宣传部门、教育局、环保局、广电局、报社、街道/乡镇及居委会/村庄等各部门协助，开展有关国家和地方相关环境指标、环境保护法规的培训；开展垃圾文明处理、面源污染控制、废弃物循环利用等方面的培训；宣传哪些生活方式可能对周围环境有所影响，帮助项目区居民认识到自己的生活方式对周围环境的影响等。

4．确定合理的拆迁范围，制定合理的移民计划。

项目办、移民计划编制组和项目业主单位，在与受影响群众协商的基础上，按照有关政策要求保障被征地拆迁居民的生活水平至少不因项目建设而导致降低，并及时将相关信息，特别是安置房建设进度等及时予以披露。

第五章　供水建设项目社会评价

第一节　供水建设项目社会评价要点

一、行业特点

城镇供水工程是城镇基础设施和环境建设的重要组成部分，具有公用性、公益性、网络性和自然垄断性特点。城镇供水工程建设与城市总体规划有密切关系，供水系统的布局要满足城镇发展规划的需要，适应城镇的发展，满足公众生活水平不断提高的需要。

城镇供水工程建设一般是在原有供水设施基础上发展，增加新的供水设施或在原有系统上进行改建或扩建，新老系统的协调、统一直接关系到城镇供水工程的经济、合理和供水安全问题。为了降低工程投资，节约资源，对于改建、扩建工程，需要充分考虑利用原有设施的能力和原有企业在技术、人才及管理上的优势。

城镇供水项目具有以下特征：

1. 城镇供水项目是城市的生命线。不仅与公众的健康息息相关，还是城市发展、城市安全以及社会稳定的重要基础设施工程。

2. 水是城市与村镇联系的重要纽带，供水工程建设也是适应城乡一体化的需要。

3. 城镇供水项目具有公益性。供水项目的服务对象为全社会，而非某一个人或特定的群体。

4. 城镇供水项目具有网络性。供水项目一般由取水工程、输水管网、净水厂和配水管网等组成，任何一部分均需其他部分配合才能发挥效益。

5. 城镇供水项目与公众的健康密切相关。供水项目通过去除水源中的各类有害物质，满足饮用标准，保障公众身体健康，延长寿命。

6. 城镇供水项目与产业的发展密切相关。产业的发展离不开水的供应，足量和优质的水源为产业发展提供保障。

7. 地面取水项目可以减少地下水的抽取，防止地面沉降，改善自然环境条件。

二、主要社会影响与利益相关者

（一）有利影响

1. 保障社会需求的供给，提高居民的生活水平和生活质量；

2. 改善城市环境卫生状况，保障公众身体健康，减少疾病，延长寿命；

3. 为城市工业、服务业等提供基本生产要素，促进城市经济和产业的发展；

4. 促进合理利用自然资源，节约土地、资源和能源。

（二）不利影响

1. 涉及征收补偿安置活动的项目，会对部分人群的利益造成不利影响；

2. 涉及供水水源地保护的项目，会使水源保护区内的居民的生计受到影响；

3. 伴随市政基础设施建设标准、产品质量标准等的逐步提高，市政公用产品价格政策可能调整，使城市贫困人口和低收入群体在享受优质公共服务的同时也增加了经济负担，如帮扶措施不到位，可能导致其实际生活水平下降。

（三）主要利益相关者

1. 政府部门：市政公用管理局、财政局、发展改革局、人力资源与社会保障局、国土资源局、房屋征收办等。

2. 关联企业：自来水公司、设计单位、施工单位等。

3. 社区及居民：受水厂厂址征地拆迁影响的居民；水源地保护区的居民；受管网铺设和泵站建设影响的居民；供水范围内的居民，特别是贫困人口等弱势人群。

三、社会评价检查清单

（一）社会影响分析

1. 项目经济层面影响的分析。主要是针对当地居民收入及其分配、消费支出水平及结构、居民生活水平和质量、创造和减少就业机会（建设期、运营期）、被征收（土地、房屋）人群的收入及其来源等影响进行分析，特别是对用水大户。

2. 项目社会层面影响的分析。主要是针对卫生健康水平、人文环境、生活环境、投资环境等方面影响进行分析。

3. 对供水范围内的居民影响分析。主要是对水质的要求、居民的节水意识、水费的定价、管网接入的费用以及日供水时间等进行分析。

4. 对特殊群体的影响分析。包括贫困人口、妇女和少数民族等。主要是针对受征地、房屋拆迁影响的弱势群体、需要支付水费的低收入群体的分析。

（二）利益相关者分析

1. 利益相关的政府部门的角色、态度及其对项目建设的影响分析。

2. 利益相关企业的利益关系、态度及其影响分析。

3. 供水区域的社区及居民的利益关系、态度及其影响分析。

4. 水源地的社区及居民的利益关系、态度及其影响分析。

5. 替代水源的企业及职工的利益关系、态度及其影响分析。

6. 其他利益相关者的分析。

（三）社会互适性分析

1. 当地政府和主要利益相关者对项目立项、选址、建设与运营的态度。

2. 项目目标受益群体对项目的可接受程度。

3. 项目水源地保护范围内受影响居民对项目的可接受程度与主要利益诉求。

4. 项目主要利益相关者参与项目建设、运营的意愿、方式。

5. 水费支付意愿与支付能力分析。

（四）社会风险分析

1. 可能影响项目的各种社会因素的识别。包括水源地选择、厂址选址、规划设计、环境影响评价、征地拆迁、施工建设、运营等不同阶段的主要社会因素。

2. 可能导致社会风险的主要社会因素识别、分析、预测。特别是受水厂厂址征地拆迁及环境影响的社区和居民的认可和接受程度；水源地地方人民政府、社会公众、受影响居民的认可和接受程度；建设期间的征地与房屋拆迁影响和环境影响；运营期间的环境影响、水质、供水时间和水价的影响等。

3. 规避社会风险的主要措施和方案。包括水厂厂址的优化选址；水源地保护地区受影响人群的生计保护和恢复措施；可行性研究和环境影响评价；正常运营期间的环境影响监测与社会风险管理；水厂设备检修、停运期间的环境影响监测评价与社会风险管理；建设期间的环境影响监测评价与社会风险管理；各个阶段的公众参与和信息公开机制；突发事件与社会风险；突发事件处置机制与社会风险管理机制等。

（五）社会可持续性分析

1. 项目社会效果的可持续性分析

2. 项目受益者支付能力及其对项目运营的影响分析

（六）政府公共职能评价

1. 城市发展规划对项目的作用和影响的合理性评价。包括：城市总体规划、土地利用规划、城市给水工程规划、城市排水工程规划、城市交通规划等衔接情况。

2. 相关政策对项目作用和影响的合理性评价。包括：水源地保护相关政策和法规、水费调整对弱势群体的关注和政策、公私合作不同运营模式对项目的作用和影响。

3. 政府管理、协调和解决社会矛盾及问题的能力和机制的有效性评价。特别是协调、处理、解决有关农村集体土地征收、房屋征收、环境影响等方面的社会矛盾与问题的机构、能力、机制、效果等。

（七）社会管理计划

1. 利益加强计划。重点关注水厂运营如何发挥更大的效益。

2. 负面影响减缓计划。重点关注水质监测，水源地保护措施，弱势群体的恢复措施等，提出相应负面影响减缓计划。

3. 利益相关者参与计划。

4. 社会监测评估计划。

（八）征收补偿安置方案

1. 项目征收影响范围的确定。包括水厂征地范围（红线）、进场道路征地、泵站及管网的征地拆迁等范围的确定，以及水源地保护范围。

2. 被征收土地、房屋、企事业单位、地面附着物等各类实物指标调查及成果。

3. 受征收影响人口及其社会经济状况调查及成果。

4. 征收补偿安置政策框架和补偿标准。

5. 安置方案。被征地农民安置、被征收房屋居民安置、受影响企事业单位安置、受影响商铺安置等方案。

6. 公众参与和申诉。

7. 机构。

8. 费用及预算。

9. 实施时间表。

10. 监测评估。

第二节 供水建设项目社会评价案例

某供水系统完善项目社会评价

案例介绍

供水项目一般由取水工程、输水管网、净水厂和配水管网组成。本项目包括源水输水管道工程、原有水厂改扩建工程及（输）配水工程，具有供水项目的代表性。通过社会风险因素的识别和分析发现，项目的征地拆迁量小，负面影响也较小，主要的风险因素来自于：水源地保护引发的群众生计损失问题；原有水厂和被替代的小水厂职工的安置及业务交接问题；各类用水群体的支付意愿与支付能力，特别是对弱势群体和用水大户的影响。虽然供水项目极大改善了居民的用水条件和用水安全，但上述问题如不能妥善解决，社会风险依旧存在。本案例针对这些社会风险因素展开分析，提出了社会风险规避措施，并对实施过程中的机构、信息公开、监测评估等方面做了计划安排。

1 概述

1.1 项目名称

世行贷款 LX 县供水系统完善工程。

1.2 项目概况

世行贷款 LX 县供水系统完善工程为 J 省世行贷款项目—PYH 生态经济区及流域城镇发展示范项目的子项目之一。

项目建设内容：源水输水管道工程、水厂改扩建工程及（输）配水工程。

工程建设规模：输水规模：建设约 5.5km 的输水管道，输水规模可达 $4.0 \times 104 m^3/d$；供水规模：供水总规模为 $3.0 \times 104 m^3/d$，其中改扩建部分规模为 $1.0 \times 104 m^3/d$。新增输配水管网 32.5km。

项目建设地点及服务范围：水厂厂址位于 LX 县 LX 镇 GT 村。设计供水范围面积为 $33.7 km^2$，项目建成后将解决 LX 镇城关区、LX 镇所辖的 16 个行政村、SB 镇的所有行政村，以及 LX 县的北部工业园区、西部工业园区。

项目受益人口：工程服务范围内现状（2011 年）人口约为 5.3 万人，远期（2020年）规划人口约 8 万人。

项目投资估算：2040 万元。

项目组成情况详见表 1。

表 1 项目组成情况

类别	建 设 内 容
源水输水管道工程	取 SKY 水库水作为源水，自流输送至 LX 县供水公司所属水厂，管道总长约 5.5km，管径为 DN800，日输送能力可达 $4.0 \times 104 m^3/d$

类别	建 设 内 容
原有水厂 改扩建工程	扩大现有水处理设施，新增供水能力 $1.0 \times 10^4 m^3/d$，即将现状水厂供水规模由 $2.0 \times 10^4 m^3/d$ 提高到 $3.0 \times 10^4 m^3/d$。扩建水厂永久征地3.5亩。
（输）配 水工程	为适应供水范围的扩大，需建设新的（输）配水管网。新增（输）配水管网32.5km，管径为 DN100～DN250

1.3 项目建设目标及预期的社会发展目标

1.3.1 项目建设目标

本项目的建设目标为：（1）建设5.5km的输水管道，将原有水厂改扩建成为日供水能力达 $3.0 \times 10^4 m^3/d$ 的水厂，并扩大（输）配水管网覆盖范围；（2）供水水质满足《城市供水水质标准》（CJ/T 206—2005）、《生活饮用水卫生标准》（GB 5749—2006）的要求；（3）根据《镇（乡）给水工程技术规程》（CJJ 123—2008）设计要求，配水管网中用水户入户前接管点的最低水压要求：单层建筑物为10m，两层建筑物为12m，两层以上每增高一层增加4m。消火栓设置处的最低水压不低于10m。根据LX县周边村镇实际情况，按建筑物为四层计，确定LX县周边村镇配水管网的供水水压满足管网最不利点服务水头为20m的要求。

1.3.2 预期的社会发展目标

本项目预期的社会发展目标为：解决县城中心城区和周边村镇人民群众安全饮水的需要，统筹LX县城乡协调发展，保障饮水安全，保障人民群众身体健康和提高生活水平，实现经济效益、生态效益和社会效益的协调统一。

1.4 项目机构安排

本项目为世行贷款项目，根据项目的特点，本项目的机构和职能安排如下：

省项目办：负责PYH整个世行贷款项目的协调，负责与世行进行日常的沟通与协调；定期向世行提交相关文件及资料。

LX县项目办：负责与项目业主的沟通与协调，负责与省项目办沟通协调，并定期向省项目办提交相关的文件及资料。

项目业主（LX县供水公司）：负责LX县供水项目的准备、实施及运营等，实施项目社会管理计划的相关内容。

（注：LX县供水公司与原有水厂的关系：原有水厂不是供水公司的下属企业，而改扩建后的水厂为该供水公司的下属企业。本项目实施后，LX县供水公司需要考虑对原有水厂的资产处置、职工安置、业务接手等。）

1.5 社会评价的意义和目的（略）

1.6 社会评价的依据

由于本项目是利用世行贷款项目，社会评价要依据中国相关法律法规、政策和世界银行的相关规定要求进行，主要有：

1. 中国相关的法律法规和政府文件：

（1）《中华人民共和国环境保护法》；

（2）《中华人民共和国水污染防治法》；

（3）《中华人民共和国水法》；

（4）《城市供水条例》；

2．世界银行的相关规定：

（1）世界银行性别与发展政策；

（2）世界银行扶贫战略；

（3）世界银行业务手册 OP4.12《非自愿移民》；

（4）世界银行业务手册 OP4.00《试点利用借款国制度处理世行资助项目下的环境和社会安全保障问题》。

1.7 社会评价的程序及方法

社会评价的程序及方法（略）。

2 项目区社会经济状况

2.1 项目区界定

项目区包括工程占地影响区和服务覆盖受益区。

根据项目影响及服务范围分析，LX 县供水系统完善工程项目的工程占地影响区为 LX 镇 GT 村。项目服务覆盖受益区为 LX 镇城关区和 LX 镇所辖的 WB 村等 16 个行政村、SB 镇的所有行政村，以及 LX 县的北部工业园区、西部工业园区。

2.2 社会经济概况

2.2.1 LX 县社会经济基本情况

LX 县位于 JX 省西部、PX 市东部，是全国最大的电工陶瓷生产基地，全省最大的花卉苗木基地，是绿色食品生产基地、旅游休闲基地，中国农民画之乡，农民筒管乐之乡，灯彩之乡，鞭炮烟花之乡。

全县辖 5 镇 4 乡，总人口 29 万，其中农业人口 24.4 万人。2010 年，全县实现地区生产总值 73.08 亿元，同比增长 13.5%；财政总收入 6.23 亿元，同比增长 41.2%；全社会固定资产投资 103.34 亿元，同比增长 31.4%；农民人均纯收入 6867 元，同比增长 17.5%。

该县社会经济基本情况详见表 2。

表 2　LX 县社会经济基本情况

序号	指　　标	单位	LX 县		
			2009 年	2010 年	比上年增长（%）
1	户籍人口	人	288887	290514	0.56
	其中：非农业人口	人	46360	46584	0.48
2	国内生产总值	亿	59.64	73.08	22.54
2.1	第一产业	亿	12.95	15.62	20.62
2.2	第二产业	亿	131.92	135.7	2.87
2.3	其中：工业增加值	亿	27.44	32.42	18.15

序号	指　标	单位	LX县		
			2009年	2010年	比上年增长（%）
2.3	第三产业	亿	15.67	16.24	3.64
3	全社会固定资产投资	亿	78.65	103.34	31.39
4	工业销售产值	亿	97.35	135.7	39.39
5	社会消费品零售总额	亿	12.02	14.33	19.22
6	规模以上出口额	万美元	2755	4961	80.07
7	实际利用外资	万美元	2546	2501	-1.77
8	地方财政收入	亿	4.41	6.23	41.2
9	农村居民人均纯收入	元	5844	6867	17.5

数据来源：LX县统计年鉴，2011。

2.2.2　项目区社会经济基本情况

本项目区为LX镇和SB镇两个乡镇。项目区社会经济基本情况详见表3。

表3　各镇社会经济基本情况

影　响　镇		LX镇	SB镇
人口	总户数（户）	23033	11000
	总人口（人）	67722	38000
	其中：男性（人）	34265	15200
	农业人口（人）	45515	30294
劳动力	总劳动力（人）	37619	21180
	工业劳动力（人）	8906	3250
	农业劳动力（人）	16388	16950
	三产劳动力（人）	12325	1080
耕地	耕地面积（万亩）	（缺）	1.5
	粮食作物　播种面积（万亩）	4.22	2.34
	粮食作物　总产量（吨）	19496	14049
	粮食作物　单产（公斤/亩）	462	600
	财政收入（亿元）	2	1.07
	农民人均纯收入（元）	6867	10026

2.3　项目区人口及人口发展规划基本情况

一般而言，妇女、儿童、贫困人口及少数民族人口是容易受到伤害的群体。因此，有必要在项目准备的初始阶段对他们的基本情况进行了解，以识别项目对他们的影响程度，从而在项目初始阶段就采取相应措施，尽量减小或者避免对这类群体的不利影响。

2.3.1　妇女

根据调查，项目区的妇女总数为51124人，占总人口比例的48.35%，详见表4。

197

表4 项目妇女人口情况统计

类　别	LX 镇	SB 镇	小计
妇女人数（人）	32506	18618	51124
占总人口比例（%）	48	49	48.35

另外，LX 县在"'十二五'妇女发展规划"上有针对性的说明："为妇女创造适宜的居住环境。增强妇女的环境保护意识，城市空气和地表水环境质量达到国家标准；城区环境噪声达到功能区要求；发展老年公益事业和社区服务事业。"①

2.3.2　儿童

2010 年，LX 县有九年制义务教育初中 10 所，九年一贯制学校 8 所，在校生 14822 人；小学 78 所，在校生 30245 人；幼儿园 96 所，在园幼儿 11624 人；全县学前三年（3～5 周岁）幼儿入园率为 55%；小学、初中适龄儿童少年（含"三残"儿童少年）入学率、巩固率均达到 100%；17 周岁初级中等教育完成率为 95.2%。②

LX 县政府在儿童环境保护方面，针对改善儿童生存的自然环境和儿童环保知识普及方面都制定了相应的规划，详见表5。

表5　LX 县"十二五"儿童发展规划环境部分③

项　目	指　标
改善儿童生存的自然环境	城市生活污水处理率达到 80% 以上
	环境噪声小于 55dB
	县域水域功能区水质达标率达到 100%，农村饮用水源水质达标率 90% 以上
	城市垃圾无害化处理率达 80%，城市污水处理率达 85%
	加快农村自来水建设工程，不断提高农村自来水普及率
	县城绿化覆盖率保持在 40% 以上
	工业固体废物综合利用率大于 70%
	把农村改水改厕纳入国民经济和社会发展规划
儿童环保知识普及	青少年环境教育普及率达 85%
	广泛开展包括儿童在内的全民环境保护意识教育，提高全民环保意识，加强生态环境建设，加大对大气、水、垃圾和噪音的治理力度，控制和治理工业污染

同时，在 LX 县"十二五"儿童发展规划中，儿童发展实施项目也涉及卫生保健，详见表6。

项目建成后，当地居民的饮用水条件将得到极大的改善，水质得到保障，降低了水污染引起的各种传染疾病的发生率，给儿童提供了良好的生活生长环境，有利于儿童的健康成长。

---

① LX 县"十二五"妇女发展规划。

② LX 县"十二五"教育事业发展规划。

③ LX 县"十二五"儿童发展规划。

表6 LX县"十二五"儿童发展实施项目①

序号	项 目 名 称	责任单位
1	修订《新生儿疾病筛查管理办法》	县卫生局
2	继续实施"母亲安全"项目	县卫生局
3	实施"农村中小学校家庭经济困难学生资助扩面工程"	县教育局
4	实施"农村中小学生食宿改造工程"	县教育局
5	实施"农村中小学生教师素质提升工程"	县教育局
6	实施"青少年绿色承诺行动"教育活动	县教育局

2.3.3 贫困人口

2010年，以城乡低保标准作为绝对贫困线，LX县贫困家庭统计户数为10957户，共20163人。项目区贫困人口户数为2406户，4475人；详见表7。

表7 LX县贫困人口情况

指标	LX县	影响乡镇		小计
		LX镇	SB镇	
城乡户数	10957	1550	856	2406
城乡人数	20163	2867	1608	4475

2.3.4 少数民族

LX县共有少数民族人口371人（2010年），其中最多的是畲族，还有壮族、瑶族、苗族、侗族、藏族、土家族、蒙古族、黎族等。

根据调查，本项目受影响范围不涉及少数民族人口。

2.4 项目背景

2.4.1 项目组成

本工程包括输水工程、水厂改扩建工程和（输）配水管网工程三个部分。

2.4.2 土地征收直接影响区

源水输水管道沿河堤或乡间小道布置，不占用其他土地；水厂改扩建工程利用原有水厂废弃生产线用地及水厂西南角，工程基本在原有水厂的范围内进行，只需少量征地；配水管网尽可能沿河堤、县道、乡道、村道布置，不占用其他土地。

水厂改扩建工程总占地面积20.5亩，现状占地面积约17亩，需要征收水厂西南角3.5亩耕地，所占耕地为集体所有预留地，目前租给1户农户种植大棚蔬菜。该水厂位于LX县县城中心区，Y河边上，此处公路四通八达，用水用电方便，无需额外修路。

2.4.3 项目受益区

本项目服务人口8万人，采用统一水质供水标准，统一按《生活饮用水卫生标准》（GB 5749—2006）要求供水。而供水范围内地势较为平缓，区域跨度不大，故无需分压分区供水。

---

① LX县"十二五"儿童发展规划。

2.4.4 选址比较分析

1. 厂址方案一。

项目水源地为 SKY 水库。将原有水厂改扩建成为日供水能力为 $3.0 \times 10^4 m^3/d$ 的水厂。厂址选择在原有水厂厂区内，保留原有水厂供水 $2.0 \times 10^4 m^3/d$ 的能力，另拟将原有水厂中废弃的 $1.0 \times 10^4 m^3/d$ 生产线拆除，新建供水能力为 $1.0 \times 10^4 m^3/d$ 的生产线，使项目总供水能力达到设计要求的 $3.0 \times 10^4 m^3/d$。

2. 厂址方案二。

保留原有水厂供水 $2.0 \times 10^4 m^3/d$ 的能力，并另在 SKY 水库坝址附近新建一座日供水能力为 $1.0 \times 10^4 m^3/d$ 的水厂，则合计供水能力达到 $3.0 \times 10^4 m^3/d$。

3. 厂址方案比较。

两种方案比较见表8。

表8 厂址方案比较

	优 点	缺 点
方案一	1）拆除原有水厂废弃的生产线，利用其土地扩建厂区，少量征地，节省大笔征地费用。 2）处理设施集中，管理集中方便。 3）离城区近，员工上下班方便，物资采购方便。 4）位于供水范围的中心地带，方便于向四周布置管网，避免因管线过长使水头损失过大	1）无法利用水源地与水厂之间的势能，需要二级泵站加压才能满足供水压力要求。 2）原有水厂扩建用地紧张，总布置有困难
方案二	1）新建水厂水源水位为181.00m，LX 县城的地面高程在138m 左右，二者之间的高程达40 余米，可减小二级泵站规模，降低运行费用。 2）不需要对原有水厂进行改造	1）需要征地新建厂区，征地费用大。 2）新厂出水需要另外铺设输配水管道。 3）多水源供水，日常管理复杂。 4）厂区远离城区，员工上下班不方便。 5）SKY 水库至城区之间需要建设 2 条输水管道，一条是从水源地至原有水厂的源水输水管道，另一条是从新水厂至城区管网的输水管道

4. 厂址方案选择。

经分析比较，方案一具有运行管理方便、少量征地、易实施等优点，较另一个方案优势明显。拟选择方案一为本工程的推荐方案，即对原有水厂进行改造，将原有水厂的供水规模由 $2.0 \times 10^4 m^3/d$ 扩建到 $3.0 \times 10^4 m^3/d$。

3 项目社会影响分析

3.1 经济层面影响分析

本项目既有社会效益和环境效益，也有一定的经济效益，对促进当地经济发展和产业结构调整有一定的影响作用。这些效益表现在以下几个方面：

1. 吸引投资，促进县城经济社会发展。

随着 LX 县城规模不断扩大，人口不断增长和工业企业的快速发展，生产生活用水量逐年增加。水厂改扩建后，工业园区供水条件得到改善，将吸引更多的外部资金进入和投资建设，促进当地工农业和第三产业的发展，提高当地居民的就业机会和经济收入水平，提高当地科学技术的发展和企业管理水平。

2. 增加当地财政收入。

外来资金投资工程的建设、商业的繁荣、服务业的进一步发展也会增加当地税收和财政收入，也就增加了用做进一步发展经济和社会服务项目的财政投入来源。

3. 提供临时就业机会。

外来投资对地方资源的开发将为当地人创造各种就业机会。工程建设期间需要雇用技术人员及临时工，可以给当地群众提供大量临时就业机会，增加收入。

4. 提高居民生活水平和改善生活质量。

项目实施后，居民能喝上清洁卫生的水，减少了疾病的发生。按当地的实际情况，综合采用人均减少疾病支出 15 元计算，本工程设计受益人口为 8 万人，则工程建成后每年减少疾病支出的效益近 170 万元。

5. 提高相关采购对象的经济效益。

项目施工期间需要采购大量的建筑材料，这些建筑材料可能在当地采购，相应的也就给当地经营建筑材料的企业和个人带来经济收入。

3.2 社会层面影响分析

3.2.1 环境

LX 县城和周边乡镇部分居民原来以山泉水或浅层地下水作为饮用水。但由于近年来农业化肥、农药、生活和工业污水等的无序使用和排放，对上述水源的水质都造成了很大威胁。而周边乡镇水厂和居民自身安全用水意识相对薄弱，水质监测不到位，普遍采用塑料管、灰口铸铁管等作为供水管材，容易造成二次污染，这对乡镇的饮用水构成了安全隐患。

另外，山泉水或浅层地下水也容易受到外界环境制约，出现水量小或季节性断流情况，故而这些水源无法满足居民全天候使用的需求。

供水系统完善后，居民的饮用水水质有了保证，并能满足居民全天候用水的需求。

3.2.2 卫生

本项目的实施将使 8 万人用上符合国家饮用水卫生标准的自来水，改善和提高农村的生活条件、农民的生活质量和健康水平；减少了疾病的发生，提高群众的健康水平；节省了医疗费用；加快了农村经济的发展和群众脱贫致富；加快农村城镇化进程，对当地农村社会的稳定、和谐发挥了积极作用。

但项目施工和运营期间，在环境卫生方面还会产生一定的负面影响。

1. 施工期。

（1）扬尘。项目施工不可避免地带来扬尘。施工期对环境空气的影响主要是施工扬尘。施工期扬尘产生于土石方开挖、平整土地、管线铺设、弃土、建材装卸、车辆行驶等作业。据有关资料显示，施工工场扬尘的主要来源是运输车辆行驶而形成，约占扬尘总量的 60%。扬尘量的大小与天气干燥程度、道路路况、车辆行驶速度、风速大小有关。一般情况下，在自然风作用下，道路扬尘影响范围在 100m 以内。在大风天气，扬尘量及影响范围将有所扩大。施工中的弃土、砂料、宕渣、石灰等，若堆放时被覆不当或装卸运输时散落，也都能造成施工扬尘，影响范围也在 100m 左右。

（2）噪声。施工活动会对建设项目周围声环境造成一定负面影响。施工噪声主要是由各种不同性能的动力机械在运转时产生的，如挖掘沟道、平整清理场地、打夯、打桩、搅拌浇捣混凝土、建材运输等。

（3）其他。此外，项目施工产生的粉尘可能影响周围农作物等植物的光合作用，但由于项目施工期不长，因此不会对植物造成大的影响。

2. 运营期。

自来水处理过程中产生的污水排放，可能对环境造成影响；运营中可能因水源地受污染、管道破损等给居民带来水质受污染风险；因管道抢修等给居民带来断水的不利影响。

3.3 特殊群体影响分析

3.3.1 征地影响分析

工程项目的建设必然需要征用土地，在管网的铺设过程中，还需要临时占用一些土地。因此，工程永久性征及临时占地是项目导致的一个重要负面影响。

该工程永久征地 3.5 亩，临时占地 112 亩。征地带来的主要问题是，被征地村民的生产和生活方式将受到影响，生活水平也可能受到影响。临时占地现为农村道路。由于供水管道铺设中需要开挖道路等，可能造成土地被临时占用，这对于居民出行、生活环境等都造成一些负面影响。但是，这种负面影响可以随着工程建设的结束而消除。

3.3.2 贫困分析

1. 农村贫困。

项目区农村贫困主要体现在低收入和相对贫困上。造成相对贫困的原因主要是生病、教育、天灾、劳动力少、劳动力素质差等。家庭中兼营打工、运输业或其他副业的农户比那些仅从事种、养殖业的农户收入普遍更高。

而项目现有的设计和保障措施将保证项目的实施不会加深贫困农民的贫困程度或导致新的贫困，并使贫困人口能够从项目中平等受益。具体表现在：

（1）村庄基础设施和饮用水条件的改善，使村民们获得洁净的水和土地，从而有助于提高贫困人口的健康水平，减少因疾病带来的开支。

（2）项目的建设可能为居住在施工现场附近的村民和受项目影响的农村贫困户创造非农就业机会，使他们从项目的开发建设中受益。

（3）按照世行 OP4.12—非自愿移民政策要求移民行动计划的制定，将采取一系列符合农村贫困人口发展需求和文化特定的安置措施，保证贫困人口在失地以后的文化传承和生计发展。

2. 城市贫困。

项目对城市贫困户问题的负面影响主要体现在：项目建成后，水费等相关费用的收取可能加重城关镇贫困户的负担。但是，项目的规划和设计已经就城市贫困人口从项目中的平等受益问题做出了相应考虑，表现在：

（1）项目可改变贫困人口的生活环境，使之获得清洁卫生的水、空气、居住环境；

（2）饮用水条件的改善可以减少贫困人口疾病的发生；

（3）项目的建设和水环境的改善有可能为他们提供在相关行业的就业机会；

（4）政府有关减免贫困人口水费的优惠政策将减轻城市贫困人口的经济负担。

有关水费对贫困人口的影响分析，详见本案例 7.2。

3.3.3 社会性别分析

项目区内未婚妇女和部分已婚妇女一般都外出打工，拥有每月 1000 元到 1500 元不等的工资收入。一部分人和丈夫一起在外打工，还有一部分人留在村里种地或者在家照顾孩子和老人。

对于大部分家庭来说，被征收土地上的农作物产量只够日常食用，没有带来多少收入。因此，在土地被征用后，项目方会尽力提供一些低技能要求的工作给失地农民，如材料运输、土石方工程、施工工地的临时工等。因在家务农的妇女往往文化程度比较低，项目方也会为妇女提供一些非重体力劳动机会，如提供伙食服务等。这不仅是他（她）恢复生计的额外收入来源，也是一种对未来再就业的新技能训练。同时，项目方对中青年妇女还会提供专项的技能培训，同男性的机会平等。

3.3.4 少数民族分析

本项目不涉及对少数民族生产生活习惯、宗教信仰等的影响。

总体而言，本项目的实施，将改善 LX 县两个乡镇及工业园区的饮用水条件，给人们创造一个舒适健康的居住环境，提高人们的身体素质、保证人们的身体健康。供水条件的改善，将带动基础设施的改善，吸引来更多投资，带动工业园区的发展，促进相关产业的发展，并解决地区就业问题，最终拉动地区经济持续增长。

4 利益相关者分析

4.1 利益相关者的识别

社会评价小组在现场调查的基础上，识别出的 LX 县供水系统完善工程利益相关者和主要利益相关者为：

相关政府部门和机构：建设局（市政公用管理局）、SKY 水库管理局、财政局、发展改革局、人力资源与社会保障局、国土资源局、SKY 水库管理局。

关联企业：LX 县供水公司、原有水厂、被替代小水厂。

社区及居民：受水厂厂址征地影响的居民、水源地保护区的居民、受管网铺设和泵站建设影响的居民、供水范围内的居民，特别是贫困人口等弱势人群。

项目利益相关者详见表9。

表 9　项目利益相关者一览表

项　　目	利益相关者识别	
LX 县供水系统完善工程	主要利益相关者	1）项目区居民
		2）被征地村民
		3）贫困群体
		4）用水大户
		5）原有水厂职工
		6）被替代小水厂职工
	其他利益相关者	7）县供水公司（项目业主）
		8）SKY 水库管理局
		9）LX 县政府相关部门
		10）其他相关政府机构

4.2 利益相关者参与项目的过程

社会评价小组在项目影响区内开展了一系列项目宣传活动，发动主要利益相关者参与项目决策的活动。各利益相关者参与项目的过程在三个层面上展开。

4.2.1 政府部门座谈会

社会评价小组召开各级项目办负责人及相关政府部门座谈会，以了解和收集：（1）当地立项项目实施现状及其评价；（2）各立项项目存在的问题；（3）预计项目实施带来的影响；（4）对项目的风险分析，讨论如何降低风险的对策；（5）对如何提高项目效果的建议；（6）收集县、乡镇、村三级所有的相关文献资料和统计年报表等。

4.2.2 项目业主座谈会

社会评价小组与项目业主单位召开座谈会。座谈会的主题包括：（1）项目立项的背景和过程；了解项目实施现状及其评价；（2）项目设计的过程；（3）项目中存在的问题；（4）提高项目效果、规避项目风险的建议；（5）收集项目业主有关项目的存档资料；（6）选择调查点。

4.2.3 主要利益相关者的"无限制前期知情参与"

社会评价小组在项目主要利益相关者中开展了无限制的前期知情参与（free prior informed consultation），即所有的利益相关者均能参与到沟通与协商中去。在每一个子项目的现场工作中，社会评价小组选择了不同的调查点，以涵盖受项目不同影响的主要利益相关者。项目社会评价小组共召开了5次座谈会，对项目区居民进行入户调查，共收回有效问卷40份。具体参与活动详见表10。

表10　主要利益相关者的无限制前期知情参与

项目	参与对象	参与活动	目　标
LX县供水系统完善工程	水厂和水源地附近居民（包括贫困户、妇女和移民）	座谈会 问卷 访谈 排序 绘图	1）项目信息分享 2）项目需求分析 3）对项目设计和实践的评价 4）分析项目的影响 5）分析项目存在的问题 6）提出期望和建议
	项目区居民（包括贫困户、妇女、用水大户）	座谈会 访谈 排序	1）项目信息分享 2）项目需求分析 3）对项目设计和实践的评价 4）分析项目的影响 5）分析项目存在的问题 6）提出期望和建议 7）表达支付意愿，分析支付能力
	原有水厂、被替代小水厂职工	座谈会 访谈 排序	1）项目信息分享 2）项目需求分析 3）对项目设计和实践的评价 4）分析项目的影响 5）分析项目存在的问题 6）提出期望和建议

4.3 利益相关者的需求分析

社会评价小组通过问卷调查、访谈、座谈、观察等方法，与项目各利益相关者进行了充分的沟通，了解到各利益相关者的不同需求。

在选取样本时，充分考虑了居民的生活水平、不同的居住区域等。问卷调查过程中，注意覆盖各年龄段，涵盖了不同的职业和不同的收入人群。项目抽样调查样本情况如表11所示。

表11 抽样调查基本情况

项目名称	样本数量（户）	有效样本（户）	样本有效率（%）
LX县供水系统完善工程	90	82	91.1

项目主要利益相关者的具体需求情况详见表12。

表12 项目主要利益相关者的需求分析

项目	主要利益相关者	共同需求	特殊需求
LX县供水系统完善工程项目	水厂附近居民（包括贫困户、妇女和被征地村民）	1）保证水质、饮水安全 2）保证水量、不间断的供水 3）合理的水费，按照用水量收取 4）发展村庄经济，给予村庄发展优惠条件 5）改善村庄的基础设施 6）希望村民的生产生活不会受到影响	1）贫困户：给予扶持 2）被征、占地村民：得到合理补偿及妥善安置
	项目区居民（包括贫困户、妇女、用水大户）	1）保证水质、饮水安全 2）保证水量、不间断的供水 3）制定合理的水费，按照用水量收取	1）贫困户：给予扶持 2）用水大户：能够尽量少的支出水费
	原有水厂、被替代小水厂职工	1）合理的补偿 2）就业培训和指导 3）优先安排就业，提供就业机会	原有水厂、被替代小水厂资产、业务的处理处置

其他利益相关者的需求如下：

1. 项目业主。项目业主期望项目能尽快顺利开工，降低建设和运行的成本，尽可能保证项目预期的利润。

2. SKY水库管理局及相关政府部门和机构。相关政府部门和机构如县发改委、建设局、环保局、卫生局等的需求是尽可能规避项目建设带来的负面社会影响，期待项目顺利开展，以便改善县城及周边地区饮用水条件、提高人民群众的生活水平和质量、促进项目区经济发展，提升政府形象。

4.4 项目对利益相关者的影响分析

4.4.1 LX县政府

1. 通过项目引进资金，加快和促进当地的环境改善和经济发展；

2. 通过项目改变本地的供水问题，解决居民对供水紧张的困扰；

3. 项目的实施有助于改善本地的自来水水质，解决自来水的卫生问题；

4. 为城市工业、服务业等提供基本生产要素，促进城市经济和相关产业的发展。

4.4.2 LX 县供水公司

1. 项目实施的内容是他们的工作内容之一。项目的实施将进一步拓展公司的业务量，促进公司的长远发展。

2. 通过本项目建设，改善 LX 县城的用水条件和质量，为居民营造一个好的生活环境。

3. 项目实施给该机构工作人员带来很多机会。

4. 原有水厂不是供水公司的下属企业，但通过兼并重组后进行改扩建的水厂为该供水公司的下属企业。本项目实施后，LX 县供水公司需要考虑对原有水厂资产的处置、部分下岗职工的安置，以及对原有水厂业务的接手问题。

4.4.3 SKY 水库管理局

项目实施的内容是他们的工作内容之一。SKY 水库管理局将负责合理调度 PX 市和 LX 县的供水规模。避免 PX 市和 LX 县在用水方面产生不必要的矛盾。但这使原有工作内容发生变化和可能增加工作量。

4.4.4 原有水厂及被替代小水厂

原有水厂面临被兼并重组，部分下岗职工可能面临失业的风险，失去稳定收入对他们的家庭将产生极大影响，有些人可能会因此致贫。

新增供水范围内的 SB 镇镇内原有上埠镇自来水小供水厂，水源为浅层地下水，经水塔沉淀、过滤后通过管道进入住户。该小水厂是镇政府下属的自主经营、独立核算、自负盈亏的公益性企业，政府给予一定的财政补贴。该厂现有职工 8 人，总资产 150 万元。供水范围仅限镇区人口 3 万 8 千多。县供水公司将上埠镇纳入本项目的供水范围后，镇水厂自然就停止供水，因被替代而面临关闭，其职工的就业安置问题成为本项目对上埠镇供水厂的最大影响。

4.4.5 项目区居民

项目的建成，将对项目区居民的用水提供保障，并且由于水质的改善，将保障居民身体健康，减少疾病，延长寿命。

4.4.6 受征地影响的村民

在调查中了解到，当地居民对项目建设较为支持。虽然部分村民的生计会受到项目征地的影响，但是他们能够理解政府对水厂改扩建这一行为，认为供水水质的改善，对他们的身体健康也带来好处。这部分人群希望能得到合理的补偿和妥善安置。

4.4.7 水源地保护区居民

根据《SKY 水库饮用水水源地保护规划报告》，涉及供水水源地保护的项目，禁止滥用农药、化肥和除莠剂；禁止在水库内网箱养鱼；禁止毁林开荒、破坏植被、非更新性砍伐林木和规模化围栏养殖等，这些限制会使水源保护区内居民的生计和发展受到影响。

4.4.8 用水大户

由于项目区内有些地区原来水费很低或是不需要交水费，很多家庭养殖户用水量大，原来均直接使用山泉水，不需要交费，项目实施后必然增加这些用水大户的经济负担，提高经营成本。

4.4.9 弱势群体

本项目实施后，供水收费标准可能发生调整，使贫困人口和低收入群体在享受优质公共服务的同时也增加了经济负担，如没有相应的帮扶措施，可能增加其经济压力，导致实际生活水平下降。

4.5 利益相关者对项目的影响分析

4.5.1 LX 县政府

本项目是一个为社会服务的公益性项目，以改善用水条件和水质为目的，项目的社会效益显著，本项目建成后，将明显改善县城及周边地区用水条件和用水质量。当地政府对项目十分支持。政府相关部门和机构都积极创造条件，支持项目的建设和实施。

4.5.2 LX 县供水公司

项目的实施拓展了公司的业务范围，提高了公司的规模经济效益和市场占有率。因此，他们完全支持并积极配合项目的建设。

4.5.3 SKY 水库管理局

对 SKY 水库管理局而言，该项目的建设虽然增加了他们的工作量，但这并不影响他们对项目的支持。

4.5.4 原有水厂及被替代小水厂职工

由于原有水厂面临兼并重组，被替代小水厂面临关闭，其资产和原来的业务的处理处置如不合理将会引起一定的社会矛盾。而对原有水厂部分下岗职工和被替代小水厂失业职工的赔偿与安置如不合理也同样会引起很大的社会矛盾。因此，这部分人群是否同意安置方案将对项目影响很大。

4.5.5 项目区居民

项目的服务对象都是县城及周边地区的居民，他们是此项目的最大受益者。从调查中得知大部分城区居民对该项目持支持态度，他们可以通过一些渠道来表达他们对该项目的意见和建议。

4.5.6 被征地村民

项目的建设需要征用他们的土地，现行政策法规不允许强制征收土地，因此征地之前都必须获得他们的同意，并协商合理赔偿和安置的具体办法，他们是否同意征地的决定对项目的影响也很大。

4.5.7 水源地保护区居民

由于水厂的水源保护要求会限制某些产业开发、限制排污，水源保护区内的居民的生计和发展将会受到影响。如果没有相应的帮扶措施，出于对自身利益的追求，这些居民会不顾水源地相关保护规定，继续从事相关活动。他们的态度对项目的实施也有一定的影响。

根据《SKY 饮用水水源地保护实施方案》，当地政府已经采取了相应的帮扶措施，如修建化粪池、生活污水处理、畜禽养殖沼气化工程、无污染农业技术推广、畜禽规模化养殖等，并制定了详细的方案与预算，缓解了这一不利影响。

4.5.8 用水大户

虽然水费的增加导致了当地用水大户经营成本的增加，但是由于用水条件得到改善，用水大户仍可以采取多途径用水方式，如生活用水采用自来水，养殖仍采用山泉水或井水，以减少水费对其经济上的负担，因此，用水大户对项目还是持支持的态度。

4.5.9 弱势群体

项目虽然改善了贫困人口和低收入人群的用水质量和条件，但是也增加了他们的经济负担，如帮扶措施不到位，可能导致其实际生活水平下降。因此，他们的态度对项目的实施也有一定的影响。

5 社会互适性分析

项目与所在地互适性分析旨在分析预测项目所在地的社会环境、人文条件能否接纳、支持项目的存在与发展，以及当地政府、居民支持项目存在与发展的程度，考察项目与当地社会环境的适应关系。

5.1 利益相关者与项目的互适性

利益相关者与项目是一种影响与被影响的关系，根据利益相关者分析方法识别出不同利益相关者与项目的关系，获取利益相关者对项目的态度和要求信息，分析利益相关者与项目的社会相互适应性分析。表13汇集了本项目利益相关者与项目的互适性。

表 13　互适性分析表

利益相关者		态度	需求	意愿	措施
执行单位	省项目办	积极	实施单位配合完成项目	顺利推进项目、开展工作	做好协调工作，推进项目有序开展
	县项目办	积极			
协调单位	县政府职能部门	支持		顺利完成项目	配合项目办工作
实施单位	供水公司	积极	配套资金和机构的配合	顺利完成项目的实施工作	实施项目
既受益又受损	乡镇部门	积极	资金帮助	协助项目开展	做好宣传、咨询工作
	村委会	积极	资金帮助、做好安置规划	协助项目开展	做好宣传、咨询工作
受损群体	被征地村民	理解、担心	资金帮助、住房安置、就业安置	支持	制定移民行动计划
	原有水厂及被替代小水厂的职工	理解、担心	就业安置	支持	制度补偿安置方案
受益群体	项目区内村民	支持	少增加水费	非常支持	对贫困群体扶持
	项目服务区居民	支持	少增加水费	非常支持	对贫困群体扶持
	用水大户	理解、担心	少增加水费	支持	

以上数据及信息可通过问卷调查分析获得，调查内容能够进行量化的内容尽量采用数字来表示，如表格中的态度和意愿调查，可在问卷或访谈中进行数量统计，确定不同态度或意愿的比例。

社会评价调查小组在进行项目社会评价时，也对当地居民的项目参与状况进行了调查。

208

在对项目的知晓情况调查中，知道的占绝大多数（90.0%），其中从政府通知（包括村委会/居委会）了解的占75%，通过亲戚朋友处得知的占10%，而通过村中人传闻的占5%。对项目的支持状况上，支持的占82.5%，不支持的占5%，无所谓的占12.5%。当问及"如果您对该工程有一些建议或者意见，一般向谁提出来？"时，回答向村委会/居委会提出的占70%，向政府提意见的占15%，有5%则表示通过其他途径提意见，10%的被访者认为没什么意见要提。

调查还发现，虽然项目区居民对项目的知晓度较高，但是对"接入费"这类涉及项目是否能顺利开展的细节并不清楚，可能导致项目在论证阶段被认为能够顺利开展，但在实施阶段却出现受挫的现象。这些就要求在项目实施过程中，对项目信息要做到公开透明，并利用多种媒介积极宣传项目益处，动员目标群体参与到项目中，使其能更加接受项目的目标，最终认同项目。

性别差异在项目公众参与环节中普遍存在，社会评价小组对女性这一社会因素给予了特别关注。

在社会评价调查收集的有效问卷中，女性占50%。通过分析可以看到，绝大多数女性对项目持支持态度（90%），这些被调查的女性都认为项目的实施非常有必要，身为家庭生活中最直接的用水者，她们非常渴望饮水安全问题能够得到解决。

就项目的知晓情况而言，她们中的绝大多数（90%）听说过这一项目，其中接到政府通知（包括村委会/居委会）的占60%，通过亲戚朋友得知的占10%，而通过村中人传闻的占20%。在对项目的支持状况上，持支持态度的占100%。当问及"如果您对该工程有一些建议或者意见，一般向谁提出来？"时，回答向村委会/居委会的占70%，向政府提意见的占20%，10%的被访者认为没什么意见要提。可以看出，就总体而言，项目区女性对项目是非常支持的，对项目的知晓度也很高。

5.2　项目与当地组织的适应性

当地组织是指与项目相关的政府行政机构和非政府组织，或者是村民（居民）自发成立的组织、民间性团体。在项目区，未发现非政府组织及民间团体等，而政府是非常支持项目的，因此项目与当地组织没有冲突。

受项目征地拆迁影响的村民和原有水厂职工是项目的利益受损者，因此在项目过程中可能存在抵制项目的自发性团体，但在实际调查中没有发现这类团体。

5.3　项目与当地技术、文化条件的适应性

由于原有水厂运营状况良好，该项目只是在原有水厂的基础上扩建，且接手的 LX 县供水公司既往的经营业绩良好，有较强的技术和管理实力，可以满足本项目的建设、运营、管理和维护等要求。

在文化条件上，项目区非常重视水环境保护，该县已成为"全国生态示范区"，人们对于饮用水安全有强烈的需求和愿望，为项目的顺利推进奠定了文化基础。

6　社会风险分析

6.1　社会影响的鉴别

根据项目区社会经济背景及项目自身的特点，在实地调查和分析的基础上识别出与项

目设计相关，并可能影响项目发展目标实现的主要社会风险。识别出主要的社会风险，便于机关机构寻求规避社会风险的应对措施。项目主要不利社会影响包括：

1. 项目涉及征收补偿安置活动，会对部分人群的利益造成不利影响。

2. 项目涉及供水水源地保护，会使水源保护区内的居民的生计受到影响。

3. 伴随市政公用设施建设标准、产品质量标准等逐步提高，市政公用产品价格可能调整，使城市贫困人口和低收入群体在享受优质公共服务的同时也增加了经济负担，如救助措施不到位，可能导致其实际生活水平下降。

4. 项目涉及原有水厂和被替代小水厂职工安置问题，如处理不好会引发社会矛盾，影响社会稳定等。

6.2 项目主要社会风险分析

根据调查分析，本项目易发生的潜在的社会风险因素主要有以下几个方面。

6.2.1 征地安置风险

征地有可能使受影响群体失去生活保障和生计来源。征地还可能带来一系列潜在的、长期的社会、文化、心理方面的影响。如果不能很好地进行补偿安置，特别是如移民安置措施不到位，将会造成被征地者与项目建设方的直接冲突。

LX县供水系统完善工程项目由于水厂扩建只需要征收GT村集体土地3.5亩，均为水田，没有涉及住房拆迁。根据调查，当地村民的生计主要依靠的是非农收入，因此，只要遵循正常的程序和合法的补偿，项目征地基本不影响被征地家庭的生活水平。

本项目征地范围不涉及企业。

6.2.2 贫困人口低支付能力风险

因为贫困群体大多无收入来源或收入较低，水费的收取将对其生活的负面影响较大。目前项目区尚未颁布相应的弱势群体扶持政策，没有对相关费用进行适当减免或优惠，容易导致贫困群体实际生活质量下降或因无力支付相关费用而无法享受相关服务。这类人群如果接入自来水后不愿意缴费或缴费不足，可能影响项目的经营收入，引发项目的财务风险。

6.2.3 用水大户低支付意愿风险

项目建成后，水费的收取增加了用水大户的经济压力。这些用水大户有可能为了降低生产生活成本，拒绝自来水管网的接入，依旧使用水质不安全的山泉水或地表水，生活质量无法得到改善。这类人群如果接入自来水后不愿意缴费或缴费不足，也会影响项目的经营收入，引发项目的财务风险。

6.2.4 原有水厂职工安置问题

由于原水厂改扩建后新厂的管理模式、企业结构等将发生变化，原水厂部分职工面临失业风险，如未能妥善安置这些职工，当地的社会稳定及和谐可能受到威胁，因此，这些职工的妥善安置问题，可能成为项目的重要风险。

6.2.5 项目区内原有小水厂被替代问题

被替代小水厂面临关闭后职工的再就业安置问题，如未能妥善安置这些职工，当地的社会稳定及和谐可能受到威胁，因此，这些职工的妥善安置问题，可能成为项目的重要风险。对被替代小水厂的资产处置是否合理、原有用户的业务接手如何处理等也可能带来风险。这些问题不仅可能对供水市场是否有序平稳运行产生影响，也可能影响到对本项目供水范围内居民的用水保障。

6.2.6 项目区居民与供水企业之间关于接入业务所产生的费用问题

接入 LX 县供水公司自来水的用户要交纳部分"接入费"（开户费和设备费），这部分费用相对较高。现在由于对项目的宣传仅限于要修建供水管道，而未提及用户还需交纳开户费和设备费，所以很多居民并不清楚还有这部分费用。在调查中，当听说还要交纳这些费用时，一些居民觉得费用太高了。他们之前已经因为集中供水或者自己打井而投入过资金，如果将来还需要交这笔费用，他们表示难以接受。这一问题如果不能得到妥善处理，可能导致工程设施不被居民接纳，影响管网接入率，使项目社会效益和经济效益减小。

6.2.7 县、市共用水源地，可能出现协调和管理上的问题

LX 县供水系统完善项目的新取水点为 SKY 水库。SKY 水库的建设初衷是为了给 PX 市提供水源。但由于 SKY 水库位于 LX 县域内，而且 YH 河为 LX 县城的水源，故而 SKY 水库建设之初，LX 县政府就与 PX 市政府协商并达成了 LX 县在 SKY 水库取水作为水厂水源的协议。

LX 县供水公司在 SKY 取水时需向 SKY 水库管理委员会缴纳水资源费，通过流量计计算用水量，并依据水量支付费用。与现有的取水费用相比，可能会增加。这就可能带来 LX 供水公司供水成本的增加。

另外，由于两地供水均取自 SKY 水库，如遇到旱灾等自然灾害或水库水位下降等问题时，两地用水如何协调管理，可能会成为影响水厂正常供水的问题。因此，项目建成后的后续管理工作显得尤为重要。经了解，项目管理机构和项目业主尚没有就项目的后续管理工作作过充分考虑。

6.2.8 施工期扰民问题

项目在施工过程中不可避免会带来噪声、扬尘、出行不便和增加交通压力等负面影响，也会带来一定的安全隐患，给周围居民的生活造成不便。如果在项目施工过程中不能很好地规避或减轻这些负面影响，容易造成居民与项目施工单位之间的冲突，从而影响施工的进度。

6.3 社会风险规避的措施与建议

6.3.1 征地安置风险

在项目准备阶段应当制订详细的移民行动计划。对受永久征地影响的村集体依法进行货币补偿，对于受影响的土地承包人，村集体应当对其进行补偿，并且将村里其他的土地租给其继续种植。对受临时占地影响的村集体也要进行补偿，村集体可以利用这部分资金用于改善村里的基础设施。

6.3.2 贫困人口低支付能力和用水大户低支付意愿风险

根据相关政策对贫困人口在用水费用上给予适当的减免或补贴；同时，鼓励用水量大的用户使用多元用水方式，仍以山泉水或地下水作为生产用水；并鼓励其积极探索节水方式，降低用水量。

6.3.3 原有水厂及被替代小水厂职工安置问题和水厂资产、业务处置

对原有水厂及被替代小水厂职工做好妥善安置，制订合理的安置方案，签订安置合同。尽量提供其他可能的再就业岗位或机会，对暂时不能安置的人员，应当合理补偿，组

织就业培训，做好未来就业准备。对原有水厂及被替代小水厂的资产进行合理的处置，对原有供水用户的接手工作做好妥善安排。

6.3.4 项目区居民与项目供水企业之间关于接入业务所产生的费用

针对项目区自来水接入居民，要举行关于接入信息的通气会，并对水价构成做详细的说明，使居民能够理解和接受现行水价。对项目信息做到公开透明，并利用多种媒介积极宣传项目益处，动员目标群体参与到项目中，使其能更加接受项目的目标，最终认同项目。

6.3.5 县、市共用水源地，可能出现协调和管理上问题

与 PX 市协商并签订明确的用水协议，同时制定应急预案。

6.3.6 施工期扰民问题

加强工程建设管理与监督，避免夜间施工，抑制施工噪声、扬尘，制定有效的临时交通管理措施，加快施工进度等，尽量减少项目建设、运营期间的不利影响。

表 14 LX 县供水系统完善工程影响－风险－防范措施一览表

子项目名称	影响因素	受影响对象	风险识别	规避措施
LX 县供水系统完善工程	征地影响	征地 3.5 亩，均为水田，受影响村民	对被征地村民影响较小；对村集体无影响	1）做好征地的补偿工作； 2）适当考虑安排被征地村民参与水厂建设工作
	项目建设、运营期间的工程管理	项目区居民	1）项目建设期间：临时占地、地面开挖、废水排放、噪声污染、交通不便、植被破坏、水土流失等； 2）项目运营期间：污水排放、居民饮用风险、管道抢修断水等	1）建设期间的工程管理与监督； 2）运营期间的管理与监督，做好预警方案，及时通报险情
	用水成本	1）项目区居民 2）贫困户 3）用水大户	居民用水成本提高，不愿接入	1）信息公开，积极宣传，动员目标群体参与，使其认同项目； 2）举行咨询会，并对水价构成做详细的说明； 3）根据相关政策对贫困人口给予适当扶助； 4）鼓励多元用水方式，鼓励探索节水方式
	缴费点	项目区居民	统一缴费点，可能给居民带来不方便	在新增供水范围的中心镇增设水费缴纳点
	新水源地	LX 县供水公司	LX 县与 PX 市共用水源地，可能出现协调问题	与 PX 市协商并签订明确的用水协议，同时制定应急预案
	供水业务更替	1）项目区原有小供水厂 2）原有小水厂用户	1）企业关闭，员工需要就业安置； 2）原有供水厂用户面临业务转接	1）对已经签署了协商合同的被替代小水厂职工做好妥善安置； 2）对原有小水厂供水用户的接手工作做好妥善安排

子项目名称	影响因素	受影响对象	风险识别	规避措施
LX 县供水系统完善工程	供水管网	1）LX 县供水公司 2）项目区居民	部分输水管网和设备废弃，出现重复投资	尽量利用原有输水管道，尽量减少居民在供水设备上的投入

7 项目社会可持续性分析

项目社会可持续性分析是关于项目生命周期的总体分析。项目可持续分析主要内容是项目效果是否能够持续发挥，需要何种条件，作为项目的受益者是否能够持续地承担项目所需的成本，以及项目实施中的可能受益者或受损者是否可能阻止项目建设和运行，从而阻断项目社会效果的持续发挥。

7.1 项目社会发展效果可持续性分析

社会效果是项目存在的价值依据之一。项目社会效果的发挥需要以项目的存在作为条件。根据调查，LX 县供水系统完善工程的社会效果可持续的必要条件是：项目的受益者有动力去保证项目的实施及运行，项目的可能受损者不会阻断项目的实施。

从项目效益分析看，LX 县供水系统完善工程的社会效果是显著的。项目可以提高 LX 县城及周边乡镇的饮用水条件，提高人们节约用水意识，减少人们疾病发生率，增强人们的健康水平和提高人们的生活品质，并间接地减缓农村贫困，促进社会公平和提高社会福利水平等。

表 15　项目社会效果的可持续性分析

预 期 效 果	措 施
改善和提高饮用水条件	提高人们用水安全和水环境保护意识，对水资源保护和合理配置有着重要意义
改善工业园区基础设施，带动经济发展	工业园用水问题得到解决，将吸引更多工业企业、服务业等产业入园，带动地方经济发展
缓解农村贫困	培养农民良好的用水习惯，减少发病率，控制因病返贫的现象。吸收贫困的劳动力参与项目的建设和运行
促进社会公平	加大农村公用设施建设，减小城乡差距

7.2 项目受益者对项目社会可持续性的影响分析

支付能力和支付意愿是项目可持续的一个重要因素。LX 县供水系统完善工程需要较高的建设、运行及维护费用，必然使用户的水费提高。但是，服务价格过高却会给支付者带来一定困难。因此，根据当地居民的实际收入和支出的情况，制定出一个能使大多数人都能接受的水费标准十分重要。

1. 支付现状。

因政府近年在农村推行了农村饮水安全集中供水工程建设，故而 LX 县城区及周边村镇基本实现了集中供水。供水形式主要有两种，一是以山泉水为水源，经蓄水池收集、沉淀，利用地形高差使水通过管道自流到用户家中；另一种是以浅层地下水为水源，通过集体挖掘水源井，利用抽水泵将水抽取到水塔中收集、沉淀，通过水塔高差使水通过管道自流到用户家中。这两种供水形式带给居民的问题、居民的需求和项目对其影响也有差别，详见表16。

表16　LX县城区及周边村镇安全饮水工程项目对居民的影响一览表

用水方式	存在问题	居民需求	项目效果
以山泉水为水源	山泉水受地形、气温、降雨等条件制约，水量有限，不能实现全天供水，且存在季节性缺水	保证全天供水和水量充足	满足全天供水、水量充足
以浅层地下水为水源	浅层地下水水质易受水塘、河流、污水的影响，水质不能保证； 水中富含钙化物，长期饮用容易引起结石	保证安全饮水	满足安全饮水

【访谈资料】2012年3月3日　SB镇SKY村11组　村民C女士

C女士，36岁，汉族，初中文化，家中4口人。

　　C女士介绍，SKY村11村民组的20多户村民，于上世纪90年代每家出资100元集资修建了以山泉水为水源的蓄水池，水经过沉淀后经管道入户。

　　由于水量有限，只能每天早晚放水各一次。主要满足饮用、做饭，而洗衣服、拖地等用水仍需要村民去YH河取水。陈女士认为用水不是很方便，因为不是全天不间断供水。有时遇到山泉水量很小时都不够日常使用的情况，则不得不使用河水。为了能使家中能全天用水，有些居民在房屋顶上安装了储水桶，一般容量1.5～2吨，在村组放水时利用小水泵将水抬升并储存于桶内，平时则利用高差实现自流，以满足全天用水需要。

屋顶的储水桶

　　不过C女士虽然觉得水中有沉淀物，不卫生，但是对饮水安全她并不担心，也认为村中没有出现什么与水质有关的疾病。

　　每户居民每年缴纳20元作为管理放水的费用，委托其中一家村民负责管理。管道的维修则由村民自行组织。如果管道坏了，则由附近或者有空闲的村民帮忙一起维修，没有成立专门的管理机构，也不收取专门费用。

　　对接入县城供水公司的自来水，陈女士认为能使用不间断水和好水质水是很愿意的，但是如果要新修管道她不愿意出钱。

【访谈资料】2012年3月3日　SB镇SKY村12组　村民Z先生

　　2007年，村民小组集资打了一口井，一共40多户参与，井位于YH河边上，距河边仅3米左右，井深5米。井水经过抽水泵抽到山坡上的一个水塔内（容量50吨），再经管道入户。

当时打井，每人需要出资 180 元，之后有三次水泵被偷，村民又每户每次摊 60 元。关于水质方面，Z 家人说水中有矾（当地人认为水中的钙化物为矾），烧水会在锅底附着一层垢。一般一个烧水锅，烧十天就能结出一层非常明显的水垢，需要经常刷洗。而长期饮用这种水会得结石。

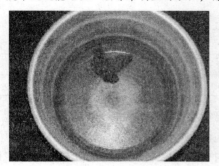 

结垢的烧水锅 紧靠 YH 边的取水井

就水量而言，由于用户也较多，在 200 多人左右，水塔容量有限，故而有时供水不足，也实行限时放水制。故而 Z 家人洗衣服等用水也是取自 YH 河，自来水主要是饮用。

在水费方面，每家都装了水表，一方水收取 2 元，Z 家（9 口人）每月用水量在三立方左右，交6 元。水费交给村民小组，主要用于放水和维修等。

听说可能要接入自来水，Z 家人很愿意接入卫生安全的自来水的。但因为安装现有设备已经花了很多钱，觉得新接入自来水如能利用现有管道和设备最好。

由此可见，原居民用水每户每月只需交 2～6 元的水费。

而在现有自来水供水范围内，居民用水人均每月水费为 10.26 元。详见表 17。

表 17　现有供水范围内居民用水成本表

	用水量 （吨/人天）	基本水价 （元/吨）	代收污水处理费 （元/吨）	每天用水费用 （元/人）	每月用水费用 （元/人）
LX 县	0.18	1.30	0.60	0.342	10.26

2. 支付能力。

LX 县 2010 年国内生产总值（GDP）达到 73.08 亿元，三次产业结构为 13.8∶64.2∶22，人均生产总值为 24360 元；财政总收入为 6.23 亿元；城市居民人均可支配收入 15024 元，人均消费性支出 10021 元。农民人均纯收入 6867 元；人均消费性支出 3556 元。

表 18　2010 年 LX 县居民人均收入及消费支出情况

序号	指　标	单位	金　额
1	城镇居民人均可支配收入	元	15024
2	城镇居民人均消费性支出	元	10021
3	农村居民人均纯收入	元	6867
4	农村居民人居消费性支出	元	3556

数据来源：LX 县统计年鉴，2010 及问卷调查。

根据目前城镇居民的水费平均缴费情况看，水费支出占城镇居民年可支配收入的比例仅为 0.8％；可见，水费在项目区居民的收入及支出中的影响几乎可以忽略不计。

3．支付意愿。

调查显示，拟供水范围的村民每日用水量相比城市居民的均值要高，这可能与他们目前用水不必缴纳水费有关。若建成自来水设施后，他们愿意支付的水费水平也较低（见表19）。

表19　建成自来水设施后每月愿意缴纳水费

支付金额	5元以下	6～10元	11～15元	16元以上	合计
所占比率（%）	62.5	20.0	12.5	5.0	100

以户为核算单位，他们每月愿意缴纳水费主要集中在10元以下（82.5%）。而这与现有城市供水范围居民用水成本相比，明显较低。这样就可能存在拟供水范围村民不愿意接入自来水。这种情况在过去也有发生，LX县SX村就有几户村民因为不愿意支付水费而未接入供水公司的自来水，直到评估组调查期间，他们仍使用自备井的井水。

【访谈材料】2012年3月3日　SB镇SKY村11组　养殖户W先生

W先生，38岁，汉族，初中文化，家庭人口7人。他现在养殖了30多头猪，每年养殖量在60～70头。

吴先生的养殖用水量很大，仅此一项每天就在1m³多。由于目前用水不花钱，因此他很不愿意接入项目的供水。

他认为山泉水比较卫生，他觉得山泉水是很好的（言语中透露出饮用山泉水是比其他水更好、更环保健康的意思）。用水安全也不需要担心，因为村里人都在喝山泉水，所以根本不需要担心。

另外，接入供水公司自来水的用户要缴纳部分开户费和设备费，这部分费用相对较高。现在由于对项目的宣传仅限于可能修建供水管道，而未提及开户费和设备费，所以很多居民并不知晓有这部分费用。调查中，当听说要交这些费用时，一些居民觉得费用太高了。他们之前已经因为集中供水或者自己打井而投入过资金，如果将来仍需要一笔开户费和设备费，他们表示难以接受。

因此，虽然有支付能力，但是人们的支付意愿较低，项目办和项目业主需要针对项目区自来水接入居民，举行关于接入信息的咨询会，并对水价构成做详细的说明，使居民能接受现行水价；根据相关政策对贫困人口在用水费用上给予适当的减免和补贴；同时，鼓励用水量大的用户使用多元用水方式，仍以山泉水或地下水为生产用水；并鼓励其积极探索节水方式，降低用水量。

4．特殊人群的支付。

目前，项目区专门针对脆弱群体（如低保人群及低收入人群）支付水费有相关的优惠政策（见下表），但优惠偏低，在项目实施后，仍需考虑对脆弱群体实行收费优惠乃至减免政策，以保证项目的建设运营不给他们带去额外的生活负担。

【政策摘要】

"征收标准按0.6元/吨执行，特殊困难群体（界定标准参照廉租房享受对象）每月免征2吨污水处理费。"

——《LX县污水处理费征收管理办法》第二条

7.3 利益受损者对项目社会可持续性的影响分析

该项目的利益受损者主要是水源地保护区居民、征地户、原有水厂职工，在项目的建设与运营期间，项目业主和政府相关部门需要考虑到他们的利益和感情，不能对他们造成持续的负面影响或者扩大已经造成的负面影响。如果由于某种原因使得这些利益受损者进一步遭受利益损失而又没有得到及时的弥补，也可能出现阻工、阻车的行为，导致项目工期延误、成本增加、效率降低等后果，不利于项目的可持续性。

8 社会管理计划及实施

LX 供水系统完善工程可通过工程方案优化，然后从政策、制度、机制等方面予以妥善安排，以减少、缓解负面影响，控制其社会风险。

8.1 项目社会管理计划

8.1.1 制定移民行动计划

移民行动计划要按照有关政策要求保障被征地拆迁者的生活水平至少不因项目建设而导致降低。在征收补偿安置实施过程中，要严格按照行动计划执行，实施机构按时落实征收补偿安置费用，并另外聘请专家对征收补偿安置工作进行外部监测评估。在征收补偿安置行动计划中，需要特别关注贫困人口如何使用安置补偿金进行收入恢复。

8.1.2 弱势群体相关费用减免计划

项目建成后将收取水费。虽然水费定价并不高，大部分城县居民都能承受，但是将给项目区内的城乡贫困群体带来一定的经济压力。为减轻他们的生活负担，保障他们能公平享受到项目的社会效益，相关政府部门要尽快出台弱势群体扶持政策，制定水费减免计划。

8.1.3 妥善处理项目区原供水厂与将来项目供水企业的交接问题

针对这一问题，要通过主管单位之间的对话完成，尽量能稳妥解决接入问题，能平稳交接项目区的供水业务；而针对市场化的企业问题要采取公平、公开的原则，进行友好磋商，尽量达成一致。

8.1.4 妥善处理项目区居民与项目供水企业之间的"接入费"问题

针对居民的接入问题，供水企业要进行广泛宣传，做好相关服务和咨询工作。在管网接入问题上，要坚持居民自愿的原则，但也要适当通过村委会/居委会等组织对居民进行耐心劝说，告知其接入带来的便利和好处，尽量做到项目区居民绝大部分能接入供水业务。

8.1.5 与 PX 市协商并签订明确的用水协议，同时制定应急预案

针对本项目与 PX 市共用水源，在水源紧张时可能出现矛盾问题，应在项目供水前与 PX 市就用水量、取水费等问题进行协商并签订协议，同时应制定应急预案。

8.1.6 信息公开及公共卫生教育计划

LX 县供水系统完善工程涉及许多利益相关者，如被征地拆迁户、用水户、原有水厂职工、工程施工单位、项目业主单位、政府相关管理部门和机构等。不同的利益相关者与项目的关系也是不同的。信息公开机制就是通过信息在利益相关者之间的相互分享，让利益相关者拥有共同的项目信息基础，有利于各方做出更加理性的决策和反应。信息公开的

责任方主要是项目业主和地方政府。

需要公开的信息包括：项目的基本情况；现有供水情况；利用新水源和扩建水厂的必要性和急迫性；项目运行期的环境数据；项目建设期和运行期的受影响群体，以及明确说明各利益相关人群参与这次项目的建设、设计和实施过程的办法和渠道；号召公众树立良好的环保意识和行为等。

信息公开的方式有：（1）制订项目的宣传手册，分发给各利益相关人群；（2）结合宣传车、报栏等基础设施，加大项目的宣传力度；（3）地方媒体，包括电视台、报社、网络都应配合进行更为广泛的宣传，争取更大范围的使各利益相关人员了解项目。

同时，为确保项目预期目标的实现和持续，需要进一步提高全民的公共环境卫生意识，有必要对公众进行环境卫生教育。环境卫生教育可由政府有关部门组织开展，联合宣传部门、教育局、环保局、广电局、报社、街道/乡镇及居委会/村庄等各部门协助，面向全民，开展节约用水、水资源保护、水介疾病预防、国家和地方相关环境指标、环境保护法规等方面的宣传教育。

8.1.7　利益相关者参与计划

世界银行在其参与手册中将参与定义为"是这样一个过程，项目利益相关者能够通过它影响、共同控制涉及他们的发展介入、发展决策和相关资源"[①]。这个定义避免了主要利益相关者在发展过程中被简单地视为被动的援助接受者、访谈对象或是劳动力的情况，明确了世界银行实施的项目应该是一个激发主要利益群体影响和控制发展行动的过程。这个过程的实现，需要在整个国家的经济及其相关部门中考虑更广泛的利益相关者；保证所有的利益相关者及其关系都能被识别，并在所有项目阶段中被考虑；让穷人更容易获得资源，尤其是金融资源；加强主要利益相关者及其组织的管理能力。

LX 县供水系统完善项目的利益相关者参与计划纲要详见表 20。

8.2　社会管理计划实施

8.2.1　机构安排及能力建设

社会管理计划实施的责任主体是项目业主。项目业主可以根据社会管理计划实施需要，结合项目相关机构的职能分工，自主或者委托相关机构负责实施项目社会管理计划的全部或者部分。

1. 机构安排。LX 县供水系统完善工程项目涉及的机构包括：

（1）省项目办；

（2）县世行贷款项目办（县发改委）；

（3）县建设局；

（4）LX 县供水公司；

（5）LX 县各相关政府部门和机构；

（6）LX 镇、SB 镇政府；

（7）相关村委会；

（8）项目设计单位；

---

① World Bank. 1996. *The World Bank Participation Source book*. Washington D. C.：World Bank.

表20 LX县供水系统完善项目的利益相关者参与计划

项目周期	参与活动	活动内容/拟解决的问题	活动方式	参与各方	负责机构	协助单位
项目准备阶段	项目宣传	1) 宣传项目实施的重要性和必要性，征求利益相关者的意见和建议。 2) 对于主要受影响群体关注的项目实施日期、实施地点、征地拆迁方案、赔偿安置方案等信息特别需要及时传达。 3) 项目准备阶段就开始宣传费用增加问题，让居民知晓收费的必要性	海报、宣传册、电视台、公共集会、标语、传单	1) 社区全体成员 2) 项目业主 3) 项目办	项目办、项目业主	宣传部门、教育局、环保局、广电局、报社、街道乡镇及居委会/村庄及各部门协助
	参与式受影响群体分析	1) 确定受项目影响的各类群体及其基本生存现状。 2) 确定项目对各类群体的正面和负面影响	社区/村民代表会议 原有水厂职工代表会议	1) 社区代表（包括贫困户、妇女等特殊群体代表） 2) 社区/村委会 3) 项目业主和项目办		
	参与式问题分析	1) 分析社区/村民水利用的现状及其在发展中存在的问题，这些问题在何种程度上影响了社区的发展和自己的生活方式以及相关 2) 帮助居民分析在哪些方面与自己的生活方式相关	社区/村民代表会议 原有水厂职工代表会议			
	参与式需求分析	确定受项目影响的各类群体的需求，分析这些需求与项目设计的差距	社区/村民代表会议 原水厂职工代表会议			
	支付能力和支付意愿调查	1) 收费现状情况，分析目前收费存在的问题。 2) 分析能够承受的收费限额。 3) 表达对收费的建议	社区/村民代表会议			
	问题反馈	1) 对项目设计方案和项目内容的评价。 2) 主要利益相关者对项目的期望和建议	社区/村民大会 原水厂职工代表会议			
	宣传、培训	1) 面向公众，加强对国家和地方相关水质量指标、水源保护法规的宣传培训。 2) 开展水资源保护、水资源利用等方面的宣传培训。 3) 向群众宣传水处理的工艺和技术要求，提高村民/居民的支付意愿	1) 社区/村民大会 2) 海报、宣传册、电视台、宣传栏、标语、传单	1) 社区全体成员 2) 项目业主 3) 项目办 4) 环保局 5) 社区/村委会		

项目周期	参与活动	活动内容/拟解决的问题	活动方式	参与各方	负责机构	协助单位
项目实施阶段	社区项目管理小组	确定小组成员，推选负责人，执行组织培训，选择和管理参与施工人员，维护施工场所社会治安，协调各方关系，反映村民/居民意见等工作	1) 社区/村庄大会 2) 社区/村民代表会议 3) 社区项目管理小组会议（包括困户、移民和妇女等特殊群体代表）	1) 社区全体成员 2) 社区/村委会 3) 项目业主 4) 项目办 5) 社区项目管理小组	项目办、项目业主、社区/村委会、社区项目管理小组	
	宣传、培训	1) 面向公众，加强对国家和地方相关水质量指标、水源保护法规的宣传培训。 2) 开展水资源保护、水资源利用等方面的宣传培训。 3) 向群众宣传水处理的工艺和技术要求，提高村民/居民的支付意愿。 4) 失地群众职业技能培训。 5) 原有水厂职工再就业技能培训	1) 社区/村庄大会 2) 海报、宣传册、电视台、标语、传单 失地群体培训 原有水厂职工再就业培训	1) 失地农民 2) 项目业主 3) 项目办 4) 劳动与社会保障局 5) 民政局 6) 社区项目管理小组 7) 原有水厂职工代表	项目办、项目业主、社区/村委会、社区项目管理小组	宣传部门、教育局、环保局、广电局、报社、街道/乡镇及居委会/村庄各部门协助
	水费价格听证	召开居民和村民代表听证会，确定调价方案和标准	听证会	1) 城市和农村居民代表，必须包括贫困户、代表 2) 项目业主 3) 项目办 4) 物价局	项目办、物价局	

续表 20

项目周期	参与活动	活动内容/拟解决的问题	活动方式	参与各方	负责机构	协助单位
项目实施阶段	项目建设	1) 确定项目建设能够提供的岗位。 2) 确定参与项目建设人员的选择标准，其中必须包括移民、贫困户、妇女。 3) 确定参与项目建设的薪酬。 4) 参与建设人员的技术培训和安全制度培训。 5) 参与项目建设	1) 社区全体会议 2) 社区代表会议 3) 原有水厂职工 4) 参与项目建设	1) 参与建设成员，包括被征地拆迁户、贫困户、妇女 2) 项目办 3) 项目业主 4) 社区项目管理小组	项目办、项目业主、项目建设机构、社区项目管理小组	宣传部门、教育局、广电局、报社、街道/乡镇及居委会/村庄及各部门协助
	社区/村庄项目监测小组	1) 定期的管网和水质监测。 2) 被征地拆迁户生活水平恢复监测。 3) 监测项目建设后自然环境的恢复	1) 社区/村庄大会 2) 社区/村民代表会议 3) 社区项目监测小组（包括贫困户、被征地拆迁户、少数民族和妇女等特殊群体代表）	1) 社区全体成员 2) 社区/村委会 3) 项目业主 4) 项目办 5) 社区项目监测小组		
项目监测和反馈	培训	监测和评估技能培训	社区/村庄项目监测小组培训会	1) 社区/村庄项目监测小组 2) 项目办 3) 项目业主	项目办、项目业主、社区项目监测小组	
	意见申诉	1) 印制"项目申诉建议"表，发放到每个村民小组，方便村民及时提出自己意见。 2) 在项目办设立投诉电话。 3) 社区监测小组随时收集居民户和农户的意见和建议	项目申诉建议表、投诉电话	1) 社区/村庄项目监测小组 2) 全体社区成员 3) 项目办和项目业主	社区/村庄项目监测小组、项目办	

（9）项目监测评估单位。

2．机构职责。

省项目办：负责 PYH 整个世行贷款项目的协调，负责与世行进行日常的沟通与协调；定期向世行提交相关文件及资料。

LX 县项目办（县发改委）：负责与项目业主的沟通与协调，并与省项目办沟通协调，定期向省项目办提交相关的文件及资料。

LX 县建设局：是供水公司的行业主管部门，负责对项目的监督、水价定价等。

LX 县供水公司（项目业主）：负责 LX 县供水系统完善项目的准备、实施及运营，以及社会管理计划的实施及监测。

LX 县相关政府部门和机构：负责审查并批准项目的相关文件，监督项目的实施；

各镇政府及相关村：配合项目业主开展项目的各项准备、建设等活动，包括社会调查、利益相关者识别、项目信息宣传、公众参与等。

项目设计单位：负责项目的设计、优化和完善项目实施的技术方案。

项目监测评估单位：调查与评估项目社会管理计划的实施情况，提出相关问题及建议，向省项目办及世界银行提交监测和评估报告。

3．机构配置及能力建设。

根据调查，项目涉及机构的办公条件、设备配置较为齐全，工作人员也富有同类项目准备、建设及运营的国内经验；但由于是第一次参与世行项目，对世行项目的运作方式，尤其是有关社会及安全保障方面的要求需进一步学习，需开展相关业务政策要求的培训。培训计划详见表21。

表21　机构社会管理能力业务培训

序号	培训内容	培训对象	时间	地点	费用（万元）
1	世行有关社会及安全保障政策	县项目办、项目业主	2012.3	××	××
2	项目社会管理计划的相关内容	县项目办、项目业主	2012.9	××	××
3	其他相关培训	县项目办、项目业主	不定期	××	××

8.2.2　实施计划

根据项目社会管理计划，项目制定了详细的实施计划及安排，详见表22。

表22　项目社会管理实施计划

序号	内　　容	实施时间	主要责任机构
1	移民行动计划实施	2011.9～2012.3	项目业主、设计单位
2	弱势群体相关费用减免计划实施	2012.9～2013.3	项目办、项目业主
3	妥善处理项目区原供水厂与将来项目供水企业的交接问题	2012.9～2017.3	项目办、项目业主
4	妥善处理项目区居民接入项目供水企业自来水业务问题	2013.3～2018.3	县发改委、财政局

序号	内　　容	实施时间	主要责任机构
5	与 PX 市协商并签订明确的用水协议，同时制定应急预案	全过程	项目办、项目业主、环保局
6	利益相关者参与计划	全过程	项目办、项目业主
7	社会管理计划实施监测与评估	项目实施期间每年进行一次	项目办、监测机构

8.3　社会管理计划实施监测评估

8.3.1　监测机构

省项目办将聘请独立的监测机构开展社会管理计划实施的外部监测。独立监测评估单位定期对社会管理计划的实施活动进行跟踪监测评估，并提出咨询意见，向省项目办和世界银行提交监测评估报告。

8.3.2　监测的步骤

外部监测单位依据跟踪监测的调查结果，分析评估项目实际产生的社会影响，评估满足目标群体需求的程度；重点跟踪各类负面影响减缓行动方案的执行情况，及时提出消除妨碍项目社会目标实现的措施等，必要时可提出调整方案；对项目执行过程中存在的社会问题、社会风险予以识别和分析，提出纠正与完善的措施建议。主要工作步骤如下：

1. 编制监测评估工作大纲。
2. 编制调查大纲、调查表格、调查问卷以及访谈大纲等。
3. 抽样调查方案、利益相关者走访方案设计。
4. 基底调查，确定核心监测指标的基底值。
5. 建立监测评估信息系统，将涉及社会管理计划监测评估的各类数据分类建立数据库，为分析和跟踪监测提供计算机辅助。
6. 监测评估调查。
7. 撰写监测评估报告。

8.3.3　监测内容及指标

根据项目的社会风险，风险减缓措施、公众参与计划措施，确定项目监测的指标体系；详见表23。

表 23　LX 县供水系统完善工程监测内容及指标

社会风险	行　　动	实施时间	责任者	协助者	行动方式	监测指标
居民环境意识缺乏与项目目标实现的风险	①宣传项目实施的重要性和必要性，征求他们的意见和建议。②面向公众，加强对国家和地方相关环境指标、环境保护法规的培训。③开展节约用水方面的培训。④开展项目技术工艺的宣传，增进受影响群体对项目的理解，获得他们对项目的支持	整个项目周期	供水公司	街道/乡镇及居委会/村庄	实施环境管理计划	环评报告中的环境管理计划中一系列培训计划安排

社会风险	行　动	实施时间	责任者	协助者	行动方式	监测指标
移民安置风险	编制移民行动计划（包括原有水厂职工安置方案）	项目准备阶段	项目业主、项目办	移民咨询单位	落实移民行动安置计划	移民行动计划中提出的监测指标
贫困人口支付能力低的问题	为贫困人口制定优惠的水费收费政策	项目运营期间	建设局、物价局、发改局	民政局	在与受影响贫困人口协商基础上制定贫困人口收费优惠	项目建成后出台的贫困人口收费优惠政策
原有水厂职工安置问题	制订合理的安置方案，对原有水厂职工做好妥善安置，签订安置合同，对原有职工尽量提供就业岗位或机会，组织就业培训	项目准备阶段	业主单位	发改局	与水厂职工协商	签订协议
原有业务交接问题	针对居民接入问题，供水企业要广泛宣传，做好相关服务和咨询工作，为居民提供优质的服务	项目准备阶段	业主单位	建设局	了解用户需求	制定相关业务办理规章制度
县市共用水源问题	与 PX 市协商并签订明确的用水协议，同时制定应急预案	项目准备阶段	业主单位	县人民政府	与 PX 市关相关部门协商	签订协议
居民生产生活与项目建设的矛盾	①靠近居民区的施工现场，噪声超标地区施工单位要设置隔音栏、防护栏（围墙），避免夜间施工，并对可能存在危险隐患处设置明显的警示标志。②对施工影响到交通时，施工单位要在主要道路设置防护栏、标语牌，危险处设置警示标志，在靠近学校或主要企事业单位的地段噪声超标的要设置隔音栏，并降低白天人流高峰期作业时间，采取夜间施工。③由施工单位组成治安巡逻队，维护施工期间的社会治安。④农村进行施工时，尽量不在灌溉高峰期开展作业，并提前告知施工可能给当地农田灌溉沟渠、道路带来的影响，以便当地居民提前准备，并及时做好善后工作，减少损失。⑤建议施工单位吸收项目建设所在地居民，特别是贫困户、少数民族、妇女参与项目的建设	项目建设期间	业主单位和施工单位	项目办、乡镇政府、村委会	落实前述几项行动	①居民对项目建设影响的投诉数量和内容②参与项目建设的所在村庄居民的人数、男女比例、贫困人口比例、工资数

社会风险	行　　动	实施时间	责任者	协助者	行动方式	监测指标
项目后续管理问题	成立供水范围内所在村庄项目后续管理小组，协助项目业主开展每年一次的参与式村庄管网、水质检测。开通所在村庄环境监测反馈和申诉热线电话。公开年度监测报告，并向村民发放申诉建议表	项目监测阶段	供水公司	社区项目后续管理小组、项目业主	社区监测小组与业主开展定期监测	①村委会申诉建议表份数和主要内容 ②申诉电话处理记录 ③年度监测报告

8.3.4　监测评估报告

在 LX 县供水系统完善工程实施期间（2013～2018 年），每年提交一份社会管理计划实施监测评估报告。

9　结论与建议

9.1　结论

1. LX 县供水系统完善项目的社会效益主要体现在：

（1）项目的实施为项目区开辟了新水源地，保证了当地供水水质、水量。项目选择 LX 县 YH 河上游 SKY 水库为水源地，新水源地的开辟保证了当地供水的优质水质和充足水量。

（2）项目满足了社会发展和城镇化建设中的用水需求。有利于：县城环境的改善；县城基础设施的完善；带动当地工业、农业、服务业等相关产业的发展；在项目建设期间和项目运行后增加了相关就业岗位；为城镇化的继续深入奠定基础。

（3）项目为居民提供了安全卫生、方便快捷、水量充足的自来水，是一项利民惠民的民生工程。项目的实施还将培养和增强项目区居民的节约用水意识。

（4）本项目涵盖了农村和县城的贫困人口，可改善贫困人口的生存环境和居住条件，提高贫困人口的健康水平。项目的建设还可以为贫困人口提供就业机会，增加他们的收入。

2. LX 县供水系统完善项目潜在社会风险包括：

（1）征收补偿安置的风险。征地是本项目潜在的主要社会风险。

（2）贫困人口低支付能力风险。项目建成后，会涉及水费收费的增加，可能加重贫困人口的经济压力。

（3）用水大户低支付意愿风险。项目建成后，水费的收取增加了用水大户的经济压力。水费过高会使其仍自行取用山泉水或地下水。

（4）原有水厂职工安置及资产处置问题。项目实施后，原有水厂被兼并重组，部分职工面临失业，如不能得到合理的补偿和安置，将成为本项目潜在社会风险。

（5）项目区内被替代的原有小水厂职工安置及资产处置问题。项目实施后，原有小水厂被关闭，职工面临失业，如不能得到合理的补偿和安置，将成为本项目潜在社会风险。这一问题不仅可能影响供水市场能否有序平稳运行，也可能影响供水范围内居民的用水保障。

（6）关于"接入费"问题。这一问题如果不能妥善处理，可能导致工程设施不被接纳，使管网接入率不理想，影响项目的经济效益和社会效益。

（7）项目的后续管理风险。项目后续管理是保障项目实施所达到的效果能够在项目投资活动结束以后仍然持续存在的关键，同时也是项目可持续性的一个重要标志。

（8）管理机构能力建设。保障管理机构建设能够适应世行贷款项目的建设和可持续的要求，是项目顺利开展的重要保证。

（9）施工扰民问题。项目施工过程会给居民的生活带来不便，还可能造成施工所在地社会治安问题。如果项目施工过程中不能很好地规避或减轻这些负面影响，将容易造成居民与实施机构的冲突，从而影响项目施工的进度。

9.2 建议

针对上述可能存在的社会风险，社会评价小组提出的建议包括：

1. 优化方案设计，制定合理的移民行动计划。

项目业主和设计单位在方案设计中尽量减少项目涉及的征地拆迁规模。项目办、移民行动计划编制组和项目业主在与受影响群众协商的基础上，按照有关政策要求保障被征地拆迁户的生活水平至少不因项目建设而导致降低。

2. 关注弱势群体，制定和执行针对贫困人口的优惠收费政策。

项目办、项目业主、物价局等机构在公开听证的基础上，制定适合本地区贫困人口的费用支付政策。同时，项目办、项目业主、项目施工单位，联合民政局、社会保障局等，为被征地拆迁户、贫困户和妇女提供就业机会，使其能参与项目的建设，并从中获得收入，改善生活水平。

3. 鼓励用水大户多元用水，并探索节水方式。

鼓励用水量大的用户使用多元用水方式，仍以山泉水或地下水作为生产性用水；并鼓励其积极探索节水方式，降低用水量。

4. 制订合理的原有水厂及被替代小水厂职工安置方案，提供就业岗位和机会。

项目办、项目业主和原有水厂及被替代小水厂职工代表共同制订安置方案，尽可能安排原有水厂职工到新水厂就业。不能提供就业岗位的则尽量提供就业培训和其他就业机会。

5. 采取市场化原则，完成原厂和新厂之间的交接。

通过主管单位之间的对话沟通完成原有水厂与新建水厂的业务交接工作，尽量能稳妥解决接入问题，平稳交接项目区的供水业务；新老企业之间的资产处置问题要采取公平、公开的市场化原则，进行友好协商，尽量达成一致。

6. 妥善处理项目区居民接入供水企业自来水业务问题。

针对居民接入问题，举行关于接入信息的咨询会，并对水价构成做详细的说明，使居民能接受现行水价。供水企业要进行广泛宣传，做好相关服务和咨询工作，为居民提供优质的服务。

7. 建立项目后续管理机制。

吸收项目区居民参与项目的后续管理。在项目建设期间社区项目管理小组的基础上，成立社区项目后续管理小组。后续管理小组的成员由村民选举产生，其中必须包括妇女代表。建议项目业主加大水环境节约和保护的宣传，加强对项目区居民的水资源保护教育，实现项目效果的可持续发挥。

8. 机构能力建设。

加强项目管理者、项目建设者对世行项目有关社会及安全保障方面的培训，以更好地实施本项目。

9. 施工期间的安全和便利维护。

项目业主和施工单位在项目施工期间，应当充分考虑当地居民生产生活的客观需求和习惯，合理安排项目施工进度，并采取有效措施，降低施工期间的扰民和环境污染影响。

第六章 污水处理建设项目社会评价

第一节 污水处理建设项目社会评价要点

一、行业特点

我国快速的经济发展和持续的城镇化使得城镇排污问题变得日益严重，老式化粪池已经不能满足城镇污水处理的需求，基础设施投入不足和老城区改造困难使得污水收集系统无法建设，导致城镇居民的生活质量下降，恶化了城市环境，影响了社会经济发展。

随着社会经济的发展，公众环保意识的提高及身心健康的需求，公众需要更多更好的现代化基础服务设施以减轻污染对环境的威胁。通过扩大城镇污水收集和处理设施覆盖率，改善城市污水收集管网体系，应对环境挑战与我国的经济、社会发展规划是一致的。

城镇污水处理工程由污水管渠系统、泵站、污水处理厂、污水再生利用系统、尾水排放系统等构成。

城镇污水建设项目的主要项目目标为：

1. 增加污水的收集量和污水的处理率，减少对地表水以及地下水的污染。
2. 根据需要和实际情况选择雨污分流或是合流制，提高对污水及雨水的管理效率。
3. 减少由水传播的疾病的感染率，保护公众健康，为公众整体的良好生存状态做贡献。

依据我国的有关政策和法规，为促进污水处理项目的可持续发展，该行业形成了以下特点：

1. 污水处理厂和泵站是点状建设，影响范围小；但管网铺设覆盖面大，受益范围广泛。
2. 政府为服务提供者和服务协调者。
3. 鼓励适当的市场竞争和私营部门参与对基础设施建设、日常运营和管理投资。
4. 遵循"污染者付费"原则，完善污水处理收费制度，收费标准要逐步满足污水处理设施稳定运行和污泥无害化处置需求。
5. 对低收入居民家庭实行价格补贴或污水处理费减免政策，以促进社会公平。

污水处理项目的社会评价主要考虑以下两方面内容：

1. 污水处理厂、管网收集系统（含泵站的）的工程建设问题。
2. 管理体制及系统配套建设问题，主要包括污染防治政策，工业和生活污水管理，项目建设及运营管理，资金来源及价格调整机制等。

二、主要社会影响

（一）有利影响

1. 提升城镇污水处理能力，减少生活污水和工业废水对水体的污染。
2. 减少污水与清洁水接触的机率，确保公众的用水卫生安全。
3. 改善公众的身体健康状况，减少与水相关的传染病发病机率。
4. 项目在建设和运营期间创造就业机会。

5. 改善城市发展环境和投资环境，促进旅游业、服务业等的发展。

6. 实现水资源循环再利用、资源化和无害化，促进循环经济发展。

（二）不利影响

1. 项目工程建设引起土地征（占）用，导致部分人群生计及收入受到影响。

2. 项目的建设、运营、维护等将需要更多的资金，为此公众可能需要支付更多费用，尤其影响贫困人口及低收入人群。

3. 污水回用的水质如不达标，有可能导致再次污染。

4. 污水处理厂运行过程中会产生大量的污泥，如处置不当，有可能导致二次污染。

5. 污水处理过程中的臭气和机器设备噪声可能会影响附近的居民。

（三）主要利益相关者

城镇污水处理项目的利益相关者的范围非常广泛，同时会因项目建设的内容和影响的不同而有所差异。不同的利益相关者对项目的关注点及影响程度不尽相同。对于污水处理项目来说，还应特别关注受到项目不利影响的相关群体。主要利益相关者包括：

1. 受征地拆迁影响的人口，低收入人群及弱势群体，污水处理厂周边的居民等。

2. 住建局、财政局、发改局、国土资源管理局、人力资源与劳动保障局、民政局、民宗局（如有少数民族）、城市房屋拆迁管理办公室等。

3. 项目规划、决策、设计及实施机构等。

三、社会评价检查清单

（一）项目社会影响分析

1. 经济层面影响的分析。主要包括项目区经济与当地产业发展，就业水平，居民生活水平和质量，弱势群体等。

2. 社会层面影响的分析。主要包括社会环境条件（如人文环境、教育及卫生等），文化遗产、宗教设施、贫困、社会性别，少数民族及征地拆迁及移民安置等。

（二）项目利益相关者分析

1. 政府部门、相关机构：机构组织及其职责分析，对项目的需求及其受项目正负面影响的分析。

2. 项目业主/实施机构：与项目的利害关系、对项目的需求及其受项目正负面影响的分析。

3. 项目受益群体（污水收集覆盖范围内居民，乃至整个城市区域）：与项目的利害关系、对项目的需求及其受项目正负面影响的分析。

4. 项目受损群体（污水处理厂及泵站周围居民、项目征地拆迁受影响人等）：与项目的利益关系，受项目正负面影响的分析，主要利益诉求。

5. 需关注弱势群体，如低收入人群及贫困户，受项目正负面影响的分析。

（三）项目社会互适性分析

1. 分析当地政府和主要利益相关者对项目立项、选址、建设与运营的态度和诉求。

2. 分析项目目标受益和受损群体对项目的影响、对项目的可接受性。

3. 分析项目与当地技术、经济、社会文化的相互适应性。

4. 分析污水处理费支付意愿与支付能力。

（四）项目社会风险分析

1. 识别潜在的影响项目的社会因素。主要包括在污水处理项目准备、设计、实施、运行等不同阶段的主要社会因素。

2. 识别、分析可能导致社会风险的主要因素。关注受项目征地拆迁及移民安置、受环境影响的社区和居民；还应关注少数民族传统文化和风俗习惯、宗教设施与场所等可能导致社会风险的因素。

3. 提出可能的规避社会风险的措施和方案，并进行可行性分析。

（五）项目社会可持续性分析

1. 项目机构可持续性。

2. 项目技术，经济及财务可持续性。

3. 项目环境可持续性。

4. 项目社会可持续性。

（六）政府公共职能评价

1. 城市发展规划对污水处理项目的作用和影响的合理性评价。包括项目与城市总体规划、土地利用总体规划、城市给水工程规划、城市排水工程规划、城市交通规划等的衔接情况。

2. 相关政策对项目的作用和影响的合理性评价。包括相关政策和法规的调整及其对项目的影响。

3. 政府管理、协调和解决社会矛盾及问题的机制和能力有效性评价。特别是协调、处理、解决有关农村集体土地征收、房屋征收、环境影响等方面的社会矛盾与问题的机构、能力、机制、效果等。

（七）社会管理计划及实施

1. 正面影响加强计划。包括项目社会效益、环境效益及经济效益的增强措施。

2. 负面影响减缓计划。包括项目征地拆迁相关政策调整带来影响的减缓措施，对弱势群体影响的帮扶措施等。

3. 利益相关者参与计划及信息公开计划。

4. 社会管理计划的实施。包括机构安排，资金预算，实施时间表等。

5. 社会监测评估计划。

（八）土地及房屋征收补偿方案

1. 项目征收影响范围的确定。包括项目征地范围（红线），如污水处理厂厂址，进场道路、泵站及管网的征地拆迁等范围的确定。

2. 被征收土地、房屋、地面附着物等各类实物指标调查及成果。

3. 受征收影响人口及其社会经济状况调查及成果。

4. 征收补偿安置政策框架和补偿标准。

5. 安置方案。被征地农民安置、被征收房屋居民安置、受影响企事业单位安置、受影响商铺安置等方案。

6. 公众参与和申诉。

7. 机构设置。

8. 费用及预算。

9. 实施时间表。

10. 监测评估。

第二节　污水处理建设项目社会评价案例

某污水收集与处理建设项目社会评价

案例介绍

本项目内容包括污水处理厂、污水管网和相关泵站的建设，具有污水处理建设项目的代表性。污水的集中收集处理不可避免导致一定范围内的异味，对于项目周边居民而言，污水处理厂运行期间的气味和环境保护状况是他们最关心的问题。因此，污水处理厂的选址，以及污水处理厂运行期间如未能正常运转或污染物处置不当可能造成二次污染的问题，是社会评价关注的重点。此外，污水处理费的收取也会给一些弱势群体带来经济上的压力，这也是社会评价需要关注的。本案例还对土地征收补偿、安全防护距离内的房屋拆迁与安置、居民环保意识等方面予以关注。政府履行公共职能对项目产生的作用和影响在污水处理项目中也较为突出，特别是相匹配的管网系统的配套建设是确保污水处理厂可持续运营的必备条件。因此，本案例也进行了政府公共职能评价。

1　概述

1.1　项目概况

X 市亚行贷款 HS 污水收集与处理工程为 H 省亚行贷款项目 HS 城市污染控制与环境管理项目的子项目之一。

项目建设内容：建设污水收集管网和相关的泵站；建设 1 座污水处理厂以及相关设施。

工程建设规模：拟建的收集管线总长约为 60 公里，其中收集干管总长为 30.507 公里；新建污水提升泵站 2 座，设计流量分别为 2.0 万 m^3/d 和 4.0 万 m^3/d；污水处理厂拟按远期工程 12 万 m^3/d 控制用地，按近期工程 6 万 m^3/d 实施。

项目建设服务范围：规划 2020 年服务人口 15 万人，服务面积 26.83km^2。

项目投资估算：15330 万元。

项目组成情况详见表 1。

表 1　项目组成情况

类别	建设内容
污水收集管网	收集管线总长约为 60 公里，其中规划污水收集系统 CH 流域内管网 22.005 公里，QSH 和 QGH 流域内管网 10.843 公里，HX 流域内管网 27.159 公里
泵站	新建污水提升泵站 2 座，设计流量分别为 2.0 万 m^3/d 和 4.0 万 m^3/d
污水处理厂	污水处理厂拟按远期工程 12 万 m^3/d 控制用地，按近期工程 6 万 m^3/d 实施。工程内容包括生产设施、辅助生产配套设施、生产管理与生活服务设施

1.2 项目建设目标及预期的社会目标

1.2.1 项目建设目标

本项目的建设目标为：（1）每年排入湖体的 COD 和磷分别从 6300 吨和 120 吨降低至 120 吨和 70 吨；（2）湖体水质从五类上升到四类。

1.2.2 预期的社会发展目标

本项目预期的社会发展目标为：通过兴建 HS 污水收集与处理工程，加大城市污水治理力度，改善城市内湖的生态环境，提高湖体水质，促进当地人口的健康。

1.3 社会评价的依据（略）
1.4 工作范围与主要内容（略）
1.5 社会评价工作步骤（略）
1.6 现场调查过程

社会评价小组于××年××月××日至××月××日，在项目区进行了资料收集工作。具体过程见表2。

表 2　现场调查过程

时间	工作
××年××月××日	到项目拟建设地点实地考察，并参观了其他4个污水处理厂
××年××月××日	考察项目区，了解项目区的大概情况，获得视觉认识
××年××月××日	发放资料清单，并到各单位收集资料
××年××月××日	拜访各相关政府机构（市政公用局、民政局、国土局、人力资源和社会保障局、妇联、民宗局、卫生局、统计局、水利水产局、城管局、旅游局、环保局），进行关键信息者访谈
××年××月××日	对项目区居民进行问卷调查及访谈； 召开中心小组座谈会
××年××月××日	召开机构座谈会，邀请各相关单位（市政公用局、民政局、国土局、人力资源和社会保障局、妇联、民宗局、卫生局、统计局、水利水产局、城管局、旅游局、环保局）参加会议

总共收集到 402 份调查问卷，访谈 16 位关键信息者，举办 21 场中心小组座谈会，并召开 3 次机构座谈会。

1.7 社会评价机构

本项目社会评价由××机构担任（机构简介略）。

2 社会经济基本情况与项目背景

2.1 项目区社会经济基本情况

2.1.1 项目区基本情况

X 市坐落于长江南岸，总面积 4582.9 平方公里，包含四个区、一个县级市和一个国家经济开发区，其中四个区和一个开发区为本工程的项目区，详细情况见表3：

232

表 3　项目区的行政区划（2009）

区域	面积（km²）	镇（乡）	街道办事处	村委会	社区委员会
X 市	4582.9	28	19	774	205
HS 区	31.8	—	4	—	38
XS 区	106.4	1	6	—	56
XL 区	38	—	3	10	27
TS 区	29.4	—	2	5	16
开发区	28.2	1	3	42	17

资料来源：省统计年鉴（2010 年）、市统计手册（2010 年）。

2.1.2　项目区人口情况

2009 年 X 市总人口为 259 万人，其中城市人口为 123 万人，占总人口比重为 47.5%。详细情况见表 4：

表 4　X 市及项目区人口基本情况（万人）

区域	总人口	性别构成		户籍人口	按户籍分类	
		男性	女性		城市	农村
X 市	258.56	135.96	122.6	242.61	122.64	119.97
HS 区	18.34	—	—	21.99	—	—
XS 区	22.27	—	—	25.06	—	—
XL 区	11.33	—	—	11.43	—	—
TS 区	5.63	—	—	6.14	—	—
开发区	13.97	—	—	16.76	—	—

资料来源：省统计年鉴（2010 年）、市统计手册（2010 年）。

2.1.3　项目区社会经济基本情况

X 市项目区城乡之间的收入也有明显的差异。2009 年，全年城镇居民人均可支配收入为 13897 元，而农村人均纯收入为 4811 元。项目区社会经济基本情况详见表 5：

表 5　项目区社会经济基本情况（2009）

对象	人均国内生产总值（元）	第一、第二和第三产业的比重（%）	城镇居民年人均可支配收入（元）	农村人均纯收入（元）
X 市	23579	7.92:54.95:37.13	13897	4811
HS 区	33833	0.7:34.7:64.6	14967	7274
XS 区	35957	1.3:67.5:31.2	12694	4720
XL 区	54252	0.7:85.1:14.2	13575	5450
TS 区	35423	0.6:63.7:35.7	13508	5210
开发区	33162	0.5:56.5:43.0	14480	4782

2.1.4 妇女

2010年，X市妇女人口占总人口比重为47.6%，男女性别比例基本平衡。在就业人口中，妇女人口占43.8%，不过在城镇职工中妇女人口仅占31.0%，在城镇登记失业人数中妇女占45.9%。

X市政府工作人员中，妇女比例占27.4%；在社区居委会成员中，妇女占77.3%；在村委会成员中妇女占22.5%，这是城乡工作人员之间的差异。

2008年X市在当地的各级组织中妇女协会共有1242个，他（她）们组织了很多活动以推进妇女发展，实施了《妇女发展纲要（1995～2000）》和诸多社会保障措施。2008年，X市的生育保险覆盖了91.7%的妇女。

近年来X市开展的与妇女环保有关的活动主要有：（1）2010年市妇联开展"低碳家庭、时尚生活"的主题活动，组织低碳知识竞赛、开展低碳征文和征集低碳生活"金点子"等活动。同时联合市科协举办低碳生活节能减排的大型宣传画展。（2）2009年市妇联和环保局合作开展的"清除白色垃圾"活动，通过在广场上举办启动会，知识问答、发宣传单、发印有妇女和环保主题相关标识的无纺袋、现场问答咨询等，促进妇女及带动家庭成员共同减少白色垃圾。（3）通过各类优秀家庭的评比活动，比如低碳家庭、绿色家庭等，对社区居民起到示范作用，影响其他居民的行为方式。

2.1.5 儿童

2010年X市0～14岁的儿童有33万，占全市总人口的12.68%。在儿童环境保护方面，市政府在改善儿童生存的自然环境和儿童环保知识普及方面都制定了相应的发展规划。

2.1.6 贫困人口

2010年，X市城市居民低保线为330元/月，享受最低生活保障的户数为27824户，人数为63706人，占城市户籍人口123万人的5.2%；X市农村居民享受最低生活保障的户数为30566户，人数为85575人，占农村户籍人口120万人的7.1%。各区具体情况详见表6：

表6 项目区享受最低生活保障的城市和农村居民基本情况（2010）（户，人）

区域	城市居民最低生活保障户数	城市居民最低生活保障人数	农村最低生活保障户数	农村最低生活保障人数
X市	27824	63706	30566	85575
HS区	3084	7308	0	0
XS区	6033	14244	733	1388
XL区	5655	12238	1748	3876
TS区	1093	2255	0	0

资料来源：《某省低保文件汇编（2009～2011）》。

2.1.7 少数民族

X市有少数民族2512人，占总人口比重为0.1%，共有30个少数民族，如回族、土家族、满族、苗族和壮族。通过对X市少数民族和宗教事务局工作人员的访谈了解到，X市区没有少数民族聚居区，少数民族人口在各居民区散居。社会经济调查也证实了民族和

234

宗教事务局工作人员的说法。在问卷调查的 402 个受访者中，只有 1 人为满族，其他均为汉族。散居的少数民族人口与汉族一样享受项目带来的好处，同时项目并不特别对少数民族人口产生负面的影响。移民安置计划草稿也说明在项目影响区内没有少数民族，因此不需要制定少数民族发展计划。

2.2 项目背景

2.2.1 项目区污水处理现状

X 市现状污水分为生活污水和工业废水，生活污水主要集中在生活居住区；工业废水主要集中在工业园区，主要有冶炼工业废水、柠檬酸工业废水、有色工业废水、啤酒工业废水、电厂废水。

X 市现有五个污水处理厂，三个独立污水处理设施。五个污水处理厂中，三个已建成，有两个在建。在三个已建污水处理厂的服务范围内已建成污水收集主干管、部分支干管和三级管网，污水经处理后达标排放，其中中心城区三个片区部分为合流制，其余为分流制；在还没有被污水处理厂服务覆盖的地区基本按照分流制实施，但建成的管网较少。截至 2010 年底，X 市共建成分流制污水管道 250 公里。经过几年治理，市区污水处理率达 81.2% ，污水集中处理率达 60.5% 。但这也意味着在处理的城市污水中，只有 60.5% 的污水进入污水处理厂，仍有 20.7% 的污水是由企业自行处理后排放的，另有 18.8% 的污水则未经过任何处理直接排入江河湖泊。

2.2.2 项目的紧迫性和必要性

随着经济建设的高速发展和城镇人口的不断增加，城市污水产生量也相应增加，污染负荷也随之加剧。长期以来，由于城市污水系统建设的严重滞后，大部分污水未经处理直接排入区内自然沟渠后进入长江，造成水体污染严重，并日趋恶化，影响了原有水域的生态功能。水体污染影响了工农业生产、城市的环境卫生面貌和人民的身体健康。尽快改善水体环境质量状况，铺设污水收集管网和建设集中污水处理厂已成为 X 市的当务之急。整体来看：

1. 水污染已成为 X 市环境恶化的主要原因。

2. 加大城市污水治理力度，有利于改善整个社会的生存和发展的生态环境，保持社会经济可持续发展。

3. 建设新污水处理厂是完善城市新片区污水排放系统，解决城市污水集中处理的必要措施。

4. 新工业园基础设施规划将进入实施阶段，污水处理作为必须先行的城市基础设施是十分必要的。

本污水处理工程的兴建将极大促进 X 市污水治理力度，明显改善城市生态环境，有利于树立城市的整体形象，推进创建全国文明城市的进程，具有良好的环境效益和社会经济效益。

鉴于污水处理厂厂址选择与污水收集系统的总体布局密切相关，厂址的确定既要保证较高的收集率，又要符合当地城镇发展、土地利用、环境保护等各项规划，需要结合分散建厂还是集中建厂的总征地量和技术经济指标进行比较。

经过分散建厂与集中建厂两种方案的系统比较，社会评价小组认为：集中建厂符合相关规划，尽管集中建厂单位经营成本较分散建厂高 0.03 元/m³，但分散建厂系统总投资较集中处理方案多 1756 万元。厂外污水集中后可改善污水的可生化性，且人员少便于管理；征地面积少，可减少项目负面社会影响；容易形成规模效益，工程上马快，能够尽快解决当地水环境的污染状况，总体方案比较经济合理。

集中建厂方案的厂址选择在 XS 区某地附近，既有利于上游子系统污水的收集，又有利于下游子系统污水进入污水处理厂集中处理。因此，污水处理厂厂址拟选择在 XS 区某村。

2.2.3 征地拆迁影响区

本项目中污水处理厂的建设需要征收 XS 区某镇某村集体土地 282.3 亩，房屋拆迁 35495m²；2 个泵站分别需要占用国有空地 0.5 亩和某村集体土地 4 亩。

管网铺设需要临时占用国有土地 675.5 亩，将影响到 HS、XS、XL 和 TS 4 个区。

2.2.4 项目受益区

根据项目影响及服务范围分析，HS 污水收集与处理工程的受益区为 5 个流域 2778 公顷的范围内 26.1 万人。受益范围较广。具体见下表：

表 7　项目受益区域情况

项目要素	直接受益区域	
	面积（公顷）	受益人群（万人）
QGH 流域	390	6.0
QSH 流域	13.6	0.8
CH 流域	57.4	4.8
TCS 流域	300	3.0
HX 流域	2017	11.5
合计	2778	26.1

资料来源：HS 统计手册（2011）；HS 污水处理子项目可行性研究报告。

3　社会影响分析

3.1　项目的经济层面影响分析

3.1.1　区域经济与当地产业发展

X 市的经济增长主要依赖于当地的矿山工业、冶炼以及附属产业。但随着矿产资源的日益枯竭以及这些工业对于当地环境造成的威胁，X 市政府决定进行经济转型，从以第二产业（采矿、冶炼、机械设备制造等）为主向第三产业转移，如服务业、旅游业等。

本项目的开展将促进 X 市水资源环境的改善，可以进一步提升城市形象，优化招商引资环境，提高招商引资的数量和质量，使房地产开发、商贸开发、旅游景点开发等投资项目机会增多；土地出让可以增加城市的财政收入，各类开发项目、第三产业的发展可以增加城市的税收，促进 X 市社会经济的发展，减少整体贫困。

同时水环境的改善也将促进旅游业的发展，从而带动整个第三产业的发展。特别是将有助于环湖都市观光旅游区的建设，吸引更多的游客前往观光旅游，将促进 C 湖周边以及

X市市区的酒店、餐饮、旅行社等行业的发展。

另外，本项目还将提高相关行业的经济效益。如项目施工期间需要采购大量建筑材料，这些材料可能在当地采购，相应地给相关企业带来了经济收入。

3.1.2　就业

本项目所带来的就业机会包含两方面：一种是项目在建设期和运营期间直接创造的临时或永久性工作岗位。预测本项目施工期间共能提供 590 个就业机会，运营期间共能提供 61 个就业岗位。施工期间的就业机会，特别是其中的非技术工种，可以优先提供给项目区的弱势群体，如低保户、贫困人口和妇女。而运营期间用工中的一些简单工种，如门卫、食堂服务、绿化、保洁等，也可以优先面向项目区的弱势群体。

另一种是项目间接带来的就业机会。城市环境的改善将吸引更多的外来投资，更多企业在 X 市发展将增加更多的就业机会。根据市旅游局的预测，到 2015 年游客将达 1000 万人，增长率达 15%，实现 X 市成为旅游城市的目标。旅游业的发展将有助于增加本地居民的就业，如酒店服务员，保洁员；餐饮服务员、厨师；旅行社导游、司机；出租车司机；景区新增员工等。预测到 2015 年将有 55600 个旅游业直接就业机会和与旅游业有关的 20 万个间接就业机会。

3.1.3　居民生活水平和质量

X市是一个老牌工业城市，在市场化发展的过程中因为企业的改制产生了相当多数量的下岗职工。本项目的实施，将直接和间接地促进二、三产业的发展和当地经济的提升。项目创造的直接和间接的就业机会将有利于本地城市居民和农村居民的就业，特别是有助于那些下岗职工再就业。本项目的开展从长期来看能够提高居民的收入。

通过污水收集与处理等综合治理手段，将使水质得到有效改善，城市空气质量、水环境和卫生环境较以前相比将会变得更好，改造后的沿湖绿化带也将增加居民休闲锻炼的场所，这将提高居民的生活质量和健康水平，减少家庭的医疗支出；城市环境卫生面貌的改善也有助于构建居民工作与生活的良好环境，保持愉悦的心情，减少得病，提高期望寿命。

3.1.4　基础设施与社会服务

截至 2009 年，X 市城区污水处理率只有 72%，其余污水直接或间接地排入长江。X市现有已投产污水处理厂 3 座，总处理能力为 17 万立方米/日，另有 2 个在建污水处理厂，总处理能力约为 6.5 万立方米/日。本项目拟在 XS 区建设第 6 个污水处理厂，一期处理能力为 3 万立方米/日。建成后这 6 个污水处理厂加之相关的排污管网完工投入运行后，可使污水处理能力达到 26.5 万立方米/日，能够满足城区及新发展区域的污水排放及收集要求。

3.1.5　城市化进程

X市 2006 年建成区面积为 42 平方公里；2010 年建成区面积为 57.2 平方公里，增加 36%。X 市建成区面积的不断扩大，将使更多的农业人口转变为城市人口。城市规模的扩大会相应的增加基础设施建设的需求，项目中新建的污水处理厂和管网铺设将服务于新区。项目的建设考虑了城市近期和远期发展规划，能够满足城市未来发展的需求。

3.1.6　弱势群体

项目的实施，可能导致污水处理费的收取标准提高，从而增加居民的生活开支，对收入较高的居民来说增加的费用不会影响到他们的生活，然而对于贫困人群来讲，可能增加其生活负担。

3.2 项目的社会层面影响分析

3.2.1 社会环境与条件

1. 人文环境。

X 市是一个风景秀美的山水城市，但同时又长期以矿产资源和工矿企业为支撑。项目区内的文化氛围主要和山水文化及矿冶文化相关。但长期以来工矿企业的发展对水环境造成破坏，几个湖体的水质已严重污染，达 V 类水平，对 X 市山水文化的发展造成了负面的影响。

本项目的开展将有利于恢复和发展山水文化，将 X 市打造成为 H 省省会城市的后花园，吸引更多的游客和投资商。

2. 教育。

在环境保护方面，过去的十年 X 市曾经采取了诸多的手段治理水体污染，但总体来看收效甚微。排污企业和城区居民在排放污水行为方面仍然改进不大，其中很重要的一个原因就是环保意识薄弱的问题。他们没有意识到自己的个体行为对整个环境产生的破坏。

本项目为收集污水、改善环境提供了必要的基础设施，同时也要求环保部门开展更多宣传教育工作，旨在提升城市居民的环保意识，从自己做起改变传统的污水倾倒方式，以实际行动来改善城市的水环境。

3. 卫生。

2010 年 X 市可能因为垃圾或污水所导致的疾病如霍乱、细菌性痢疾、伤寒和副伤寒的发病率（1/10 万）分别为 0、14.3、0.29。虽然 X 市卫生部门表示没有直接数据能够显示水环境和这些疾病发病率之间的关系，但在当地居民看来，环境改善对减少疾病发生具有重要意义。社会调查结果显示，94.3% 的受访者认为本项目实施将会减少疾病的发生。

3.2.2 文化遗产

项目区内没有文化遗产。

3.2.3 宗教设施

项目建设区域内没有宗教设施和少数民族传统生活设施。

3.2.4 特殊影响分析

1. 非自愿移民。

工程占地共 286.28 亩；施工临时占用国有土地 675.4 亩。征收土地影响居民 156 户，634 人；拆迁房屋共计 35495 平方米，影响居民 170 户，592 人。

为保障受征地拆迁影响的居民的权益，移民安置均遵循亚行相关政策和国内法律、法规和政策要求进行。移民安置方案的制订也基于广泛的参与和协商。

最终确定的补偿方案为：对受征地影响的社区不进行土地调整；土地补偿费的具体分配方法和实施由村民代表讨论决定；安置补助费补偿给受影响户；征收集体土地中地上附着物（含青苗）补偿归所有权人。

对受房屋拆迁影响居民实行产权置换、货币补偿两种方式，受影响居民可以按自己的意愿进行选择。所有受影响人将根据财产的重置价值得到受影响的财产补偿。拆除房屋时的残余料由受影响人无偿获得。

除合理补偿外，项目还通过鼓励受影响人发展养殖业、在企业（码头和磨具钢厂）就业、发展农家乐、提供职业技能培训、提供公益岗位、施工期间提供就业岗位等多种方式尽快促使受影响人群恢复生计和收入，力争做到被征地拆迁居民安置后的生活水平不降低或有所提高。

2．贫困分析。

（1）农村贫困。本项目受征地拆迁影响的贫困家庭共有 51 户，64 人，占征地拆迁影响总人口的 7.5%。造成贫困的原因主要是生病、教育、天灾、劳动力少、劳动力素质差等。具体贫困情况见表 8。

表 8　贫困人口资料

村	组	户	人
GNZ	一组	23	29
GNZ	二组	4	5
GNZ	十组	24	30
小　　计		51	64

项目潜在地不利于贫困缓解和可能造成新的贫困的负面影响主要是：项目涉及征地拆迁，相对贫困的社区和人口往往在利用补偿安置、获得项目好处、主动适应生产生活方式转型等方面处于不利地位，因而有可能加剧地区间和社区内部的相对贫困问题。

但是，项目现有的设计和保障措施将保证项目的实施不会加深被征地拆迁户的贫困程度或导致新的贫困，并使贫困人口能够从项目中平等受益。表现在：

1）项目区卫生环境状况的改善，有助于提高贫困人口的健康水平，减少因疾病带来的开支；

2）项目的建设施工可能为居住在施工现场附近的农村居民创造非农就业机会，特别是为贫困户提供就业机会。

（2）城市贫困。项目对城市贫困的负面影响主要体现在：项目建成后，污水处理费等相关费用提高可能加重城市贫困户的负担。对此，项目设计和规划已经就城市贫困人口从项目中平等受益问题做出了相应考虑，表现在：

1）项目可改变贫困人口的生活环境，使之获得清洁卫生的水、空气、居住环境；

2）环境的改善可以减少贫困人口疾病的发生；

3）项目的建设和城市环境的改善有可能为他们提供在相关行业的就业机会；

4）有关减免贫困人口环境保护费用的优惠政策将减轻城市贫困人口的经济负担。

3．性别分析。

在社会经济调查中受访者女性人数为 223 人，占总体受访者人数的 55.5%。女性中没有上过学的和小学文化程度的比较多，而上过职业技术学校的男性比较多。在受调查者中，女性和男性的职业存在统计意义上的显著差异。男性中在国有企业和民营企业中就业的较多，而女性做临时工的较多，从事家政服务的人群中则完全没有男性。

在家庭分工中，尽管受访的各个家庭的实际情况有所差异，男女的分工不尽相同，但一般来说，妇女在家庭中较多地干家务活。问卷调查总体显示妇女是处理生活污水

（79.6%）的主要人群。从这个意义上说，妇女日常处理污水的方式影响着社区的水状况和生活环境。加强妇女的公众环保和健康意识将更有益于环境的改善和项目的开展。

另外，在失地农村居民家庭中，务农的妇女往往文化程度比较低。项目方将会尽力提供一些低技能要求的工作给失地农民，例如项目建设施工中将创造一定的临时、半固定的工作机会，包括材料运输、土石方工程、工地的临时工等。妇女也应能够参与一些非重体力活的工作，如提供伙食服务等。这不仅是恢复生计的额外收入来源，也有利于其未来重新就业的新技能训练。同时，项目对于中青年妇女还应提供专项的技能培训，创造同男性一样的机会平等。

4. 少数民族分析。

项目区仅有一个少数民族人口，而且得到与汉族一样的平等待遇。项目未涉及对少数民族的生产生活习惯、宗教信仰等方面的影响问题。

3.3 其他方面的社会影响

本项目中污水管网的铺设会临时影响到周边的商铺经营和居民的正常出行，但在国内的政策法规里并没有相应的补偿规定，对于这部分受影响者，也需要加以考虑，应采取必要的技术手段，如增设围挡、留出通道、缩短工期等，尽量减少对他们的负面影响。同时采取宣传、引导手段，避免这部分受影响者因不满而产生社会矛盾，导致社会不稳定。

4 利益相关者分析

4.1 利益相关者的识别

项目的建设将对不同人群产生不同的正面或负面影响。经过调查，项目利益相关者见表9。主要利益相关者与项目的利害关系见表10。

表9 项目利益相关者识别

类别	利益相关者	受项目影响
项目区居民	项目涉及的5个区内的居民	受益者
受征地拆迁影响群体	污水处理厂和泵站征地拆迁受影响村民；污水管网铺设受影响的周边商铺和居民	既受益又受损者
弱势群体	贫困家庭、女户主家庭、妇女、少数民族、孤寡老人、儿童、伤残人员	既受益又受损者
市政府相关机构，其他相关机构	市项目办、市政公用局、国土资源局、民政局、人力资源与劳动社会保障局、妇联、残联等、项目执行单位、项目实施单位、设计单位、施工单位、外部监测单位、非政府组织、民间社团、亚行	受益者及其他利益相关者

表10 主要利益相关者与项目的利害关系分析

利益相关者	与项目的利害关系	在项目中的角色
市项目办	与项目紧密相关	组织协调者
市政府	间接受益者	组织协调

240

利益相关者		与项目的利害关系	在项目中的角色
市级职能部门	城建投资开发公司	与项目紧密相关	项目业主,负责组织协调和还款
	市政公用局	直接受益者,项目经费为其工作的开展提供了极大的支持	项目实施单位,项目建设和运营工作的主要承担者
	国土资源局	负责项目征地手续办理	配合者、部分工作参与者
	环保局	间接受益者,项目的建成有利于其工作的开展	配合者、部分工作参与者
	民政局	从项目中不能直接受益,但其工作内容或职责与该项目的某些内容存在交叉,为潜在利益相关者	无角色
	人社局	从项目中不能直接受益,但其工作内容或职责与该项目的某些内容存在交叉,为潜在利益相关者	无角色
	妇联	间接受益,其工作内容或职责与该项目的某些内容存在交叉,为潜在利益相关者	无角色
	卫生局	间接受益,其工作内容或职责与该项目的某些内容存在交叉,为潜在利益相关者	无角色
村委会		直接相关者	既受益又受损
受征地拆迁影响的村民/污水处理厂周边的居民		直接相关者	既受益又受损
项目区内污水管网沿线居民		直接相关者	既受益又受损
弱势群体		直接相关者	既受益又受损
项目服务区居民		直接相关者	受益者

4.2 利益相关者的需求分析

不同的利益相关者对项目的需求不同,具体分析各类主要利益相关者的需求,有利于识别项目的主要社会事项,规避项目潜在的社会风险,促进项目的顺利实施。社会评价小组通过问卷调查、访谈、座谈、观察等方法,与项目区各利益群体进行了充分的沟通,了解到本项目各利益相关者的不同需求。HS 污水收集与处理项目主要利益相关群体的需求情况详见表 11。

表 11 项目涉及的主要利益相关者需求分析

主要利益相关者	共同需求	特殊需求
居民(包括贫困户、妇女等)	政府扩大污水收集和处理的服务范围; 社区下水道需要连接到公共污水管网; 污水处理费可以提高,但需要在可承受范围以内	LHT、NZL 等老社区的内涝、化粪池堵塞、污水横流现象严重,居民迫切地希望政府能够改善老社区的下水道设施
征地拆迁受影响者	尽量少占用土地,做好安置规划; 对土地和房屋都需要给予合理的补偿,及时足额赔偿	需要资金帮扶
项目业主和实施单位	期望项目尽快顺利开工,降低建设和运行的成本,尽可能保证项目建设的利润	需要配套资金和相关机构的配合

主要利益相关者	共同需求	特殊需求
项目办及相关政府机构（如市项目办、市政公用局、环保局、卫生局等）	尽可能规避项目建设带来的负面社会影响，期待项目顺利开展，以便改善城市环境、提高人民的生活水平和质量、促进项目区企事业的发展，提升政府形象	项目办需要实施单位配合完成项目

4.3 项目对主要利益相关者的影响分析

4.3.1 市政府

1．通过项目引进资金，加快和促进当地的水环境改善和经济发展。

2．通过项目学习国际先进的管理经验，识别并诊断水污染的真正原因，采取切实有效的措施来解决当地的水污染问题。

3．改善水环境是民生工程，做好了也是 X 市政府为民服务的政绩工程。

4．有利于创建国家卫生文明城市，符合 X 市提出的"四城同创"的目标。

4.3.2 市项目办

市项目办受分管副市长为组长的领导小组直接领导。项目与项目办的成员没有直接的利害关系，但是他们也可以从项目的整个过程中学习到国际项目管理的知识，得到获得培训和职务升迁的机会。

4.3.3 城建投资开发公司

城建投资开发公司是本项目业主，负责项目的组织和实施，与相关单位协调，与亚行的对接，以及承担对亚行的借款和还款。

4.3.4 市政公用局

市政公用局是污水处理项目具体实施单位，是项目建设和运营工作的主要承担者。本项目是列入 X 市城市污水专项规划的内容，原本就是该局分内的工作。通过本项目的建设，将提高城市的污水收集率，改变老城区污水横流的脏乱现象，有助于改善居民的居住环境；同时，项目实施给该机构工作人员带来很多机会，如升迁、转职、施展才华等，他们也可以从项目的整个过程中学习到国际项目管理的知识，得到培训的机会。

4.3.5 污水处理厂和泵站所在地的村委会和受影响村民

项目的征地拆迁给部分村民带来负面的影响，使他们的土地减少，需要重建房屋或搬迁，这将造成他们农业收入的减少；建房需要花费时间，可能会影响他们的非农工作收入。有的受影响村民可能因此而致贫。项目施工期间会对村民的出行产生不便，施工中大型工程车辆的增多、噪声和灰尘等会对村里的交通安全、环境卫生产生不利影响。另外，污水处理厂运营过程中产生的臭味和噪声会对周边的村民生活产生不利影响；污泥的运输和处理也可能对运输沿线及处理场地周边的居民产生不利影响，如运输过程中的暴露、洒落或滴漏会造成环境二次污染等。

项目的开展给村委会增加额外的工作负担，村干部需要配合设计院和相关政府部门的工作，如国土部门的征地工作，同时还需要做好与村民的协调和申诉处理工作，避免因项目的负面影响而引发村民的不满及社会矛盾。但他们也可以因参与此项目而得到额外的工作补贴,增加部分收入。

4.3.6 管网沿线的居民和商铺

管网部分是为了配合新建的污水处理厂而建,一部分在郊区进行,另一部分在市区人口密集区域进行,施工期间将影响周边的环境和交通。管线的铺设经过一些道路和小区出入口,对居民的通行和日常生活会造成一定影响。有的管线在商铺附近,对其经营活动会有影响。

4.3.7 项目受益区居民

老城区污水横流、蚊蝇滋生;C 湖湖体水质受污染、散发臭味。对项目受益区居民来说,本项目实施将改善城市水环境,提升居民的居住环境和生活质量;湖体水质改善后,居民可以去湖边散步锻炼,增加了可供休闲的场所。

但由于本项目的投资需要回收,污水处理收费标准可能会相应提高,这将增加普通居民的家庭日常支出。尤其对贫困家庭而言,可能增加经济负担。

5 社会相互适应性分析

社会互适性分析旨在分析预测项目所在地的社会环境、人文条件能否接纳、支持项目的存在与发展,以及当地政府、居民支持项目存在与发展的程度,考察项目与当地社会环境的适应关系;同时关注利益受损者对项目的接受性和主要利益诉求,并分析污水处理费支付意愿与支付能力。

5.1 不同利益相关者与项目的相互适应性

社会相互适应性分析的逻辑框架为:分析利益相关者对项目的影响、态度、可接受性、需求及意愿,并提出相应的措施。

5.1.1 市政府

市政府对于项目的态度将对项目是否能成功建设起到重大作用。市政府在项目准备、实施过程中重大事项决策和实施阶段组织协调中发挥重要的领导作用。项目的征地拆迁及补偿安置工作需要得到市政府的支持才能顺利实施。

5.1.2 市项目办

项目办的主要职责是具体负责同亚行官员及咨询机构的谈判、协调,联络项目鉴别与评估等事宜,负责落实市政府及本项目领导小组的决议,对项目的前期准备及项目的执行进行组织、联络、指导、协调和监督。项目办成员的办事能力和协调能力将对项目前期准备和后期执行的效率起到非常重要的作用。

5.1.3 城建投资开发公司

城建投资开发公司是项目业主,它的协调能力、组织能力对项目能否顺利推进具有重要作用。

5.1.4 市政公用局

市政公用局具体承担项目的建设和运营。它的态度是否积极对项目产生一定的影响,项目建设中相关手续的办理需要得到他们的支持,该局派出的负责本项目建设的工程师的业务水平和工作人员的协调能力将影响项目的进展。

5.1.5 污水处理厂和泵站所在地的村委会和受影响村民

受征地拆迁负面影响较大的村庄和村民需要得到合理和及时的补偿,否则容易引发他们对项目的不满，不愿提供土地，甚至对项目采取阻挠征地或施工的过激行为，影响工程的进度和项目的顺利推行。受影响的村委会和村民对项目的影响力较大。

5.1.6 管网沿线的居民和商铺

总体来说，因为管网铺设的影响时间相对较短，对沿线居民和商铺的影响相对较小，在沿线居民和商铺可接受的范围以内。沿线居民和商铺能够对项目造成的影响较小。

5.1.7 项目服务区居民

项目服务区居民是本项目的主要受益者。他们欢迎和支持本项目，但关注污水处理费可能涨价。按照国内的程序，污水处理费提高与否以及提高多少主要由物价部门决定，政府组织召开的价格听证会可以有居民代表参加，但对于绝大多数居民而言，对项目的影响力较小。详见表12。

表12 互适性分析表

利益相关者		态度	意愿	对项目成败的影响程度	措施
项目办	执行单位	积极	顺利推进项目、开展工作	大	做好协调工作，推进项目有序开展
市政府职能部门	协调单位	支持	顺利完成项目	国土局影响大；环保局影响一般；其他单位影响小	配合项目办工作
市城市建设投资开发公司、市政公用局	项目业主和具体实施单位	积极	顺利完成项目的实施工作	大	实施项目
受征地拆迁影响村委会	受损群体	配合	协助项目开展	大	做好宣传、咨询工作
受征地拆迁影响村民	受损群体	理解、担心	支持	大	制定移民行动计划
项目服务区内社区和居民	受益群体	支持	支持	小	对贫困群体扶持

5.2 利益受损者对项目的可接受性

该项目的利益受损者主要是受征地拆迁影响的村民，以及污水处理厂生产区100米范围内的村民，他们为了区域水环境质量改善，承担了污水处理厂建设和运营过程中的负面影响。因此，项目业主和政府相关部门需要考虑到他们的利益和感情，不能对他们造成持续的负面影响或者扩大已经造成的负面影响。如果由于某些原因使得这些受损者遭受利益的损失而又没有得到及时的弥补，可能会出现阻工、阻车的行为，导致项目工期延误、成本增加、效率降低等后果，不利于项目可持续性。

5.3 污水处理费支付意愿与支付能力分析

支付能力和支付意愿是项目可持续性的一个重要因素。现代污水处理厂需要较高的建设、运营及维护费用，势必导致服务收费标准的提高，但服务价格过高又会给支付者带来一定的经济压力。因此，根据当地居民的实际收入和支出的情况，制定出一个能使大多数人都能接受的污水收费标准十分重要。

目前，X市一般居民的污水处理费是0.8元/吨，随自来水费一起缴纳。以居民平均用水量为100L/日·人，平均每户3.4人计算，每月家庭污水处理费支出为8.16元（此次居民家庭调查的平均值为 9.04 元/月，比较接近）。按 2010 年城镇居民人均可支配收入 15460 元/年计算，污水处理费仅占 0.18%，比重较低。

对低保户而言，按当地每月 330 元/人的最低生活保障标准，每户 2.3 人享受最低生活保障计算，每月家庭污水处理费占收入的 1.1%。

本项目的实施和公共服务水平的提高可能需要提高向居民收费的标准，这会增加居民的支出负担，给居民带来经济风险，尤其是对贫困家庭。在社会经济调查中，污水处理费用的增加是受访居民所担心的首要负面影响。

对于居民的支付意愿取决于收费上涨的额度。支付意愿调查结果显示在较低的上涨额度标准上，居民回答愿意的比例比较高。具体分析见表 13：

表 13 污水处理项目支付意愿调查表（%）

附加支付（元）	愿意	不愿意	不知道
10	43.7	53.3	3.0
20	22.1	70.8	7.1
30	16.4	82.0	1.6
40	16.1	83.9	0.0

资料来源：居民调查，20××。

6 社会风险分析

根据调查分析，本项目易发生的潜在的社会风险主要有污水管网接入、征收补偿安置、城市贫困人口低支付能力等。

6.1 污水管网的接入风险

在社会经济调查中，一些社区的居民表达了强烈的改造污水管网的要求，但因工程技术标准的变化，污水管网系统存在新老衔接不配套问题。本项目中拟铺设的公共污水管网，对新建小区普遍适用，但能否接入老旧小区尚存在技术、资金等方面的问题，而且本项目也不一定能完全覆盖有强烈需求意愿的社区，因此可能引发部分群众的不满。

6.2 移民安置的风险

本项目工程永久性占地共 286.28 亩；施工临时占用国有土地 675.4 亩。征收土地影响 156 户，634 人；房屋拆迁影响居民 170 户，592 人，拆迁房屋共计 35495m²。

征地拆迁有可能使受影响群体失去生活保障和生产资料，导致受影响群体丧失收入来源和相关社会福利措施的恶化。征地拆迁还可能带来一系列潜在的、长期的社会、文化、心理方面的影响。如果不能很好地进行补偿安置，特别是如果移民安置费用不能及时发放，将会造成受征地拆迁影响户与项目建设方的直接冲突。

6.3 城市贫困人口低支付能力的风险

在社会经济调查中，受访人口普遍关注因公共服务改善而费用可能上涨的问题。对 X 市低保户而言，按每月 330 元/人的最低生活保障标准计算，每月家庭污水处理费占收入的 1.1%，所占比例并不高。但因其无其他收入来源或收入较低，费用上涨对其生活仍会带来一定的负面影响。

6.4　施工带来不便和环境污染的风险

在社会经济调查中，受访居民还担心施工给出行和生活带来不便，同时也意识到施工可能带来的扬尘、污水、噪声等环境污染。

6.5　居民不良生活方式、环保意识淡薄与项目目标实现及可持续的风险

居民的日常生活方式与周围环境有着密切关系。多数居民没有意识到自己也是污染源之一，也较少意识到环境保护需要从自己做起，需要改变自己的某些日常生活行为，如节约用水、减少排污、不往下水道倾倒污物等。社会经济调查结果显示居民对环境保护的参与程度不足。70%的受访者从来没参加过环保、健康之类的公共活动，而不参加的最主要原因是他们不知道怎么参加（占40.8%）。这些情况有可能造成项目目标难以实现或可持续的风险。

6.6　项目的后续管理及机构管理能力建设

项目建设完成后，湖体水质以及市区环境状况将得到大幅度的改善，但是项目建设成果的后续管理存在一定风险。在环保、城管、水利、市政等多方参与的治理和改造后，湖区水污染问题的真正和全面的解决仍然需要多方明确各自的职责，进行科学管理，同时也需要全体市民的参与和监督。在目前的项目前期阶段，各单位工作的重心在于项目立项的通过，项目管理机构和项目业主单位尚未对项目的后续管理工作进行过充分考虑。

针对上述风险因素，社会评价小组制定了风险防范应对措施如下：

表14　HS污水收集和处理项目影响—风险—防范措施一览表

影响类型		受影响对象	风险识别	防范措施
征地影响		征地286.28亩，包括水田、林地、园地	被征地村民失去部分收入来源，生计受到影响	①做好征收的补偿工作；②提供就业技能培训；③在本项目中提供就业机会；④对弱势群体给予扶持
房屋拆迁影响		170户，592人	房屋拆迁，可能产生移民无家可归或者生活水平降低风险	①妥善安排宅基地；②按照重置价给予合理补偿；③先建后拆；④给需要建房的居民建好新房提供必要的帮助
施工期影响	扬尘	项目区居民	引发呼吸系统疾病，影响健康	文明施工，及时洒水、清扫
	噪声	项目区居民	干扰居民正常生活	调整或缩短高噪音机械设备工作时间
	生态影响	植物	对受影响村的植物生长造成一定影响	及时清除施工垃圾，实现植物复种
运营期影响	有害气体	当地村民	100米防护距离内房屋拆迁，基本无影响；可能影响田间操作，和作物产量	工程设计应有除臭措施，及时合理处理有害气体，避免超标排放
	地表水	污水口周围人群	可能导致水质发臭发乌、周边土壤土质变差	应有设计防护措施；定期对地下水水质进行监测
	地下水	污泥堆放地周围人群	污泥渗入地下水，污染环境	严格按照相关标准进行污泥的处理处置
	污水处理收费标准提高	贫困人群	可能会增加开支，加重其经济负担	对贫困人口实行优惠政策

246

7 项目社会可持续性分析

项目社会可持续性分析是关于项目生命周期的总体分析。项目可持续性分析主要内容是项目效果是否能够持续发挥，需要何种条件，作为项目的受益者是否能够持续地承担项目所需的成本，以及项目实施中的可能的受益者或受损者是否可能阻止项目建设和运营，从而阻断项目社会效果的持续发挥。

社会效果是项目存在的价值依据之一。HS 污水收集处理作为环境工程项目，其社会效果是显著的。项目可以提高项目区内的环境质量，促进居民健康，减少人们疾病发生率，减少医疗支出，间接地减缓贫困、促进社会公平、提高社会福利水平等。

通过采取以下措施来保证项目社会效果的可持续发挥：

1. 提高人们的环境安全意识和责任意识。
2. 制定合理的收费标准，减轻公众对污水处理费上涨的担忧。
3. 制定针对贫困人口和低收入群体的优惠政策，促进社会公平。
4. 加大项目运营期间的监管力度，保障周围群众对生活环境质量的要求。

8 政府公共职能评价

8.1 城市规划和相关政策对本项目的作用和影响

根据《X 市城市总体规划》和《X 市城市污水专项规划》，"十二五"末，X 市城区污水处理率应达到90%。根据 X 市创建环保模范城的要求，X 市城区污水集中处理率应达到85%。污水收集、处理系统应随城市新区开发建设同步进行。

为了提高 X 市城区污水集中处理率和污水处理率，达到规划中提出的要求，需要实施本项目以解决现有城市污水的处理问题。

8.2 本项目中政府的公共职能分析

政府在本项目建设中具有双重地位和作用：一是需要履行公共管理职能，对社会投资进行调控和管理；二要承担公共投资责任，向社会提供公共服务。

本项目旨在通过建设污水收集与输送管网和污水处理厂，达到削减城市污水（包括生活污水与工业废水）排放负荷、治理污染湖泊的目的。本项目符合 X 市《2001～2020 城市总体规划》中提出的城市发展战略要求：如经济发展战略中提出的保护开发风景资源和人文景观，加快旅游产业发展步伐；社会发展战略中提出的以提高人民生活水平为目标等。

就本污水处理项目而言，政府的公共管理职能表现在：

1. 确保污水处理厂配套管网的建设、运行。根据 X 市城市总体规划中设定的城市结构、城区功能分布和人口分布，结合城市污水专项规划中的管网和污水处理厂建设规划，项目可研报告论证了本项目所需的配套管网长度并确定了污水处理厂的规模和位置。

2. 机构安排与设置。

X 市专门为本项目成立了领导小组，负责整个项目的筹备、建设和运营。由市长担任领导小组组长，领导小组成员包括市发改委、财政局、规划局、国土资源局、环保局、市政公用局等部门的领导。领导小组主要负责部门间的协调配合以便项目的顺利推行。

项目办设在市城建投资开发公司，由以上各部门抽调人员组成。专职人员有 5 人，负责日常联络与协调工作。

市政公用局是专门负责污水项目的实施单位。专职人员 3 名，负责项目筹备期间和污水子项目相关的设计、征地拆迁、管理等方面。

其他部门和机构除进行配合协调外，还将发挥本行业的行政管理职能。如市国土资源局将在征地拆迁、土地预审报批等方面进行管理，市规划局将在项目合规、项目选址方面进行管理。

3. 价格听证。

市物价局将通过听证会的形式征求受益人口的意见，对污水处理费是否上涨以及涨幅多少进行听证，最终决定污水处理服务的价格，以确保污水处理费的提升水平符合老百姓的意愿。

9 社会管理计划及实施

HS 污水收集和处理项目可通过工程方案优化，配合政策、制度、机制等方安排，以减少、缓解负面影响，控制其社会风险。整个项目的社会管理计划体现在项目的各个阶段，包含不同的内容，由项目业主负责组织和实施，并进行相应的监督管理，且需要利益相关者的广泛参与。

9.1 项目社会管理计划

9.1.1 优化项目方案设计

项目设计单位应该深度了解项目区排水系统和污水系统管网信息，同时，也要了解居民的需求，尽可能将污水排放问题比较严重的社区优先纳入到项目范围内。另外，在设计中还应尽量减少项目涉及的征地拆迁规模，并采用先进的环境保护措施，避免项目可能带来的二次污染问题。

9.1.2 制定移民安置行动计划

对于项目不可避免的征地与拆迁，需要制定详细的移民安置行动计划。移民安置行动计划按照有关政策要求应保障受征地拆迁影响人的生活水平至少不因项目建设而导致降低。在拆迁户安置实施过程中，要严格按照行动计划执行，实施机构按时落实补偿安置费用，并另外聘请专家对移民安置工作进行外部监测评估。在移民安置行动计划中，需要特别关注贫困人口如何使用安置补偿金进行收入恢复。

9.1.3 弱势群体费用帮扶计划

项目建成后可能提高污水处理收费标准。为避免收费标准提高给居民特别是弱势群体的生活带来较大的影响，本项目应本着"保本微利"原则合理确定费用上涨的幅度，使其能够处在居民可接受的心理范围和经济承受力范围。

同时，为解决贫困人口支付能力问题，保障他们能公平享受到项目的社会效果，建议 X 市继续执行原有的贫困群体相关费用优惠政策或出台新的优惠政策，对相关收费进行减免。

9.1.4 信息公开计划和环境卫生教育活动

为了让众多的利益相关者了解项目的内容，意识到项目对自己的正面和负面影响，更多地支持并参与到项目的建设中来，在项目开展的整个过程中政府应注重信息的公开，让利益相关者拥有共同的信息基础，有利于更加理性的做出决策和反应。

信息公开的责任方主要是项目业主和地方政府。公开的信息包括项目的基本情况；建设污水处理厂的必要性和急迫性；项目建设期和运营期的受影响群体，以及明确说明各利益相关人群参与这次项目的建设、设计和实施过程的办法和渠道；树立良好环保意识和行为；项目运营期的环境数据公开。

信息公开的方式：（1）制订项目的宣传手册，分发给各利益相关人群；（2）结合宣传车、报栏等基础设施加大项目的宣传力度；（3）地方媒体，包括电视台、报社、网络都应配合进行更为广泛的宣传，争取使更大范围的各利益相关人员了解项目。

同时，为确保项目预期目标的实现和持续，需进一步提高全民的公共环境卫生意识，有必要对其进行环境卫生教育。环境卫生教育可由政府有关部门组织开展，联合宣传部门、教育局、环保局、广电局、报社、街道/乡镇及居委会/村庄等各部门协助，面向全民，开展节约用水、污水及垃圾文明处理、水介疾病预防、废弃物循环利用、国家和地方相关环境指标、环境保护法规等方面的宣传。

9.1.5 利益相关者参与计划

X 市污水处理项目的利益相关者参与计划纲要详见表 15：

9.2 社会管理计划的实施

9.2.1 机构安排及能力建设

社会管理计划实施的责任主体是项目业主。项目业主可以根据社会管理计划实施需要，结合项目相关机构的职能分工，自主或者委托相关机构负责实施项目社会管理计划的全部或者部分。

（一）机构安排

HS 污水收集和处理项目涉及的机构包括：

1. 市亚行贷款项目办。
2. 市城市建设投资开发公司。
3. 市政公用局。
4. 市相关政府机构（如发改委、国土资源局等）。
5. 项目区内相关社区和村。
6. 项目设计单位。
7. 项目监测评估单位。

（二）机构职责

X 市项目办：负责与亚行进行日常的沟通与协调，定期向亚行提交相关文件及资料；负责亚行与项目业主的沟通与协调。

市城市建设投资开发公司：项目业主，负责本项目的准备、实施及运营等，包括社会管理计划的实施及监测。

市政公用局：项目实施机构，参与项目的准备、实施及运营等。

市相关政府机构（如发改委、国土资源局等）：负责审查并批准项目的相关文件，监督项目的实施。

项目区内相关社区和村：配合项目业主开展项目的各项准备、建设等活动，包括社会调查、利益相关者识别、项目信息宣传、公众参与等。

项目设计单位：负责项目的设计、优化完善项目实施技术方案。

表 15 污水处理项目的利益相关者参与计划

项目周期	参与活动	活动内容	活动方式	参与各方	负责机构	备注
项目准备阶段	项目宣传	①宣传项目实施的重要性和必要性，征求利益相关者的意见和建议 ②对于主要受影响群体关注的项目实施日期、实施地点、征地拆迁方案、赔偿安置信息等特别需要及时传达 ③项目准备阶段就开始宣传污水处理费用增加问题，让市民知晓收费的必要性	海报、宣传册、电台、电视台、公共集会、标语、传单	①社区全体成员 ②项目业主 ③市项目办		宣传部门、教育局、环保局、广电局、报社、街道/乡镇及居委会/村庄各部门协助
	参与式受影响群体分析	①调查受项目影响的各类群体及其基本生存现状 ②确定项目对各类群体的正面和负面影响	社区/村民代表会议			社评组协助
	参与式问题分析	①分析社区/村庄环境的现状及其种种程度上影响了社区的发展和自己的发展 ②帮助居民分析了社区及目前的污染等方面与自己生活方式相关	社区/村民代表会议			社评组协助
	参与式需求分析	确定受项目影响各类群体的需求，分析这些需求与项目设计的差距	社区/村民代表会议	①社区代表（包括贫困户和妇女等特殊群体代表） ②社区/村委会 ③项目业主和项目办	市项目办、项目业主	社评组协助
	问题反馈	①对项目设计方案和项目内容的评价 ②主要利益相关群体对项目的期望和建议	社区/村民代表会议			社评组协助
	支付能力和支付意愿调查	①收费现状情况，分析目前收费的收费限额 ②分析能够承受的收费额度 ③表达对收费的建议	社区/村民代表会议			社评组协助
	宣传/培训	①面向公众，加强对国家和地方相关环境指标、环境保护法规的宣传教育 ②开展节约用水、污水处理、水介疾病预防等方面的宣传教育 ③向群众宣传污水处理项目的工艺和技术要求，消除项目实施地居民对此类项目的顾虑	①社区/村庄大会 ②海报、宣传册、电台、电视、标语、传单	①社区全体成员 ②项目业主 ③项目办 ④环保局 ⑤社区/村委会		宣传部门、教育局、环保局、广电局、报社、街道/乡镇及居委会/村庄各部门协助

续表15

项目周期	参与活动	活动内容	活动方式	参与各方	负责机构	备注
项目实施阶段	社区项目管理小组	确定小组成员，推选负责人，执行组织培训，选择和管理参与项目施工人员，维护施工场所社会治安，协调各方关系，反映村民意见等工作	①社区/村庄大会 ②社区/村民代表会议 ③社区项目管理小组会议（包括贫困户、移民、妇女等特殊群体代表）	①社区全体成员 ②社区/村委会 ③项目业主 ④项目办 ⑤社区项目管理小组	市项目办、项目业主、社区/村委会、社区项目管理小组	
	宣传/培训	①面向公众，加强对国家和地方相关环境指标、环境保护法规的宣传 ②开展节约用水、污水处理、水介疾病预防等方面的宣传教育 ③向群众宣传污水项目处理的工艺和技术要求，消除项目实施地居民对此类项目的顾虑	①社区/村庄大会 ②海报、宣传册、电台、电视台、标语、传单	①社区全体成员 ②项目业主 ③市项目办 ④环保局 ⑤社区项目管理小组		宣传部门、教育局、环保局、广电局、报社、街道/乡镇及居委会/村庄各部门协助
	宣传/培训	④失地群体职业技能培训	失地群体培训会	①失地农民 ②项目办 ③项目业主 ④劳动与社会保障局 ⑤民政局 ⑥社区项目管理小组		
	污水处理费价格听证	召开市民代表听证会，确定调价方案和标准	听证会	①市民代表，必须包括贫困户，少数民族、妇女等代表 ②项目业主 ③项目办 ④物价局	市项目办、物价局	

251

续表 15

项目周期	参与活动	活动内容	活动方式	参与各方	负责机构	备注
项目实施阶段	项目建设	①确定项目建设能够提供的岗位 ②确定参与项目建设人员的选择标准，其中必须包括移民、少数民族、妇女 ④确定参与项目建设薪酬 ⑤参与建设人员的技术培训和安全制度培训 ⑥参与项目建设	①社区全体会议 ②社区代表会议 ③参与项目建设	①参与项目建设成员，包括移民、少数民族、妇女、贫困户 ②项目办 ③项目业主 ④项目建设机构 ⑤社区项目管理小组	项目办、项目业主、项目建设机构、社区项目管理小组	
项目监测和反馈	村庄/社区项目监测小组	①定期环境监测 ②移民生活水平恢复监测 ③监测项目建设后自然环境的恢复	①社区/村庄大会 ②社区/村民代表会议 ③社区项目监测小组（包括贫困户、移民、妇女等特殊群体代表）	①社区全体成员 ②社区/村委会 ③项目业主 ④项目办 ⑤社区项目监测小组	项目办、项目业主、社区项目监测小组	
	培训	监测和评估技能培训	村庄/社区项目监测小组监测培训	①村庄/社区项目监测小组 ②项目办 ③项目业主		
	意见申诉	①印制"项目申诉建议表"，发放到每个村民小组，方便村民及时提出自己意见 ②在市项目办设立投诉电话 ③社区监测小组随时收集项目农户的意见和建议	项目申诉建议表、投诉电话	①村庄/社区项目监测小组 ②全体社区成员 ③项目办和项目业主	村庄/社区监测小组、项目办	

项目监测评估单位：调查与评估项目社会管理计划的实施情况，提出相关问题及建议，向项目办及亚行提交监测和评估报告。

（三）机构配置及能力建设

根据调查，项目涉及机构的办公条件、设备配置较为齐全，工作人员也具有同类项目准备、建设及运营的国内经验；但由于是第一次参与亚行项目，需对亚行项目的运作方式，尤其是有关社会及安全保障方面的要求需进一步学习，需开展相关业务政策要求的培训。培训计划详见表16。

表16　机构社会管理能力业务培训

序号	培训内容	培训对象	时间	地点	费用（万元）
1	亚行有关社会及安全保障政策	市项目办、项目业主	20××.3	××	××
2	项目社会管理计划的相关内容	市项目办、项目业主	20××.3	××	××
3	其他相关培训	市项目办、项目业主	不定期	××	××

9.2.2　实施计划

根据项目社会管理计划，项目制定了详细的实施计划及安排，详见表17。

表17　项目社会管理实施计划

序号	内　容	实施时间	资金预算（万元）	主要责任机构
1	优化项目设计	20××.3～20××.3	××	项目业主、设计单位
2	征收补偿安置行动计划实施	20××.3～20××.3	××	项目办、项目业主
3	环境管理计划实施	20××.3～20××.3	××	项目办、项目业主
4	弱势群体帮扶计划实施	20××.3～20××.3	××	市发改委及财政局
5	信息公开计划实施	全过程	××	项目办、项目业主，环保局
6	利益相关者参与计划实施	全过程	××	项目办、项目业主
7	社会管理计划实施监测与评估	项目实施期每年进行一次	××	项目办、监测机构

9.3　社会管理计划的监测评估

为了衡量项目的实施成功与否，需要充分、及时地获得有关社会管理计划的实施信息。制定公开的可核查的监测与评估程序；制定监测与评估指标，以衡量项目实际产生的社会影响；评估项目满足目标群体需求的程度；确保在各类负面影响减缓方案中建立监测与评估程序；及时提出消除妨碍项目社会目标实现的调整方案等。

9.3.1　监测机构

项目办将聘请独立的监测机构开展社会管理计划实施的外部监测。独立监测评估单位定期对社会管理计划的实施活动进行跟踪监测评价，并提出咨询意见，向项目办和亚行提交监测评估报告。

9.3.2　监测的步骤（略）

9.3.3　监测内容及指标

根据项目的社会风险，风险减缓措施、公众参与计划措施等，确定项目监测的指标体系。详见表18。

表 18　HS 污水收集和处理项目监测内容及指标

社会风险	行　　动	实施时间	责任者	协助者	行动方式	监测指标
污水管网的接入网的风险	①调查了解项目区排水系统和污水系统管网信息。②调查了解社区需求，尽可能将污水排放问题比较严重的社区优先纳入到项目范围内	项目准备阶段	设计单位	市政公用局、街道/乡镇及居委会/村庄	优化设计	项目可研报告
居民环境意识缺乏与项目目标实现的风险	①宣传项目实施的重要性和必要性，征求他们的意见和建议。②面向受影响群众，加强对国家和地方相关环境指标、环境保护法规的宣传。③开展污水文明处理等方面的培训	整个项目周期	环保局	街道/乡镇及居委会/村庄	实施环境管理计划	宣传活动：环评报告中环境管理计划中的一系列培训计划安排
施工带来不便和环境污染的风险	①对可能存在危险隐患所在地设置明显的警示标志。②对施工影响到交通时，建议施工单位在主要道路设置防护栏、标语牌，危险处设置警示标志。③施工单位组成治安巡逻队，维护施工期间的社会治安。④施工单位吸收项目建设所在地居民，特别是贫困户、妇女参与项目的建设	项目建设期间	项目业主、施工单位	项目办、街道/乡镇及居委会/村庄	落实前述几项行动	①居民对项目建设影响的投诉数量和内容②因项目建设引起的事故数量
移民安置风险	编制移民安置行动计划	项目准备阶段	项目业主、项目办	移民咨询单位	落实移民安置行动计划	移民安置行动计划中提出的监测指标
城市贫困人口支付能力低问题	为贫困人口制定优惠的污水收费政策	项目运行阶段	物价局、发改局	民政局	在与受影响贫困人口协商基础上制定贫困人口收费优惠	项目建成后出台的贫困人口收费优惠政策
项目后续管理问题	由社区/村干部和社区/村代表组成社区环境基础设施管理委员会，参与者包括一定比例的妇女和贫困人口。配合业主单位开展社区相关环境卫生设施（如生活污水处理设施、污水收集管网等）的后续管理工作	项目监测阶段	环保局	社区项目后续管理小组、项目业主	社区环境监测小组开展定期会议	①社区村委会环境申诉建议表份数和主要内容②申诉电话处理记录

9.3.4 监测评估报告

在本项目实施期间（20××年~20××年），每年提交一份社会管理计划实施监测评估报告。

10 结论与建议

10.1 结论

HS 污水收集和处理项目的社会效果主要体现在：

1. 该项目的实施将减少污染，提高健康水平、卫生状况和生活条件水平，带来更多绿色空间。

2. 该项目对城市经济发展推动作用的展现将是一个长期的过程，这些作用主要包括：（1）城市环境的改善；（2）城市基础设施的完善；（3）带动旅游业、农业、服务业等相关产业的发展；（4）项目建设期间、项目建设后增加相关行业的就业；（5）为城市化的继续深入奠定基础。

3. 本项目可改善贫困人口的生存环境和居住条件，提高贫困人口的健康水平。项目的建设还可以为贫困人口提供就业机会，增加他们的收入。

4. 项目的实施还将推动项目区相关机构能力建设，通过引进先进的项目管理方法、建立先进的办公管理系统，有助于培养一批环境项目的管理人员。

5. 项目的实施还将培养和增强项目区居民的环保意识。

HS 污水收集和处理项目潜在社会风险包括：

1. 污水管网的接入风险。现有设计对老旧小区考虑不足，不能覆盖对污水现状有强烈改善愿望的社区。

2. 征地拆迁的风险。项目需征地282.3亩，房屋拆迁35495平方米，管网铺设还需要临时占用国有土地675.5亩，影响范围较大，征地拆迁是本项目潜在的主要社会风险。

3. 城市贫困人口低支付能力风险。项目建成后，污水处理收费标准可能提高，从而加重城市贫困人口和低收入群体的经济压力。

4. 施工带来不便和环境污染的风险。项目施工可能会给项目实施地居民带来出行或生活的不便，也可能带来扬尘、污水、噪声等环境污染。

5. 居民不良的生活方式与项目目标实现和可持续的风险。多数项目区居民对环境保护的参与程度不足；他们缺乏对环境保护和治理的主人翁意识，这可能会对项目目标的实现和可持续不利。

6. 项目的后续管理风险。目前各单位工作的中心在于项目立项的通过，项目管理机构和项目业主单位没有就项目的后续管理工作进行过充分考虑。

10.2 建议

针对上述可能存在的社会风险，社会评价小组提出的建议包括：

（1）优化方案设计。设计应该建立在深度了解项目区排水系统和污水系统管网信息的基础上进行。项目业主和项目设计单位，需要了解居民的基本需求，尽可能将污水排放问题比较严重的社区优先纳入到项目范围内。

（2）制定合理的移民安置行动计划。项目办、移民安置计划编制组和项目业主单位，在与受影响群众协商的基础上，按照有关政策要求保障移民的生活水平至少不因项目建设而导致降低。

（3）制订环境管理计划。制订环境管理计划以识别项目不同阶段潜在的环境影响、针对不同影响确定减缓措施、实施机构、监督机构、资金安排、实施计划及监测指标等。

（4）制定和执行针对贫困群体的优惠收费政策。项目办、项目业主、物价局等机构在公开听证的基础上，制定适合本地区贫困人口的费用支付政策。

（5）开展环境知识和公共卫生教育培训。政府有关部门组织宣传教育系统、环保系统、广播电视系统、新闻媒体、街道/乡镇及居委会/村委会等，各部门协助，面向全民，开展有关国家和地方相关环境保护法规、环境指标的宣传培训；开展节约用水、污水及垃圾文明处理、面源污染控制、水介疾病预防等方面的宣传培训；教育公众哪些生活方式可能对周围环境有所影响，帮助项目区居民认识到自己的生活方式对周围环境产生的影响等。

（6）提供就业岗位。项目办、项目业主、项目施工单位，联合民政局、社会保障局，为移民、城市和农村贫困户和妇女提供就业机会，使其能参与项目的建设。

（7）施工期间的安全。项目业主和施工单位在项目施工期间，充分考虑到当地居民生产生活的客观需求和习惯，合理安排项目施工进度。采取有效措施控制施工扬尘、污水、噪声等对环境的影响。设置安全通道，保障居民安全出行。

（8）机构能力建设。加强项目管理者、项目建设者对亚行项目有关社会及安全保障方面的培训，以更好的实施本项目。

（9）建设项目后续管理机制。吸收项目区居民参与项目的后续管理。在项目建设期间社区项目管理小组的基础上，成立社区项目后续管理小组。后续管理小组的成员由村民选举产生，其中必须包括妇女代表。建议环境管理机构加大环境保护的执法力度，加强对项目区居民的环境教育，以实现项目效果的可持续。

附件
1. 项目布置图（略）
2. 项目社会评价人员（略）
3. 项目社会评价日程安排（略）
4. 项目问卷调查（略）
5. 项目社会评价访谈提纲（略）

第七章　燃气建设项目社会评价

第一节　燃气建设项目社会评价要点

一、行业特点

管道燃气建设项目是指具有城市公用性质的燃气生产、储运、输配、销售的建设项目。燃气项目按照项目建设内容和性质的不同可划分为制气项目、输配项目、调峰项目以及由上述项目组成的综合项目，按照气源的不同可划分为天然气项目、液化石油气项目和人工煤气项目。城市燃气行业是重要的城市基础设施，是主要的城市公共工程，是社会服务业中的重要内容，也是满足城市居民基本生活质量要求的重要保障。

燃气项目具有以下特征：

1. 行业准入严格。燃气行业属于专营性质，政府对其实行严格的许可证制度。

2. 具有自然垄断性和规模经营效应。因气源供应、输送干线具有高度垄断性，工程初始投资大，形成沉淀资产大，只有形成规模经营才能获得经济效益。

3. 具有较高的安全性要求。燃气是易燃易爆物，在储存、输送、使用过程中都不同程度存在一定危险，因此，制、配、用气各个环节都要求高技术标准，政府要实行严格监管。

4. 消费波动性较强。燃气用户主要有居民、工业、公建、服务业等，各类用户尤其是居民用气波动性较强，不仅表现在季节上，也表现在每日不同时段，如冬季采暖、每日做饭和洗浴等，要求项目有较强的调峰能力，以实现供需平衡。

5. 能源消费可替代性较强。管道燃气存在与煤炭、电、瓶装液化气等可替代性，面临与其他可替代能源的竞争。但由于其清洁、便利、环保等特点，当燃气价格在可承受范围内时，具有一定的竞争优势。

二、主要社会影响与利益相关者

1. 有利影响。

（1）燃气是清洁能源，可以减少粉尘和二氧化碳的排放，改善城市环境，保障公众身体健康，减少疾病；

（2）燃气使用方便，可以提高居民生活水平和生活质量；

（3）燃气为城市工业、服务业等提供清洁能源，促进城市经济和产业的发展；

（4）燃气是较清洁的替代能源，燃气的利用对于缓解能源压力，维护我国能源与经济安全具有重要意义；

（5）对当地技术进步，以及培养高级技术工人的劳动力队伍，有相应的促进作用；

（6）燃气项目的实施，可以增加系统产业链上许多就业机会。

2. 不利影响。

（1）燃气厂站与调压设施的建设可能涉及征地拆迁，会对部分人群的利益造成不利影响；

（2）燃气在生产、储存、输配、供给各个环节都容易出现安全隐患，可能引发设施附近居民的担心与排斥；

（3）伴随燃气项目的实施，煤改气增加的使用费，如灶具、洗浴用具的安装或更换，以及燃气收费水平调整等，可能增加城市贫困人口和低收入群体的经济负担，如帮扶措施不到位，会导致其实际生活水平下降。

（4）燃气替代燃煤后，会减少煤炭供应行业从业人员的就业机会。

3．主要利益相关者。

燃气项目主要包括以下可能的利益相关者：

（1）政府部门：城市燃气管理处、市政公用管理局、财政局、发展改革委员会、人力资源与社会保障局、国土资源管理局、城市房屋征收办公室、交通管理局、城乡规划办公室、工商行政管理局、质量技术监督局、物价局、公安消防部门等。

（2）关联企业：施工单位、燃气管理与运营企业、燃气运输企业、燃具生产企业、燃气使用企业等。

（3）社区及居民：居民用户、燃气厂站附近及管网输配途经的社区及居民、车辆运输过程涉及的沿线社区及居民、征地范围涉及的单位和社区及居民、新建燃气厂站与储存设施的环境影响范围的社区及居民。

（4）其他用户。公建用户、商业用户、工业用户、加气站用户。

三、社会评价检查清单

1．社会影响分析。

（1）项目经济层面影响分析。分析燃气价格及燃气费支出在当地居民消费结构中的变化，项目对改善居民生活水平和提升居民生活质量的影响；分析燃气项目在各阶段（建设期、运营期）创造和减少的就业机会；燃具替代与改造产生的经济成本，对相关行业产生的挤出效应。

（2）项目社会层面影响分析。主要针对卫生健康水平、人文环境、生活环境、投资环境等方面影响进行分析。

（3）特殊群体影响分析。项目涉及燃气费支付与燃具改造，分析贫困人口和低收入群体的支付意愿和支付能力；政府是否采取有效措施来保证贫困人口和低收入群体基本生活燃气的供应。

2．利益相关者分析。

（1）利益相关的政府部门的角色、态度及其对项目建设的影响分析。

（2）利益相关者的利益关系、态度及其影响分析。

3．社会互适性分析。

城市规划和相关政策对项目建设的作用和影响，项目预期社会发展目标是否有助于实现规划及相关政策的社会发展目标要求。评估项目对利益相关者的影响，分析利益相关者对项目的态度等。分析项目与当地技术、经济、社会文化条件的互适性。分析项目与当地各类组织的互适性。

4．社会风险分析。

（1）可能影响项目的各种社会因素的识别。包括选址、规划设计、环境影响评价、征地拆迁、施工建设、运营、关闭等不同阶段的主要社会因素。

（2）可能导致社会风险的主要社会因素的识别、分析、预测。特别是燃气厂（站）及其周边受征地拆迁及防爆安全防护距离（黄线）内的社区和居民对项目的认可和接受程度；管道选择与布局是否避开敏感区域；建设期间的征地、房屋拆迁实施和环境影响；运营期间的安全和环境影响。还应分析用气风险，是否对居民进行培训，使其掌握正确的燃气安全知识与燃具使用方法，尤其是对老年人、残疾人士、文化水平较低的群体。

（3）规避社会风险的主要措施和方案。包括防火防爆安全设计；用气安全意识教育；建设期间的环境影响监测评价与社会风险管理；各个阶段的公众参与和信息公开机制；突发事件与社会风险；突发事件处置机制与社会风险管理机制等。

5．社会可持续性分析。

（1）城市管道燃气项目工程投资大，资金回收较慢。工程建设会给当地财政带来巨大压力，需要对政府的财政支付能力进行评估。

（2）尽管城市燃气属于专营，便于管理和发挥基础设施效率，但形成了相对垄断，如果企业不加强社会服务意识，会带来服务社会的质量下降，影响项目的社会可持续性。

（3）受益者支付能力及其支付意愿对项目可持续运营的影响。

6．政府公共职能评价。

（1）政府管理、协调和解决社会矛盾及问题的能力和机制的有效性评价，如协调、处理、解决有关燃气厂站建设涉及的土地征收、房屋征收、安全风险、环境影响等方面的社会矛盾与问题的机构、能力、机制、效果等。

（2）政府作为出资人的公共职能评价。包括出资的合理性、公平性、透明度、补偿标准的合理性等内容。

7．社会管理计划。

（1）利益加强计划。项目的设计和运营如何发挥更大的经济、环保效益。

（2）负面影响减缓计划。对安全隐患的排除，对征地拆迁、环境污染提出相应负面影响减缓计划。

（3）是否进行公共参与，通过公共参与优化项目。

（4）社会监测评估计划。

8．征收补偿方案。

（1）项目征收影响范围的确定。包括燃气厂站（红线）、环境安全防护距离（黄线）、道路征地拆迁等范围的确定。

（2）被征收土地、房屋、地面附着物等各类实物指标调查及成果。

（3）受征收影响人口及其社会经济状况调查及成果。

（4）征收补偿安置政策框架和补偿标准。

（5）安置方案。被征地农民安置、被征收房屋居民安置、受影响企事业单位安置、受影响商铺安置等方案。

（6）公众参与和申诉。

（7）机构。

（8）费用及预算。

（9）实施时间表。

（10）监测评估。

第二节　燃气建设项目社会评价案例

某管道天然气建设项目社会评价

案例介绍

燃气项目是包括生产、储运、输配、销售各环节的综合性建设项目，由于燃气本身的易燃易爆特性，在项目任何一个阶段出问题，都可能酿成重大事故，引发严重的社会后果，为消除和减少社会风险。本案例系统地进行了社会风险分析、社会影响分析、利益相关者分析、社会互适性分析，并对项目所可能引发的社会后果提出了对策。社会评价立足于地方实际，除对一般燃气项目在安全和环境风险上有深入分析外，还重点分析了因项目实施引发的煤炭行业替代问题、失业问题、气源问题、经营问题等，并提出了有针对性的缓解措施。

1　概述

1.1　项目背景

本项目名称为"DG 市开发区燃气工程项目"，项目业主为 N 市燃气有限公司。

项目实施的背景：DG 市经济建设发展迅速，GDP 年增长率达 12%，但燃料结构还一直没有大的改观，煤炭消耗量仍占主导地位，造成的环境污染较为严重，与建设生态开发区的战略极不适应，制约了经济快速发展。因此，发展管道燃气，推进能源结构向燃气化转变，已成为开发区建设的当务之急。鉴于这一背景，2009 年 L 省发改委批准了"DG 市开发区燃气工程项目"。

经济发展的需要：随着 L 省沿海经济带上升为国家战略，本区进入了加快发展新的重大机遇期，天然气这一高洁能源的引入，不仅本身将会形成新的产业，也将带动一批新的利用天然气作为燃料的企业或产业的建立和发展，本市经济开发区的产业结构将得到优化调整，起到减少投资，保护环境的效果，对经济的发展产生相当的积极作用。

提高人民生活质量的需要：使用城市天然气是现代城市居民生活质量提高的重要标志之一，将一改燃煤和罐装液化气燃料的使用弊端，使居民家居生活变得轻松便捷，使城市燃料运输量大大减少，同时也为城市集中供热、供冷等的发展创造了良好条件，发展天然气将大大加快城市现代化的进程。

改善环境的需要：DG 市目前使用能源以煤为主，产生了大量的烟尘和有害气体。利用天然气这一高效清洁能源，可以解决城区大量燃煤锅炉、茶水炉、食堂灶、餐饮煤炉等造成的局部环境严重污染。同时，推广天然气能源，对实现 L 省级环保产业园的建设目标将起到重要作用。

260

总之，项目的实施对提高 DG 市经济开发区的城市品位、改善城市功能将起到非常重要的作用，也是实现 DD－DG 同城化跨越式发展的重要举措。

1.2 项目区经济社会背景

1.2.1 项目区基本情况

DG 市开发区位于中国 L 省中部，是 DG 市的工业重镇，位于北河江口、黄海之滨，东距 N 市 25 公里、西距 DG 市内 11 公里。以行政辖区为界，全区面积 122 平方公里，其中，城镇现状建设用地 24.6 平方公里，常住人口 18 万人，户籍人口 8 万人；到 2020 年城区建设用地 31.2 平方公里，规划人口规模 20 万人。户籍人口结构中，女性为 3.9 万，占 49%，男性为 4.1 万，占 51%。

开发区定位为"和谐、科技、生态、唯美"，使用清洁能源、大力发展环保型产业和建设生态家园，对于 N 市（DG 市为 N 市下属的县级市）建设生态型旅游城市、建设最美的边境城市目标，具有十分重大的意义。

1.2.2 流动人口

DG 市开发区为新近批准成立的产业园开发区，现有 18 万常住人口中，有 10 万人为流动人口。流动人口的存在，对于原有的以煤炭为主的能源供给产生了巨大压力，也促使开发区和 N 市政府加速引进和审批燃气项目的决心，以尽早解决能源短缺的问题。

1.2.3 妇女

现有常住人口中妇女约 9.4 万，户籍人口中妇女人口占总人口的 49%。

1.2.4 贫困人口

在 DG 市户籍人口中，低保户占 6.8%，有 1500 多户，其中 600 户为农村贫困人口，其他 900 户为城市人口。尽管煤炭相较其他能源比较便宜，但使用却很不方便，对家庭环境也会产生负面影响。使用燃气对提高他们的生活质量和增进其福祉有正面意义，但也会因为燃气使用费较高从而增加家庭支出。

1.3 项目的主要内容及规模

1.3.1 项目建设主要内容

项目分近期与远期建设，近期为 2010～2012 年，这里主要指近期建设工程。

1. DG 市经济开发区天然气储配站（含 LNG 储气设施、CNG 减压站）。

站内设有 LNG 储罐，空温气化器、过滤、计量、调压、加臭等工艺设备；站内设有配电、消防、锅炉、维修、车库及综合办公楼等附属设施。

2. 城市中压管网，包括中压干管和调压设施。

在储配站天然气经调压后，以 0.4MPa 压力送入城市中压管网；

中压管网合计：de250：33.7km；de200：10.5km；de160：3.0km；de110：9.1km；

中低压调压站（箱）：26 座（近期 10 座，远期 16 座）。

3. 自动控制系统。

4. 本工程不包括庭院管道及户内燃气管道。

1.3.2 气源选择

对城市燃气气源的选择，必须贯彻多种气源、多种途径、因地制宜、合理利用能源的发展方针。根据 DG 市实际情况，本工程拟定 N 市 DG 市管道燃气远期气源以 LNG 液化天然气和长输管道天然气为主导气源，以压缩的天然气为辅助气源；近期根据市场开发情况以 LNG 液化天然气为主气源，以 CNG 压缩天然气为辅助气源。

2 利益相关者分析

2.1 利益相关者识别

本项目可能涉及的主要利益相关者为表 1 所示。

表 1 主要利益相关者分析表

主要利益相关者		受影响类型	受影响方式	对项目的影响程度
1）用户	居民用户	直接影响	直接受益、施工期轻微受损	低
	公建用户	直接影响	直接受益、施工期轻微受损	低
	工业用户	直接影响	直接受益、施工期轻微受损	低
	加气站用户	直接影响	直接受益、施工期轻微受损	低
2）受征地影响的村民		直接影响	直接受损	高
3）供应商		直接影响	直接受益	高
4）N 市燃气有限公司（业主）		直接影响	直接受益	最高
5）政府		直接影响	直接受益	最高
6）被替代能源行业		直接影响	直接受损	低
7）其他职能部门		间接影响	既受益，又受损	适中
8）设计单位		直接影响	直接受益	适中
9）施工单位		直接影响	直接受益	适中
10）厂站、管网附近社区、居民、单位及施工期受影响居民		直接影响	既受损，又受益	高

2.2 项目对主要利益相关者的影响

2.2.1 用户

燃气项目对于用户有正反两方面的影响，正面影响包括：

（1）燃气是较为清洁的能源，可以改善本市大气环境质量，保障公众身体健康，减少疾病，延长寿命；

（2）燃气使用方便，可以便利市民生活，提高居民生活水平和生活质量；

（3）项目区居民原来多用煤以及灌装液化气，改用燃气可改善能源结构。

负面的影响包括：

（1）有安全隐患，在燃气生产、储存、输配、供给各个环节都容易出现安全风险，引发设施附近居民的担心与排斥；

（2）燃气项目实施后，安装燃气灶具、洗浴设备、集资费以及支付燃气使用费，会增加城市贫困人口和低收入群体的经济负担；

（3）部分使用人群缺乏必要的燃气安全知识，容易造成重大事故。

2.2.2 供应商

促进燃气供应商提供优质、充足的燃气供给，刺激燃气资源的开发和市场竞争，实现双赢。

2.2.3 燃气有限公司（业主）

N市燃气有限公司作为业主，通过项目开拓了市场，获得一定的收益和运营管理经验。

2.2.4 市政府

燃气项目的启动实施，不仅其本身将会形成新的产业链，也将带动一批新的利用天然气作为燃料的电力、化工、陶瓷、玻璃、供暖等企业或产业的建立和发展，带动本市经济开发区的产业结构优化调整，起到减少投资，保护环境的效果，对经济的发展产生相当的积极作用，同时也为建设以人为本的和谐社会做出积极贡献。

2.2.5 各职能部门

职能部门有管理和服务方面的压力，因为燃气项目科技含量高，燃气本身也具有的危险性，使相关部门管理人员必须掌握一定的基础知识，增强管理的水平。

2.2.6 设计、施工单位

设计与施工单位通过项目实施锻炼队伍，为单位创收，同时提高职工收入。

2.2.7 被替代能源行业

对DG市本地的煤炭行业等产生直接或间接的竞争性影响，导致这部分行业效益降低，或被迫进行企业转型。

2.2.8 受征地影响的K村居民

征用土地使他们丧失部分或者所有的生产、生活资源，造成生产生活上的困难。另外，征地导致部分村民失业，无所事事，需要转移部分劳动力到其他行业。

2.2.9 其他受影响的社区、居民、公建单位

项目施工给沿线社区、居民、公建单位、商店、企业带来一定的负面影响，主要表现在可能的安全隐患、交通堵塞、大气污染、噪声污染等问题。厂站及管网附近的与所通过区域的居民生活也会受到很大影响，容易受到这些居民的抵制。总体上而言，考虑到项目工期较短，项目施工较为规范，安全能够得到保障，大部分居民还是表示理解与支持。

2.3 利益相关者的诉求

建设单位已按规定进行了项目信息的公示和项目环境影响公告。在评价范围内共发放200份公众意见表，回收率98.5%。调查对象涵盖了不同性别、年龄、职业和教育程度的人群，对相关问题的认识能力较高，调查结果具有较高的代表性。

有69%的调查对象了解项目基本信息，不了解或了解不多的占31%。调查对象中大多数（69%～76%）认为开发区管道燃气工程投入使用后会给本地区带来好或很好的经济、社会和环境效益。60%的调查对象同意开发区管道燃气工程（近期）的建设，53%的调查对象同意管线布置方案，46%的调查对象同意气化站的选址。有35%～43%的调查对象不发表意见，主要原因是有31%的调查对象不了解本项目的基本信息。因此，在第二次公众意见调查中需要加强项目基本情况的宣传，让公众进一步了解项目内容。仅有

极少数调查对象（0.5%～2%）反对项目建设或项目选址，反对的理由主要是担心安全问题。因此，总体来看多数公众支持本项目建设和项目选址。

2.3.1 用户诉求

无论是居民、还是公建用户、商业用户、工业用户、加气站用户都希望项目能够提供一个安全优质的产品，以缓解目前开发区能源不足的紧迫局面。具体包括以下诉求：

1. 提供优质的产品。燃气公司所提供的燃气应该是符合国家各项标准，安全有充分保证的优质产品。并且所提供的输入与输出设备有较高的可靠性。同时应提供使用等方面的免费培训。

2. 保证安全，有快速的反应速度。因为燃气的危险性特征，一旦出现管道或设备破损、泄漏等紧急事件，政府和燃气公司能够有较快的反应速度。

3. 准确快速的投诉处理机制。有较好的反馈机制，遇有用户诉求，能够有明确清晰的渠道加以准确快速的解决。

4. 良好的售后服务。燃气公司要提供良好的售后服务，要经常性对管道设施进行维修与检查。

5. 制定一个合适的价格。

2.3.2 供应商

本项目的供应商为中石化××公司。作为供应商是主要的受益者，通过输出燃气获得收益。希望项目早日实施，各方能够诚信履约，实现双赢。

2.3.3 N市燃气有限公司（业主）

受N市及开发区全权委托，N市燃气有限公司是项目的投资和建设主体，主要负责资金筹措与项目实施，同时协调与各职能部门和设计、施工单位的关系。作为业主，公司希望项目尽快实施，并能够得到各个相关单位、施工方的很好配合。

2.3.4 市政府

市政府是项目的主要决策者与领导者，他们希望项目能够尽快实施，并能够体现市委、市政府"以人为本，执政为民"的科学发展观，贯彻落实"和谐、科技、生态、唯美"的目标，促进城市发展目标，提高城市文明度，脚踏实地地改善市民生活。

2.3.5 各职能部门

政府各个职能部门，包括城市燃气管理处、市政公用管理局、财政局、发展改革局、国土资源管理局、城市房屋拆迁管理办公室、交通管理局、城乡规划办、工商行政管理、质量技术监督局、物价局、公安消防等，这些职能部门都希望项目在实施过程中能够做好各项协调工作，服从部门管理。同时，对于其中可能产生的公共支出，希望能够获得相应的财政的补贴。

2.3.6 设计、施工单位

设计单位希望在编制设计规划时能够得到各职能部门的有效配合，也希望项目尽快实施。

施工单位希望项目能够尽快进行，并得到当地居民的配合，按照工期按时完成施工任务。

2.3.7 被替代能源行业

项目对使用低质能源，或能源价格高的行业及其群体，产生了挤出效应，使他们的利益受损，他们希望能够获得部分补贴，以逐步退出部分市场，或者进行产品转型。

2.3.8 受征地影响的 K 村

项目永久征地 39800 平方米（59.7 亩），主要集中在开发区近郊的 K 村委会的 3 个村民小组。其中，a 村小组征用土地 15 亩，b 村小组征用土地 30 亩，c 村小组征用土地 14.7 亩。共涉及三个村小组 27 户村民的承包土地。其中 LNG 气化站（含接收站）17400 平方米（26.1 亩，现状为已开挖的山地），气化站 17400 平方米（26.1 亩，取土荒坡），后方设施 5000 平方米（7.5 亩，在 C 村小组东面靠市区部分）。本项目所有永久使用土地均属 K 村集体所有，有 12 户的承包土地被全部征用，这部分村民希望有一个合理的补偿，并能够解决转移安置劳动力等问题。

2.3.9 其他受影响的社区、居民、公建单位

市区管道施工包括临时挖掘道路 151600 平方米，其中人行道 121280 平方米，慢车道 30320 平方米。受施工临时占地影响，燃气厂站附近及输配管网途经的社区及居民、车辆运输过程涉及的沿线社区及居民，也是项目的利益相关者，他们希望项目：

1. 确保安全，包括施工安全以及厂站、管网布设的安全、设施设备的安全、运营管理的安全；

2. 减少有害气体排放、施工噪声、施工垃圾等环境污染，减低施工带来的交通拥堵，并有相关减缓预案；

3. 工期要合理，尽量分段施工，减少不利影响。

3 社会影响分析

城市燃气公用设施项目具有提高人民生活水平，促进社会发展和进步的性质。本项目建设的社会影响效果总体而言是社会效益大，社会风险小。

3.1 项目经济层面的影响

3.1.1 城市规划与城市化进程

为规范城市燃气基础设施的建设，在开发区总体规划指导下，开发区编制了《DG 市开发区燃气专项规划》，认为本区的燃气事业建设可以优化城市能源结构，保障城市能源供给；还可以通过规划来培育和规范市场，提高城市燃气发展速度和水平，能够进一步改善投资环境，实现环境、资源与社会经济的协调发展。

3.1.2 项目区域经济与当地产业发展

近年来项目区域经济发展较快，随着 L 省沿海经济带上升为国家战略，DG 市进入了加快发展新时期，天然气这一高洁能源的引入，将带动一批新的利用天然气作为燃料的企业或产业的建立和发展，促进 DG 市经济开发区的产业结构优化调整，对经济的发展产生积极作用。

3.1.3 就业

在就业方面，虽然会减少煤炭供应行业的就业机会，但同时又增加了燃气供应行业的就业机会。同时，项目促进当地其他产业的发展，可以扩大整个社会就业。

3.1.4　居民支出

使用燃气需要付费，必然对居民的支出有影响。相比较使用电、罐装液化气等，燃气是更为便宜、清洁的能源；但对于原来使用煤炭的居民，改用燃气后会增加部分支出。此外，由于安装庭院管道与户内管道，对需要改造原来的灶具和洗浴设备的居民，也会增加一部分支出。

3.1.5　支付意愿与支付能力

对于燃气的定价，开发区举行了用户听证会，总结听证会与会代表的意愿，有78%的居民认为燃气价格应该控制在2.0~2.8元/立方米。此外，对于价格还有其他一些意见，并提出了以下几个建议：

建议一：实行阶梯式气价。

有用户建议，由政府牵头，组织相关部门及企业计算出一个合理的居民用户月平均用气量，以此用气量为基数，在月均用气量以内执行一个优惠价，超出这个基数每十个立方米执行一个新价，台阶越高价格越高，也就是说用气量越多的人支付费用越多，反之节约用气的人就少付，这样有利于促进低碳生活，节约用气。还有用户建议，实行阶梯式价格，冬天如果使用天然气取暖，对天然气消耗量特别大，这并不属于正常的居民用气，正常的用气是用来做饭，保障吃饭的，而取暖用气这一块实际上不应该享受到低价的保障，这就是阶梯式用气的问题。应当区别对待，取暖的具体标准应该在原有的定价标准上增加10%~20%。

建议二：由于本市燃气成本构成中，上游天然气购进价格占了8成以上，因此上游天然气价格的上调，将直接推动燃气企业购气成本的上升。有部分居民认为，上游天然气价格涨落对燃气企业有较大影响，应该科学制定价格调节机制，既不能让用户承担上游气价上涨的全部成本，也要保证企业不至于亏损，以保障公众使用清洁能源的可持续性。

建议三：给困难群体供气补贴。

有的用户认为，燃气价格上涨应充分考虑全市的困难职工群体的承受能力，燃气作为城市社会公用事业，其价格上涨幅度应充分考虑到各个阶层，尤其是低收入群体和下岗失业人员的承受能力，在当前关注民生社会和谐的大背景下，有关部门应给予这部分困难职工群体更多的关注，使他们享受一定的优惠政策。本开发区的困难群体还应该包括部分企业退休职工，他们的养老金偏少偏低，尽管有连续五年的退休金上调，但他们的退休金仍低于全国平均1200元至1300元的水平。因此，应该对这部分困难群体给予部分补贴，或者统一补贴到低保补助金中。

3.1.6　居民生活水平和质量

1. 由于使用清洁、高效的能源，居民生活质量有很大提高。
2. 减轻生活、生产劳动强度，减少疾病。

3.1.7　弱势群体

燃气的便利、清洁、环保给予弱势群体更好的生活条件，提高其生活质量。但由于燃气使用有较高的安全要求，因此需要对部分弱势群体进行培训，如老年人、缺乏相关知识的低文化水平者等。此外，由于燃气涉及收费，可能会增加贫困人口在这一方面的支出，给他们的生活造成负担。因此，需要制定优惠的补贴政策。

3.2 项目社会层面的影响

3.2.1 社会环境与条件

燃气项目的建成，有利环境的改善和城市可持续发展，有利于提高市民的生活质量和生活水平，社会效益和环境效益显著，可以说是一项深得人民群众支持的"民心工程"，这也为本项目建设实施打下了良好的社会基础并获得舆论支持。

3.2.2 文化遗产、宗教等

燃气厂站、管网布设不涉及任何文化遗产和宗教场所。虽然本市几个天主教堂均为潜在用户，将来的管网改造对这些老旧结构的建筑有一定影响，但是经专家评估，其影响可以忽略不计。

3.2.3 贫困分析

贫困家庭的家用能源结构主要为煤炭。煤炭相较其他能源比较便宜，但是使用很不方便，燃气项目对提高他们的生活水平，增进其福祉有正面意义，但是也存在因为使用燃气而增加家庭支出的风险。虽然项目涉及支付能力问题，但是一个清洁、便利的替代能源，对于贫困人口的生活质量提高有积极意义，政府目前也正在征求多方面意见，以制定合理和有针对性的补贴措施，增加低保金额等方案也正在酝酿中，相信这些利民政策的出台有利于促进社会公平。

3.2.4 妇女儿童

DG 市开发区的前身是 QY 镇，该镇大部分家庭中妇女是主要家务从事者，原来以煤炭为主的家用能源结构，使她们容易患上支气管炎、肺病等疾病。燃气项目的引入，对于提高妇女健康水平有重要意义。项目对妇女与儿童身心健康均有正面意义，尤其是妇女在家庭中仍旧为主要的燃气使用者的情况下更是如此。因部分妇女缺乏燃气使用知识，必须进行培训。同时要避免儿童接触燃气，加强安全教育和监管。

3.2.5 土地征收影响户

本项目在建设燃气厂站时要征用 K 村约 60 亩耕地。土地征用对他们的生活影响较大，特别是对其中 12 户耕地被全部征收的农户更是如此。一些农户在土地上种植了果树、药材等经济作物，投资较大，他们对于土地补偿标准极为关注。总之，这些村民既面临土地征收经济补偿的问题，同时也面临劳动力转移就业的问题和心理安抚的问题。

3.2.6 施工期间影响群体

由于燃气厂站与管道干线及支干线所经区域大部分属于开发区中心区，人口密集，交通发达，企事业单位较多。主要管网经过的区域，商店、公司、住宅房屋连成片，只能采用见缝插针的方式进行设施设备的布设与调压、调气站（箱）的建设，既增加了建设成本，也增加了施工期间因为开挖、穿越、围挡对居民和单位产生的影响。有部分居民的出行受到严重影响，部分商铺的营业也成问题，需要有预案来加以处理。

4 社会互适性分析

4.1 不同利益相关者与项目的互适性分析

由于天然气供应项目的社会效益和环保效益等显著，当地居民、各阶层、各团体、各行业（甚至受其竞争影响的行业），总体上对项目持支持态度，可接收程度很高，项目得到广泛的认同和支持。具体如表2所示：

表2　利益相关者与项目互适性分析表

主要利益相关者		需求	对项目的影响程度	态度
1）用户	居民用户	早日建成	低	支持
	公建、商业用户	早日建成	低	支持
	工业用户	早日建成	低	支持
	加气站用户	早日建成	低	支持
2）受征地影响的村民		有较高的补偿价格	高	有条件支持
3）供应商		早日进行	中	支持
4）燃气有限公司（业主）		早日实施	高	支持
5）政府		早日实施	高	支持
6）被替代能源行业的企业和员工		希望得到税收等方面的补贴	低	在得到政策扶持的条件下支持
7）其他职能部门		早日实施	中	支持
8）设计单位		早日实施	中	支持
9）施工单位		早日实施	高	支持
10）厂站、管网附近社区、居民、单位及施工期受影响居民		在保证交通、环保、安全的基础上希望尽快建成	中	基本支持

部分利益受一定损害的利益相关者，如被替代能源行业的企业及员工，他们也能够理解燃气引入的好处，有条件地表示支持。此外，根据项目认同度调查，受施工影响的大部分居民也表现出对项目的总体支持态度。

表3　主要利益相关者认同度表（%）

认同度	居民用户	公建、商业用户	工业用户	加气站用户	受征地影响的村民	被替代能源行业	其他受影响社区与居民
说不清楚	4.2	20.0	5.0	0	41	65	20
有必要	83.0	70.0	75.0	90	50	30	50
跟我没关系	12.8	10.0	20.0	10	9	5	30

调查显示，大部分用户对项目较为认同，认同度都在70%以上。尤其是加气站和居民用户，因为项目可以给加气站带来更大的收益，给居民提供更便利的生活条件。受征地拆迁影响的村民虽然认为有必要，但是因为使其利益直接受损，有41%的村民认为燃气厂站的建设的必要性很难确定，如果有较高补偿，基本认同项目建设。被替代行业企业的受访者虽然认为引入项目是大势所趋，但他们利益受损较大，认同度最低。

4.2　项目与当地组织、社会结构的适应性分析

项目受到来自于市委、市政府的支持。项目不涉及非政府组织。当地社区居民大部分

为机关单位职工及新入住居民区的居民，居民对政府政策与项目的支持率高。

4.3 项目与当地技术、文化条件的互适性分析

项目能够与当地的技术、文化条件相互适应。

1. 具有较好的用地条件：燃气厂站选址在 K 村，属于城郊，可用地面积较大，而且也得到市政府的全力支持，在征地审批上非常顺利。

2. 基本消费人群：近年来，开发区得到了飞速发展，已经变成 N 市的主要城区之一，居民较为集中，有充分的消费群。且开发区属新区，年轻用户居多，也希望有便利的生活，对项目持欢迎态度。

3. 技术条件：作为主要城区，本区基础设施齐全，管理部门掌握了充分的公共设施管理技能，新成立的燃气公司中的管理与技术人员大部分都是原来其他市政部门的人员，多具有大专或本科学历，有较好的燃气运营管理经验。

4. 文化条件：自 2007 年《DG 市开发区总体规划》颁布以来，开发区一直宣传要建设一个"生态、绿色的开发区"的理念，清洁的燃气项目不但适合这一理念，而且也为这一理念的成功实施奠定了基础，因此，燃气项目与 DG 市开发区在文化上是契合的。

5 社会风险分析

5.1 社会风险鉴别

本项目风险主要包括征收补偿风险、火灾危险风险、职业危害风险、环境风险、气源风险、供气设施风险、安全使用风险、企业服务风险等。

5.2 主要社会风险分析

5.2.1 征收补偿风险分析

征地涉及三个村小组，除 a 村小组外，其他两个组进展缓慢。经分析，a 村小组主要劳动力都已经从事非农行业，且该组人均耕地较多，被征土地可以由村小组内进行微调。其他两个组土地较少，对补偿均价不满，征地进展缓慢，有村民上访，干扰项目的实施。此外，这两个小组均面临劳动力转移就业的问题，加剧了征收补偿的风险。

5.2.2 管线布置及厂站选址风险

本工程计划气化站、接收站合建，选址于 K 村临 GM 高速和 HF 大道交界处；位于供气范围西部的 RH 气化站选址于工业大道以南，工业区以西结合处，地处城乡结合郊区。此两处站址外部水、电、道路、通讯等条件均较好，满足建站要求，且设置了与居民区的间隔红线 300 米，符合选址要求。但是，因为管线附近人流较多，且常有挤占现象，存在着一定的安全风险。

5.2.3 职业危害风险

1. 燃气发生爆炸会危及职工及附近居民的安全。
2. 厂站设备运行中的噪声过大会导致听力或其他生理方面的损害。
3. 放空燃气时，外泄燃气可能对人体产生危害。
4. 职工在生产和维修期间可能发生的一些事故性危害，如燃气的大量泄漏会导致中毒或窒息等。

5.2.4 环境风险

项目施工期间不可避免地带来扬尘、噪声、阻碍交通等环境风险。项目运营期间，调压站的运行与管网燃气输送有时会有轻微噪声，会给附近居民带来噪声污染；由于管材老化或地下结构沉降不均可能导致燃气管网泄漏、所处位置地面塌陷的安全问题等。

5.2.5 安全使用风险

由于用户私自拆改管线或使用不规范导致的安全问题及缺乏对天然气使用常识的了解，如灶具、热水器以及户内管道、阀门如何正确使用，对紧急事故的处理能力等。此类风险存在于千家万户，影响较大。

5.2.6 气源风险

在气源紧张的情况下，或燃气限量供应不能保障用户用气，或因燃气压力减小不能保障用气质量，都会影响居民正常生活，产生相应的风险。

5.2.7 企业服务风险

包括天然气售价，服务质量和普及程度。在城市天然气专营政策下，授权服务具有维护良好建设秩序、便于管理和发挥基础设施效率等社会效果，但容易形成相对垄断，燃气公司如果不加强社会服务意识，会带来服务社会的质量下降。

5.3 社会风险减缓措施

为规避上述社会风险，项目业主及相关政府机构，应当采取以下针对性措施，以降低风险概率，消除风险带来的冲突，减轻负面社会影响至最小。

5.3.1 防火防爆安全设计

设计上要注意安全防火：

1. 站址选择，在总平面布置上严格遵照执行《城镇燃气设计规范》中的有关规定。
2. 建、构筑物防火安全耐火等级符合《建筑设计防火规范》的要求。
3. 进入管道的天然气进行加臭处理。
4. 站内电气、防爆、防雷、防静电按相关规范进行设计。
5. 消防设施按《城镇燃气设计规范》的规定，配置消防水系统、储罐的喷淋系统和足够的消防器材。并定期对消防器材进行检查、更换。
6. 厂站内配置可燃气体检漏仪，对可能发生的漏失随时进行监测，报警器设在值班室，产生声光报警信号。
7. 输气管线及厂站设计和施工严格按《城镇燃气设计规范》、《油气田爆炸危险场所分区》及《建筑设计防火规范》有关规定执行。
8. 管线沿途设置标志桩等警示标志，阀门井、调压箱等也需有明显的警示标志和防护设施。
9. 建立健全各种规章制度，组建安全防火委员会，设专职或兼职消防员，并与当地消防部门配合，定期参加消防演习。
10. 对用户进行燃气安全使用和事故处理宣传，严禁用户私自拆装燃气管道和设备，需要时应向天然气公司申请，并由公司派专职人员进行拆装；在储配站和调压站、楼栋调压箱的明显处，要设置《入站须知》和《严禁烟火》的警示牌和标志。

5.3.2　保证气源供应

根据经济发展计划，分阶段适当提前申请用气指标，保障天然气供应量的增长。同时与供气公司签订照付不议合同，保证采购价格不受价格波动影响，保证气源供应。

5.3.3　政府管理与支持

政府相关部门应制定有关政策，发挥宏观管理的作用。可利用宣传媒体，加强公众关心和爱护城市燃气设施的意识，建立良好的建设、监管沟通渠道，提高信息对称性，减少盲目施工和人为对城市燃气设施的破坏。

5.3.4　减缓征收补偿的负面影响

应优化设计，尽量减少征地量，对于项目不可避免的征地与占地，制定详细的征收补偿方案。征收补偿方案应按照有关政策要求保障受影响的 K 村村民的生活水平至少不因项目建设而导致降低，实施机构按时落实征收补偿安置费用，并另外聘请专家对征收补偿安置工作进行外部监测评估。在征收补偿方案中，特别关注贫困人口如何使用补偿金进行收入恢复。

5.3.5　制定弱势群体优惠政策

使用燃气会给城乡贫困群体带来一定的经济压力。为减轻他们的生活负担，保障他们能公平享受到项目的社会效果，相关政府部门应出台弱势群体扶持政策，采取优惠措施，如增加生活补贴、提高低保标准等，来减轻这部分人群的生活压力。

5.3.6　安全教育与培训

建立必要的用户服务管理中心，加强用户安全教育和指导，提供相关使用知识的培训，如向用户发放燃气安全使用知识小册子等。

6　结论与建议

6.1　结论

从总体上看，DG 市开发区燃气项目建设符合 N 市与 DG 市开发区城市总体规划和土地利用规划、开发区燃气发展规划纲要规划的要求，社会与环境效益显著。

项目施工期间和运营期间的风险，在采取了相关措施、做好事故预防和应急预案的基础上是可以规避或减缓的。

6.2　建议

加强行业间的协调。燃气事业的发展与各行各业及人民群众生活密切相关，其发展的方向、政策、规划方案都离不开各行各业的支持和协调，如环保、消防、城建、公交、服务业等。只有各个行业、各个部门加强协调配合，才能促进城市燃气行业的大发展。

加强政府部门的支持。管道燃气工程属于城市基础设施建设范畴，建设天然气高压管道工程投资大，难度高；气源涉及上游地区、相关部门、企业等，协调难度大，须有政府的支持和协助。建议除采用招商引资方式外，政府还应给予项目更多的支持，促进本项目能尽快实施。对于弱势群体，应建立补贴机制，保障其在共享燃气公共服务时，不承受额外的经济压力。

落实气源。项目实施前须先落实气源，保证用气需求与气源供应增长相适应，确保居民生活和公共设施用气需要。

落实征收补偿方案。妥善解决被征地农民，特别是严重受影响户的收入、生计恢复问题。

扩大宣传。为了促进城市燃气事业的发展，应扩大宣传，加大环境治理力度，鼓励公建单位与商业用户、工业用户使用气体燃料，逐步取代燃煤锅炉。并且持续实施对用户的培训，培养其安全意识。

扩大公众参与。本项目作为市政基础设施项目，主要目的是提高当地环境水平，提升居民生活质量。因此，在项目的规划中应该进一步听取公众意见，了解公众需求，在价格与收费水平等一些细节上，做到"人性化"设计。

第八章　供热建设项目社会评价

第一节　供热建设项目社会评价要点

一、行业特点

城市供热是利用集中热源，通过供热管网等设施向热能用户供应生产或生活用热能的供热方式。

供热项目由热源、热网和热用户三部分组成。

供热项目具有以下特征：

1. 与水、电、气等其他行业不同，供热行业具有季节性。且不同地区供热时间长短有差别。

2. 我国城市供热模式趋向于从分散型供热向集中供热模式方向发展。

3. 供热项目建设周期短、运营期长，市场供需相对平衡，相对价格变化较稳定，经营服务存在一定的垄断性。

4. 供热产品由传统的福利性质向商品性质转化。以往城市供热属于福利性质，随着我国社会主义市场经济体制改革的推进，供热产品已由传统的福利型产品向商品转化。由于城市供热服务具有准公共物品的特性，人们在观念上仍受传统的福利性影响，导致供热费的收取率低，使供热企业整体上效益较低。

二、主要的社会影响与利益相关者

1. 有利影响。

（1）保证社会需求的供给，提高居民的生活水平和生活质量。

（2）为城市工业、服务业等提供基本生产要素，促进城市经济、产业的发展。

（3）促进合理利用资源和能源，降低城市碳排放总量，保护城市生态环境。

（4）与城市的发展规划相适应，加快城市的基础设施建设进程，有利于推进城市化进程。

（5）供热项目的建设有利于覆盖更大范围的群体，促进社会公平的实现。

2. 不利影响。

（1）项目建设可能对传统供热模式形成替代，使得传统供热从业人群和供热单位的利益造成损害。

（2）项目建设对传统的供热设施的替代，使得原来的设备被闲置、报废，造成一定的经济损失。

（3）项目建设可能会涉及土地和房屋征收，新的热网建设可能会对公共设施或居民住房等造成一定的影响。

（4）伴随着集中供热模式的推进，供热价格政策可能调整，使城市贫困人口和低收入群体在享受公共服务的同时可能会增加经济负担，如帮扶措施不到位，可能导致其实际生活水平下降。

（5）项目建设和运行可能对项目所在地乃至周边地区的空气、水体等环境造成一定的影响。

3．主要利益相关者。

（1）政府部门：城市供热办、规划局、住房和建设局、财政局、发展改革局、人力资源与社会保障局、国土资源管理局、房屋拆迁管理办公室等。

（2）关联企业：集中供热企业、原来的供热单位、自来水公司、电力公司等。

（3）居民与单位：位于厂址所在地，因项目建设而需要征地拆迁的居民及单位；受供热项目环境污染影响的居民；受热力站建设和供热管网铺设建设影响的居民及单位；供热服务覆盖范围内的居民及单位等。

（4）其他利益相关者。

三、社会评价检查清单

1．社会影响分析。

（1）项目经济层面影响分析。主要针对当地居民收入及其分配、消费支出水平及结构、居民生活水平和质量、创造和减少就业机会（建设期、运营期）、土地征收和房屋拆迁等方面的影响进行分析。

（2）项目社会层面影响分析。主要针对当地公共服务、卫生状况、文化遗产、宗教设施、居民生活设施等方面的影响进行分析。

（3）特殊群体影响分析。主要针对土地被征收农民、传统供热从业人员、房屋拆迁影响人群、受施工影响的企事业单位和居民、需要支付供暖费用的低收入群体的分析。

2．利益相关者分析。

（1）政府部门的角色、态度及其对项目建设的影响分析。

（2）项目与被替代的传统供热企业、职工（集中供热企业与原来分散的小锅炉房和自行供热的企事业单位等）之间的利益关系、态度及其影响分析。

（3）供热受益社区及居民的利益关系、态度及其影响分析。

（4）受供热项目影响的社区及居民的利益关系、态度及其影响分析。

（5）其他利益相关者的分析。

3．社会相互适应性分析。

（1）当地政府和主要利益相关者对项目立项、选址、建设与运营的态度，对供热项目的可接受性，以及可能在哪些方面、多大程度上给予支持或反对。

（2）分析当地现有技术、经济、社会、文化状况能否适应项目的建设和发展。

（3）受益对象对供暖费用的支付标准、支付能力、支付方式等的接受性分析。

（4）受项目选址和管网铺设等导致的征地、拆迁、安全影响范围内居民的可接受性与主要利益诉求。

（5）项目主要利益相关者参与项目建设与运营的意愿、方式分析。

4．社会风险分析。

（1）项目的各种社会影响因素的识别。包括供热项目厂址选址、规划设计、环境影响评价、征地拆迁、施工建设、供热管网的铺设、热力站的建设、运营、关闭等实施环节带来的主要社会影响因素。

（2）可能导致社会风险的主要社会因素的识别、分析、预测，包括供热厂选址、环境影响评价、征地拆迁、施工建设、运营、关闭等不同阶段的主要社会风险；管网的施工建设使一些城区企事业单位和居民的利益受损而导致的社会风险；供热管网可能引发的安全事故带来的社会稳定风险。

（3）规避社会风险的主要措施和方案，包括供热项目厂址的优化选址；加强供热厂环境污染受影响人群的保护措施；项目建设中加强政府、企业和受影响社区、居民、单位之间的利益协商；各个阶段的环境影响监测评价；各个阶段的公众参与和信息公开机制；突发事件处置机制与社会风险管理机制等。

5．社会可持续性分析。

（1）项目社会效果的可持续程度分析，包括供热项目对于减缓贫困、促进社会公平、提高弱势群体与社会保障水平等社会效果的可持续程度，以及实现项目社会效果可持续的必要条件。

（2）项目受益者支付能力及其对项目运营的影响，重点关注供暖费的收取率对项目的可持续性所受到的影响，如由于楼边冷墙、暖气管末端等影响热效率而导致居民与供热企业产生纠纷而拒交供暖费等。

6．政府公共职能评价。

（1）项目与城市发展规划衔接的评价。包括：与城市总体规划、城市房屋建筑设计规划、循环经济发展规划、能源规划、环保规划等衔接情况。

（2）相关政策对项目作用和影响的合理性评价。包括：政府相关政策和法规、供暖费调整对弱势群体的关注和政策、BOT等不同运营模式对项目的作用和影响。

（3）政府管理、协调和解决社会矛盾及问题的能力和机制的有效性评价。特别是处理土地和房屋征收补偿、供热管网和热电站的施工建设、环境影响等方面的社会矛盾与问题的机构、能力、机制、效果等。

7．社会管理计划。

（1）利益加强计划。重点关注供热项目如何发挥更大的经济及社会效益，提高并网后的供热质量和服务水平。

（2）负面影响减缓计划。重点关注集中供热项目对传统供热设施替代所带来的负面影响，并通过相关政策等办法减缓其负面影响。

（3）利益相关者参与计划。

（4）社会监测评估计划。

8．征收补偿方案。

（1）项目征收补偿影响范围的确定，包括供热项目厂址以及环境污染问题涉及的征收补偿范围；热力站建设和供热管网建设中涉及的征收补偿范围。

（2）被征收土地、房屋、地面附着物等各类实物指标调查及成果。

（3）受征收影响人口及其社会经济状况调查及成果。

（4）征收补偿安置政策框架和补偿标准。

（5）安置方案。被征地农民安置、被征收房屋居民安置、受影响企事业单位安置、受影响商铺安置等方案。

（6）公众参与和申诉。

（7）机构。

（8）费用及预算。

（9）实施时间表。

（10）监测评估。

第二节　供热建设项目社会评价案例

某集中供热建设项目社会评价

案例介绍

本项目内容包括热源厂、供热管网和相关的换热站的建设，具有集中供热项目的代表性。项目的益处显而易见，但是集中供热对于原有小锅炉、小换热站的替代，进而导致的原有职工的失业与再就业，以及可能的供热费用的上涨导致部分家庭的支付困难、项目建设导致的征地拆迁与可能导致的环境污染，是社会评价关注的重点。本案例针对这些社会风险因素展开分析，提出了社会风险规避措施，并对实施过程中的机构安排、信息公开、监测评估等方面做了计划和安排。

1　项目概述

B 市集中供热二期工程主要解决位于 B 市城市边缘 TZ 河以北及 B 市东北部（Z 地区）地区的冬季采暖用热需求。热源厂规模分别为 3×58MW 热水锅炉（在原 J 热源厂附近扩建）、3×58MW（新建）、2×29MW（新建）；供热面积分别为 286.63 万 m² （换热站 17座）、306.76 万 m²（换热站 17 座）、120 万 m²（换热站 11 座）。锅炉房将在预留的土地上进行建设，不需要新征用土地。

本项目的建设目标为：

（1）解决 B 市分散供暖、供暖质量不高的问题，通过建设集中供热锅炉房，为市民提供采暖季高质量、低耗能、低污染的热能供应，切实提高市民的生活质量。

（2）改变分散供暖造成的能源浪费、环境污染的现状，通过集中供暖，节约燃煤量、减少二氧化碳排放量、减少炉渣及飞灰排放量、减少原煤的运入量和相应灰渣运出量，改善交通状况和空气质量。

（3）通过集中供暖拆除小锅炉、烟囱，退让土地用于增加城市绿地和市政设施。

（4）保证 B 市 2020 年地区供热负荷供大于求。

本项目预期的社会发展目标为：

（1）工程实施为 B 市发展提供良好的基础设施条件，为城市健康发展提供可靠的保障，落实城市总体规划和城市发展目标；

（2）解决 B 市发展与煤烟污染之间的矛盾，切实提高居民生活质量；

（3）促进 B 市社会公平，提高弱势群体的社会福利水平。

2 项目区社会经济基本情况

2.1 项目区基本情况

B市位于G省东南部。B市目前供暖形式分三种：楼内供暖（由分散的中小型锅炉房供热），冷楼（一般在楼内生炉子或采用电采暖），平房（一般采用自己烧炉子、火炕取暖）。项目区内现有供热面积为246.66万平方米，人口约为17.1万人，供热服务保证率为100%。本工程建成后供热面积可达到713.39万平方米，比原来增加466.73万平方米，可供28.3万人采暖，供热服务保证率为100%。

由于B市近几年处于房地产开发高速发展期，城区扩展到城市的边缘地带，这对城市的供暖提出了新要求。具体情况如下：

（1）J、N区及Z供热区均位于B市城市边缘，是城市大型热源尚无法顾及的地方。目前，上述三个供热区的热源主要为众多分散的小锅炉房，甚至还有火炉、火炕等落后的采暖方式存在。为了改善城市面貌，提高城市环境质量，节约能源，有必要加快本项目的立项实施。

（2）结合N区棚户区的改造规划，到2008年将改造220万平方米的棚户区。届时，N区将会有大量新建筑拔地而起，若不建设大型热源厂来解决其用热问题，必将造成小锅炉房遍地开花、烟囱林立的局面。N区迫切需要建设此热源厂来解决该地区的集中供热问题。

（3）Z区属于B市的新开发区，目前供热面积虽然不大，但在未来几年，将有大量的企业和住宅出现。若现在不搞好供热基础设施建设，既会影响到开发区的发展速度，还会造成将来开发区内基础设施的重复建设和能源浪费。

在项目设计阶段充分考虑了冷楼和棚户区改造的这部分人群，新增加的供暖面积主要为原来的冷楼和每年棚户区改造而新建的开发小区，增加的受益人群主要是城市相对比较贫困的人口。

2.2 贫困人口

B市城镇居民家庭最低生活保障线为172元/人月。根据调查，2006年B市城镇享受最低生活保障人口达到11.7万人，占全市非农业人口的10.6%。

2.3 少数民族

据调查B市现有20多个少数民族，少数民族总人口为32643人，均散居在城市的不同地区。在B市域内还有两个少数民族自治县，但都不在项目区内。

3 社会影响分析

通过开展主要利益相关者的无限制前期知情参与，并结合现场调查资料的分析，就项目主要社会因素的影响进行分析。

3.1 项目经济层面影响分析

尽管项目在建设期和运营期会增加一些就业岗位，但是也会对部分群体的就业造成影响。

实行集中供热后，项目范围内原有的31座小锅炉房将被关闭，将直接影响473人的就业。其中有 17 座锅炉房产权归 B 市供热总公司所属，即 B 市供热总公司为本项目的业主单位，另外 14 座锅炉房为企事业单位自建自管的锅炉房。在受影响的 473 人中，属于企事业单位正式职工的有 101 人，另外的 372 人为供暖季才雇佣的临时工（季节工）。

表 1 受影响小锅炉房情况表

小锅炉性质	规模（MW）	锅炉房（个数）	权属	服务面积（万 m²）	正式工	临时工
企事业单位	55.3	14	单位自管	56.1	6	117
业主单位	166.25	17	B 市供热总公司	190.56	95	255
合计	221.55	31		246.66	101	372

3.2 特殊群体影响分析

3.2.1 贫困分析

在项目区，贫困家庭目前主要是采取自己烧煤的简易供暖方式，加上贫困家庭的居住条件较差，很多位于棚户区，冬季取暖引起的火灾、煤气中毒事件常有发生。本集中供暖项目的实施，结合当地的棚户区改造进行，将极大地改善贫困家庭的居住条件。

项目建成后，可能有部分贫困人口会由于供暖费用的增加而导致家庭负担增加，尤其是低保户。

3.2.2 性别分析

在原来采用火炕、烧煤炉取暖的家庭里，女性往往负责取暖的日常维护与清理工作，如倒煤灰，买煤、烧炉等，加重了妇女的家庭劳动负担。在棚户区，煤灰往往就直接倒在房屋附近，冬季过后化雪的时候，导致居住区污水横流，道路泥泞，对居住环境造成了很大的负面影响。长期接触煤灰，粉尘也对妇女的健康造成了危害。本项目的实施，可以降低妇女的家务劳动负担，并降低疾病的发病率。

4 利益相关者分析

利益相关者与项目是一种影响与被影响的关系，根据利益相关者分析方法识别出不同的利益群体、不同利益相关者与项目的关系，了解利益群体对项目的态度和要求，分析产生的后果。

本项目主要的利益相关者包括：居民、贫困群体、小锅炉房产权人、小锅炉房正式职工、小锅炉房临时工、当地政府、业主单位、设计单位和施工单位。

表 2 利益相关者影响分析表

利益相关者	角色	正面影响	负面影响	态度	诉求
居民	受益者	供暖质量改善；环境改善（减少小锅炉粉尘和二氧化碳）；消除小锅炉运行噪声干扰	供暖费用可能上涨，受工程施工的噪声、扬尘、交通堵塞等影响	支持	合理制定供暖价格

利益相关者	角色	正面影响	负面影响	态度	诉求
贫困群体	受益者	供暖质量改善；环境改善（减少小锅炉粉尘和二氧化碳）；消除小锅炉运行噪声干扰	供暖费用可能上涨，受工程施工的噪声、扬尘、交通堵塞等影响	支持	给予一定的取暖费补贴
小锅炉房业主	既受损也受益	改善本单位的供暖质量，改善环境	投资的小锅炉房将被停用或者拆除。需要安置原来的工人	支持	与原有设施衔接好
业主单位（B 市供热总公司）	既受损也受益	增加了供热公司的供暖面积；有利于形成规模经济，提高投资效益	投资的 17 座小锅炉房将被停用或者拆除。需要安置原来的工人	支持	尽快实施项目
小锅炉房正式工	受损者	减少粉尘污染对身体的影响	可能失业、收入减少	有条件支持	落实新的工作岗位
小锅炉临时工（季节工）	受损者	减少粉尘污染对身体的影响	失业、收入减少	有条件支持	帮助解决新的就业机会
当地政府	受益者	节约能源、改善环境，提高城市整体形象	政府资金投入可能加大	支持	尽快实施项目
设计、施工单位	受益者	获得相应收益，增加单位的业绩	如果由于设计或者施工问题导致项目不能顺利实施或者实施中发现问题，将极大的影响机构的口碑	支持	尽快实施项目

5　社会风险分析

根据项目区社会经济背景及项目自身的特点，通过实地调查和分析，识别出有以下几类主要社会风险：（1）施工风险；（2）环境污染风险；（3）劳动力转移风险；（4）弱势群体支付风险。

5.1　施工风险

热力站和管网的建设可能对周边房屋造成损害，而且施工中对水、电、气、网络等管线可能造成破坏。这类问题一旦处理不好，就有可能影响市民对工程的印象，甚至会影响到项目顺利实施。对于这类风险，除施工要符合相关规范外，还要求项目业主和施工单位在整个施工过程中应与所涉及的建筑物产权人、管线和设施的权属单位等要有充分的沟通与协调，并做出预案，以降低事故的发生率。

5.2　环境污染风险

虽然城市集中供热对城市总体环境质量将有很大的改善作用，但仍会产生一定的环境污染问题。环境污染的风险主要表现在热电厂由于燃煤的燃烧造成二氧化碳等有害气体排放、炉渣的排放以及产生的飞灰等。如果处理不当，会对当地居民的生活造成影响，随着市民环境意识的增强，环境风险也成为项目社会风险的重要因素。

5.3 劳动力转移风险

对于这部分受影响人群，社会评价小组深入几个有代表性的锅炉房与受影响的职工进行了访谈，了解他们对项目的看法以及项目实施可能对他们造成的社会影响，以下是访谈记录之一：

访谈 1 时间：2006 年 11 月 5 日 地点：耐火材料厂锅炉房

管理人员：我们锅炉房有 2 台 4 吨锅炉，现有员工 12 人，都是临时工，其中有两个搞维修的，1 做个化验的，他们每月工资 800 元左右，推煤的每月工资 500 元，对于区里上集中供热项目，我们支持，具体关闭（小锅炉房）的问题要由上面和我们单位领导来协商。

临时工：我家就住在附近没什么工作机会，平时以打工为生，冬天一般都来这里推煤，一个月 500 来块钱，还可以，如果锅炉房关了，那就到别的地方找一些工作来做。

技术工：我们一个月能赚 800 块钱，政府建集中供热项目，如果新公司用人的话希望优先考虑我们这些人，如果不要，我们只能去市场上找些别的活干。

本项目针对受影响的小锅炉房的临时工专门做了一份问卷调查（抽样 25%），本次调查覆盖了市供暖公司和企事业单位自管锅炉房的临时工，共对 93 名临时工进行了问卷调查，被调查者均为男性；其中城市户籍 78 人，农村户籍 15 人（大多数为城郊）；年龄均在 18～60 岁之间，其中 40～60 岁的人数占调查总人数的 73%；被调查者中有少数民族人口 4 人（为满族）。被调查者的文化程度主要以小学和初中为主，占被调查人数的 88%，极个别为文盲或半文盲。

表 3 关闭小锅炉房受影响的临时工（季节工）基本情况

名称	类别	人数	所占比例（%）	名称	类别	人数	所占比例（%）
调查人数	城市户籍	78	84	年龄	18 岁以下	0	0
	农村户籍	15	16		18～40 岁	25	27
性别	男	93	100		40～60 岁	68	73
	女	0	0		60 岁以上	0	0
少数民族	是	4	4	文化程度	大专以上	2	2
	否	89	96		高中及中专技校	9	10
个人技能	农业技能	8	9		初中	42	45
	非农业技能	54	58		小学	38	41
	其他技能	31	33		文盲或半文盲	2	2
家庭住址距锅炉房距离	3km 以下	23	25				
	3～10km	67	72				
	10～30km	3	3				
	30km 以上	0	0				

本次调查的受影响临时工大部分每年在锅炉房工作 5 个月时间（其中有一部分人相对固定，每年冬天都到锅炉房工作），部分维修人员每年在锅炉房工作 12 个月，被调查人员在锅炉房从事的工种主要有司炉工、力工和维修人员。

表4　关闭小锅炉房受影响临时工（季节工）在锅炉房的工作情况

名　称	类　别	人数	所占比例（%）
锅炉房打工的时间	5个月/年	88	95
	12个月/年	5	5
工种	司炉工	19	21
	化验员	0	0
	力工	69	74
	维修工	5	5
在锅炉房打工的频率	每年固定	42	45
	不固定	51	55

本次调查的受影响临时工除了冬天在锅炉房工作5个月之外，其余的时间大部分在外面打工。社会评价小组对受影响的临时工的个人收入情况、家庭收入情况和在锅炉房的打工收入进行了调查，他们在锅炉房打工的月收入情况为：力工一般500元左右、司炉工一般800元左右、维修工为1000元左右，具体情况详见表5：

表5　关闭小锅炉房受影响临时工（季节工）收入情况

名称	类别	人数	所占比例（%）	名称	类别	人数	所占比例（%）
家庭总收入	2000～5000元/年	0	0	锅炉房打工收入占个人总收入的比重	25%以下	13	14
	5000～10000元/年	20	21		25%～50%	56	60
	10000～20000元/年	65	70		50%～75%	21	23
	20000以上	8	9		75%～100%	3	3

从调查的结果来看，关闭小锅炉房对这些临时工有一定的影响，但不是很大。在锅炉房打工收入占总收入比重在50%以上的人仅占26%，这些受影响的临时工在非采暖期大部分都在从事其他工作，因为B市的劳动力就业市场的用工需求比较大，工作也比较好找。在做安置意愿调查时发现，大部分人都愿意在新的集中供热公司中做临时工，如果不能安置的话，希望政府能提供一些就业信息，或提前一年告知，他们自己好寻找其他方面的工作，他们的安置意愿见表6：

表6　关闭小锅炉房受影响的临时工（季节工）安置意愿调查

名称	类　别	人数	所占比例（%）
安置方式	希望政府提供其他就业机会	12	13
	在新的集中供热公司做临时工	46	49
	符合条件的加入农村或城市低保	13	14
	自己到其他企业或单位打工	22	24
希望得到的帮助	获得技术培训	25	27
	获得就业信息	48	52
	提前一年告知	20	21

5.4 弱势群体支付风险

项目实施后供暖费用可能上涨，使生活支出增加。供暖费用上涨后可能会加重低保人群、下岗职工、鳏寡孤独者等群体的贫困程度。若费用上涨超出贫困人群的承受范围，则他们又将回到继续使用烧煤等方式取暖，而无法共享集中供热带来的好处。

6 项目社会可持续性分析

公众的支付能力和支付意愿是项目发展效果可持续的一个重要因素。

1. 支付能力和支付意愿。

根据社会评价小组的调查，B 市供暖费按照采暖建筑物的使用面积计算和征收。采暖用户使用面积由供暖单位按照房产行政主管部门制定的公式对建筑面积予以换算；采暖用户对使用面积的核定有异议的，由供暖单位入户进行实地测算；如采暖用户对实地测算仍有异议，再以房产行政主管部门最终核定的使用面积为依据。目前 B 市供暖费收取标准为每平方米每月 24 元。

2011 年 B 市城镇居民人均可支配收入为 9477 元。B 市集中供热项目主要缴费者为城镇居民。由于居民的供暖费要由所在单位承担大部分，居民自己承担的部分较少。而且针对低保人群、下岗职工、鳏寡孤独者等群体，政府也出台了一些保护性政策。社会评价小组认为，对于每平方米 24 元的供暖费标准，居民有支付能力，并对集中供热服务有支付意愿。

2. 特殊人群的支付。

B 市的城市供暖办法对特殊人群如下岗职工、失业并轨人员、离退休人员和享受低保居民的供暖费收费情况进行了规定如下：下岗职工（含集体企业）与原所在单位保留劳动关系的，其供暖费（指单位承担部分）由原单位贴补。失业并轨人员的供暖费从 2003 年起在办理失业并轨手续时所在单位应提前预留一年费用用于支付贴补，专户存储。从第二年起，供暖费（指单位承担部分）由个人承担。已经转入社会保险部门管理的离退休人员，工伤人员、职工遗属等，正在执行期间的"两劳"人员的住宅供暖费（指单位承担部分）由原所在单位承担。享受城市最低生活保障的居民，有工作单位的由单位贴补，无工作单位的从城市供暖专项调节资金中贴补。所以，对于特殊人群，亦不存在支付能力不足的问题。

3. 项目社会发展效果的可持续性。

本项目的实施，可以完善 B 市的基础设施建设，集约利用土地资源，减少因小锅炉房林立造成的环境污染，创造生态环保宜居的城市环境，提高市民的福祉。同时，还提高了弱势群体的社会保障与福利水平，减轻贫富差距，促进社会公平。因此，本项目社会发展效果是可持续的。

7 社会管理计划及实施

7.1 社会管理计划

社会评价小组人员在走访了各类受影响人群之后与项目业主进行了沟通，并召开了一个座谈会，把访谈的情况向项目业主进行了汇报并分析了项目潜在的社会风险，经过与项目业主协商提出了减缓风险的措施。详见表 7。

表7 社会风险减缓行动表

序号	风险因素	持续时间	可能导致的后果	建议	行动	资金来源	实施机构
1	关闭小锅炉房造成正式工（管理和技术人员）失业	暂时	短期内失去工作	政府应与受影响人进行充分的协商，针对各种不同性质的锅炉房的正式工的实际情况，制定一个切实可行的安置计划	对原企事业单位正式职工6人，由原企事业单位负责转岗，原供热公司的95名正式职工，继续保留在供热公司内	无需额外资金	原企事业单位；劳动与社会保障局
2	关闭小锅炉房造成临时工（季节工）失业	暂时	短期内失去工作	政府应根据受影响的临时工的实际情况，与受影响人进行充分协商，根据受影响程度的不同，分别制定一个详细的安置计划	对短期临时工205人，B供热总公司将择优录用100人；剩余人员由政府协调劳动与就业保障局组织免费技能培训，提供就业信息引导就业	项目业主	项目业主；劳动与社会保障局
3	供热方式的改变有可能造成供热费用提高，从而造成弱势群体的经济负担	永久	供暖费用上涨，生活支出增加，可能会加重这部分人的贫困程度	政府应对弱势群体制定一个优惠政策，保证他们不因供热方式的改变而增加支出或用不起暖气	维持现有的优惠政策，纳入城市最低保障户，个人只承担供暖费用的10%	政府	劳动与社会保障局
4	环境污染风险	永久	对热电站附近的居民造成环境污染	供热企业应根据国家的环保规范进行设计，控制污染	及时公开运营的数据	业主	环保局
5	施工风险	暂时	由于热电站、管网布控、换热站的施工可能带来安全问题，也可能对一些公共建筑和居民住房造成一些影响	除施工要符合规范外，还要求施工整个过程与相关的建筑物产权人、管线主管部门有充分的沟通与协调，并做出预案，降低事故的发生率	及时公示项目信息，召开协调会议	业主	项目业主 社区 居民 规划部门 住建部门

7.2 社会管理计划实施

7.2.1 机构安排及能力建设

社会管理计划实施的责任主体是项目业主，即 B 市供热公司。项目业主可以根据社会管理计划实施需要，结合项目相关机构的职能分工，自主或者委托相关机构负责实施项目社会管理计划的全部或者部分。

（一）机构安排

B 市集中供热工程涉及的机构包括：

（1）B 市供热总公司；

（2）B 市相关政府机构（如供暖办、发改委、国土局、住建局等）；

（3）相关街道及社区；

（4）项目设计单位；

（5）项目监测评估单位。

（二）机构职责

B 市供热总公司（项目业主）：负责供热项目的准备、实施及运营等，包括社会管理计划的实施及监测。

B 市相关政府机构（如供暖办、发改委、国土局、住建局等）：负责审查并批准项目的相关文件，监督项目的实施。

相关街道及相关社区：配合项目业主开展项目的各项准备、建设等活动，包括社会调查、利益相关者识别、项目信息宣传、公众参与等。

项目设计单位：负责项目的设计、优化完善项目实施技术方案。

项目监测评估单位：调查与评估项目社会管理计划的实施情况，提出相关问题及建议，向省项目办及世界银行提交监测和评估报告。

7.2.2 实施计划

根据项目社会管理计划，项目制定了详细的实施计划及安排，详见表8。

表8　项目社会管理实施计划

序号	内　容	实施时间	资金预算（万元）	主要责任机构
1	小锅炉房劳动力转移计划	2007.3～2008.3	××	项目业主、劳动与社会保障局
2	环境管理计划实施	全过程	××	供热办、项目业主
3	弱势群体费用减免计划实施	全过程	××	B 市发改委及财政局
4	信息公开及爱护公共设施教育计划	全过程	××	供热办、项目业主，居民
5	社会管理计划实施监测与评估	项目实施期每年进行一次	××	供热办、监测机构

7.2.3 突发事件应急预案

根据《中华人民共和国安全生产法》、《中华人民共和国环境保护法》、《国家突发公共事件总体应急预案》和《国家突发环境事故应急预案》及相关法律、行政法规，制定了 B 市供热项目突发事件预案。

突发事件：（1）汽包压力过高安全阀未起跳，引起锅炉爆炸；（2）锅炉严重缺水时大量上水，引起锅炉爆炸；（3）煤粉炉灭火后未及时掐断给粉，煤粉爆燃，引起锅炉爆炸；（4）输煤系统积粉严重发生自燃。

应急处理原则：（1）加强设备运行维护；（2）加强运行控制，保证运行正常。

事故预防措施：（1）制定目标及管理方案；（2）操作严格按《锅炉运行规程》执行；（3）定期校验安全阀，定期试验对空排气门；（4）加强业务培训；（5）加强消防训练。

7.3 社会管理计划监测评估指标

为了衡量项目的实施成功与否，需要充分、及时地获得有关社会管理计划的实施信息。制定公开的可核查的监测与评估程序；制定监测与评估指标，以衡量项目实际产生的社会影响；评估项目满足目标群体需求的程度；确保在各类负面影响减缓方案中建立监测与评估程序；及时提出消除妨碍项目社会目标实现的调整方案等。

在 B 市集中供热项目建设及运营期间，每年提交 1 份社会管理计划实施监测评估报告。

表 9　B 市集中供热项目监测内容及指标

风险	措　　施	监测指标
劳动力转移风险	（1）对原企事业单位 6 名正式职工，由原企事业单位负责转岗；原供热公司的 95 名正式职工，继续保留在供热公司内。 （2）对 205 名临时工，B 供热总公司将择优录用 100 人；剩余人员由政府协调劳动与就业保障局组织免费技能培训，提供就业信息引导就业	职工获得新工作的比例；培训内容与培训人次
环境污染风险	及时公开项目运营的数据	年度环境监测报告
弱势群体支付风险	维持现有的优惠政策，如城市最低保障户个人只承担供暖费用的 10%	各项收费减免优惠政策
施工风险	对可能存在危险隐患的地方设置明显的警示标志，及时公示项目信息，召开协调会议	居民对项目建设影响的投诉数量和内容

8　结论与建议

8.1　结论

本项目的实施将为 B 市的发展提供良好的基础设施条件，为城市健康发展提供可靠的保障，提高了居民的生活质量和生活水平，在环境效益、经济效益和社会效益等方面都取得了良好的效果。

项目潜在社会风险包括：

（1）劳动力转移的风险。主要在项目建设前期，由于原有小锅炉房就业人员不能很快找到新的就业岗位而产生一些社会矛盾。

（2）城市贫困人口低支付能力风险。项目建成后，由于集中供暖收费标准可能比部分小锅炉供暖收费标准有所提高，可能加重部分城市贫困人口的经济压力。

（3）施工安全风险。供热管网施工和开挖可能对周边房屋或公共设施造成损害，而且施工对水、电、气、网络等地下管线可能造成破坏。

（4）环境污染和治安风险。热电厂的建设和管网施工可能对附近的居民带来扬尘、污水、噪声、振动等各种环境污染问题，同时还可能给施工区带来一些社会治安问题。如果项目施工过程中不能很好地规避或减轻这些负面影响，将容易造成居民与施工单位的冲突，甚至影响施工的进度。

8.2　建议

针对上述可能存在的社会风险，社会评价小组提出如下建议：

（1）开展参与式活动，吸收项目主要利益相关者参与项目的设计、实施、管理和监督

由项目业主、B市政府、社会评价小组共同制定受益人参与纲要，并开展参与活动的监测和评价，以保证项目的主要利益相关者对项目的参与贯穿于包括项目准备、设计、实施和监测评估阶段在内的整个项目周期中，树立其项目参与者的主体意识。

（2）落实劳动力转移行动计划

劳动与社会保障部门在与受小锅炉房关闭影响人群协商的基础上，按照有关政策要求保障受影响人群的生活水平至少不因项目建设而导致降低，并提供相关培训与就业信息。

（3）制定和执行针对贫困群体的优惠收费政策

在公开听证的基础上，由B市政府、项目业主、物价局等牵头制定适合本地区贫困人口的供暖费用补贴政策以及调整机制。

（4）施工期间的安全和便利维护

项目业主和施工单位在项目施工期间，应充分考虑到当地居民生产生活的客观需求和习惯，科学管理，合理安排施工进度，按照规范施工，确保施工期间居民的人身和财产安全。

（5）建立居民参与项目运行管理机制，加强机构能力建设

吸收项目区居民参与项目的运行管理。在项目建设期间社区项目管理小组的基础上，成立社区项目运行管理小组。运行管理小组的成员由社区居民选举产生，政府要利用这个平台加强与社区居民的合作，解决供暖设施运行中出现的各种问题，实现项目运营的可持续。

附件

1. 项目布置图（略）

2. 项目社会评价人员（略）

3. 项目社会评价日程安排（略）

4. 项目问卷调查（略）

5. 征收补偿方案（略）

第九章　城市园林绿化建设项目社会评价

第一节　城市园林绿化建设项目社会评价要点

一、行业特点

城市园林绿化是指城市园林绿化管理部门通过修建、维护、管理和运营城市绿地和园林，为市民提供生活休闲的自然空间，同时也改善城市景观及城市自然生态系统。城市园林绿化的管理范围通常包括城市公园、河流、湖泊、山丘、水系、湿地等自然生态系统或准自然生态系统，同时也包括结合城市道路建设和城市公共空间建设而出现的公共绿地、草坪、行道树绿色隔离带等设施的建设运行和维护。

城市园林绿化行业包括两类项目，一类是提供收费服务的，如某些人造园林景观；另一类为免费或提供象征性收费服务的纯公共园林绿地项目或准公共园林绿地项目。在以公共资金投入为主的城市园林绿化项目中，后者为主要类型。

城市园林绿化项目具有以下特征：

1. 服务的公共性与非排他性：除收费经营的园林外，城市园林绿化项目大部分是为社会提供公共服务，涉及每一个城市居民个体、群体、组织和机构。

2. 投入主体的公共性：市场资金和社会资金投入的可能性较小（收费的经营性园林除外），建设和运行管理及维护资金主要来自公共资金。

3. 运行管理和维护的专业性与公众参与性：需要专业和专职的运行管理和维护人员；同时又要求普通公众的积极参与和配合。

4. 多部门或跨部门的关联性：城市园林绿化的建设和管理，同时涉及城建、城管、国土、规划、环保、园林、环卫、旅游、林业、交通等多部门的配合与协调。

5. 有些项目可能涉及较大规模的征地拆迁安置：旧城区改造或城中村改造的园林绿化项目，通常与其他建设项目配套进行，但因园林绿化占地面积大，可能涉及较大规模的征地拆迁安置。

二、主要社会影响与利益相关者

1. 有利影响。

（1）改善和提高城市生态环境和人居环境，有利于净化空气、保护城市大气、土壤和水环境，缓解城市热岛效应；

（2）促进市民身心健康，增加市民亲近自然的机会，为市民提供休憩娱乐健身和进行科学文化活动的场所，增强幸福感；

（3）为社会各阶层提供能平等共享的公共服务成果，有利于缓解社会矛盾，促进社会和谐；

（4）增加城市旅游资源，提升城市品位和综合竞争力，促进旅游观光及相关服务业的发展，增加和创造就业岗位，提高城市居民的收入。

2．不利影响。

（1）园林绿化建设可能涉及较大范围的永久占地或临时占地和房屋拆迁安置，使部分居民和相关群体利益受损；

（2）园林绿化建设过程可能造成一定程度的交通影响、扬尘、噪声污染等，对建设区域周边公众、群体或组织产生负面影响；

（3）园林绿化项目建成之后，如果收取门票且门票价格较高时，会对贫困人口和低收入群体享受园林绿地相关设施和服务产生一定的经济压力；

（4）园林绿化项目建设促进了城市整体环境改善，会带动周边地区房地产价格上升并可能促进城市整体房地产价格上升，使贫困人口和低收入群体解决住房困难的压力和经济压力加大。

3．主要利益相关者。

（1）个体层面：城市居民、环卫工人、园林工人、公园管理人员、被征收土地或房屋者、项目周边居民与商铺业主等；

（2）组织及群体层面：项目周边社区、企业和机关团体等；苗木培育企业/组织、园林绿地专业管理机构、旅游服务机构等；

（3）行政管理机构层面：当地政府及城建、城管、规划、国土、物价、园林园艺、林业、旅游、环保、环卫、水务等职能部门；

（4）其他利益相关者：业主单位、施工单位、项目办、设计单位、咨询单位等。

三、社会评价检查清单

1．社会影响分析。

（1）项目经济层面影响分析。主要针对项目影响范围内居民收入水平及收入结构、消费支出水平及结构、居民生活水平和质量、创造和减少就业机会（建设期、运营期）、被征收（土地、房屋）人群的收入及其来源、城市公园绿地分布于城市功能布局、项目对城市房价水平与消费水平等影响进行分析。

（2）项目社会层面影响分析。主要针对项目对公共卫生、公众健康水平、城市人文环境、生活环境、休闲娱乐方式、投资环境、公众对城市环境的满意度等方面的影响进行分析。

（3）项目对特殊群体的影响分析。重点分析园林绿化建设项目对包括贫困和低收入群体、妇女和女童、少数民族、外来低收入人群等脆弱群体的影响。其中重点考察因项目建设受征地拆迁影响的群体、因低收入而无法同等享受可能的园林绿地收费服务的群体。

2．利益相关者分析。

（1）利益相关的政府行政主管部门或职能服务部门的角色、态度及其对项目建设的影响分析；

（2）利益相关企业（设计、咨询、施工、提供花草树木等绿化、供水、电、气和污水处理等服务的企业）与项目的利益关系、态度及其影响分析；

（3）园林绿地所在区域的社区及居民与项目的利益关系、态度及其影响分析；

（4）园林绿地所在区域之外的城市居民与项目的利益关系、态度及其影响分析；

（5）其他利益相关者的分析。

3．社会互适性分析。

（1）当地政府和主要利益相关者对项目立项、选址、建设与运营的态度；

（2）项目目标受益群体对项目的可接受性；

（3）项目主要利益相关者参与项目建设与运营的意愿、方式；

（4）公众对园林绿地建成后可能的收费服务的支付能力和支付意愿；

（5）园林绿地建设所需水土资源和自然环境资源与项目区的自然环境禀赋是否吻合（如在沙漠地区不宜建设湿地公园）。

4．社会风险分析。

（1）可能影响项目的各种社会因素的识别。包括园林绿化项目选址、征地拆迁、施工建设、运行维护和管理、园林绿地所选用植物是否容易导致人体过敏等；

（2）可能导致社会风险的主要社会因素的识别、分析、预测。重点考察项目引起的征地拆迁、施工建设期间的环境影响、公众对园林绿地规划和建设方案的认同和参与情况、信息公开方式和程度等。

（3）项目建设可能存在的潜在社会风险分析。如园林绿地建设带动局部土地和不动产升值，进而带动城市整体房价上升导致的部分低收入群体住房困难的风险；干旱地区园林绿地建设导致对水资源的过度利用从而影响水资源合理分配导致的风险等。

（4）规避社会风险的主要措施和方案。主要包括在项目全过程各环节，尤其是设计和实施阶段充分和广泛的社会磋商和公众参与，信息公开和公示，对公众抱怨和申诉的及时妥当处理；对项目征地拆迁群体的合理补偿和安置；项目建设和运营期间有效的环境风险管理；强调以提供纯公共服务为主的建设管理理念，给予低收入群体平等享受公共服务的机会和权利。

5．社会可持续性分析。

（1）项目社会效果的可持续程度分析；

（2）项目受益者支付能力及其对项目运营的影响，项目能否得到相应的维持运营的政府补贴；

（3）园林绿化项目建成后，后续管理运行机构的能力分析；

（4）促进园林绿化设施可持续运行的公共政策支持和公众支持环境。

6．政府公共职能评价。

（1）城市发展规划对项目的作用和影响的合理性评价。包括：项目与城市总体规划、土地利用规划、城市功能区规划、城市交通规划、城市旅游发展规划等衔接情况；

（2）相关政策对项目作用和影响的合理性评价。包括：文物保护与开发的相关政策和法规、自然资源保护与开发相关政策法规对项目的作用和影响；

（3）政府管理、协调和解决社会矛盾及问题的能力和机制的有效性评价。特别是协调、处理、解决有关征地拆迁、环境影响等方面的社会矛盾与问题的机构、能力、机制、效果等。

7．社会管理计划。

（1）利益加强计划。对于收费园林绿化项目，要会同有关部门合理定价，同时对老人、妇女、儿童、学生等特殊人群和贫困群体进行适当补贴或提供免费公共服务。对于免费园林绿化项目，在向公众提供免费公共服务的同时，要有效地开发利用自身的资源优势，在保证项目可持续运营条件下，尽可能做到减少公共财政投入负担，并降低公众付费压力。

（2）负面影响减缓计划。重点关注项目实施过程中受影响群体或弱势群体平等就业机会的获得与保障，被征地拆迁群体合理的补偿及安置措施，有效的环境风险应对措施等。

（3）利益相关者参与计划。

（4）社会监测评估计划。

城市园林绿化建设项目社会管理计划和实施监测评估一般根据需要或在大型项目中开展。

8．征收补偿方案。

（1）项目征收影响范围的确定。

（2）被征收土地、房屋、地面附着物等各类实物指标调查及成果。

（3）受征收影响人口及其社会经济状况调查及成果。

（4）征收补偿安置政策框架和补偿标准。

（5）安置方案。被征地农民安置、被征收房屋居民安置、受影响企事业单位安置、受影响商铺安置等方案。

（6）公众参与和申诉。

（7）机构。

（8）费用及预算。

（9）实施时间表。

（10）监测评估。

第二节　城市园林绿化建设项目社会评价案例

某城市公园建设项目社会评价

案例介绍

本案例中祥光公园属于一个开放式的免费城市园林绿化建设项目，案例进行了利益相关者分析、社会影响分析、社会风险分析、社会互适性分析、社会可持续性分析，并针对项目可能造成的社会风险提出了缓解措施。本案例的特点是方案设计中既考虑园区实际情况，又充分吸纳公众意见，将项目原址中历史建筑与遗迹的保护和利用与公园建设有机结合，使人文景观与绿化景观形成自然融合，不但保护了历史建筑，又增加了公园的人文气息与历史内涵。案例充分说明了在进行项目建设时应考虑地方特色，不能一概而论。就这一点而言，项目在扩大正面社会影响上不但有针对性，而且较为完美地解决了实际问题。此外，本案例虽然不涉及征地拆迁，但是该项目所涉及的其他相关社会因素仍在园林绿化建设项目中具有一定的代表性。

1　概述

1.1　项目背景及目的

"K市祥光公园"项目的提出，主要基于以下背景。

1. 城市可持续发展的需要。当今中国的城市化进程正进入前所未有的高速发展阶段，城市间的竞争已在各个层面上展开，"园林城市""生态城市""绿色都市"等称号不仅成为很多城市营销战略中的品牌，面且成为城市投资、就业、居住和旅游等方面的基本要求。因此，本项目的实施，是提高 K 市城市软实力和城市竞争力的重要举措之一，也是城市可持续发展的需要。

2. 改善城市中心区环境质量的需要。市区一环路近 14 平方公里的范围内，集中了近30 万人口，由于人口及各类建筑设施的高度聚集，公共绿地不足，环境质量欠佳。本项目的建设，正好弥补了城市中心区西南片区无集中公共绿地的缺陷，对城市中心区环境质量的改善有一定的作用。

3. 提高城市绿化指标的需要。城市环境的改善涉及众多领域的方方面面，园林绿化是其中最重要的手段之一。根据国家有关规定，城市中心区人均公共绿地面积应不低于 6平方米，而 K 市一环路内人均公共绿地指标离这一标准还有相当差距，因此，祥光公园的建设、除对提高市区的有关绿地指标有所贡献外，尤其对一环路内（城市中心区）绿化指标的提高发挥了重要作用。

4. 服务周边社区，提高居民生活质量的需要。项目所在片区周边较大范围内，目前缺乏一个有一定规模的公园，也缺乏具有一定规模的社会停车场和商业设施，通过祥光公园的综合开发和地下公共设施的建设，既达到了市政府规定的 500 米建绿的要求，又可满足服务周边社区的需求。此外通过对园址历史文化建筑的改造和利用，可以进一步丰富市民的精神文化生活，进而提高居民的生活品质。

基于以上背景，K 市决定在原省政府大院旧址上进行祥光公园项目建设。项目的建设和发展目标是：充分利用、挖掘和整合园址所特有的历史内涵和人文资源，将其建设成为一个集休闲游览、旅游观光和文化娱乐为一体的，并兼顾为周边社区配套服务的公益性、开放式的免费市级公园；其发展定位是：将祥光公园建设和打造成为 K市一流、全省知名的精品城市公园，并成为 K 市对外宣传交流的一个窗口性旅游景点。

1.2 项目区社会经济背景

K 市是国家历史文化名城，全国重点旅游城市，辖 5 区 1 市 8 县，总人口约 510 万人；主城区分 WH、PL、DS、GD 四城区，人口约 210 万人。项目所在地属 DS 区 YB 街道办事处所辖。DS 区位于 K 市西面，总人口 66.79 万人。2008 年 K 市全年城镇居民人均可支配收入 12943.33 元。

拟建祥光公园位于市区一环路内，为市区较为繁华的地区，周边分布有大量的机关单位及居民区。公园及有关配套设施的建设，有良好的社会需求预期，因此，利用率预计会比较高。此外，公园园址为原省政府办公地址，使用年限长达半个多世纪，其地块所积淀的文化、历史和政治内涵，赋予了公园所特有的人文价值，公园建成后所蕴含的这些特定的因素，将在很大程度上丰富公园的游览内容，除了对公众具有较强的吸引力外，也是城市的一个宝贵遗产。

1.3 项目的主要内容及规模

1.3.1 项目建设主要内容

"K 市祥光公园建设项目"（以下简称本项目）工程共包括五大部分子项目内容，即场地整理工程、建筑修建工程、园林建设工程、基础设施建设工程和配套公共设施建设工程等共五个子项目共 23 个小项，各子项和小项的具体内容见表 1：

表 1　祥光公园工程建设项目一览表

子　项　目	小　项
场地整理工程（共 3 项）	1. 场地清理 2. 建筑物拆除 3. 植物移栽
建筑修建工程（共 3 项）	1. 保留建筑修缮、改造 2. 公园服务性建筑（茶室、小卖铺等） 3. 管理用房
园林建设工程（共 5 项）	1. 园林小品建筑 2. 园林绿化 3. 水景观 4. 公园维护栏 5. 公园游路及休闲场地
基础设施建设工程（共 8 项）	1. 城市微循环支路 2. 给水工程 3. 排水（污）及中水利用工程 4. 管网改造工程 5. 供电照明工程 6. 通讯工程 7. 环卫设施（垃圾收集、公厕等） 8. 消防设施
配套公共设施建设工程（共 4 项）	1. 坑基挖方、运输 2. 基础工程 3. 地下车库 4. 地下商业设施

1.3.2　项目规模

本项目建设地点为 K 市 DS 区 GD 祥光寺；规划和建设范围为：北临 GD 路，东至 XC 路，西南与省政府宿舍和居民区相邻，所形成的范围为一南北向的长方形地块，即为祥光公园的建设用地控制范围，用地总面积约 81 亩。

2　社会评价过程及方法

2.1　社会评价的任务和目标

本次社会评价的主要任务和目标有：

1. 规划及相关政策对项目的作用和影响，项目为实现社会发展目标的影响和贡献；

2. 公园建设过程中是否存在诸如环境污染等社会风险；

3. 公园厕所、果皮箱、园灯、园椅等设施是否按照相关规范设置，并做到"人性化"；

4. 是否积极向公众宣传项目建设的意义，公园项目建设中是否有公共参与等。

2.2 现场调查过程

此次调查时间从××××年×月×日～×月×日，共分 7 天。

表 2 现场调查进度表

时间	调查地点	调查对象	调查内容	调查方法
××××年×月×日	调查组下榻宾馆	项目负责人、项目协调人	项目背景介绍	中心小组访谈
××××年×月×日～×月×日	某政府部门、投资单位、施工单位	项目负责人、项目协调人	项目内容详细介绍	中心小组访谈
××××年×月×日～×月×日	祥光公园周边社区	居民户	项目影响情况	随机个体访谈；问卷调查；关键人物访谈；中心小组访谈
××××年×月×日～×月×日	祥光公园园址，晚上离开	居民、游客	实地踏查；关键人物访谈；问卷调查	随机个体访谈；问卷调查

表 3 社会评估调查工作量统计

社会评估实地调查工作量统计 主要调查方法/工具	工作量不完全统计
（1）实地踏查	2 次
（2）关键人物访谈	45 人次
（3）中心小组访谈	18 次
（4）问卷调查	
居民户问卷调查	96 份
商户问卷调查	40 份
游客问卷调查	15 份

2.3 资料分析方法

本项目的资料分析方法主要包括：

（1）定量数据分析：主要通过 EXCEL 和 SPSS17.0 软件进行数据处理，并以图表等形式表现出来。

（2）定性资料分析：通过归纳整理，转换成数据或案例形式进行分析和论证。

3 利益相关者分析

3.1 利益相关者识别

项目利益相关者可概括为表 4 所示：

表 4 主要利益相关者分析

主要利益相关者	受影响类型	受影响方式	对项目的重要程度
1）周边社区居民	直接影响	直接受益	低
2）公园附近商户	直接影响	既受益，又受损	低

主要利益相关者	受影响类型	受影响方式	对项目的重要程度
3）游客	直接影响	直接受益	低
4）DS区、YB街道	直接影响	直接受益	高
5）市政府	直接影响	直接受益	最高
6）项目业主	直接影响	直接受益	最高
7）其他职能部门	直接影响	既受益，又受损	适中
8）设计单位	直接影响	直接受益	适中
9）施工单位	直接影响	直接受益	适中

3.2 利益相关者诉求

3.2.1 周边社区居民

祥光公园周边分布有大量的机关单位及居民区，人口密集，场地周边500米范围内无较集中的公共绿地，无具有一定规模的社会停车场，无综合性的大、中型商业设施。因此，市民的诉求主要集中在：

1. 祥光公园的建设能够对本区绿地资源进行重要补充，且能够弥补片区配套设施的缺乏。

2. 公园内能够设置有地下车库、餐饮和商业等设施，以便利市民生活。

3. 公园中设置有可休憩的广场、座椅、小卖铺，以及专门的盆景园，厕所，为游客提供休闲、阅读或者观赏的场所，为周边上班族提供一个非正式的交往空间，为老人提供健身、聚会和消遣的精神乐园，为儿童提供运动、戏水的场地；在座椅的布局和形式上，体现人性化设计。

4. 公园的空间和内容应与周边地块融合，满足各类人群的需要，充分考虑各类群体的功能需要，使公园与周边社区及整个K市的城市布局有序地组成一个有机的整体。

5. 施工期间减少运输废弃垃圾、原料、土方产生的环境卫生问题，并避免因施工车辆较多造成的交通拥堵；降低噪声、扬尘等，减低对环境的不利影响。

3.2.2 公园附近商户

公园的修建在施工期内暂时对商户的经营活动产生影响，造成部分商铺歇业。交通拥堵也会对商户产生部分不利影响，因此，商户的诉求主要有以下部分：

1. 尽量避免施工带来的负面影响；对施工所造成商铺停业与歇业问题希望能够得到一定的补偿。

2. 能够在公园修建好以后，优先取得公园内的经营许可。

3.2.3 游客

游客对于项目的诉求主要有：

1. 尊重本土文化的独特性。游客普遍希望项目能够尊重本土文化，体现城市的文脉，对城市历史进行多层次、多角度地解构和重现；将绿地建设与历史文化、人文资源有机结合，努力做到文化与绿化相融、艺术与景观相映，把人文内涵寓于绿地景观建设之中，从而塑造城市文化特色，提升城市文化的外在表征。

2. 能够体现一定的社会记忆。要求公园的设计以尊重历史和地方文化为基础，对具有历史意义的四栋老建筑能够采取科学的方法予以保留。

3. 功能多样、使用方便。游客希望景区建立以后能够承载多种功能,比如既达到游览的目的,又能够学习到知识;此外,游客希望公园有方便的设施,完善的交通,在门票上能体现公益性,或最好不收。

3.2.4 市政府

市政府是项目的主要决策者与领导者,他们希望项目能够尽快实施,并能够体现 K 市委、市政府"以人为本,执政为民"的科学发展观,贯彻落实市委×届×次会议将 K 市建设成"环保型、园林化湖滨特色生态城市"以及建设和谐 K 市的目标,促进城市发展,提高城市文明度,改善市民生活,并有一定的防灾减灾功能。

其次,由于项目是在原省政府机关大院原址上实施,项目有重要的政治意义和敏感度,他们希望能够通过良好的规划设计与施工,减轻社会各界的疑虑,降低风险。

3.2.5 DS 区与 YB 街道

DS 区及 YB 街道是项目的行政辖区,对于项目的需求主要如下:

1. 希望尽早启动项目,改善当地的空间布局,增加竞争优势,促进区域可持续发展。
2. 希望通过项目,改进本区居民生活品质。
3. 通过项目的实施,促进社会就业。
4. 与项目业主和施工单位能够沟通良好,协同完成项目。

3.2.6 K 市城建投资开发有限责任公司

"K 市城建投资开发有限责任公司"为公园的投资和建设主体,主要负责资金筹措与项目实施,同时协调与各职能部门与施工单位的关系。作为项目业主,城投公司希望项目尽快实施,并能够得到各个相关单位、施工方的很好配合。

3.2.7 设计、施工单位

设计单位希望在编制设计规划时能够得到各职能部门的有效配合,也希望项目尽快实施。

施工单位希望项目能够尽快进行,并得到当地居民的配合,按照工期按时完成任务。

3.2.8 其他职能部门

其他职能部门(市政园林、水电、文物等)希望减少项目运营期间的财政压力,能够获得一定财政补贴。

3.3 项目对主要利益相关者的影响

3.3.1 周边社区居民

项目正面的影响包括:提供了一个健康优美的生活环境;提供了一个休息游憩场所;提供了市民精神交流场所,并且对片区配套设施的完善具有重要意义。项目负面的影响是施工期间会有一定的程度的扰民。

3.3.2 公园附近商户

项目施工给商铺带来一定的负面影响,降低商铺的经营效益,但是考虑到项目建成后能提升当地商铺的价值;提升人力资源配置;增加游客,促进商业的繁荣,因此,商户整体上对项目表示支持。

3.3.3 游客

游客能够通过项目了解城市文化，获得文化宣传及科普教育，在游憩休闲中获得对于城市的历史与文化的认识，能够对城市有一个全面评价，进而影响到整个城市的发展。

3.3.4 市政府

项目可以美化城市形象，塑造城市品牌，优化投资环境，提升人力资源配置，促进社会就业，促进旅游业和地产业发展，促进产业结构和优化升级，这对于实现政府目标具有重要的推动作用。

3.3.5 DS 区与 YB 街道

DS 区及 YB 街道是项目的行政辖区，他们是直接受益者，通过项目可以创造出地区环境优势，促进各种经济成分增值，集聚外来资金及高科技产业发展，从而带动整个城市产业结构优化升级，甚至产生新的绿色经济产业链。

但是项目的建设也会给辖区带来一定的问题，比如施工期间的道路拥堵，暂时的治安问题，环境卫生问题等，但这些问题因为施工期较短，影响不大。

3.3.6 K 市城建投资开发有限责任公司

"K 市城建投资开发有限责任公司"作为业主，通过项目获得一定的收益和管理运营经验。

3.3.7 设计、施工单位

设计与施工单位通过项目实施锻炼队伍，为单位创收，同时提高收入。

3.3.8 其他职能部门

其他职能部门（市政园林、水电、文物等）既有管理和服务方面的压力，同时能够通过运营获得一定补贴。

4 社区参与过程与结果

4.1 社区参与过程

4.1.1 社区参与方法

社区参与主要通过访谈与问卷方式来进行，项目共发放了 105 份问卷，并进行了 5 次座谈。

表5 利益相关者的调查情况表

利益相关者的社会调查和社区协商	调查方法	调查工作量	调查地点
周边居民	居民问卷调查 居民小组访谈	63 份 2 次	祥光公园项目周边社区
商户	商户问卷调查 商户中心小组访谈	22 份 2 次	祥光公园项目区周边
游客	游客调查 游客小组访谈	20 份 2 次	其他公园
社区、街道	商户街道中心小组座谈	1 次	YB 某街道

4.1.2　项目知晓率调查

从 2008 年提出项目动议开始，省政府大院周边居民户、商户等对于本项目的关注度始终较高。此外，在本次评估之前的项目准备阶段，项目办也开展了一系列的项目社区协商工作，尤其是有关项目规划布局方面的社区协商。

调查显示，由于项目办的前期工作和社区协商，被调查者尽管对项目细节并不完全知晓，但大多数被调查者了解项目基本情况，以及他们在此项目中可能的受益或受损情况。游客因为不仅仅限于本市游客，还包括外地游客，所以知晓率不高。

表 6　利益相关者知晓率（%）

本次调查之前主要利益相关者对项目知晓率调查	居民	商户	游客
基本了解	45.7	80.0	8.1
没听说过	17.4	5.0	63.1
听说过但不了解	37.0	15.0	28.9

针对不同项目内容，不同利益相关者的知晓率也不完全相同。如对于祥光公园的修建，居民户和商户的知晓率几乎达到 80% 以上，但对其如何规划设计则知晓率不高。部分游客对于祥光公园项目有所了解，但是总体上缺乏认识。

4.1.3　项目认同度调查

表 7　主要利益相关者认同度表（%）

认同度	居民户	商户	游客
说不清楚	4.2	0.0	5.0
有必要	93.0	100.0	75.0
跟我没关系	2.8	0.0	20.0

调查显示，无论是居民、商户还是游客，对项目的认同度都较高，分别达到了 93%、100%、75%。尤其是商户，因为项目可以给他们提供更多的客流，促进周边商业环境的改善，20 户受调查的商铺全部觉得有必要修建。当然，也有部分游客认为项目不关涉自己切身利益，觉得和自己没有太大关系。总体上看，因为祥光公园项目有较高的公众认同，预期项目在实施过程中能够得到利益相关者的支持。

4.2　社区参与的主要发现

通过社区参与，有以下主要发现，以作为项目前期设计中的参考。

1. 对于四栋原省政府部门的办公楼、旧址如何保护利用。四栋办公楼均为四坡屋面，砖木结构，建于解放初期，现虽已老旧并有一定程度的破损，但建造年代较远，建筑也具有一定的特色，目前城市中这类建于 20 世纪 50 年代的老建筑遗存已不多。大部分居民认为，考虑到其历史价值和原建筑的使用性质，对其保留有一定的意义。在维持原风貌特征的前提下，通过外观修缮和内部改造，考虑可作为今后公园的餐饮、党史展览及管理用房，同时，也可成为公园中具有历史或政治内涵的一个景观。此外，原省政府办公厅大楼拆除后，可将其建筑基座保留，改造成为林荫广场及休憩观景台，也是一种对历史记忆的保留。对于公园的规划设计，居民有一些具体的要求，因为原址中的乔木均已成林，历史久远，大部分居民认为应该予以保留。对于原抗战时期修建的防空洞等文化遗迹，也希望予以保留或开发利用。此外，居民希望能够完善公园的一些基本设施，如公厕、座椅、果皮箱等。

2. 根据公园原规划方案，将有一条城市微循环支路（长度约150米）从公园中部穿过,，将公园一分为二，分割成两片。该路的建设对缓解GD路口虽有一定作用，但同时也对公园带来不利影响，主要有以下几方面：（1）破坏了公园的整体性。公园被分割为两片，各自独立、互不关联的用地和空间，对公园游览的完整性、景观质量和建设布局等方面都会带来问题和不利影响；（2）对公园今后的管理不利。公园被割开后，实际上形成了两个各自独立的小公园，对今后的管理维护将造成困难；（3）对缓解交通作用不大。该条路的主要目的是解决GD路口的右转问题，但GD路口的拥堵主要问题并不是因右转通行造成的，该路小范围内对GD路口交通的疏缓作用不明显；（4）修路对公园干扰较大。该路段建成后，可能会有大量的人、车穿越公园，对公园环境造成较大的影响和干扰。鉴于以上原因，大部分居民认为，为体现"以人为本"的建园理念，建议对该条微循环道路方案进行调整，并考虑用替代方案解决GD路口车辆右转通行问题。

3. 周边居民楼密集，公园内设置有地下车库，餐饮和商业等设施，居民希望地下车库的修建能够充分调查当地的地质条件，不要对项目周边的地质结构、房屋地基产生不利影响，并在施工期间注意按规范施工。

4. 由于本地区地下管网比较复杂，居民希望施工单位在施工前能够预先有所了解，不要因为施工破坏地下管网而影响居民的正常生活。另外，施工产生的噪声、扬尘、垃圾、交通拥堵等问题，希望能够有预案加以解决。

5 社会影响及互适性评价

5.1 项目经济层面的影响

5.1.1 城市规划与区域经济发展

该公园的建成，符合城市规划。K市规划从生态效应出发，将绿地与城市融为一体，城市绿化空间呈"环型加放射状"绿化模式，绿地系统逐步形成"绿环＋绿翼"，市内外有机结合，互成网络、完整的绿地体系，充分利用自然河湖水系、自然山体及丰富的人文景观，构成环形带状加楔形绿地的点、线、面相结合的"自然山水园中城"的城市绿地系统，而祥光公园的建成，是城市规划的重要组成部分，符合规划要求，对于创造良好的城市生态环境，改变城市形象，改善投资环境，发展区域经济具有重要作用。

5.1.2 创造就业

项目实施在施工期间可以增加临时用工，在运行期间可以增加环卫、园林、绿化、管理等岗位，扩大社会就业。

5.2 项目社会层面的影响

5.2.1 社会环境与条件

祥光公园位于一环路内城市繁华地段，公园及有关公共配套设施的建设将会获取较高的人气指数。公园作为公益性项目，有利于人居环境的改善和城市可持续发展，有利于丰富市民的精神和文化生活，社会效益和环境效益显著，可以说是一项深得人民群众支持的"民心工程"，这也为本项目建设实施奠定了良好的社会基础及舆论支持。

5.2.2　文化遗产

由于项目涉及几栋历史建筑，祥光公园在设计之初就紧扣文化要素，同时考虑居民的意愿，对本地块所积淀的文化、历史、政治内涵和特有的人文价值进行挖掘。因此，公园的设计目标是承接"城市记忆"，以尊重历史和地方文化为基础，保留了四栋有特点的老建筑，融合新的绿化景观和环境设施，追求现代感与历史文化的和谐统一，使市民对城市的时代感和认同感得到双重满足。项目将这些历史建筑改造成为党史陈列馆、文化展览馆和一些可供出租的小型画廊，定期举办一些展览和宣传活动，既丰富市民的文化生活，也为城市的文艺工作者提供了展示的场所。因此，项目对文化遗产的保护与利用有较大的正面影响。

5.2.3　特殊群体影响分析

本项目是开放式免费公园，属于公益性项目，不涉及费用支付问题，公园的建成对于提高贫困人口的生活质量，使不同社会阶层能共享社会公共服务成果有积极意义，且能够增加就业、促进社会公平、减低贫困、增强市民幸福感。本公园建成对妇女、儿童和老年人意义更大，为他们提供了锻炼和休闲场地，不但有利于身体健康，而且促进居民间相互交流与沟通，对建设和谐型社会具有积极意义。

5.3　其他方面的社会影响

1. 项目建设期环境影响不利因素分析。

本项目建设期间对周边环境可能会造成以下不利影响：

（1）地下工程土方开挖、运输及绿化种植土回填等土方工程，可能造成扬尘，对周边一定范围的大气环境产生不利影响；

（2）施工中可能对部分原有植被或树木造成破坏；

（3）施工机械产生的噪声和振动对周边单位和居民区造成不利影响；

（4）施工过程中的生活垃圾、建筑垃圾等固体废弃物如不能妥善处理，会对周围环境造成不利影响；

2. 项目运行期环境影响分析。

（1）项目建成后对环境的影响以长期有利影响为主，特别是对城市生态环境、城市景观和周边社区人居环境的改善，将产生较大的有利影响；

（2）地下停车库大量车辆的出入，所产生的噪声和废气排放，对公园环境有一定负面影响，但通过采取一定防治措施，可将影响降至最低程度。

3. 绿化保护分析。

项目设计实施过程中如不顾当地自然条件和植物特性，不仅会使投入及以后的管理、养护工作量增加，还可能达不到预期的生态效益目标。从自然界移植大型乔木的做法，会对树木移出地的生态环境造成破坏，给当地环境和社会带来负面影响。

5.4　社会相互适应性分析

从上文的分析来看，所有的利益相关者对项目均表示支持，具体态度见表8。

表 8　利益相关者与项目互适性分析表

主要利益相关者	诉求	对项目的影响程度	态度
1）周边社区居民	早日施工，减少施工影响	高	支持
2）公园附近商户	尽快施工，但是考虑商户利益	中	支持
3）游客	无所谓	低	～ 支持
4）XH 区、YB 街道	尽快实施	中	支持
5）市政府	尽快实施	高	支持
6）K 市城建投资开发有限责任公司（业主）	尽快实施	高	支持
7）其他职能部门	支持	中	支持
8）设计单位	直接影响	中	支持
9）施工单位	直接影响	中	支持

6　社会风险分析

项目建设范围内不涉及民房的拆迁安置和其他补偿等问题，且项目为受大众欢迎的公益性建设项目，项目与周边的社会环境、人文条件及居民意愿相适应，社会风险很小。本项目存在的风险因素主要在于施工期的环境、占道风险、运营期风险等几方面。

6.1　项目主要社会风险分析

6.1.1　环境风险

项目所在地的工程地质、工程水文、工程设计方案、施工及工期等存在各种不确定性，从而对项目会造成一定环境风险，运行期也同样面临大量游客涌入后的卫生保持等问题，这些环境问题详见 5.3。

6.1.2　施工临时占地风险

园址处于人流汇集的中心地带，调查显示，如果项目施工中未能采取相应措施，可能对周边商户及居民户的生产生活产生重大的持续性影响。

6.1.3　文物建筑保护风险

园址保留的原省政府老建筑群以及老防空洞等是具有历史文化积淀的文物，在施工中，一旦处理不当，有可能对这些文化遗迹造成不可逆转的影响，因此，需要有具体和详尽的施工预案。

6.1.4　培育林木、草坪的技术风险

项目主要利用原有的植被条件来进行绿化的规划设计，但是也涉及少量移植他地的林木，铺设部分人工草坪，修建几个水塘以创造人工水景等。作为开放式公园，如果不考虑当地自然条件和植物特性，很有可能适得其反，或植物难以存活或增加养护成本，达不到项目预期生态绿化目标，因此需要在引进的绿化品种、植物的特性上仔细考量，避免风险。

6.1.5　人性化设计风险

公园的设计要求体现出很强的人性化，如何在项目设计中满足各类特殊群体的需求，如老人、妇女、儿童、残疾人，做到人性化设计，需要考虑到方方面面的因素。如设计出现偏差，会减低项目的社会效益，浪费有限的公共资源。

6.1.6　运营风险

项目建成后采取免费开放式运行，项目的可持续运行有赖于政府长期、足额的资金补贴，因此，项目运行过程中如何避免浪费，如在绿化灌溉、池塘补水、公厕用水、地下停车场的洗车用水等的浪费，是在 K 市这个缺水城市中运行本项目所面临的风险。

6.2　社会风险对策

6.2.1　减缓施工临时占地负面影响的措施

周边商户和居民对于施工临时占地所带来的影响总体上表示理解。但从规避风险的角度考虑，应避免出现工程车辆和建筑材料堆积导致道路封闭的状况，阻碍居民出行和商户正常经营。因此在工程施工中，可采取道路左右两边轮流施工的方式，以避免工程临时占地对周边商户和居民户产生长时间影响。

6.2.2　减缓环境影响措施

在项目施工期间及今后的运行过程中，应积极采取以下环保措施，将项目对环境的有关负面影响尽可能降至最低程度。

1．植被树木保护措施。

对园址内现有的大量树木，进行积极的保护和利用，除非建设中必须移动的树木外，都应尽可能在原地进行保留和保护，对不得不移动的树木可采取移植措施，不能随意砍毁。

2．大气环境保护措施。

加强文明施工管理，严格执行清洁生产要求，对于运输土方、沙石料等易产生扬尘的车辆应采取措施，避免扬尘或遗洒，污染城市道路和环境；遇有大风天气时应停止土方施工并处理好工作面；此外，应于工地四周设置栏板围墙，尽量减小对周边的干扰。

项目运营后，对于停车场的废气排放，应当配备机械排风装置，增加通风通道，以及调整出入口，最大限度地降低废气排放可能给周边小区造成的影响。

3．声环境保护措施。

禁止夜间（晚 22 点至早 6 点）进行噪声严重的施工作业；使用商品混凝土及静压打桩等施工方式，尽量控制各类施工机械产生的噪声干扰。对于停车场运营后噪声的影响，经过出入口的调整，保持与社区有一定距离，以降低噪声产生的社会影响。

4．环境卫生保护措施。

施工期间工地现场应设置密闭式垃圾收集点，施工垃圾和生活垃圾分类存放，日产日清；建材垃圾专人管理回收，及时清理工作面；公园建成后，在园区内合理摆放垃圾桶，对商户所产生的垃圾进行集中统一管理，建设垃圾收集和清运设施，统一清运后送至城市垃圾转运站集中处理。避免造成公园臭气、扬尘和渗透等二次污染。对公厕要设专人进行打扫和管理。

5. 水土保持保护措施。

本项目施工期间，正值雨季，土方的开挖和运输要采取有效的防治措施，尽量减少水土溢流和泥浆污染对环境的影响。

6. 水环境保护措施。

本项目建成运营后，可能会产生少量的生活污水（餐饮、商铺、公厕等），对此要采取针对性的处理方式，使之达到国家规定的排放标准，并在条件允许时，将其加以回收循环利用，作为景观、绿化、冲厕用水。

7. 提高绿化质量措施。

在公园用地范围内，尽量提高绿地率和林木覆盖率，控制建筑及硬地占地面积。并通过公园绿化树种的多样性，提高公园的生态效益和环境质量。

6.2.3 减缓运营风险

1. 节水措施。

K市作为全国严重缺水的城市之一，在本项目的建设和今后的运营中做好水资源的节约工作，具有重要的示范作用和意义。针对本项目用水主要为绿化用水和地下停车场洗车用水两大用水因素，一是采取节约型喷灌设施进行绿化浇洒；二是推行中水回用、雨水截留等措施，将公园中的所有用水集中经中水系统处理后用作绿化和景观用水，这样，可较大程度地节约今后公园的管养成本。

2. 节能措施。

针对本项目的耗电因素，可考虑在公园建筑、路灯及景观照明、地下建筑及有关设备的选型中，选择效益高，能耗小的设施和设备，以节约公园的常年运转耗能费用。

6.2.4 文物保护措施

项目不但要保护原有建筑外观与结构，还需要对文物进行必要的保护修缮。在修缮过程中应当结合历史情况和现实状况，按照《中华人民共和国文物保护法》的规定，力求保存和恢复其原有形制、结构特点、构造材料特色和制作工艺水平，杜绝偏离和创新。同时在修缮过程中严格注意保护文物，避免损伤文物构件。

6.2.5 人性化设计

通过社区参与，充分考虑各类相关人群的需求，在项目方案设计和实施中树立以人为本的理念，完善各类公共服务设施，对景观进行合理布局，并且充分发挥想象力，打造人与自然和谐的新景观。

7 社会可持续性分析

7.1 社会发展效果可持续性

1. 优良的区位条件促进项目利用率：拟建的祥光公园位于市区一环路内，所处位置南临GD路口，东临XC路，为市区较为繁华的地区，周边分布有大量的机关单位及居民区，公园及有关配套设施的建设，有良好的社会需求预期，因此，利用率预计会较高。

2. 地块特定的内涵对公众有吸引力。公园园址为原省政府机关办公地址，使用年限长达半个多世纪，其地块所积淀的文化、历史和政治内涵，赋予了公园所特有的人文价值，公园建成后所蕴含的这些特定的因素，将在很大程度上丰富公园的游览内容，对公众具有较强的吸引力。

3. 高层次的建设和发展定位能够吸引客流。祥光公园的建设和发展定位是"高品质的城市精品公园"。通过其高水平的规划设计，高质量的建设开发和高效率的管理运作，必将成为广大市民又一处良好的休闲游览场所，同时，也将成为现代新 K 市的一个城市亮点。

综上所述，优良的城市区位，园址人文内涵，高端建设定位和周边市场环境等几大优势，预示了祥光公园未来良好的发展前景，具有很好的社会效应。

7.2 项目免费运营对项目可持续性的影响分析

本项目为纯公益性项目，在运营期间不收取门票，其园内的基础设施，如厕所的使用按照规定也不收取任何费用，因此不涉及受益者的支付能力问题。但公园建成后需要有足够的资金才能维持良好运行，除了政府的财政补贴外，公园还可以通过提供地下车库的车位、洗车服务和出租部分商铺铺位等获取收益，以维持公园的正常运转。由于项目周边都是老旧小区，没有停车场，周围居民大都会把车停在公园的地下车库；又由于项目位于市中心区，公园的商铺铺位也比较抢手，因此从项目运营资金来源角度看，具备可持续运营的条件。

7.3 项目可能的利益受损者对项目建设与运行的可持续性影响分析

由于项目不涉及征地拆迁，所以对商户、居民、游客、区街道的负面影响不大，只是在项目施工期间可能会导致一定范围的环境卫生、交通拥堵等问题，但影响都不是很大，基本上获得了各利益群体的理解和支持，没有产生任何阻碍项目实施的事件，而施工过程产生的问题将随着公园的建成逐渐获得解决。

8　结论与建议

8.1　结论

通过对项目的社会调查和分析，可以得出以下结论：

1. 本项目的建设和实施，对改善城市环境质量，提高城市品质，丰富市民的休闲娱乐和文化生活等方面，具有积极的意义和作用；同时，也是体现政府"以人为本"，建设和谐社会的重要举措。

2. 本项目具有良好的城市区位、用地支撑及游人消费群体等有利因素，开发建设的外部条件和优势明显。

3. 本项目的建设管理机构、土地移交、详细规划、资金筹措等前期工作已基本就位和完成，为项目的实施奠定了良好的基础。

4. 本项目作为公益性建设项目，环境效益、社会效益显著，公园今后的管理运营资金是有一定保障的。

5. 本项目的有关技术、经济指标较为合理，与项目所处环境和建设的承载力相适应，并得到了政府的大力支持。

6. 项目承办单位有足够的能力筹集到建设所需的资金，项目建成后有关配套设施也具有良好的经营和盈利能力，为项目的顺利实施和未来发展提供了保证。

综上所述，本项目是一个有利城市可持续发展，环境效益、社会效益显著、并有一定经济效益的公共服务项目，作为公益性建设项目，按照有关要求尽快实施该项目，是必要的，也是可行的。

8.2　建议

针对本项目存在的主要风险因素，提出以下建议：

1. 政府继续给予项目积极支持。本项目作为城市公益性公共设施建设项目，无论在建设期间还是今后的运营期间，都需要在政府的支持下才能顺利实施并得以维持，故建议市政府及有关部门，从政策，税费及资金补贴等方面尽可能予以支持和帮助，以保障该项目的顺利实施及良性发展。

2. 进一步扩大公众参与。本项目作为公益性项目，其目的主要在于绿化和美化环境，为市民创造一个良好的自然生态环境和休闲娱乐场所，提升生活质量。因此，在项目的规划设计中应该进一步听取公众意见，了解公众需求，在一些细节上，如公园公共空间布局、厕所、果皮箱、园灯、园椅等设施上尽量做到"人性化"。

3. 做好文物保护和利用。公园涉及具有历史文化色彩的原省政府办公建筑群，是城市社会记忆的重要标志物。在设计与施工中应该尽可能地保护好建筑物外观和结构，同时根据建筑物特征，将建筑物的改造、修缮与自然环境相适应，将之建成为有教育意义的展览室，发挥建筑物的景观与历史标识双重作用。

4. 减少施工带来的环境风险。在施工过程中，应当对公园原有的乔木等进行保护，尽量考虑植物的生长特性，避免移植移栽；避免施工带来的扬尘、噪声、污水和垃圾等。尤其是在地下室的建设中做好规划，防止人为地质灾害的产生。

5. 调整微循环支路的建设。考虑到穿越公园、将公园割断的一条微循环支路将对公园造成游览、景观、环境、干扰及管理等方面的不利影响，为有利于祥光公园的完整性和"精品公园"的营造，建议有关部门权衡利弊，对该条道路的建设方案进行修改调整。

6. 做好部门协调工作。为确保本项目按计划顺利实施，项目承办单位应与省、市政府及有关部门积极配合、沟通，协调好规划、建设、国土、环保、园林、交通及市政等部门的关系，确保全部工程的顺利实施。

7. 科学、经济、生态的运营。项目建成后，应该对项目所可能产生的社会效果进行监测与评估，以保证项目的社会效果可持续发挥，确保将祥光公园建设成为 Y 省的窗口性精品公园，为 K 市的城市建设作新的贡献。

第十章　征收补偿方案报告

某污水处理建设项目移民行动计划

案例介绍

本案例是某污水处理项目征收补偿方案专项评价。项目的移民影响主要由污水处理厂工程建设所引起，包括集体土地征收及农村房屋拆迁。项目的管网工程实施将在现有街道或规划道路上铺设，不涉及征地拆迁。项目地处经济发达地区，农业收入占农民收入的比例不高，农民对土地的依赖性不强。对被征地的农民将采取现金补偿及养老保障安置；对房屋被拆迁的农民，采取货币安置、产权调换或迁建安置三种方式供选择，满足不同群体的需要。基于本项目是世行贷款项目，按照要求建立了移民的生产生活水平监测评估机制、抱怨与申诉机制。在广泛的公众参与基础上编制的这份移民行动计划其目的是妥善处理被征地拆迁农民的生产与生活安置问题，确保其生产生活水平不受到项目的影响而下降。

1　概述

1.1　项目简介

污水处理厂及配套管网工程的建设是城市基础设施的重要组成部分，是保护环境、恢复生态平衡的必要措施，亦是保证社会、经济可持续发展的必要前提。随着 JD 市社会经济建设的高速发展和人口的不断增加，在用水量不断增长的同时，污水排放量也逐年增加，污染负荷随之加剧。

JD 市目前城东污水处理厂一期 3 万 m^3/d 处理设施已基本建成，但目前建成的污水处理厂均未建设深度处理设施，未经达标处理的污水直接排放到 XAJ 上，造成水体污染日趋严重，使 XAJ 水体功能下降。同时，JD 市仅有 XAJ 镇的污水收集系统相对完善，但随着城市范围的扩展，配套污水管网的建设相对滞后，造成部分污水无法接入污水处理厂，直接排放而造成污染。

由此可见，尽快实施城东污水处理厂二期及配套管网工程建设，加快 JD 市污水处理厂的建设步伐，对改善 XAJ 的水体环境，改善 JD 市的社会经济发展环境，保持城市生态平衡，提高民众的生活质量，完成 JD 市"十一五"期间水污染物削减的目标，支持 JD 市经济、社会与环境的协调发展具有重要意义。

JD 市城东污水处理厂扩建工程建设内容包括：（1）城东污水处理厂二期扩建；（2）配套管网工程。

（1）城东污水处理厂二期扩建。

JD 市城东污水处理厂工程属世界银行贷款项目，也是 Z 省、JD 市重点工程。本工程污水处理厂二级处理设施扩建 2 万 m^3/d，扩建完成后，污水处理厂形成 5 万 m^3/d 的二级处理能力；新建 5 万 M^3/d 的深度处理设施；扩建后，污水处理厂将形成完整的 $5m^3/d$ 规模二级处理及深度处理系统，污水排放标准将达到一级 A 标准。根据城东污水处理厂一期周边地形现状，确定扩建工程新征土地面积为 55.2 亩。

（2）配套管网工程。配套管网分为污水管网和泵站建设，主要包括：

GL 街道、YX 区污水重力流管道 22.5km，污水压力流管道 1.5km，新建污水收集管道共 24km；

一座污水提升泵站，规模为 4500m³/d。考虑到泵站规模较小，且泵站位于规划的城市中心区，泵站设计拟采取地埋式，内设粉碎式格栅，地上仅设变配电间，不考虑人员值班用房，占地面积约为 900m²。

1.2 项目准备与进展情况

本项目的《项目建议书》委托 Z 省城乡规划设计研究院编制，已于 2009 年 4 月完成。并于 2009 年 7 月得到 JD 市发展改革局（×发改〔2009〕×号）的批复。

2009 年 9 月，本项目的《可行性研究报告（初稿）》已由 Z 省城乡规划设计研究院编制。

移民行动计划依据可行性研究报告确定的设计方案及工程范围，经实地调查与研究编制完成。

1.3 项目受益地区和影响地区

1.3.1 项目受益地区

项目受益地区是指项目目标服务地区。本项目服务的地区为 JD 城区，含 GL、XAJ 和 YX 三个街道，工程服务范围内 2010 年规划人口约 15.4 万人。

1.3.2 项目影响地区

项目影响地区是指受项目征地拆迁负面影响的地区。本项目征地拆迁主要涉及 XY 镇 XY 行政村 XS 自然村，共永久征收农村集体土地 55.2 亩，其中基本农田 33.6 亩。影响 59 户，237 人；永久占用 YA 经济开发区国有土地 1.35 亩；根据《项目环境影响评价报告》安全防护距离的要求①，需拆迁 XY 村农村居民房屋 8360.5m²，影响 31 户，122 人，其中一期工程建设安全防护距离内拆迁农村居民房屋 5855.5m²，涉及 22 户，86 人，二期工程扩建安全防护距离内拆迁农村居民房屋 2505m²，涉及 9 户，36 人。工程建设过程中，同时受征地及拆迁双重影响的户数为 9 户，33 人。项目移民影响汇总详见表 1。

表 1　项目移民影响汇总

影 响 类 别		XY 村	YA 经济开发区
集体土地征收（亩）	总计	55.2	—
	其中：基本农田	33.6	—
	村内道路	9.45	
国有土地（亩）		—	1.35
农村居民住宅房屋拆迁（m²）		8360.5	—

---

① 根据现场调查，项目建设厂址内不涉及居民房屋拆迁。

影 响 类 别		XY 村	YA 经济开发区
直接受影响人口	只受土地征收影响的户数（户）	50	—
	只受土地征收影响的人口（人）	204	—
	只受房屋拆迁影响的户数（户）	22	—
	只受拆迁影响的人口（人）	89	—
	受征地、拆迁影响户数（户）	9	—
	受征地、拆迁影响户数（人）	33	—
	直接受影响户数小计（户）	81	—
	直接受影响人数小计（人）	326	—

1.3.3 项目影响地区的社会经济背景（略）

1.4 项目的总投资、资金来源及实施计划

本工程总投资为 11583 万元，其中，移民安置费用为 1602.58 万元，占 13.8%。本项目资金来源：申请利用世界银行贷款约 5000 万元，JD 市政府财政补助为 2583 万元，XAJ 污水处理厂自筹资金 4000 万元。贷款偿还途径主要是通过收取污水费、折旧来解决。

本项目总工期计划为 2 年，从 2009 年开工，预计 2011 年完工。与项目工期一致，项目移民实施计划从 2009 年至 2011 年。

1.5 减少工程影响的措施

1.5.1 项目规划和设计阶段

在项目规划和设计阶段，为了减少项目建设对当地社会经济的影响，设计单位和项目业主采取了以下有效的措施：

（1）在项目规划阶段，当进行方案优化比选时，尽可能多考虑项目建设对当地社会经济的影响，并将此作为方案优化比选的关键性因素；

（2）优化设计，合理选址。在厂址选取上，有两个方案，一是在 XAJ 污水处理厂原厂址扩建；一是选择在 JD 市 YX 区开发区东部。两个方案比较详见表 2。

表 2 选址方案比较表

比较项目	原厂址扩建	YX 区开发区东部，XAJ 北岸大洲溪入江口西侧
周边影响	污水处理厂地处 JD 市城区中心，受污水处理厂防护距离影响，周边地块难以开发；拆迁影响量大	地处农村，影响程度小；大部分用地为耕地和果园，拆迁工作量小
扩建土地来源	污水厂周边地块已经出让或建成，没有扩建用地	有扩建土地，并且在 YX 片区规划范围内，隶属关系明确，便于项目建设和管理
设施改造的可行性	XAJ 污水处理厂按总规模 2.0 万 m^3/d 进行设计建造，没有为扩建留有余地，且其扩建、改造费用可能比新建污水厂的费用更高	与在建的污水处理厂扩建（一期）工程紧邻，便于统一管理和运营；地势较低，可以接纳城市服务范围内的全部污水，有利于污水收集管道的建设；距尾水接纳水体 XAJ 很近，有利于污水处理厂尾水和厂区雨水的排放

比较项目	原厂址扩建	YX 区开发区东部，XAJ 北岸大洲溪 入江口西侧
与现行污水处理系统的适配性	与 JD 市污水处理系统的整体布置不符	该地块即为 JD 市 YX 区块规划的市政污水处理用地，与 JD 市政规划相符
施工条件	地处城区中心，不便施工	有规划城市道路从厂址旁经过，交通便捷，施工条件优越

因此，经过方案比选，XAJ 污水处理厂扩建厂址选址在 JD 市 YX 区开发区东部，XAJ 北岸大洲溪入江口西侧。

1.5.2 移民行动计划和实施阶段

在移民行动计划编制和实施阶段，当征地拆迁不可避免时，为降低工程建设对当地的影响，将采取以下措施：

（1）加强基础资料收集，对当地社会经济现状和未来发展作深入分析，结合当地实际制定切实可行的移民行动计划，保障受工程影响人员不因工程建设而受到损失。

（2）积极鼓励公众参与，接受群众监督。

（3）加强内部和外部监测，建立高效通畅的反馈机制和渠道，尽可能缩短信息处理周期，以保障工程实施过程出现的各种问题得到及时的解决。

2 项目影响

2.1 项目影响调查

2009 年 9 月，HH 工程咨询公司受 Z 省城建环保项目委托负责准备移民行动计划。在 JD 市项目办、XAJ 污水处理厂及相关单位的大力配合下，HH 工程咨询公司调查小组对城东污水处理厂二期及配套管网工程项目进行了项目征地拆迁及移民影响调查。同时，对项目影响区的社会经济及移民安置方案进行了调查。

项目调查方法为：对项目影响范围内受征地拆迁影响的村及村民家庭进行详细调查，调查采用逐户调查和访谈相结合的方式。调查涉及所有因项目征地影响的人口，调查内容主要包括征地拆迁影响户数、家庭人口情况及安置方案等。在进行本项目影响实物量调查时，移民均参与了调查工作。调查组在调查过程中还听取了村委会、村民、土地管理部门、房屋拆迁部门、劳动及社会保障部门以及有关社会团体对征地拆迁和移民安置的意见，并进行了广泛的咨询与协商。

2.2 项目影响范围

根据调查，项目移民影响主要是由污水处理厂工程建设引起的，包括土地征收及房屋拆迁，涉及 JD 市 XY 镇 XY 行政村的 XS 自然村；污水泵站将建设在 YA 经济开发区的国有空地上；配套管网工程涉及 GL 街道和 XAJ 街道，管网工程实施将在现有街道或规划道路上铺设，不涉及土地征收及移民安置。项目影响范围详见表 3。

表3 项目影响范围一览表

项目名称	城市	乡镇/街道	征地/永久占地	既征地又拆迁
污水处理厂	JD	XY 镇	—	XY 行政村 XS 自然村
泵站	JD	YX 街道	YA 经济开发区	—
管网铺设	JD	GL 街道	—	—
管网铺设	JD	XAJ 街道	—	—

2.3 农村集体土地征收

项目征收农村集体土地涉及 XY 镇 XY 行政村 XS 自然村，共需征收农村集体土地 55.2 亩，（其中基本农田 33.6 亩，占征收农村集体土地总量的 60.7%），影响户数 59 户，影响人口 237 人。受影响村土地详情见表4。受影响土地现状详见图1。

表4 农村集体土地征收影响表

村	项目征收集体土地（亩）						受影响人口	
	总用地	耕地			村内道路占地	未利用地	户数	人口
		小计	非基本农田	基本农田				
XY 村	55.2	45.75	12.15	33.6	9.45	—	59	237
比例（%）	100.0	100.0	22.2	60.7	17.1	—		

图1 受影响的农村集体土地

根据现场踏勘，项目影响区的社会经济发展水平较高，工业及第三产业发达。尽管项目征收的土地绝大部分为农用地，但被征地影响户对于土地收入的依赖程度相对较低。不同程度的征地户失地比率详见表5。

表5 土地征收对于农户影响程度表

失地率（%）	<5	5~10	10~30	30~50	50~80	>80
涉及户数（户）	8	6	22	12	8	3
所占比例（%）	14.55	10.91	40.00	21.82	14.55	5.45

2.4 国有土地永久占用

本项目永久占用 YA 经济开发区土地 1.35 亩，性质为国有空地，用地途径为国家划拨使用。

2.5 临时占用土地

根据项目设计，污水处理厂占地呈块状，在实施征地拆迁后，项目征地范围内能腾出许多边角空地。这些空地可用于项目堆放材料和搭建临时工棚，能满足现场办公场所和材料堆场的需要。因此，没有必要再临时占用耕地或拆迁房屋。

对于配套管网的临时占地，本工程共铺设管网 24km，采取路面开挖的施工方式，涉及破路面积 7000m²，根据 JD 市 X 价费复〔2008〕25 号文件规定，每平方米补偿标准为 200 元，路面恢复将按照移民安置政策框架执行。

2.6 拆迁农村居民房屋

对于本项目而言，污水处理厂厂址内并不涉及农村居民住宅房屋拆迁；但是根据环评报告的卫生环境防护的要求，在卫生防护距离范围内（100m）不宜新建学校、医院、居民住宅等敏感建筑。因此，本项目需要拆迁 XY 行政村 XS 自然村部分农村居民房屋。根据调查统计，共需要拆迁农村居民房屋面积 8360.5m²，其中砖混结构建筑物 7410.5.5m²，占 88.7%；砖木结构建筑物 431m²，占 5.1%；泥木结构建筑物 519m²，占 6.2%；共影响户数 31 户，影响人口 122 人。拆迁农村居民房屋影响详见表 6。同时，拆迁还影响部分房屋院落的附属物，包括水泥地坪、围墙、水井等，详见表 7。

表 6 项目拆迁农村居民住宅影响表

项目名称		污水处理厂	
市/县		JD 市	
乡镇		XY	比例（%）
村		XY	
拆迁面积（m²）	砖混一级	7127.5	85.3
	砖混二级	283	3.4
	砖木一级	311	3.7
	砖木二级	120	1.4
	泥木一级	164	2.0
	泥木二级	152	1.8
	泥木三级	203	2.4
	小计	8360.5	100.0
影响户/人口	户数	31	—
	人口	122	—

表 7 拆迁影响房屋院落附属物一览表

房屋附属物						
水泥地坪（m²）	围墙（m²）	厕所（座）	水井（口）	大树（棵）	小树（棵）	固话（门）
1395	775	28	25	40	53	21

在受拆迁影响的 31 户中，拆迁面积在 250m² 以下的有 10 户，占 32.3%；250～300m² 的有 8 户，占 25.8%；300～350m² 的有 8 户，占 25.8%；350m² 以上的有 5 户，占 16.1%。

图 2 受影响的农村居民房屋

2.7 受影响人口

本项目征地拆迁影响主要为集体土地征收及农村居民房屋拆迁，项目影响人口情况详见表 8。

表 8 项目受影响人口一览表

影 响 类 别		XY 村
直接受影响人口	只受土地征收影响的户数（户）	50
	只受土地征收影响的人口（人）	204
	只受房屋拆迁影响的户数（户）	22
	只受房屋拆迁影响的人口（人）	89
	受征地、拆迁双重影响的户数（户）	9
	受征地、拆迁双重影响的人口（人）	33
	直接受影响户数小计（户）	81
	直接受影响人口小计（人）	326

2.8 脆弱群体

社会经济调查表明，本项目拆迁涉及残疾人 1 户，家庭人口 4 人，征地拆迁部门将根据《关于调整 JD 市农村困难群众住房救助标准的通知》（××办函〔2009〕102 号）文件对其进行帮助，予以妥善安置。

本项目征地拆迁没有涉及少数民族、贫困家庭等脆弱群体。

2.9 受影响地面附着物及设施

项目影响各类地面附着物及设施共 10 类，包括电线杆、水渠、通讯电缆等。详见表 9。

表 9 项目影响地面附着物及设施情况表

项　　目	单　　位	数　　量
通讯电缆	m	800
草莓大棚	m²	400
灌溉水渠	m	150
10kV 电杆	根	6
380V 电杆	根	10
大树	棵	30
小树	棵	80
电线杆	根	4
变压器	个	1
路面恢复	m²	120

3 项目影响区社会经济状况调查

为了解项目影响区社会经济情况，2009 年 9 月，HH 工程咨询公司调查组对项目影响区的社会经济及移民安置方案进行了调查。另外，对受影响居民家庭的社会经济状况进行了抽样调查，调查采用问卷和访谈相结合的方式。抽样调查涉及受项目直接影响的农村居民家庭 13 户（占总影响户数的 16%）。

3.1 受影响乡镇、街道及村庄的社会经济调查结果

本项目污水处理厂二期厂址位于 JD 市 YX 区开发区东部，区域所属 XY 镇 XY 村。项目土地征收和房屋拆迁影响 XY 行政村 XS 自然村。

XY 镇由 11 个行政村组成。常住人口 8494 户，26218 万人，其中非农业人口 1094 人。2007 年实现 GDP 59635 万元，其中第一产业为 19769 万元，第二产业为 29897 万元，第三产业为 9969 万元。2007 年，XY 镇工业总产值为 136428 万元，增幅 34.5%。地方及财政收入 670 万元，农民人均收入 6358 元。

XY 村总户数 767 户，人口 2514 人。全村共有劳动力 1700 人，其中在企业工作的有 985 人，占总劳动力的 57.9%；外出打工为 235 人，占总劳动力的 13.8%；从事个体经营为 108 人，占总劳动力的 6.4%；从事农业生产为 372 人，占总劳动力 21.9%。全村 2007 年人均收入 7651 元，村级特色农产品主要有柑橘种植和大棚草莓种植。

XS 自然村总户数 287 户，人口 878 人。全村共有劳动力 632 人，其中在企业工作的有 283 人，占总劳动力的 44.8%；外出打工为 165 人，占总劳动力的 26.1%；从事个体经营为 18 人，占总劳动力的 2.8%；从事农业生产为 166 人，占总劳动力 26.3%。全村 2007 年人均收入为 7340 元，特色产业为草莓种植。

表 10   受影响村社会经济基本情况

主 要 指 标		受 影 响 村	
		XY 村	XS 自然村
人口	总户数（户）	767	287
	总人口（人）	2514	878
	男性（人）	1536	581
	农业人口（人）	2145	792
	非农业人口（人）	369	86
劳动力	总劳动力（人）	1700	632
	在企业工作（人）	985	283
	外出打工（人）	235	165
	从事个体（人）	108	18
	从事农业（人）	372	166
土地	耕地面积（亩）	1262	173
	水稻单产（公斤/亩）	480	500
	园地（亩）	628	155
	林地（亩）	5990	1606
	水面（亩）	10	6
农民纯收入	农民人均纯收入	7651	7340

3.2   受影响农村居民家庭基本情况抽样调查结果

本次家庭人口共调查 XY 镇 XY 村 13 户 48 人，全部为农业人口。其中，妇女人口 28 人，占人口总数的 58.3%；劳动力 28 人，占人口总数的 58.3%。

3.2.1   人口年龄分布情况

在调查的 13 户，48 人中，0~16 岁的人口为 6 人，占 12.5%；16~40 岁的人口为 25 人，占 52.1%；40~60 岁的人口为 14 人，占 29.2%；60 岁的以上人口为 3 人，占 6.3%；被调查人口的年龄分布情况详见图 3。

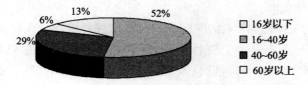

图 3   被调查人口的年龄分布图

3.2.2   文化程度

在调查的 13 户，48 人中，不识字和识字很少的人有 2 人，占 4.2%；小学文化水平的人有 8 人，占 16.7%；初中文化水平的人有 22 人，占 45.8%；高中文化水平的有 13 人，占 27.1%；专科及以上学历的人有 3 人，占 6.3%。被调查人的文化程度详见图 4。

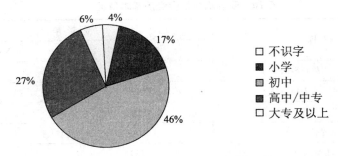

图4 被调查人的文化程度情况图

3.2.3 生产资源情况

在本次调查的13户，48人中，人均耕地面积0.59亩。种植作物以水稻为主。

3.2.4 房屋建筑面积

在本次调查的13户中，房屋总建筑面积为4186m²，户均住房面积为322m²。主要为砖混结构楼房。

3.2.5 劳动力就业结构

在调查的13户，48人中，共有劳动力34人，其中在企业工作的有18人，占总劳动力的62.5%；外出打工5人，占总劳动力的27.1%；从事个体经营的人口为2人，占总劳动力的6.3%；从事农业生产9人，占总劳动力的4.2%。被调查的劳动力就业结构详见图5。

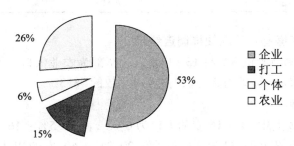

图5 劳动力就业结构图

3.2.6 家庭年收入与支出

通过对被调查的13户，48人的家庭收入与支出进行统计。在收入方面，家庭人均总收入为8980.1元/人。其中，工资性收入为3770.8元/人，占42%；外出打工收入1679.2元/人，占18.7%；个体经营收入1937.5元/人，占21.6%；农业收入974元/人，占10.8%；其他收入618.7元/人，占6.9%。

在支出方面，家庭人均年支出为4472.8元/人，其中电费为689.6元/人，占15.4%；生活水费为43.4元/人，占1%；通讯费为279.6元/人，占6.3%；孩子上学费用为552.1元/人，占12.3%；医疗费为149元/人，占3.3%；购买生活副食品费用为1741.7元/人，占38.9%；购买家电家具等支出为79.2元/人，占1.8%；其他支出为468.8元/人，占10.5%。

被调查户家庭收入支出见表11。

表11　农村被调查家庭年收入与支出结构

项　目		总额（元）	人均（元/人）	结构比例（%）
家庭年收入	企事业工资收入	181000	3770.8	42.0
	外出打工收入	80600	1679.2	18.7
	个体经营收入	93000	1937.5	21.6
	从事农业收入	46750	974.0	10.8
	其他收入	29696	618.7	6.9
	年收入合计	431046	8980.1	100.0
家庭年支出	农业性支出	7350	153.1	3.4
	电费	33100	689.6	15.4
	生活水费	2085	43.4	1.0
	通讯费	13420	279.6	6.3
	孩子上学费用	26500	552.1	12.3
	医疗费	7150	149.0	3.3
	社会保险费	15190	316.5	7.1
	购买生活副食品	83600	1741.7	38.9
	购买家电家具等支出	3800	79.2	1.8
	其他支出	22500	468.8	10.5
	年支出合计	214695	4472.8	100.0
家庭储蓄		216351	4507.3	—

从上述抽样调查结果来看，项目影响区的社会经济发展水平较高，非农产业发达。受影响村劳动力大部分在非农产业就业（仅4.2%的劳动力从事农业生产，而且是大龄劳动力）。受影响村虽然都是农业户口，但是农业收入已不是他们的主要经济来源（仅占总收入的3.4%左右），土地征收对受影响户的生计及收入影响不大。

4　法律与政策框架

4.1　移民安置主要依据的法律和政策

4.1.1　国家法律法规

1.《中华人民共和国土地管理法》（1999年1月1日起执行，2004年8月28日修订）。

2.《中华人民共和国土地管理法实施条例》（1999年1月1日起执行）。

3.《国务院关于深化改革严格土地管理的决定》（国发〔2004〕28号）。

4.《关于完善征地补偿安置制度的指导意见》（国土资发〔2004〕238号）（2004年11月3日起执行）。

4.1.2　地方法规与政策

1.《Z省实施〈中华人民共和国土地管理法〉办法》（2000年6月1日起执行）。

2.《Z省城市房屋拆迁管理条例》（2007年3月29日修订）。

3.《JD市被征地农民基本养老保障实施细则》（××〔2007〕68号）。

4. 《关于印发〈城东新区征用集体所有土地房屋拆迁安置暂行规定〉的通知》（××函〔2005〕60号）。

5. 《关于公布JD市征地综合补偿标准的通知》（××函〔2009〕29号）。

6. 《关于调整JD市农村困难群众住房救助标准的通知》（××办函〔2009〕102号）。

4.1.3 世界银行政策

世界银行业务政策OP4.12《非自愿移民》及其附件（2002年1月1日起执行）。

4.2 本项目移民安置政策

本项目执行的移民安置政策是依据中华人民共和国、Z省人民政府、JD人民政府和世界银行有关移民安置政策制定的。

就本项目而言，未得到世界银行的认可，有关政策规定及享受权益的资格认定标准、财产估价标准及补偿标准不得有任何变动。

按照现有的设计方案，项目影响主要为土地征用、房屋拆迁等。项目涉及的影响适用于以下政策。

4.2.1 集体土地征收补偿与劳动力安置政策

征收集体土地补偿政策：

1. 被征收土地的，按照被征收土地的原用途给予补偿。征收土地的补偿费用包括土地补偿费、安置补助费以及地上附着物和青苗的补偿费。

2. 征收耕地的土地补偿标准根据地类按照JD市征地综合补偿标准（即土地补偿费及安置补助费）执行。土地征收涉及区域为XY镇，区片级别为三级。耕地补偿标准为4.60万元/亩，园地为2.2万元/亩，林地为1.2万元/亩。

3. 水田（旱地）一般青苗补偿费为1000元/亩。成片（指面积在0.5亩以上）种植大棚蔬菜、草莓等经济作物的，青苗补偿费为3000元/亩；成片种植果、茶（含油茶）、桑树及毛竹园的，按4000元/亩补偿；林地按2000元/亩补偿；种植名贵经济作物的，按实际估价补偿。

移民劳动力安置政策：

根据JD市移民安置相关政策，移民劳动力安置主要采用货币安置及养老保障安置等方式。

1. 征地补偿费（包括土地补偿及安置补助费）将全部支付给受影响户。受影响户在获得征地补偿款后，根据自己的意愿参加失地农民保障或其他社会保障（如农村社会养老保险）。地上附着物及青苗补偿费归地上附着物及青苗的所有者所有。村内道路征地补偿费由村集体负责统一管理，用于集体公益事业建设。

2. 集体土地被征收和使用后，经区级以上国土资源管理部门批准，被征地农民可以参加养老保险。在交足养老保障费后，男性满60周岁、女性满50周岁的人员可享受养老金。被征地人员养老保障基金按照个人、政府共同负担的原则筹集。缴费标准选择为25000元的，政府补助标准为8000元，个人缴费标准为17000元；缴费标准选择14000元的，政府补助标准为5000元，个人缴费标准为9000元；个人无能力出资参保的享受JD市最低生活保障待遇的对象或持《JD市困难家庭救助证》的对象，政府补助标准为3000元；由参保对象自愿选择确定。

3．政府建立完善的劳动服务体系为受影响村民提供帮助，如免费开放人才就业市场，进行职业技术培训等，为移民的就业提供各种渠道的帮助。

4.2.2 国有土地永久占用补偿政策

根据有关法规的规定，本项目永久占用的国有土地为无偿划拨，由国土资源局直接划拨建设用地。

4.2.3 农村住宅房屋拆迁补偿及安置政策

补偿安置政策：

本项目对于拆迁居民房屋的补偿安置政策采取货币安置，产权调换或迁建安置，一户只能选择一种安置方式。移民还将获得搬家补贴费、临时过渡费、奖励费等。移民可以根据自己的经济状况和个性化需求选择不同的安置方式。

货币安置。指拆迁人根据被拆迁房屋的重置价进行货币补偿，由被拆迁人自行解决安置房屋的安置方式。

1．农村住宅房屋：选择货币安置的，可以获得宅基地补偿及房屋重置价补偿：

（1）被拆迁房屋按照房屋重置价结合成新给予补偿；

（2）对被拆迁房屋合法的建筑占地面积参照当地耕地补偿标准给予补偿。

2．非住宅用房：原则采用货币安置。

迁建安置。指拆迁人按照被拆迁房屋重置价结合成新对被拆迁人予以货币补偿，并按照有关规定办理建房手续，在规定的地点由被拆迁人自行建房的安置方式。

1．迁建安置点实行统一规划、统一设计、统一配套、统一监管。

2．实行迁建安置的，安排房屋宅基地面积根据被拆迁户可安置人口数，划分为三个标准执行：

（1）1~3人户，安排房屋宅基地面积不超过 $90m^2$；

（2）4~5人户，安排房屋宅基地面积不超过 $110m^2$；

（3）6人以上户，安排房屋宅基地面积不超过 $120m^2$。

3．当地镇政府与拆迁人负责落实迁建安置地的规划和配套设施。

4．被拆迁房屋建筑占地面积不足或超过房屋建筑占地面积的，参照耕地补偿标准进行差额计算。

产权调换安置。指拆迁人提供安置房，并按照被拆迁房屋的重置价与安置房重置价结算差价的安置方式。

1．拆迁安置点按照统一规划、统一设计、统一建设、统一配套的原则进行。

2．安置的住宅面积一般不小于被拆迁房屋的合法建筑面积。

3．对于被拆迁人所选择的安置房超过其原有建筑面积的，超出面积按照市场价支付；少于原有房屋建筑面积的，差额部分采用货币补偿的形式支付权益人。

4．对于不能足额支付房屋差价的残疾人口、贫困人口等弱势群体家庭，按照弱势群体安置政策进行补助。

搬迁中的补助政策：

（1）搬家补贴费：按照200元/人的标准发放；只有1个人口的按2人计。

（2）临时过渡补贴费：迁建安置的过渡期限为至地基交付后6个月止；产权调换安

置的以安置房交付止；超过过渡期限的按双倍计；货币安置的一次性支付 3 个月临时过渡费；计费标准为 80 元/人·月。

4.2.4 弱势群体安置政策

据调查，本项目征地拆迁涉及农村低保户 1 户共 4 人。根据 JD 市农村困难群众住房救助相关政策：新建建筑面积以救助对象实际在册户籍人口数计算，1 人户一般不超过 40 平方米，每增加 1 人可增加 20 平方米，每户原则上不超过 100 平方米。修缮的，按现有住房面积进行。置换、租用的面积，按上述标准掌握。资金救助新建的按 320 元/平方米救助；置换的按 160 元/平方米救助；修缮的按实际工程量的 70% 救助，最高不超过 80 元/平方米；其中第一类救助对象中持有《JD 市特困残疾人基本生活补助金领取证》的按 1.1 的系数救助。资金筹措住房救助所需资金以市和乡镇财政预算安排为主，实行"个人出一点、集体助一点、政府补一点"的办法筹措。市财政设立专项资金，每年列入财政综合预算，市、镇乡（街道办事处）两级财政分别按 85% 与 15% 比例承担；村集体根据自身条件，可出资、出物或投工予以帮助。

4.2.5 受影响地面附着物补偿政策

受影响的地面附着物由项目单位给产权人补偿后，由产权人恢复重建或迁建。纳入工程项目的部分，由项目单位负责恢复。

5 补偿标准

根据法律框架的规定，结合 JD 市社会经济发展实际情况，制订本项目各类影响补偿标准。

5.1 征收农村集体土地补偿标准

根据《中华人民共和国土地管理法》及《Z 省实施〈中华人民共和国土地管理法〉条例》，依据《关于公布 JD 市征地综合补偿标准的通知》（××函〔2009〕29 号）的有关 XY 镇 XY 村区片界别为三级的规定，结合 JD 市和 XY 镇政府提供的资料与实地调查，经与被征地村村委会协商，确定土地征用补偿标准。征用土地的详细补偿标准见表 12。

表 12 永久征地补偿标准

土地类别	区片级别	综合补偿标准（万元/亩）	青苗费
耕地	三级	4.6	水田（旱地）一般青苗补偿费为 100 元/亩；成片种植大棚蔬菜、草莓等经济作物的为 3000 元/亩；成片种植茶、桑树、毛竹园的为 4000 元/亩
其他园地	三级	2.2	
林地	—	0.2	—
名贵经济作物	—	按照实际估价补偿	—

注：1）征地综合补偿标准包括土地补偿费、安置补助费（含自谋职业费）。

2）其他园地含果、茶、桑、竹园。

5.2 占用国有土地补偿

根据有关法规的规定，本项目永久占用的国有土地实行无偿划拨。

5.3 农村居民房屋院落拆迁补偿标准

集体土地上的住宅房屋补偿实行重置价补偿，补偿标准详见表13。

表13 农村居民房屋院落拆迁补偿标准

项 目	单位	补偿标准（元/单位）	备 注
房屋补偿费			
砖混一级	m²	450	
砖混二级	m²	400	
砖木一级	m²	350	不含宅基地补偿
砖木二级	m²	300	
泥木一级	m²	200	
泥木二级	m²	170	
泥木三级	m²	80	
附属物补偿			
化粪池	m³	150	
泥厕所	座	200	
砖厕所	座	300	
水井	口	600	
10cm 以下水泥地坪	m²	12	
10cm 以上水泥地坪	m²	20	
砖围墙	m²	78	
泥围墙	m²	30	
洗衣池	组	60	
固定电话	门	300	
路面恢复	m²	200	
其他补偿费			
过渡补贴费	元/人·月	80	迁建安置的过渡期限为至地基交付后6个月止；产权调换安置的以安置房交付止；超过过渡期限的按双倍计；货币安置的一次性支付3个月临时过渡费
搬家补贴费	元/人	200	只有1个人口的按2人计

注：该标准为房屋重置价标准，不含宅基地费用。若受影响户选择货币安置，仍可获得宅基地补偿费。

5.4 地面附着物补偿标准

项目影响各类地面附着物补偿标准详见表14。

表 14   项目影响地面附着物补偿标准

项　　目	单位	补偿标准（元/单位）
通讯电缆	m	3000
草莓大棚	m²	1000
灌溉水渠	m	700
10kV 电杆	根	800
380V 电杆	根	500
大树（直径大于 10 厘米）	株	20
大树（直径小于 10 厘米）	株	10
小树	株	5
零星竹类（毛竹）	棵	25
零星竹类（菜竹、淡竹）	株	10
零星果树（2～3 年）	株	20
零星果树（3 年以上）	株	100

5.5   其他费用标准

项目移民安置其他费用标准详见表 15。

表 15   项目移民安置其他费用标准

序号	项目	取费标准	依据	接受对象
1	耕地占用税	20010 元/亩	《中华人民共和国耕地占用税暂行条例实施细则》（中华人民共和国财政部、国家税务总局令〔2008〕第 49 号）	JD 市财政局
2	耕地开垦费	35 元/m²	《Z 省人民政府关于调整耕地开垦费征收标准等有关问题的通知》（××发〔2008〕39 号）	JD 市预算外资金财政专户
3	新增建设用地有偿使用费	20 元/m²	《关于调整新增建设用地土地有偿使用费政策等问题的通知》（×综〔2006〕48 号）	JD 市预算外资金财政专户
4	征地管理费	征地费用总额的 4%	—	—
5	勘测设计科研费	征地费用总额的 1%	—	—
6	实施管理费	征地费用总额的 2%	—	—
7	技术培训费	征地费用总额的 1%	—	—
8	外部监测评估费	征地费用总额的 1%	—	—
9	内部监测费	征地费用总额的 0.5%	—	—
10	不可预见费	征地费用总额的 10%	—	—

6 移民生产与生活恢复方案

6.1 移民安置目标

确保移民能够得到他们全部损失的补偿，合理安置与良好恢复使他们能分享项目的效益，并对他们暂时性的困难给予补助，使他们的收入水平和生活标准及企业的生产、获利能力能得到提高或至少使其真正恢复到搬迁前或项目开始前的较高水平。

6.2 移民安置原则

6.2.1 尽力减少移民原则

优化项目设计，以尽可能地减少项目的受影响范围，使移民减至最少。

6.2.2 等价补偿原则

为确保移民的生活水平不因项目而下降，将实行等价补偿原则。它包括两个方面：一是财产按重置成本补偿，二是其他损失则是按对等补偿，即移民损失多少、补偿多少。

1. 农业土地被征收时，所有损失将得到合理的补偿，所获补偿将支付受影响户，不可挪作他用。受影响户获得补偿后，可参加失地农民养老保障，以保证移民的生活水平不受影响。

2. 移民家庭将获得与其原居住场所在交通、各种配套设施以及周边环境等至少相当的安置房或取得与其原房屋价值相当的补偿。

3. 公共设施将全面得到恢复，其功能至少不低于原有的水平，以保持项目建设范围周边未搬迁人的正常生活。

6.2.3 关注重点原则

1. 项目将关注弱势群体（无成年子女同住的老人、寡妇、单亲家庭、残疾人、慢性病人及贫困家庭），在搬迁时，将给予优惠政策，如住房、就业等方面的合理照顾。在搬迁后也将进行定期的回访，对其特殊的困难给予帮助，直至移交给当地的民政部门为止。

2. 项目将策划开发性的搬迁，调动当地政府的力量做好移民就业培训并尽可能创造就业机会，使移民能在短期内适应安置点的新环境，并在经济上自力更生，及时将移民安置的责任从安置机构转交给移民本身。

3. 项目将力求移民安置成本效益最大化，努力提高移民安置机构的移民安置工作能力，规范移民安置工作行为，建立完善的内部控制机制，防止资金的浪费、截留、舞弊与腐败，以尽可能使用好移民安置资金，达到最好的安置效果。

6.3 永久用地补偿安置

6.3.1 土地征收影响分析

XAJ污水处理厂厂址永久征用XY镇XY村集体土地共55.2亩，其中耕地45.75亩，影响59户，人口237人。其中，11户（19%）失去土地的比例超过50%。同时项目区社会经济发展水平较高，非农产业发达。受影响村劳动力除大部分在非农产业就业，也有较多的从事农业生产的劳动力出外租地进行草莓种植。因此，受影响村虽然都是农业户口，但是农业收入已不是他们的主要经济来源，土地征收对受影响户收入影响不大。

6.3.2 安置方案

项目影响区从事农业劳动的劳动力较少，因此本项目征地影响的劳动力目前基本上已解决就业问题。同时，XY镇和XY村每年都会进行草莓种植等技能培训，为农户提供就业信息和就业机会，对于征地影响的劳动力就业形成了有力的促进。

征地补偿费（包括土地补偿及安置补助费）将全部支付给受影响户。受影响户在获得征地补偿款后，根据自己意愿参加失地农民保障或其他社会保障（如农村社会养老保险）。地上附着物及青苗补偿费归地上附着物及青苗的所有者所有。

集体土地被征收和使用后，经区级以上国土资源管理部门批准，土地被征用后可以参加养老保险。在交足养老保障费后，男性满60周岁、女性满50周岁后的人员享受养老保险金。被征地人员养老保障基金按照个人、政府共同负担的原则筹集。缴费标准选择为25000元的，政府补助标准为8000元，个人缴费标准为17000元；缴费标准选择14000元的，政府补助标准为5000元，个人缴费标准为9000元；个人无能力出资参保的享受JD市最低生活保障待遇的对象或持《JD市困难家庭救助证》的对象，政府补助标准为3000元；由参保对象自愿选择确定。同时，该待遇标准将随着经济发展水平作相应的调整提高。被征地人员养老保障基金按照个人、集体、政府三方共同负担的原则筹集。

参保对象到达享受待遇年龄（男满60周岁，女满50周岁）或参保时已达到或超过享受待遇年龄的，从办理享受待遇手续的次月起按月享受基本养老保障金。待遇标准按个人缴费档次的高低分别为每月250元、140元。个人无能力出资参保的对象，从办理享受待遇手续的次月起按月发给30元的生活补助费。

本项目受影响人将根据自己意愿参加失地农民社会保障。本项目共征用耕地农户承包土地45.75亩，按照JD市征地区片价第3级标准，受征地影响59户237人除青苗补偿费外将获得征地补偿费合计210.45万元，人均约0.9万元。对应上述标准，受影响人可以承受第二类社保标准。根据抽样调查13户显示，有10户（77%）愿意参加失地农民社会保障，并且他们表示，他们不仅要参加失地农民社会保险，而且其中的6户表示在利用土地补偿费参保的基础上，自己可能还要利用家庭储蓄购买第一类社会保障，即缴纳17000元。有3户不愿意参加社会保险，问其原因主要是觉得保障水平低，并且其中2户已经准备购买商业养老保险。因为商业养老保险虽然没有政府补贴，但参保程序相对灵活；还有1户准备进城买房，参加城镇职工养老保险。

调研还发现，村集体和部分农户已经准备通过农业结构调整的方式来消除征地带来的耕地面积下降的影响。如XY村有种植草莓的特色和技术优势，部分农户已经准备将征收后的剩余耕地转变为园地，种植草莓，这样虽然总面积减少了，但收入却并没有因此下降。因为当地种植农作物的每亩纯收入约为800元，而在正常年景下，种植草莓的每亩纯收入约为8000元。

另外，政府建立完善的劳动服务体系为受影响村民提供帮助。在征地开始前组织建立相关的移民劳动服务机构，为移民的就业提供各种渠道的帮助，如免费开放人才就业市场，免费的职业技术培训等。

6.4 农村居民房屋拆迁安置

对于环境保护线范围内的农村居民房屋，按照环保要求，共需拆迁农村居民房屋面积8360.5m²，；影响户数31户，影响人口122人。实施时，将根据居民的意愿进行拆迁。

对于采用非货币安置的被拆迁居民，房屋的补偿安置政策可以选择迁建安置或统建安置。移民还将获得搬家补贴费、临时过渡费、奖励费等。对于装有电话、有线电视等设施的迁移，迁移费按各部门的实际标准给被拆迁户补偿。

本项目为受影响拆迁户划定了集中安置点，安置地安排在城东新区创业路东侧，见图6，目前此地块已收储，面积约40亩，场地平整，交通便利，环境优美，可安置拆迁居民。

图6　集中安置点

安置点建设按照统一规划、统一管理的原则，在安置房建设前，征迁单位将做好场地整理工作，并配备完善的公共基础设施。

拆迁户可以选择迁建安置，领取补偿金后自行在分配的安置地上建房：村集体划定宅基地后，村民抓阄确定各户宅基地位置，然后自行建房。被拆迁房屋建筑占地面积不足或超过房屋建筑占地面积的，按耕地补偿标准进行差额计算；也可以选择房屋统建，拆迁户购买的方式安置：根据JD市的有关规定，根据所选择的户型，设置一定的标准，在标准之内的，房屋按照统建成本价交付受影响户，超出标准的面积按照市场价出售。

调研发现，目前村集体和村民基本上同意采用两种安置方式组合实施。在受调研的13户中，有7户希望迁建安置，6户希望统建安置。根据项目建设计划，统建房屋将在2010年6月开始场地平整和建设，最迟将在2010年12月份完工。

6.5　移民培训及项目用工

为了确保受影响人可以得到可持续的收入恢复，JD市项目办与JD市社会保障部门将定期提供免费的职业技能培训，包括草莓种植、劳务输出等。项目技术培训计划详见表16。

表16　移民培训计划表

序号	时间	地点	培训方式	培训对象	培训时间（天）	培训内容
1	2010年5月	XY镇政府	专家授课	受影响人	3	草莓种植技术
2	2010年12月	市社保局	技校培训	受影响人	2	电焊、电脑等技术
3	2011年6月	XY镇政府	专家授课	受影响人	3	草莓种植技术
4	其他不定期技术指导			受影响人		待定

项目建设和运行阶段将产生45个临时用工机会（其中约40个在项目建设阶段，约5个在项目运行阶段，且20个用工机会只要求非熟练工）。在项目的建设阶段，需要建筑工

程类和其他工作人员；在项目运行阶段，工作主要来自操作和维护工程设施及其他工作（小时工，保安，清洁工等）等岗位。

建议政府相关机构加强与 YA 经济开发区及入园企业的沟通协调，使企业在同等条件下能够优先录用项目受影响人，使其获得相应的非农收入，促进受影响人收入水平的恢复。

6.6　弱势群体及妇女权益保障

本项目涉及的弱势群体为低保户 1 户共 4 人。对其安置措施主要是将其纳入 JD 市社会保障体系进行管理，使他每月获得的基本生活费，保障其生活稳定。在其房屋拆迁置换时，除获得经评估的房屋补偿费外，按照 JD 市农村困难群众住房救助相关政策，在 40 平方米内，每平方米由政府补助 160 元。村集体再根据自身条件，出资、出物或投工进行帮助。

在本项目中，妇女将通过信息公开和村集体会议充分参与移民安置活动；她们在得到补偿、项目用工及参加培训上拥有与男性同等的权利。另外，下列措施的实施将帮助妇女恢复收入：

1. 项目建设过程中，确保一定数量的妇女（至少 10% 的无技能的劳动力）获得的项目非技术用工的机会，如后勤服务等。另外，如果工作相同，女性将和男性一样获得相同的报酬。

2. 在技术培训方面，优先提供给受影响妇女劳动力，以保证其经济地位不会受到损害。

3. 项目运行过程中，优先提供保洁、绿化等岗位给受项目影响的妇女，确保其收入恢复。

4. 受影响妇女可跟男性一样获得在安置过程中可获得相关信息，并且可以参与到公众咨询和移民安置中。补偿协议必须由夫妻双方签字。

6.7　受影响的基础设施和地面附着物

受影响的基础设施和地面附着物由项目单位给产权单位补偿后，由产权单位恢复重建。

对被拆迁设施的恢复措施，必须预先计划布置，在实际操作中要根据现场情况因地制宜，做到安全、高效、及时、准确无误，尽量减少对附近群众造成不利影响。

对受影响的市政公用设施，拆迁人根据本项目施工图进行拆迁，以不影响工程施工为原则，尽量减少迁移。对受影响管道线路的迁移，拆迁人在保证不影响沿线居民（包括无需搬迁的居民）的正常生活前提下，实行先重建（或迁移）后拆除。

7　公众参与

7.1　公众参与战略

《中华人民共和国土地管理法》（2004）① 及《征用土地公告办法》② 中关于征地补偿公告的内容、程序、步骤进行了较为明确、细致的规定；同时，对解决争议的仲裁程序、

---

① 参见第 16 条、46 条、48 条及第 49 条相关内容。
② 见第 3 条、第 4 条、第 7 条、第 10 条及第 15 条相关内容。

方法进行了较为明确的规定，在一定程度上为移民参与相关活动、决策提供了保证。

依据国家、Z省及JD市有关征地拆迁安置政策和法规，为维护移民和被拆迁单位的合法权益，减少不满和争议，针对项目的建设性质，进一步制定好项目的征地拆迁安置有关政策和实施细则，编制好移民行动计划，做好实施组织工作，以实现妥善安置移民的目标，本项目在移民安置政策制定、计划编制和实施阶段，都十分重视移民参与和协商，广泛听取他（她）们的意见。

在项目准备阶段，JD市世行贷款项目领导小组和XAJ城东污水处理厂二期项目征迁工作小组多次征求JD市人大、政协、群众团体、项目区被征地拆迁居民等对项目移民安置工作的建议和意见。

环境评价报告和可行性研究报告公开。2009年11月，城东污水处理厂二期工程建设环评报告和可行性研究报告将进行公开，并将主要信息在项目影响地区进行宣传。

移民行动计划公开。移民行动计划将在2009年12月于世行网站、Z省住房与城乡建设厅及JD市政府网上公开，并在当地主要报纸发布公告，让移民和非政府组织能够查阅。移民行动计划中的主要部分编写成移民信息手册，在项目评估后和搬迁前将移民信息手册发放到移民手中。移民信息手册的主要内容有：项目概况、项目影响、补偿政策、实施机构、申诉渠道等。详见表17。

表17　项目（城东二期）准备期间的参与表

日期	组织者	参与者	人数	目的	主要意见/内容
2009年6月	项目办、XY镇政府、污水处理厂	受影响人、村干部、工程技术人员	50	项目可研、现场查看、项目影响初步调查	（1）介绍项目的背景及目的 （2）项目选址尽量减少耕地 （3）道路的选线尽量减少移民影响
2009年8~9月	项目办、XY镇政府、污水处理厂	相关政府部分及村民代表	100	移民行动计划准备、移民影响社会经济调查	（1）协助项目影响调查 （2）村民代表强烈地表达了项目的必要 （3）社会经济调查及移民户调查
2009年11月	项目办、XY镇政府	受影响人、村	300	公布移民行动计划或信息册	公布补偿标准、申诉渠道等
2009年12月	世行网站			公布移民行动计划初稿	

7.2　公众意见调查

2009年9月，在对项目影响区的社会经济及移民安置方案进行了补充调查时，Z省世行贷款Q江流域小城镇环境综合整治项目领导小组以及JD市世行贷款项目领导小组组织了公众意见及建议调查。共计调查13户，其中受征地影响的占77%，受征地和房屋拆迁双重影响的占23%。调查结果详见表18。

表 18　公众意见调查统计

问　　题	选　　项	结果（%）				
		（1）	（2）	（3）	（4）	（5）
您是否清楚本项目建设的情况？	1）清楚 2）不太清楚 3）不清楚	62	38			
您赞成修建该项目吗？	1）赞成 2）不赞成 3）不好说	69	23	8		
您认为项目建设可能带来的好处是：（允许多项选择）	1）改善居住环境 2）改善经营环境 3）解决饮水问题 4）增加就业机会及收入 5）其他	62	15		15	
您认为该项目建设可能带来的不利之处是：（允许多项选择）	1）生活受到影响 2）工作或生产受到影响 3）人地关系更加紧张 4）收入降低 5）其他	62	15	46	31	
您是否了解目前本县征地或拆迁补偿政策？	1）了解 2）有一点了解 3）不了解	15	46	38		
您对项目工程建设有何看法和建议？	1）尽量减少拆迁量 2）尽量减少征地数量 3）尽可能雇佣当地劳动力 4）尽可能采用当地的原材料 5）其他	46	54	69	69	
您对土地补偿费以及安置补助费使用有何要求？（受征地影响户填写）	1）全部分给受影响户，不调田，自谋职业 2）土地补偿费留在村集体，安置补助费分配给受影响户，参加失地农民社会保障 3）全部集体掌握使用资金，进行村内土地调整 4）安置补助费给予受影响的家庭，土地补偿费用于集体发展企业，不进行土地调整 5）其他	85			8	8
土地征收后，你是否愿意参加失地农民社会保障？	1）是 2）否	92	8			

326

问 题	选 项	结果（%）				
		（1）	（2）	（3）	（4）	（5）
如果愿意，且需要你交纳部分保障费用，你愿意缴纳的费用是：	1）小于 5000 元 2）5001～10000 元 3）10001～20000 元 4）20001 元以上	38	8	46		
如果不愿意，主要原因是：	1）自己出资费用太高 2）保障的水平太低 3）较长时间后才能享受 4）其他（请列出）			8		
你家的房屋要被拆除，你希望的安置方式是什么？（受拆迁影响户填写）	1）本村后靠，统一安排宅基地重建 2）给予现金补偿，外迁自己购买商品房 3）提供还建房屋 4）其他	8			15	

7.3 公众参与过程及政策公开计划

为了恰当及时地处理受影响户在征地拆迁安置上的问题与要求，需要同受影响人进行进一步的协商与征询意见，使所有问题都能在移民行动计划实施前得到解决。移民安置实施机构将合理安排公众参与会议，使每个受影响户都能得到机会在与移民安置实施机构签订拆迁补偿协议前就补偿协议事宜进行协商。受影响人的公众参与过程计划和政策公开过程见表 19、表 20。

表 19 受影响人的公众参与过程计划

时间	地点	参与人员	内容	备注
2009 年 9 月	XY 村	JD 市世行贷款项目领导小组、XY 镇征迁办、调查机构工作人员、受影响人	移民安置社会经济调查、项目影响范围及实物量调查	社会经济调查时的项目影响
2010 年 10 月	XY 村	JD 市世行贷款项目领导小组、XY 镇征迁办、受影响人	补偿与安置政策及安置方案	采用村民会议的形式，对补偿政策的初步协商
2009 年 11 月	XY 村	JD 市世行贷款项目领导小组、XY 镇征迁办、受影响人	确定收入恢复计划及其实施	通过举行村民会议的方式，讨论最终的收入恢复方案及补偿资金的使用方案

时间	地点	参与人员	内容	备注
2010 年 12 月	XY 村	JD 市世行贷款项目领导小组、XY 镇征迁办、受影响人	1）查漏补缺，确认最终的影响量；2）移民被占用的土地及损失的资产明细表；3）准备补偿协议基本合同	
2010 年 1 月	XY 村	JD 市世行贷款项目领导小组、XY 镇征迁办、受影响人	安置房的选择	村民会议协商、讨论
2010 年 ~ 2013 年	XY 村	监测评估单位	1）移民进度及影响；2）补偿支付；3）信息发布；4）生计恢复和房屋重建	村民参与监测评估

表 20 政策公开过程

文件	使用语言与公开方式	公开日期	公开地点
对涉及本项目工程的介绍	中文，市政府网站	2009 年 11 月	
项目征地拆迁信息的一般介绍	中文，市政府网站	2009 年 12 月	
征地、房屋拆迁政策	中文，市政府网站	2009 年 12 月	
公开移民行动计划的通知	中文	世行审查通过后	XY 镇及受影响村
移民行动信息手册	中文，发放到移民手中	世行审查通过后	XY 镇及受影响村
移民行动计划报告	中文，英文	世行审查通过后	XY 镇及受影响村

8 申诉程序

在本项目移民行动计划编制和实施过程中，将始终重视移民和被拆迁单位的参与，建立申诉机制。移民申诉程序如下：

阶段1：如果移民对移民安置感到不满，他们可以向村委会、XY镇征地拆迁办公室或国土资源局提出口头或书面申诉；如果是口头申诉，则要由村委会、XY镇征地拆迁办公室或国土资源局做出处理并书面记录。村委会、XY镇征地拆迁办公室或国土资源局应在2周内做出处理决定。

阶段2：移民若对阶段1的决定仍不满意，可以在收到决定后向JD市世行贷款项目领导小组办公室提出申诉，应在2周内做出处理决定。

阶段3：移民若对阶段2的**处理决定**仍不满意，可以在收到决定后向JD市项目领导小组提出申诉；JD市世行项目领导小组应在2周内做出处理决定。

阶段4：移民若对阶段3的**处理决定**仍不满意，在收到决定后，可以根据民事诉讼法，向民事法庭起诉。

各机构将免费接受受影响人口的抱怨和申诉，由此发生的合理费用将由项目征迁办的项目不可预见费中支付。受影响人员的申诉途径见图7。

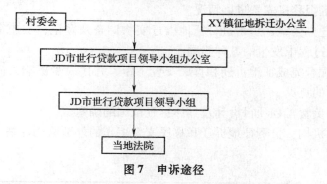

图7　申诉途径

在整个项目建设期间，这些申诉程序一直有效，以保证受影响人员能够利用它们来处理有关问题。

上述申诉途径，将通过公开大会的参与过程和发放的移民信息手册告知移民其提出申诉的权利。同时，抱怨和申诉过程将通过媒体在受影响人口中公布。

9　机构

9.1　移民行动相关机构

为保证本《移民行动计划》顺利实施并达到预期效果，在项目实施过程中，必须设置一套从上到下的组织机构，以便对移民活动加以计划、协调和监测。在项目实施中，对城东污水处理厂工程二期及配套管网工程移民安置活动的计划、管理、实施和监测负责的机构有：

1. Z省世行贷款Q江流域小城镇环境综合整治项目领导小组办公室。
2. JD市世行贷款项目领导小组办公室。
3. JD市国土资源局。
4. JD市劳动与社会保障局。
5. XAJ污水处理厂。
6. XY镇征地拆迁办公室。
7. 征地涉及村民委员会。
8. 设计研究院。
9. 移民独立监测机构。

Z省世行贷款Q江流域小城镇环境综合整治项目领导小组办公室：负责本项目征地、拆迁与移民安置活动的领导、政策制定、移民行动计划审定，定期编制内部监测报告，报世界银行。

JD市世行贷款项目领导小组办公室：负责移民行动计划编制、征地拆迁实施管理、移民资金管理，组织协调以及实施内部监督检查。

JD市国土资源局：负责建设征地手续办理、审查、批准和实施协调、管理、监督、仲裁工作。

JD市劳动与社会保障局：负责办理失地农民社会保障，组织移民进行专业技能培训，提供就业信息及渠道，低收入受影响户的社会救助及发展扶持。

XAJ 污水处理厂：负责按照世行批准的移民行动计划实施征地拆迁和移民工作，并定期向 JD 市项目办汇报移民安置进展情况。

XY 镇征地拆迁办公室：负责进行征地拆迁实物调查及登记；实施征地拆迁工作；协助处理征地、拆迁过程中发生的各种问题。

XY 村：负责配合完成征地拆迁和移民安置工作，并代表受影响人向征迁办反应在其工作过程中所产生的意见。

设计研究院：负责工程项目设计及具体拆迁范围的确定。

移民独立监测机构：负责征地拆迁和移民安置工作的外部监测评估。

9.2 组织机构图

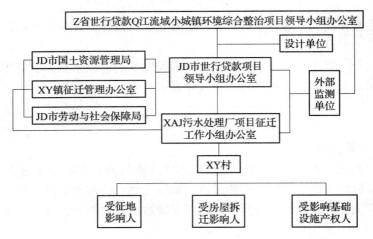

9.3 各移民机构职责

9.3.1 Z 省世行贷款 Q 江流域小城镇环境综合整治项目领导小组办公室

1. 负责项目领导、组织、协调、政策制定，审查移民行动计划，实施内部监督检查，对移民安置过程中的重大问题做出决策。

2. 组织和协调移民行动计划的编制。

3. 执行移民安置计划的政策。

4. 根据项目建设的时间表确定和协调移民安置计划的执行。

5. 检查监测报告。

6. 协调处理实施过程中的矛盾和问题。

7. 组织和实施内部监测，决定外部独立监测机构，协调配合外部监测活动。

8. 定期向世界银行报告征地拆迁进度、资金使用及实施质量等情况。

9.3.2 JD 市世行贷款项目领导小组办公室

1. 协助设计单位界定项目影响范围、调查征地拆迁影响实物数据并负责数据保存。

2. 协助编制《移民行动计划》并负责实施移民安置工作。

3. 负责选派主要移民干部接受业务培训。

4. 组织公众协商，宣传移民安置政策。

5. 指导、协调、监督与征地拆迁安置有关的部门或单位的移民安置实施活动及进度。

6. 实施内部监测活动、编制内部监测报告，并定期向 Z 省城建环保项目办报告。

7. 协助外部监测活动。

9.3.3 JD 市国土资源局

1. 贯彻执行国家有关项目建设用地的政策法规。

2. 参与审查项目征地及附属物的补偿标准。

3. 办理项目土地征用审批手续。

4. 参与社会经济调查。

5. 参与《移民行动计划》的编制和审查。

6. 出具建设项目用地预审报告。

7. 指导、协调、监督项目征地与移民安置实施活动。

8. 协调和处理项目土地征用和划拨实施过程中的矛盾和问题。

9.3.4 JD 市劳动与社会保障局

1. 制定被征地农民养老保障政策。

2. 实施征地影响户养老保障管理。

3. 参与低收入征地影响户的社会救助与发展扶持。

4. 参与指导移民就业工作。

9.3.5 XAJ 污水处理厂

1. 组织社会经济调查。

2. 进行征地拆迁实物登记、调查摸底。

3. 组织公众参与活动。

4. 协商组织移民安置方案，参与编制移民行动计划。

5. 贯彻执行国家有关项目建设用地管理政策法规。

6. 根据政策制定征地安置方案和补偿标准，报有关部门批准。

7. 办理项目土地使用报批手续。

8. 申请土地使用规划许可证和土地使用建设许可证。

9. 参与移民行动计划编制。

10. 实施移民行动计划。

11. 与征地拆迁所在村签订征地拆迁补偿安置协议。

12. 征地拆迁与移民安置活动信息管理。

13. 培训工作人员。

14. 协调处理实施过程中发生的矛盾和问题。

15. 处理拆迁纠纷和上访申诉事件，进行协调和行政仲裁。

16. 处理拆迁中的违法行为，执行行政处罚和其他处理。

17. 向 JD 市世行贷款项目领导小组办公室报告征地拆迁与移民安置情况。

9.3.6 XY 镇征地拆迁办公室

1. 参与社会经济调查。

2. 与被征地拆迁单位协商制定移民安置方案，共同编制移民行动计划。

3. 组织公众参与，宣传移民安置政策。

4. 征地拆迁与移民安置活动信息管理。

5. 指导、协调、监督项目征地拆迁与移民安置实施活动。

6. 协调处理实施过程中发生的矛盾和问题。

9.3.7 XY 村

1. 参与社会经济及项目影响调查。

2. 组织公众协商，宣传征地拆迁政策。

3. 组织实施农业和非农业生产安置等活动。

4. 协调处理征地、拆迁过程中发生的各种问题并向有关上级部门反映移民的意见和建议。

9.3.8 设计研究院

1. 通过优化设计减少工程影响。

2. 确定征地拆迁影响的范围。

9.3.9 外部独立监测评估机构

作为独立的监测机构，观察移民行动计划和实施的各个方面，并向领导小组、Z 省世行贷款 Q 江流域小城镇环境综合整治项目领导小组办公室、世界银行提供移民安置独立监测评估报告。具体负责如下工作：

1. 调查规划区域的社会经济现状。

2. 估计详细的影响及移民生产生活恢复情况。

3. 分析数据。

4. 监测移民安置计划实施的全过程，并向 Z 省世行贷款 Q 江流域小城镇环境综合整治项目领导小组办公室及世行提供监测报告。机构的责任在外部监测评估部分作详细说明。

9.4 机构资历及人员配备

JD 市世行贷款项目领导小组由各行政主管部门的领导干部组成，该小组成员具有丰富的征地拆迁和移民安置方面的工作经验，已组织过 JD 市多项市政工程的征地拆迁与移民安置工作，在征地拆迁和移民安置工作中可以起到很好的组织和协调作用。下设办公室，负责日常事务处理。

移民机构工作人员配备合理，素质较高，专职人员 26 人，高峰时可达 42 人。移民安置机构人员配备详见表 21。

表 21　项目涉及的移民安置机构的人员配备

移民安置机构	专职工作人员（人）	高峰期工作人员总数（人）	人员构成
Z 省世行贷款 Q 江流域小城镇环境综合整治项目领导小组办公室	2	3	政府工作人员
JD 市世行贷款项目领导小组办公室	6	10	工程技术人员

移民安置机构	专职工作 人员 （人）	高峰期工作 人员总数 （人）	人员构成
XAJ 污水处理厂项目征迁工作小组	9	12	政府工作人员、工程技术人员
XY 镇征地拆迁办公室	2	3	政府工作人员、技术人员
JD 市国土资源局	1	2	政府工作人员
JD 市劳动与社会保障局	1	2	政府工作人员
设计研究院	2	6	工程技术人员
外部独立监测机构	3	4	移民及社会专家
合　　计	26	42	

9.5　加强机构能力的措施

1. JD 市世行贷款项目领导小组办公室已于 2009 年 6 月组织本项目征地拆迁与移民安置工作人员培训，内容包括世界银行移民政策（OP4.12）、有关征地拆迁法规、社会经济调查的理论、方法等。

2. 在移民行动计划实施前，组织本项目征地拆迁与移民安置工作人员培训，内容包括世界银行移民业务导则、征地拆迁法规、移民安置实施管理等，以提高工作人员业务素质、政策处理能力。

3. 在移民安置实施阶段，计划组织从事移民安置工作的骨干人员学习、考察国内世行项目、参加移民政策业务培训及其他其他专业培训。同时，为提高受影响人就业成功率，将根据项目进展情况不定期组织受影响人参加各类专业技能培训。移民安置工作培训计划详见表 22。

表 22　移民安置培训计划

序号	培训内容	培训对象	时间	地点	费用估算 （万元）
1	世行项目移民安置考察	移民办骨干人员	两期	国外	15
2	国内移民安置业务培训	移民办骨干人员	每年一期	国内	10
3	国内移民安置业务培训	移民安置工作人员	每年一期	国内	10
4	受影响人专业技能培训	受影响人	不定期	JD 市	10
小　　计					45

4. 在资金、设备方面予以充分的保证，以提高工作效率。

5. 合理分工，建立并完善征地拆迁与移民安置工作人员的奖惩措施，调动工作人员的积极性。

6. 建立征地拆迁移民管理信息系统，利用计算机进行征地拆迁与移民安置数据管理，加强信息反馈，保证从上到下、从下到上的信息畅通，重大问题由领导小组决策。

7. 加强报告制度，加强内部监测，发现问题及时解决。

8．加强独立监测评估，独立监测评估机构及时向有关部门指出存在的问题，提出解决问题的建议。

10 实施时间表

10.1 移民安置与项目建设的进度衔接的实施原则

根据项目实施进度的计划安排，工程项目从 2009 年至 2011 年分期完成。征地拆迁移民安置进度计划将与项目建设计划安排相衔接，征地拆迁与移民安置的主要工作计划从 2009 年开始至 2010 年结束。进度安排的基本原则如下：

1．征地拆迁工作完成时间应在项目开始用地 1 个月之前完成，开始时间根据征地拆迁与移民安置工作需要确定。

2．项目开工建设之前必须给征地拆迁与移民安置工作留有足够的时间。

10.2 移民安置实施关键任务时间表

10.2.1 工作时间表制定原则

1．工程征地拆迁范围最终根据各单项工程设计图确定，需在征地拆迁实物测量计算工作开始前完成。

2．征地实物测量计算，根据征地拆迁红线图，由 JD 市世行贷款项目领导小组办公室、XAJ 污水处理厂项目征迁工作小组办公室及相关部门和产权人共同进行，在签订补偿安置协议之前进行。

3．XAJ 污水处理厂项目征迁工作小组办公室召开由被拆迁户、被拆迁单位参加的动迁动员大会，公布有关征地、拆迁和补偿安置的政策和安置办法，在签订补偿安置协议之前进行，动员大会后正式发布征地拆迁通告。

4．拆迁人与被影响人签订补偿安置协议在实物测量计算和发布征地拆迁通告后进行。

5．基础设施提前建设，先建后拆。

6．补偿费用结算与发放在双方签约后、搬迁前进行。

7．对安置工作要检查落实，达到被拆迁户满意。

10.2.2 移民安置总进度计划

根据项目建设征地拆迁与移民安置准备与实施活动进度，拟定本项目移民安置总进度计划。具体实施时间可能会因项目整体进度有偏差而作适当调整。详见表 23。

表 23 项目征地拆迁计划进度表

序号	任务名称	时间	完成时间
1	前期工作		
2	省项目办召集有关工作人员	2009.7.1	2009.7.7
3	征地拆迁范围确定	2009.7.8	2009.7.25
4	社会经济初步调查	2009.7.26	2009.8.15
5	编制移民行动计划框架	2009.8.16	2009.8.26
6	移民调查准备与培训	2009.8.26	2009.9.6
7	移民影响调查	2009.9.6	2009.9.25
8	协商安置政策与方案	2009.9.26	2009.9.30

序号	任务名称	时间	完成时间
9	编制移民行动计划	2009.10.1	2009.11.15
10	实施阶段		
11	召开征地及拆迁动员大会	2009.11.15	2009.12.15
12	发布征地拆迁公告	2009.12.16	2009.12.31
13	商谈签订补偿安置协议	2010.1.1	2010.1.31
14	补偿执行	2010.2.1	2010.2.30
14	项目动工	2010.3.1	2011.3.1
15	安置房建设	2009.11.5	2011.12.31
16	移民迁入新居	2011.3.2	2011.3.16
17	基础设施重建	2010.3.2	2011.2.15
18	监测评估	2010.2.15	2013.4.15

11 费用及预算

11.1 费用

在征地和移民安置过程中所发生的费用列入本项目总预算。按照 2009 年 7 月的价格，本项目征地拆迁费用总计 1602.58 万元。在移民总费用中，征收农村集体土地费用 236.5 万元，占总费用的 14.76%；农村住宅房屋拆迁补偿费 432.19 万元，占总费用的 26.97%；基础设施及地面附属物补偿费用 411.62 万元，占总费用的 25.68%；各种税费及管理费合计 522.27 万元，占总费用的 32.59%。移民安置费用估算详见表 24。

表 24　项目移民安置预算表

序号	项　　目	单位	标准（元/单位）	污水处理厂及管网铺设		占比（%）
				数量	金额（万元）	
1	永久征收集体土地费用	—			236.50	14.76
1.1	综合补偿费	亩		45.75	186.45	
	耕地	亩	46000	35.75	164.45	
	园地	亩	22000	10	22.00	
1.2	青苗补偿费	—			6.58	
	水田、旱地	亩	1000	35.75	3.58	
	园地	亩	3000	10	3.00	
1.3	田间道路补偿费	亩	46000	9.45	43.47	
2	农村住宅房屋补偿	—			432.19	26.97
2.1	房屋补偿	—			354.03	
	砖混一级	m²	450	7127.5	320.74	
	砖混二级	m²	400	283	11.32	

序号	项 目	单位	标准（元/单位）	污水处理厂及管网铺设		占比（%）
				数量	金额（万元）	
	砖木一级	m²	350	311	10.89	
	砖木二级	m²	300	120	3.60	
	泥木一级	m²	200	164	3.28	
	泥木二级	m²	170	152	2.58	
	泥木三级	m²	80	203	1.62	
2.2	房屋附属物补偿	—			65.96	4.12
	电话	门	300	21	0.63	
	水井	口	600	25	1.50	
	大树	株	20	40	0.08	
	小树	株	10	53	0.05	
	水泥地坪	m²	20	1395	2.79	
	围墙	m³	775	775	60.06	
	厕所	座	300	28	0.84	
2.3	其他补偿费	—			12.20	
	搬家补助费	人	200	122	2.44	
	临时安置补助费	人·月×24	800	122	9.76	
3	基础设施及地面附属物	—			411.62	25.68
	通讯电缆	m	3000	800	240.00	
	草莓大棚	m²	500	400	20.00	
	灌溉水渠	m	700	150	10.50	
	10kV 电杆	根	800	6	0.48	
	380V 电杆	根	500	10	0.50	
	大树（胸径大于 10 厘米）	株	20	30	0.06	
	大树（胸径小于 10 厘米）	株	10	80	0.08	
	路面修复	m²	200	7000	140.00	
	小计（1~3 项）	—			1080.31	
4	勘测设计费	万元	4%	1080.31	43.21	
5	外部监测评估费	万元	1%	1080.31	10.80	
6	内部监测评估费	万元	0.50%	1080.31	5.40	
7	实施管理费	万元	2%	1080.31	21.61	
8	培训费	万元	1%	1080.31	10.80	
9	预备费	万元	10%	1080.31	108.03	
10	有关税费	—			322.42	
	征地管理费	万元	4%	236.50	9.46	
	耕地占用税	亩	20010	55.2	110.46	

序号	项 目	单位	标准 （元/单位）	污水处理厂及管网铺设		占比（%）
				数量	金额（万元）	
	耕地开垦费	亩	23345	55.2	128.86	
	新增建设用地有偿使用费	亩	13340	55.2	73.64	
	小计（4~10项）	—			522.27	32.59
	总投资	—			1602.58	100.00

11.2　分年度资金使用计划

根据项目的实施时间安排，编制了分年投资计划，见表25。

表 25　分年投资计划

年　　度	2009	2010	2011	小计
投资（万元）	300	850	452.58	1602.58
比例（%）	18.7	53.0	28.2	100.0

11.3　移民安置资金来源

根据项目进度安排，项目资金来源为国内外银行贷款和财政拨款。移民资金来源主要为地方配套资金，占比为80%；企业自筹资金占比为20%。详见表26。

表 26　移民资金来源情况表

名　　称		金额（万元）	比例（%）
项目资金构成	财政拨款	1282.06	80
	自筹资金	350.52	20
合计		1602.58	100

11.4　资金流向及拨付计划

11.4.1　资金流程

为了保证该项目移民补偿资金按照移民行动计划中确定的补偿政策和补偿标准及时、足额地支付给受影响人。该项目资金支付程序如下：在征地拆迁公布的规定期内，征地拆迁单位和受影响人依照征用土地及房屋拆迁的有关法规签订补偿安置协议。协议应当规定补偿金额、付款期限和违约责任以及当事人协商确定的其他条款。

资金流程如图8所示。

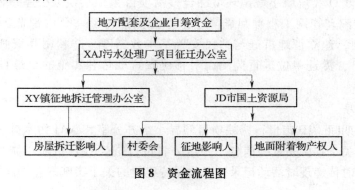

图 8　资金流程图

11.4.2 拨付与管理

（1）所有与拆迁安置有关的费用均将计入项目总概算中。

（2）土地补偿费及安置补助费用、房屋拆迁补偿费应在征地拆迁前全部支付完成，以利保证所有受影响人员得到妥善安置。

（3）为保证征地、移民安置能顺利实施，必须建立各级财务及监督机构，以保证所有资金按时下拨到位。

12 监测评估

为了确保按移民安置计划顺利实施，实现妥善安置移民的目标，本项目按世界银行业务政策 OP4.12《非自愿移民》以及《世界银行中国贷款项目移民监测评估业务指南》的要求，将对征地拆迁和移民安置活动的实施进行定期监测和评估，监测评估包括移民安置机构内部监测和外部独立监测两部分。

内部监测由 Z 省世行贷款 Q 江流域小城镇环境综合整治项目领导小组办公室以及 JD 市 XAJ 污水处理厂二期及配套管网工程项目领导小组办公室来执行，以确保负责单位遵守移民行动计划的原则及时间表来实施征地拆迁与移民安置。内部监测的目的是在实施过程中使移民安置机构保持良好的职能。

外部独立监测评估主要是由独立监测机构对征地拆迁与移民安置活动进行定期的独立监测和评估。本项目独立监测由有相关项目经验的独立机构承担，独立监测的内容：

（1）移民安置网络的职能；

（2）征地拆迁、安置实施进度与补偿；

（3）拆迁居民、企事业单位的安置与恢复；

（4）移民生产生活水平的调查分析。

独立监测是由独立于本项目移民安置实施的机构来对征地拆迁、移民安置进行评价，以全面的、长远的观点检查全部实施活动。独立监测机构将跟踪本项目移民安置活动，以评价移民安置是否执行国家征地拆迁与移民安置的有关法律；是否符合世界银行业务政策 OP4.12《非自愿移民》；移民的生产生活水平是否有所提高或至少维持无项目水平。独立监测机构将根据监测中发现的问题向有关实施单位提出建议，以使移民安置实施过程中出现的问题及时得到解决。

12.1 内部监测

Z 省世行贷款 Q 江流域小城镇环境综合整治项目领导小组办公室以及 JD 市 XAJ 污水处理厂二期及配套管网工程项目领导小组办公室推行了一个内部监测运行机制来检查移民安置活动，建立征地拆迁与移民安置基本数据库，并利用其编制移民行动计划和对所有移民户、拆迁单位进行监测，对移民安置准备和实施的全过程进行内部监督检查。

12.1.1 实施程序

在项目实施期间，JD 市世行贷款项目领导小组办公室和 XAJ 污水处理厂将根据监测样本，采集记录关于移民安置的信息，并给 Z 省世行贷款 Q 江流域小城镇环境综合整治项目领导小组及时传递现时活动记录，以此保持连续的关于实施的监测。Z 省世行贷款 Q

江流域小城镇环境综合整治项目领导小组将对实施情况实行定期检查。

在上述监测运行机制中，制定规定格式的信息表，以实现从 XAJ 污水处理厂到 Z 省世行贷款 Q 江流域小城镇环境综合整治项目领导小组的连续信息流。JD 市国土资源局及 XY 镇征地拆迁管理办公室作为内部监测系统的重要组成部分，都将作定期检查与核实。

12.1.2　监测内容

1. 农村移民安置。
2. 支付移民补偿金。
3. 劳动力安置。
4. 居民房屋拆迁补偿及安置。
5. 基础设施的恢复重建。
6. 移民机构人员配备、培训、工作时间表及其办事效率。
7. 移民抱怨与申诉的登记与处理。

12.1.3　内部监测报告

每半年由 Z 省世行贷款 Q 江流域小城镇环境综合整治项目领导小组办公室编写一期内部监测报告，报世界银行。

12.2　外部独立监测

12.2.1　独立监测机构

Z 省世行贷款 Q 江流域小城镇环境综合整治项目领导小组办公室将聘请独立的移民监测机构开展移民安置外部监测。

独立监测评估单位定期对移民安置的实施活动进行跟踪监测评价，对移民安置的进度、质量、资金进行监测，并提出咨询意见。对移民生产生活水平进行跟踪监测，向 Z 省世行贷款 Q 江流域小城镇环境综合整治项目领导小组办公室和世界银行提交监测评估报告。

12.2.2　监测步骤及内容

（1）编制监测评估工作大纲；
（2）移民监测评估信息系统软件开发；
（3）编制调查大纲、调查表格和受影响居民、典型企事业单位记录卡；
（4）抽样调查方案设计；

根据征地拆迁影响总量，样本规模为征地影响居民户 10%，拆迁居民住宅 10%。

（5）基底调查；

对本项目征地拆迁的居民户进行独立监测评估所需的基底调查，获取被监测的移民户和被拆迁单位生产生活水平（生活、生产经营与收入水平）的基底资料。

（6）建立监测评估信息系统；

建立监测评估信息系统，将涉及移民监测评估的各类数据分类建立数据库，为分析和跟踪监测提供计算机辅助。

（7）监测评估调查：

1）移民实施机构的能力评价：调查移民实施机构的工作能力及工作效率；
2）移民安置的进度、补偿标准、支付；

3）征地拆迁的影响分析；

4）征地受影响户的收入水平跟踪调查评价（样本比例10%）；

5）典型拆迁居民户监测：监测城市居民补偿资金兑现，安置房源落实、搬迁情况、收入恢复状况、移民安置质量；住房建设进度、补偿资金的兑现、房屋建设质量等；

6）典型企事业单位监测：监测补偿资金的兑现、新址征地、房屋建设、搬迁进度、生产恢复情况、职工收入恢复、安置质量；

7）弱势群体的恢复措施；

8）公共设施：监测补偿资金的兑现、公共设施功能恢复、重建进度；

9）公众参与协商：参加项目移民行动计划编制与实施期间的移民公众参与活动，监测移民参与的效果；

10）移民申诉：监测移民申诉的登记和处理。

（8）监测资料的整理，建立数据库；

（9）对比分析；

（10）按照监测计划编写监测评估报告：

1）2010年2月，成立移民独立监测与评估小组，编写工作大纲；

2）2010年3月，做好移民独立监测评估准备工作，包括：编写调查大纲与表格，建立监测系统，明确任务，选定监测点；

3）2010年3月，提出监测评估报告 No.1（基底调查报告）；

4）2010年9月，第二次监测，提出监测评估报告 No.2；

5）2011年3月，第三次监测，提出监测评估报告 No.3；

6）2012年9月，第四次监测，提交监测评估报告 No.4；

7）2013年4月，后评估报告。

12.3 监测指标

1. 社会经济指标：人均收入、国内生产总值、就业率。

2. 机构指标：人员构成、人员素质、规章制度、设备、处理事务完成率。

3. 征占地影响移民：补偿资金到位率、生产安置方式、经济收入变化率、就业率、对安置满意度。

4. 农村拆迁居民：补偿资金到位率、宅基地地点、房屋重建情况、对安置满意度。

5. 基础设施：补偿资金到位率、功能恢复率。

12.4 后评价

项目实施完成后，在监测评估的基础上，运用项目后评价理论与方法对移民安置活动进行后评价。评价征地、移民安置等方面的成功经验及值得吸取的教训，为以后移民安置提供可借鉴的经验。后评价工作由 Z 省世行贷款 Q 江流域小城镇环境综合整治项目领导小组办公室委托外部独立监测评估机构进行。承接后评价的单位编制后评价工作大纲建立评价指标体系，进行社会经济分析调查，编写"JD 市 XAJ 污水处理厂二期及配套管网工程项目移民安置后评价报告"，报 Z 省世行贷款 Q 江流域小城镇环境综合整治项目领导小组办公室和世界银行。

13 权利表

表 27 权利表

影响类型	受影响人	补偿安置政策	标准

征收集体土地
(55.2 亩)
	XY 村	综合补偿费支付给被征收土地的农村集体经济组织以及需要安置的农业人员，用于发展生产和安置农民生活	耕地：
			  综合补偿费：46000 元/亩
			园地：
			  综合补偿费：22000 元/亩

	59 户，
	237 人
		获得地上附着物补偿费
		获得培训和就业机会，采取措施使其经营收入不减少
		优先被企业录用
			青苗补偿费：
			  一般耕地：1000 元/亩
			  园地：3000 元/亩

	相关 部门	税费	耕地开垦费：23345 元/亩 新增建设用地有偿使用费：13340 元/亩 耕地占用税：20010 元/亩 征地管理费：征地补偿费总额4%

农村住宅
房屋拆迁
(8360.5m²)
	XY 村
	31 户、122
	人
		获得重置价赔偿的房屋补偿费，按照实际费用得到附属物的迁移补偿
		在得到房屋货币补偿费后，根据自己的意愿有三种选择：货币补偿、迁建安置和产权调换
		受影响人在搬迁过程中不需交纳任何税费、办理房屋、土地等证件的有关费用以及诉讼费用
		可获得搬家补贴、过度补贴费等
			房屋拆迁补偿费：
			  砖混一级：450 元/m²
			  砖混二级：400 元/m²
			  砖木一级：350 元/m²
			  砖木二级：300 元/m²
			  泥木一级：200 元/m²
			  泥木二级：170 元/m²
			  泥木三级：80 元/m²
			其他补偿费：
			  搬家补助费：200 元/人
			  过渡补贴费：80 元/月·人

国有土地 (1.5 亩)	—	无偿划拨	—
地面附着物	产权人	由项目单位向产权单位补偿	详见表14

14 移民安置涉及的相关法律与政策条款

14.1 《中华人民共和国土地管理法》有关规定

第八条 城市市区的土地属于国家所有。

农村和城市郊区的土地，除由法律规定属于国家所有的以外，属于农民集体所有；宅基地和自留地、自留山，属于农民集体所有。

第十条 农民集体所有的土地依法属于村农民集体所有的，由村集体经济组织或者村民委员会经营、管理；已经分别属于村内两个以上农村集体经济组织的农民集体所有的，由村内各该农村集体经济组织或者村民小组经营、管理；已经属于乡（镇）农民集体所有的，由乡（镇）农村集体经济组织经营、管理。

第四十五条　征收下列土地的，由国务院批准：

（一）基本农田；

（二）基本农田以外的耕地超过三十五公顷的；

（三）其他土地超过七十公顷的……

第四十七条　征收土地的，按照被征用土地的原用途给予补偿。

征收耕地的补偿费用包括土地补偿费、安置补助费以及地上附着物和青苗的补偿费。征收耕地的土地补偿费，为该耕地被征用前三年平均年产值的六至十倍。征用耕地的安置补助费，按照需要安置的农业人口数计算。需要安置的农业人口数，按照被征收的耕地数量除以征地前被征用单位平均每人占有耕地的数量计算。每一个需要安置的农业人口的安置补助费标准，为该耕地被征收前三年平均年产值的四至六倍。但是，每公顷被征收耕地的安置补助费，最高不得超过被征收前三年平均年产值的十五倍。

国务院根据社会、经济发展水平，在特殊情况下，可以提高征收耕地的土地补偿费和安置补助费的标准……

第四十八条　征地补偿安置方案确定后，有关地方人民政府应当公告，并听取被征地的农村集体经济组织和农民的意见。

第四十九条　被征地的农村集体经济组织应当将征收土地的补偿费用的收支状况向本集体经济组织的成员公布，接受监督。

禁止侵占、挪用被征用土地单位的征地补偿费用和其他有关费用。

第五十条　地方各级人民政府应当支持被征地的农村集体经济组织和农民从事开发经营，兴办企业。

第五十四条　建设单位使用国有土地，应当以出让等有偿使用方式取得；但是，下列建设用地，经县级以上人民政府依法批准，可以以划拨方式取得：

（一）国家机关用地和军事用地；

（二）城市基础设施用地和公益事业用地；

（三）国家重点扶持的能源、交通、水利等基础设施用地；

（四）法律、行政法规规定的其他用地。

第五十七条　建设项目施工和地质勘查需要临时使用国有土地或者农民集体所有的土地的，由县级以上人民政府土地行政主管部门批准。其中，在城市规划区内的临时用地，在报批前，应当先经有关城市规划行政主管部门同意。土地使用者应当根据土地权属，与有关土地行政主管部门或者农村集体经济组织、村民委员会签订临时使用土地合同，并按照合同的约定支付临时使用土地补偿费。

临时使用土地的使用者应当按照临时使用土地合同约定的用途使用土地，并不得修建永久性建筑物。

临时使用土地期限一般不超过二年。

第六十二条　农村村民一户只能拥有一处宅基地，其宅基地的面积不得超过省、自治区、直辖市规定的标准。

农村村民建住宅，应当符合乡（镇）土地利用总体规划，并尽量使用原有的宅基地和村内空闲地。农村村民住宅用地，经乡（镇）人民政府审核，由县级人民政府批准；其中，涉及占用农用地的，依照本法第四十四条的规定办理审批手续。农村村民出卖、出租住房后，再申请宅基地的，不予批准。

14.2 《中华人民共和国土地管理法实施条例》有关规定

第二十五条 征用土地方案经依法批准后，由被征用土地所在地的市、县人民政府组织实施，并将批准征地机关、批准文号、征用土地的用途、范围、面积以及征地补偿标准、农业人员安置办法和办理征地补偿的期限等，在被征用土地所在地的乡（镇）、村予以公告。

被征用土地的所有权人、使用权人应当在公告规定的期限内，持土地权属证书到公告指定的人民政府土地行政主管部门办理征地补偿登记。

市、县人民政府土地行政主管部门根据经批准的征用土地方案，会同有关部门拟订征地补偿、安置方案，在被征用土地所在地的乡（镇）、村予以公告，听取被征用土地的农村集体经济组织和农民的意见。征地补偿、安置方案报市、县人民政府批准后，由市、县人民政府土地行政主管部门组织实施。对补偿标准有争议的，由县级以上地方人民政府协调；协调不成的，由批准征用土地的人民政府裁决。征地补偿、安置争议不影响征用土地方案的实施。

征用土地的各项费用应当自征地补偿、安置方案批准之日起3个月内全额支付。

第二十六条 土地补偿费归农村集体经济组织所有；地上附着物及青苗补偿费归地上附着物及青苗的所有者所有。

征用土地的安置补助费必须专款专用，不得挪作他用。需要安置的人员由农村集体经济组织安置的，安置补助费支付给农村集体经济组织，由农村集体经济组织管理和使用；由其他单位安置的，安置补助费支付给安置单位；不需要统一安置的，安置补助费发放给被安置人员个人或者征得被安置人员同意后用于支付被安置人员的保险费用。

市、县和乡（镇）人民政府应当加强对安置补助费使用情况的监督。

14.3 《国务院关于深化改革严格土地管理的决定》有关规定

三、完善征地补偿和安置制度

（十二）完善征地补偿办法。县级以上地方人民政府要采取切实措施，使被征地农民生活水平不因征地而降低。要保证依法足额和及时支付土地补偿费、安置补助费以及地上附着物和青苗补偿费。依照现行法律规定支付土地补偿费和安置补助费，尚不能使被征地农民保持原有生活水平的，不足以支付因征地而导致无地农民社会保障费用的，省、自治区、直辖市人民政府应当批准增加安置补助费。土地补偿费和安置补助费的总和达到法定上限，尚不足以使被征地农民保持原有生活水平的，当地人民政府可以用国有土地有偿使用收入予以补贴。省、自治区、直辖市人民政府要制订并公布各市县征地的统一年产值标准或区片综合地价，征地补偿做到同地同价，国家重点建设项目必须将征地费用足额列入概算。大中型水利、水电工程建设征地的补偿费标准和移民安置办法，由国务院另行规定。

（十三）妥善安置被征地农民。县级以上地方人民政府应当制定具体办法，使被征地农民的长远生计有保障。对有稳定收益的项目,农民可以经依法批准的建设用地土地使用权入股。在城市规划区内,当地人民政府应当将因征地而导致无地的农民,纳入城镇就业体系,并建立社会保障制度;在城市规划区外,征收农民集体所有土地时,当地人民政府要在本行政区域内为被征地农民留有必要的耕作土地或安排相应的工作岗位;对不具备基本生产生活条件的无地农民,应当异地移民安置。劳动和社会保障部门要会同有关部门尽快提出建立被征地农民的就业培训和社会保障制度的指导性意见。

(十四)健全征地程序。在征地过程中,要维护农民集体土地所有权和农民土地承包经营权的权益。在征地依法报批前,要将拟征地的用途、位置、补偿标准、安置途径告知被征地农民;对拟征土地现状的调查结果须经被征地农村集体经济组织和农户确认;确有必要的,国土资源部门应当依照有关规定组织听证。要将被征地农民知情、确认的有关材料作为征地报批的必备材料。要加快建立和完善征地补偿安置争议的协调和裁决机制,维护被征地农民和用地者的合法权益。经批准的征地事项,除特殊情况外,应予以公示。

(十五)加强对征地实施过程监管。征地补偿安置不落实的,不得强行使用被征土地。省、自治区、直辖市人民政府应当根据土地补偿费主要用于被征地农户的原则,制订土地补偿费在农村集体经济组织内部的分配办法。被征地的农村集体经济组织应当将征地补偿费用的收支和分配情况,向本集体经济组织成员公布,接受监督。农业、民政等部门要加强对农村集体经济组织内部征地补偿费用分配和使用的监督。

14.4 国土资源部《关于完善征地补偿安置制度的指导意见》有关规定

第一条 "关于征地补偿标准"规定

(二)统一年产值倍数的确定。土地补偿费和安置补助费的统一年产值倍数,应按照保证被征地农民原有生活水平不降低的原则,在法律规定范围内确定;按法定的统一年产值倍数计算的征地补偿安置费用,不能使被征地农民保持原有生活水平,不足以支付因征地而导致无地农民社会保障费用的,经省级人民政府批准应当提高倍数;土地补偿费和安置补助费合计按30倍计算,尚不足以使被征地农民保持原有生活水平的,由当地人民政府统筹安排,从国有土地有偿使用收益中划出一定比例给予补贴。经依法批准占用基本农田的,征地补偿按当地人民政府公布的最高补偿标准执行。

(三)征地区片综合地价的制订。有条件的地区,省级国土资源部门可会同有关部门制订省域内各县(市)征地区片综合地价,报省级人民政府批准后公布执行,实行征地补偿。制订区片综合地价应考虑地类、产值、土地区位、农用地等级、人均耕地数量、土地供求关系、当地经济发展水平和城镇居民最低生活保障水平等因素……

第二条 "关于被征地农民安置途径"规定:

(五)农业生产安置。征收城市规划区外的农民集体土地,应当通过利用农村集体机动地、承包农户自愿交回的承包地、承包地流转和土地开发整理新增加的耕地等,首先使被征地农民有必要的耕作土地,继续从事农业生产。

(六)重新择业安置。应当积极创造条件,向被征地农民提供免费的劳动技能培训,安排相应的工作岗位。在同等条件下,用地单位应优先吸收被征地农民就业。征收城市规划区内的农民集体土地,应当将因征地而导致无地的农民,纳入城镇就业体系,并建立社会保障制度。

(七)入股分红安置。对有长期稳定收益的项目用地,在农户自愿的前提下,被征地农村集体经济组织经与用地单位协商，可以以征地补偿安置费用入股，或以经批准的建设用地土地使用权作价入股。农村集体经济组织和农户通过合同约定以优先股的方式获取收益。

（八）异地移民安置。本地区确实无法为因征地而导致无地的农民提供基本生产生活条件的，在充分征求被征地农村集体经济组织和农户意见的前提下，可由政府统一组织，实行异地移民安置。

第三条　"关于征地工作程序"的规定：

（九）告知征地情况。在征地依法报批前，当地国土资源部门应将拟征地的用途、位置、补偿标准、安置途径等，以书面形式告知被征地农村集体经济组织和农户。在告知后，凡被征地农村集体经济组织和农户在拟征土地上抢栽、抢种、抢建的地上附着物和青苗，征地时一律不予补偿。

（十）确认征地调查结果。当地国土资源部门应对拟征土地的权属、地类、面积以及地上附着物权属、种类、数量等现状进行调查，调查结果应与被征地农村集体经济组织、农户和地上附着物产权人共同确认。

（十一）组织征地听证。在征地依法报批前，当地国土资源部门应告知被征地农村集体经济组织和农户，对拟征土地的补偿标准、安置途径有申请听证的权利。当事人申请听证的，应按照《国土资源听证规定》规定的程序和有关要求组织听证。

14.5　《Z省实施〈中华人民共和国土地管理法〉办法》相关规定

第十九条　建设占用土地，涉及农用地转为建设用地的，应当依法办理农用地转用审批手续。在土地利用总体规划确定的城市和村庄、集镇建设用地规模范围内涉及农用地转为建设用地的，应当符合下列条件：（一）符合土地利用总体规划；（二）符合城市总体规划或者村庄和集镇规划；（三）取得农用地转用年度计划指标；（四）已落实补充耕地的措施。不符合条件的，不得批准农用地转为建设用地。

第二十二条　征用土地，征地单位应当自征地补偿、安置方案批准之日起三个月内全额支付土地补偿费、安置补助费、青苗和地上附着物的补偿费。

14.6　JD市城东新区征用集体所有土地房屋拆迁安置暂行规定

一、房屋拆迁

（二）被拆迁人应依法提供其拥有房屋和土地的合法凭证。拆迁人应根据被拆迁人提供法人合法凭证及时进行核实，并核准其家庭人口及可安置人数等状况。

二、补偿标准

房屋拆迁重置价格、附属物、搬家补助费、临时过渡费按照本规定的标准评估执行；房屋装修价格参照《2005年度JD市城市房屋拆迁装修补偿标准》评估执行。

三、安置补偿

征用集体土地房屋拆迁安置采取货币安置、产权调换安置和迁建安置三种方式。

（一）货币安置是指由拆迁人根据被拆迁房屋的重置价结合成新进行货币补偿，由被拆迁人自行解决安置房屋的安置方式。

（二）产权调换安置是指拆迁人向被拆迁人提供安置房，并按照被拆迁房屋的重置价结合成新与安置房重置价结合成新结算差价的安置方式。

（三）迁建安置是指拆迁人按照被拆迁房屋重置价结合成新对被拆迁人予以货币补偿，并按照有关规定办理建房手续，在规定的地点由被拆迁人自行建房的安置方式。

（四）实行产权调换安置的，拆迁人应当与在被拆迁房屋签订拆迁协议后12个月内，向被拆迁人交付安置房；实行迁建安置的，拆迁人应当与被拆迁房屋签订拆迁协议后4个月内将宅基地交由被拆迁人动工建设。

14.7 关于公布 JD 市征地综合补偿标准的通知〔××函（2009）29号〕

二、补偿标准

全市征地区片确定为五个级别，按耕地类〔包括水田（旱地）、园地（属承包耕地）、集体建设用地、农田水利用地〕、其他园地类（茶、桑、果、竹园）、林地类三种地类制定不同的补偿标准。

征地补偿要坚持同地同价、协调平衡、公开透明的原则，征地实施过程中，不得随意提高和降低补偿标准。

三、补偿办法及费用

征地单位在征收集体土地时，应严格按照《关于规范土地征收管理集中统一支付征地补偿款的通知》（建政办函〔2008〕174号）文件精神，按规定的补偿标准，及时将征地综合补偿款先行汇（预）交市国土资源局征地拆迁管理所，由征地拆迁管理所按征地补偿标准集中统一拨付给被征地单位（行政村）。

青苗及地上经济作物补偿，按照"谁所有、谁享有"的原则，由征地单位按补偿标准支付给青苗及地上经济作物的所有者。

征地补偿费应实行专款专用。各集体经济组织首先应确保被征地农民的安置补偿及其养老保障费用的支付。有条件的，可提留一部分用于发展村级集体经济和公益事业建设。

14.8 关于调整 JD 市农村困难群众住房救助标准的通知 ××办函〔2009〕102号

《JD 市人民政府办公室关于 JD 市农村困难群众住房救助工作的实施意见》将救助对象分为两类：一类是不宜实行集中供养的农村五保户或持有《JD 市最低生活保障金领取证》、《JD 市困难家庭救助证》、《JD 市特困残疾人基本生活补助金领取证》之一的无房户或住房困难户；另一类是因自然灾害（含火灾）造成房屋倒塌或严重损坏不能居住或急需搬迁，且无自救能力的受灾家庭和其他确有困难，需要救助的家庭。从2009年起，对农村困难群众住房救助标准进行调整。第一类对象新建房救助标准由每平方米250元提高到320元/平方米，第二类救助对象新建房救助标准由每平方米250元调整为200元/平方米。第一类救助对象中持有《残疾证》的按1.1的系数救助。置换、修缮的按原标准。

14.9 JD 市被征地农民基本养老保障实施细则

一、参保范围和对象

1. JD 市行政区域内，自实行货币化安置以来，经有批准权的人民政府批准，政府实施统一征地的用地项目，被征地时持有第二轮土地承包权证家庭中，土地全部被征得在册农业人员。

2. 用地红线外确因项目建设需要带征的土地，经国土资源部门认定属合理范围的，可一并纳入参保范围。

4. 在征地完成时未达到劳动年龄段（16周岁以下）的人员，和已享受城镇职工基本养老保险待遇的人员，不再列为被征地农民基本养老保障参保范围和对象。

二、参保人数及人员资格核定

（一）参保人数按承包土地被全部征收（用）的人数进行核定，原则上按户确定。

（二）实行"双田制"的行政村，应按《中华人民共和国农村土地承包法》及其相关规定，将村集体统管的土地落实到农户后，方可按本实施细则办理被征地农民。

三、缴费标准和参保缴费手续的办理

（一）被征地农民基本养老保障缴费标准分为25000元、14000元两档，其中政府出资补助不低于保障资金总额的30%，具体为缴费标准选择为25000元的，政府补助标准为8000元，个人缴费标准为17000元；缴费标准选择14000元的，政府补助标准为5000元，个人缴费标准为9000元；个人无能力出资参保的享受JD市最低生活保障待遇的对象或持《JD市困难家庭救助证》的对象，政府补助标准为3000元；由参保对象自愿选择确定。个人无能力出资参保的对象，须经市民民政部门审核确定。

四、待遇计发

（一）参保对象到达享受待遇年龄（男满60周岁，女满50周岁）或参保时已达到或超过享受待遇年龄的，从办理享受待遇手续的次月起按月享受基本养老保障金。待遇标准按个人缴费档次的高低分别为每月250元、140元。个人无能力出资参保的对象，从办理享受待遇手续的次月起按月发给30元的生活补助费。

五、个人专户管理

（一）被征地农民按月享受的基本养老保障待遇先从个人专户中支付，个人专户不足支付时，由政府补助资金支付。

（二）被征地农民基本养老保障个人专户金额不作异地转移。

（四）大中专学生毕业后在外地就业并将户口迁出的和现役义务兵（不含志愿兵）退伍后安置在外地并将户口迁出的，个人专户余额一次性支付给本人；回原籍的保留个人专户。

六、与其他社会养老保险的衔接

（一）已参加被征地农民基本养老保障的对象在我市各类企事业单位就业的，用人单位必须按规定为其缴纳各项社会费用。

（二）被征地农民符合城镇自由职业者参保条件的，按城镇自由职业者的身份参加社会保险。

（三）已参加企业职工基本养老保险的被征地农民，其被征地农民基本养老保障费总额可转折算企业职工基本养老保险的缴费年限。

（四）被征地农民既参加城镇企业职工基本养老保险，又参加被征地农民基本养老保障的，在到达享受养老待遇时，其养老待遇按照"只靠一头，自愿选择"的原则确定。选择城镇企业职工基本养老保险待遇的退还其被征地农民基本养老保障个人专户本息；选择被征地农民基本养老保障待遇的，退还城镇职工基本养老保险个人账户中个人缴费的本息。

（五）已参加农村社会养老保险的被征地农民，参加被征地农民基本养老保障后，原农村社会养老保险的个人账户本息可以抵缴参加被征地农民基本养老保障个人缴费部分，并终止农村养老保险关系。如参保对象不愿并户的，亦可享受被征地农民基本养老保障和农村养老保险两种养老保障待遇。

八、其他

（一）依法保留土地承包经营权的"农嫁女"、志愿兵返乡人员，大中专专业返乡人员、迁入小城镇落户的人员及劳改教人员，其承包土地被征收（用）的，享有参加被征地农民的基本养老保障的权利。

14.10 世界银行关于非自愿移民的相关政策

10. 为了确保必要的移民安置措施落实以前不会发生搬迁或限制使用资源、资产的情况，移民活动的实施需要和项目投资环节的实施相联系。对本政策第3（a）段提到的影响，其措施包括在搬迁之前提供补偿和搬迁所需要的帮助，并在需要时准备和提供设施齐全的移民安置场所。需要指出的是，征用土地和相关财产只有在支付补偿金，需要的话，提供安置场所和搬迁补贴之后，方可进行。对本政策第3（b）段提到的影响，其措施则应作为项目的一部分，按项目行动计划的要求来实施。

11. 对于靠土地为生的移民，应当优先考虑依土安置战略。这些战略包括将移民安置在公共土地或为安置移民而收购的私人土地上。无论什么时候提供替换土地，向移民提供土地的生产潜力、位置优势和其他综合因素至少应该等同于征收土地前的有利条件。如果移民并没有将获取土地作为优先考虑的方案，如果提供的土地将对公园或保护区的可持续性造成不利的影响，或者无法按照合理的价格获取足够的土地，除了土地和其他财产损失的现金补偿外，还应另行提供以就业或自谋生计机会为主的离土安置方案。如果缺乏充足的土地，应当按照世行的要求予以说明并写入文件。

15. 补偿资格标准。移民可以划分为以下三种：

对土地拥有正式的合法权利的人（包括国家法律认可的一贯的和传统的权利）；

在普查开始时对土地并不拥有正式的合法权利，但是对该幅土地或财产提出要求的人——这类要求为国家法律所认可，或通过移民安置规划中确认的过程可以得到认可；以及那些对他们占据的土地没有被认可的合法权利或要求的人。

参 考 资 料

[1] 中国国际工程咨询公司. 中国投资项目社会评价指南. 北京: 中国计划出版社, 2004.

[2] 李晓江. 城市轨道交通实施指南. 北京: 中国建筑工业出版社, 2009.

[3] 任剑. 谈古代建筑的保养与修缮. 丝绸之路（规划与保护）. 2009 年第 20 期.

[4] 文威，李双双，董威. 城镇天然气利用项目环评要点. 环境保护. 2011 年第 1 期.

[5] 隋楠，魏立新，隋溪等. 城市燃气管网风险评价体系研究. 油气储运. 2010 年第 1 期.

[6] 薛金明，张晔. 当前城市燃气管道安全存在的问题及其对策. 劳动保护科学技术. 2000 年第 1 卷.

[7] 冉春雨. 供热工程. 北京: 化学工业出版社, 2009.

[8] 赵玉甫. 城市供热模式优选及可持续发展研究. 北京: 科学出版社, 2008.